Springer-Lehrbuch

Norbert Straumann

Relativistische Quantentheorie

Eine Einführung in die Quantenfeldtheorie

mit 46 Abbildungen und 7 Tabellen

Springer

Norbert Straumann
Institut für Theoretische Physik
Universität Zürich
Winterthurer Straße 190
8057 Zürich, Schweiz
e-mail: norbert@physik.unizh.ch

Bibliografische Information der Deutschen Bibliothek
Die Deutsche Bibliothek verzeichnet diese Publikation in der Deutschen Nationalbibliografie; detaillierte bibliografische Daten sind im Internet über http://dnb.ddb.de abrufbar.

ISBN 3-540-22951-5 Springer Berlin Heidelberg New York

Springer ist ein Unternehmen von Springer Science+Business Media

springer.de

Satz: Druckvorlage vom Autor erstellt
Herstellung: LE-TEX Jelonek, Schmidt & Vöckler GbR, Leipzig
Einbandgestaltung: *design & production* GmbH, Heidelberg

Gedruckt auf säurefreiem Papier 55/3144/YL - 5 4 3 2 1 0

Res Jost†

gewidmet

„A hole, if there were one, would be a new kind of particle, unknown to experimental physics, having the same mass and opposite charge to the electron. We may call such a particle an anti-electron. We should not expect to find any of them in nature, on account of their rapid rate of recombination with electrons, but if they could be produced experimentally in high vacuum, they would be quite stable and amenable to observations.“

Dirac (1931)

Vorwort

Dieses Buch enthält den relativistischen Teil einer zweisemestrigen Vorlesung über Quantentheorie, die ich an der Universität Zürich im Laufe der Jahre oft gehalten habe. Zusätzlich wurden noch quantenelektrodynamische Teile einer regelmässigen Vorlesung über Quantenfeldtheorie aufgenommen. Die Darstellung ist eine direkte Fortsetzung meines Springer-Buches "Quantenmechanik", auf das oft verwiesen wird.

Das Ziel des Buches ist eine gründliche Einführung in die Quantenfeldtheorie und deren Anwendungen, in erster Linie auf elektromagnetische Prozesse. Als Ausgangspunkt scheint mir dafür die Diracsche Strahlungstheorie besonders geeignet zu sein, weshalb ich dieser ein langes erstes Kapitel widme. In dieser Theorie wird zwar nur die Strahlung durch ein relativistisches Feld beschrieben, während die angekoppelte Materie noch im Rahmen der nichtrelativistischen Quantenmechanik behandelt wird. Das ist aber nicht bloss aus historischen und pädagogischen Gründen sinnvoll, da diese näherungsweise Beschreibung ausserhalb der Hochenergiephysik (fast) immer ausreichend ist. Dies gilt insbesondere für das Gebiet der Quantenoptik. Für den Inhalt der weiteren Kapitel des Lehrbuches sei auf das Inhaltsverzeichnis verwiesen.

Ohne die Hilfe von Aurel Schwerzmann wäre mein Manuskript nie zur Druckreife gelangt. Besonders verpflichtet bin ich auch meinem Kollegen Günther Rasche für die sorgfältige Durchsicht des Textes. Beiden möchte ich für ihre Unterstützung herzlich danken.

Das Buch widme ich meinem – leider viel zu früh verstorbenen – grossartigen Lehrer und späteren Kollegen Res Jost, bei dem ich die erste Vorlesung über relativistische Quantentheorie hörte.

Zürich, im September 2004 Norbert Straumann

P.S. Für Hinweise aller Art, die zur Verbesserung des Textes beitragen, wäre ich sehr dankbar. Bemerkungen und Listen von Druckfehlern können an mich unter der E-Mail Adresse *„norbert@physik.unizh.ch“* gesendet werden.

Inhaltsverzeichnis

Einleitung

Bereits in der grossen 'Drei-Männer-Arbeit' über Matrizenmechanik erkannten Born, Heisenberg und Jordan, dass die Neuinterpretation der physikalischen Observablen auch auf das Maxwell-Feld ausgedehnt werden musste. Da das freie elektromagnetische Feld als ein System von unendlich vielen ungekoppelten harmonischen Oszillatoren aufgefasst werden kann, war klar, wie die Quantisierung zu geschehen hatte. Dabei tauchten im Lichtfeld ganz von selbst die korpuskularen Teilchen auf, die Einstein in raffinierten statistischen Überlegungen aus dem Planckschen Strahlungsgesetz herausgelesen hatte. Im Jahre 1927 behandelte Dirac als erster das quantisierte elektromagnetische Feld in Wechselwirkung mit einem materiellen System, welches noch durch die nichtrelativistische Quantenmechanik beschrieben wurde. Erfolg und Misserfolg waren sofort klar. Dirac leitete in seiner Theorie konsequent die Einstein-Koeffizienten für Emission und Absorption von Licht her. Ehrenfest wies aber sogleich darauf hin, dass die Theorie in höheren Ordnungen zu Unendlichkeiten führen müsse. Über diese berüchtigten Divergenzen wird gleich noch mehr zu sagen sein. Der Diracschen Strahlungstheorie, mit ihren reichhaltigen Anwendungen in der Atom- und Kernphysik, wird in diesem Buch in Kap.1 ein breiter Raum gewidmet.

Als Nächstes musste eine relativistische Verallgemeinerung der Quantenmechanik gefunden werden. Der erste entscheidende Schritt kam wiederum von Dirac, als er eine relativistische Version der Schrödinger-Gleichung für ein Spin-1/2-Teilchen aufstellte. Mit seiner nach ihm benannten Gleichung erhielt er u.a. die richtige Feinstruktur für das Wasserstoffatom. Aber sehr rasch tauchten auch hier prinzipielle Schwierigkeiten auf, welche erst behoben wurden, als man die Diracsche Wellenfunktion als Quantenfeld reinterpretierte. Diese wichtigen Teile der relativistischen Quantentheorie werden im 2. und 3. Kapitel behandelt.

Im Anschluss an diese Entwicklungen entstanden nun die die zwei grossen Arbeiten von Heisenberg und Pauli, in denen zum ersten Mal eine systematische Theorie der Feldquantisierung entwickelt wurde. Damit waren die Grundlagen gelegt, auf denen alle weiteren Entwicklungen der Quantenfeldtheorie und insbesondere der Quantenelektrodynamik (QED) aufbauten.

In den frühen dreissiger Jahren benutzte man die QED zur Berechnung einer Vielzahl physikalischer Prozesse, mit Ergebnissen, die in tiefster Ordnung

Störungstheorie glänzende Übereinstimmung mit dem Experiment zeigten; aber in höheren Ordnungen tauchten die bereits erwähnten katastrophalen Divergenzen auf. Die Gründergeneration war deshalb Mitte der dreissiger Jahre der Ansicht, dass die QED bestenfalls als eine erste Näherung einer zukünftigen Theorie ernst zu nehmen sei. Erst nach dem Zweiten Weltkrieg erkannten verschiedene Forscher – insbesondere Feynman, Schwinger und Tomonaga –, dass die auftretenden Divergenzen auf eine unendliche Selbstenergie und einen unendlichen Beitrag zu seiner elektrischen Ladung zurückzuführen sind. Die Selbstenergie können wir uns folgendermassen vorstellen: Ein Elektron emittiert und reabsorbiert dauernd Photonen aller Frequenzen. Da der Frequenz und damit der Energie der Photonen keine Grenzen gesetzt sind, ist die Energie der Photonwolke – die sogenannte Selbstenergie des Elektrons – unendlich gross. Weil es nicht möglich ist, ein Elektron von seiner Photonenwolke zu trennen, ist dieser Selbstenergieanteil aber unbeobachtbar; messbar ist nur die (endliche) Gesamtmasse des Elektrons. Entsprechendes gilt für die elektrische Ladung. Dank dieser Einsicht wurde es möglich, alle auftretenden Divergenzen durch eine "Renormierung" der Masse und der Ladung zu absorbieren.[1]

Für die QED gelangte man dadurch zu einer Störungsreihe, die in jeder Ordnung wohldefiniert ist. Wir sagen, die Theorie sei renormierbar. Die ersten paar Glieder dieser Reihe stimmen ausnahmslos mit zahlreichen Präzisionsexperimenten perfekt überein. Die QED ist damit in einem von ihren Begründern nicht erträumten Masse erfolgreich geworden. Wesentliche Teile der QED werden wir in den restlichen Kapiteln 4-7 dieses Lehrbuchs entwickeln. Als Abschluss wird dabei das Schwingersche Resultat für die anomalen magnetischen Momente der geladenen Leptonen hergeleitet.

Obschon die weiteren Entwicklungen der Quantenfeldtheorie und deren Anwendungen in der Elementarteilchenphysik in diesem Buch nicht besprochen werden, wollen wir in dieser Einleitung kurz darauf eingehen. Die QED hat sich dabei – für manche überraschend – als sehr fruchtbares Vorbild erwiesen.

Die *schwache Wechselwirkung* schien für lange Zeit nicht durch eine renormierbare Feldtheorie beschreibbar zu sein. Den ersten Schritt zu einer Theorie der schwachen Wechselwirkung hatte Enrico Fermi bereits 1933 getan. Um 1958 war man nach einigen Verbesserungen im Besitz einer Theorie, die in erster Ordnung Störungstheorie mit allen damaligen Experimenten im Einklang stand. In höheren Ordnungen liessen sich aber die Divergenzen nicht in endlich vielen Renormierungskonstanten absorbieren; die erweiterte Fermi-Theorie ist unrenormierbar. Eng damit verknüpft ist eine andere Schwierigkeit dieser Theorie, auf die Heisenberg schon in den dreissiger Jahren hingewiesen hatte. Bereits aus Dimensionsgründen müssen nämlich in ihr

[1] Es muss jedoch betont werden, dass die Idee der Renormierung an sich nicht mit dem Auftreten von unendlichen Grössen verbunden ist. Auch wenn die Selbstmasse und die Selbstladung endlich wären, wäre es nötig sie zuerst in der Theorie zu isolieren, bevor ein Vergleich mit dem Experiment stattfinden könnte.

die Raten aller Neutrinoreaktionen mit zunehmender Energie in einer Weise anwachsen, welche im Widerspruch zu grundsätzlichen Prinzipien steht ("Unitaritätskatastrophe"). Die Theorie musste deshalb, wie damals klar gesagt wurde, spätestens bei einer Energieskala von ungefähr 300 GeV versagen. Wiederum befanden sich die theoretischen Physiker – trotz praktischer Erfolge – in einer verzweifelten Situation. Es waren Symmetrieprinzipien, die schliesslich einen Ausweg aus der Sackgasse weisen sollten. Dies bringt uns zum nächsten Thema.

Die QED ist ein besonders einfaches Beispiel einer "Eichtheorie". Sie gehört damit zu einer speziellen Klasse von Feldtheorien mit einem hohen Grad von Symmetrie, die man aus rein historischen Gründen als Eichsymmetrie bezeichnet. Die Symmetrieoperationen bestehen dabei aus gewissen Transformationen aller Felder, wobei – und das ist das Besondere – die Transformationen **an jedem Ort und zu jeder Zeit unabhängig gewählt werden** können. Damit hat diese Symmetrie eine enge Verwandtschaft mit der grundlegenden Invarianzeigenschaft der Allgemeinen Relativitätstheorie (ART). Die Forderung, dass die Grundgleichungen der Theorie unter Eichtransformationen invariant bleiben, erzwingt die Existenz von sogenannten Eichfeldern, zu denen auch das elektromagnetische Feld gehört. Ausserdem – und das ist besonders wichtig – legt die Eichinvarianz auch die Selbstwechselwirkung der Eichfelder und deren Kopplung an die Materie fest; die **Invarianz impliziert die Dynamik.** Die einfachste Eichinvarianz wurde schon kurz nach Schrödingers berühmten Arbeiten zur Wellenmechanik von mehreren Autoren unabhängig entdeckt. Es war aber Hermann Weyl, der die Eichinvarianz als *Symmetrieprinzip* betonte, aus dem die Elektrodynamik hergeleitet werden kann. Dieser Gesichtspunkt erwies sich viel später als ausserordentlich fruchtbar. In seiner grossartigen Arbeit von 1929 schreibt Weyl bereits in der Einleitung: *"Es scheint mir darum dieses Prinzip der Eichinvarianz zwingend darauf hinzuweisen, dass das elektromagnetische Feld ein notwendiges Begleitphänomen des [materiellen] Wellenfeldes ist."* Gleich anschliessend weist er auf die Ähnlichkeit mit der ART hin, wenn er sagt: *"Da die Eichinvarianz eine willkürliche Funktion einschliesst, hat sie den Charakter allgemeiner Relativität und kann natürlich nur in ihrem Rahmen verstanden werden."* [2]

Mitte der fünfziger Jahre begann man, verallgemeinerte Eichtheorien zu formulieren. Von der QED unterscheiden sich diese dadurch, dass die Symmetrieoperationen i.A. nicht miteinander vertauschbar sind. Man spricht deshalb von nicht-kommutativen oder nicht-abelschen Eichtheorien. Diese schienen während längerer Zeit für die Physik von ungeordneter Bedeutung zu sein. C.N.Yang, der 1954 mit R.Mills die wichtigste Arbeit über (ungebrochene) nicht-abelsche Eichtheorien schrieb, sagte in einem Interview im Jahre 1991 auf die Frage, ob ihm 1954 die enorme Bedeutung seiner Arbeit bereits

[2] Für eine Würdigung dieser Arbeit von Weyl siehe z.B.: L.O'Raifeartaigh und N.Straumann, Rev. Mod. Phys. **72**, 1 (2000).

bewusst gewesen sei: *"No. In the 1950s we felt our work was elegant. I realized its importance in the 1960s and its great importance in the 1970s. Its relationship to deep mathematics became clear to me only after 1974."* Der Hauptgrund, weshalb dies so lange dauerte lag daran, dass man nicht wusste, wie die Quanten, die zu den Eichfeldern gehören (also Teilchen analog zum Photon), eine Masse erhalten könnten. Da die schwache Wechselwirkung extrem kurzreichweitig ist, war deren Beschreibung im Rahmen einer Eichtheorie nur denkbar, wenn die entsprechenden Quanten eine Masse von etwa 100 Protonmassen aufweisen würden.

In den sechziger Jahren erkannten schliesslich mehrere Forscher, dass gewisse Quanten von Eichfeldern automatisch eine Masse erhalten, falls die Eichsymmetrie "spontan gebrochen" ist. Dieses sogenannte *Higgs-Phänomen* ist auch aus der Theorie der Supraleitung bekannt. Die Landau-Ginzburg-Theorie der Supraleitung ist eine einfache Eichtheorie, deren Symmetrie in der supraleitenden Phase spontan gebrochen wird. Dabei wird das elektromagnetische Feld massiv, was sich darin äussert, dass das Magnetfeld praktisch nicht in den Supraleiter eindringen kann.

In dieser Situation machten Steven Weinberg und Abdus Salam (an frühere Beiträge von Sheldon Glashow anknüpfend) um 1967 unabhängig denselben Versuch, die elektromagnetische und die schwache Wechselwirkung im Rahmen einer spontan gebrochenen Eichtheorie einheitlich zu beschreiben. Zunächst stiessen diese Arbeiten auf wenig Echo. Dies beruhte hauptsächlich darauf, dass die beiden Autoren zwar die Hoffnung äusserten, dass ihre Theorie – ähnlich wie die QED – renormierbar sei, aber zeigen konnten sie dies nicht. Dies gelang erst einige Jahre später den beiden Holländern G. 't Hooft und M. Veltman. Damit geriet die elektroschwache Eichtheorie auf die Tagesordnung der physikalischen Forschung und wurde zu einem dominierenden Thema. Bald darauf fand man auch für die *starke Wechselwirkung* eine elegante und erfolgreiche Eichtheorie, die Quantenchromodynamik (QCD), welche schnell allgemein akzeptiert wurde. Die elektroschwache Theorie und die QCD, die zusammen das *Standardmodell* der Teilchenphysik ausmachen, wurden vorallem in den neunziger Jahren an mehreren Beschleunigern, in erster Linie am Large Electron Positron Collider (LEP) des CERN, durch zahlreiche Präzisionsexperimente überprüft. Bis jetzt wurden – zum Leidwesen der Experimentalphysiker – keine eindeutigen Abweichungen von der Theorie entdeckt.

Trotz dieser grossen Erfolge bleiben aber noch viele Fragen offen. Diese zwingen uns, über das Erreichte hinauszugehen. Mit dem Higgs-Mechanismus ist es zwar möglich die Eichsymmetrie in renormierbarer Weise zu brechen; ob aber die Natur so verfährt, ist keineswegs sicher. Ein Verständnis der Massen der fundamentalen Teilchen (Leptonen und Quarks) hängt vermutlich eng mit der elektroschwachen Symmetriebrechung zusammen. Im Rahmen des Higgs-Mechanismus können wir jedoch über diese Massen fast nichts aussagen. Sie sind freie Parameter, die aus dem Experiment entnommen werden müssen.

Schlimmer noch, eine ganze Reihe von weiteren freien Parametern der Theorie ist im Higgs-Sektor angesiedelt. Es ist eine der grossen Hoffnungen, dass wir mit zukünftigen Experimenten am Large Hadron Collider (LHC), der am CERN im Bau ist, über diesen dunklen Aspekt Klarheit bekommen werden.

Das Standardmodell hat aber noch andere unbefriedigende Züge. Das beginnt schon damit, dass wir nicht verstehen, weshalb gerade seine und nicht andere Eichsymmetrien realisiert sind. Auch die zugehörigen Multipletts von Materiefeldern müssen aus dem experimentellen Material erraten werden. Dann allerdings – und das ist ein sehr befriedigender Aspekt – sind die Eichfelder, ihre Selbstwechselwirkungen und ihre Kopplungen an die Materiefelder (fast) vollständig bestimmt. Wie in der ART legt die Eichsymmetrie die Dynamik fest. Wir hoffen, dass wir eines Tages ein tieferes Verständnis für den Ursprung der Eichgruppen gewinnen werden.

1. Quantentheorie der Strahlung

Der Rahmen der nichtrelativistischen Quantenmechanik endlich vieler Freiheitsgrade[1] wird in diesem Kapitel gesprengt. Letztere kann z. B. die *spontane Emission* eines angeregten Atomzustandes nicht beschreiben. Dasselbe gilt für viele andere Erzeugungs- und Vernichtungsprozesse von Elementarteilchen, wie z.B. den Zerfall des Neutrons $n \to p + e^- + \bar{\nu}$.

Zunächst werden wir das freie Strahlungsfeld quantisieren. Dazu bringen wir die klassische Theorie in eine Hamiltonsche Form und quantisieren dann in gleicher Weise wie bei nichtrelativistischen Systemen. Im Unterschied zu diesen liegen aber beim Strahlungsfeld *unendlich viele Freiheitsgrade* vor.

Danach betrachten wir die Kopplung des Strahlungsfeldes an die Materie und analysieren unter anderem die Emission und Absorption von Strahlung in tiefster Ordnung Störungstheorie (Dirac 1927). In höheren Ordnungen werden wir auf wesentliche Schwierigkeiten (Divergenzen) stossen.

Die Diracsche Strahlungstheorie stellt einen ersten entscheidenden Schritt auf dem Weg zu einer konsequenten Quantenfeldtheorie (Dynamik von gekoppelten quantisierten Feldern) dar. Durch die Quantisierung des elektromagnetischen Feldes werden die wellenartigen *und* die korpuskelhaften Züge der Strahlung in adäquater Weise beschrieben.

1.1 Das klassische Strahlungsfeld

Das Paar der homogenen Maxwell-Gleichungen

$$\nabla \cdot \boldsymbol{B} = 0\,, \qquad \nabla \wedge \boldsymbol{E} + \frac{1}{c}\dot{\boldsymbol{B}} = 0 \tag{1.1}$$

ermöglicht die bekannte Darstellung der Feldstärken durch Potentiale

$$\boldsymbol{E} = -\nabla\varphi - \frac{1}{c}\dot{\boldsymbol{A}}\,, \qquad \boldsymbol{B} = \nabla \wedge \boldsymbol{A}\,, \tag{1.2}$$

womit umgekehrt die Gleichungen (1.1) automatisch erfüllt sind. Die Darstellung (1.2) ist nicht eindeutig. Die Feldstärken ändern sich nicht bei den

[1] Diesbezüglich verweisen wir meistens auf unsere Darstellung [1], an welche dieses Buch direkt anknüpft. Es gibt jedoch viele andere geeignete Lehrbücher, die zum Teil in [1] zitiert sind.

Eichtransformationen

$$\boldsymbol{A} \to \boldsymbol{A} + \boldsymbol{\nabla}\chi\,,$$
$$\varphi \to \varphi - \frac{1}{c}\,\dot{\chi}\,. \tag{1.3}$$

Die inhomogenen Maxwell-Gleichungen (in Gaußschen Einheiten)

$$\boldsymbol{\nabla}\cdot\boldsymbol{E} = 4\pi\,\varrho\,, \qquad \boldsymbol{\nabla}\wedge\boldsymbol{B} - \frac{1}{c}\,\dot{\boldsymbol{E}} = \frac{4\pi}{c}\,\boldsymbol{J} \tag{1.4}$$

lauten in den Potentialen geschrieben

$$\Delta\varphi + \frac{1}{c}\,\boldsymbol{\nabla}\cdot\dot{\boldsymbol{A}} = -4\pi\,\varrho\,,$$
$$\Delta\boldsymbol{A} - \frac{1}{c^2}\ddot{\boldsymbol{A}} - \boldsymbol{\nabla}\,(\boldsymbol{\nabla}\cdot\boldsymbol{A} + \frac{1}{c}\,\dot{\varphi}) = -\frac{4\pi}{c}\,\boldsymbol{J}\,. \tag{1.5}$$

Während in der klassischen Theorie die Potentiale bequeme, aber entbehrliche Rechengrössen sind, spielen sie in der Quantentheorie eine ausschlaggebende Rolle. (Nur mit deren Hilfe lässt sich die Kopplung der Strahlung an die Materie hamiltonsch beschreiben.) Gleichzeitig führt aber die Eichinvarianz der Theorie zu Schwierigkeiten bei der Quantisierung. Im folgenden arbeiten wir ausschliesslich in der *Coulomb-Eichung* (oder *transversalen Eichung*). Diese ist definiert durch

$$\boldsymbol{\nabla}\cdot\boldsymbol{A} = 0\,. \tag{1.6}$$

Wenn (1.6) erfüllt ist, so muss nach (1.5) für φ die Poisson-Gleichung gelten

$$\Delta\varphi = -4\pi\,\varrho\,. \tag{1.7}$$

Das skalare Potential ist also das *instantane* Coulomb-Potential (daher der Name „Coulomb-Eichung“).

Bei einer Umeichung (1.3) haben wir

$$\boldsymbol{\nabla}\boldsymbol{A} \to \boldsymbol{\nabla}\cdot\boldsymbol{A} + \boldsymbol{\nabla}\cdot\chi\,.$$

Falls also $\Delta\chi = -\boldsymbol{\nabla}\cdot\boldsymbol{A}$ gewählt wird, so erfüllt das neue Potential die Coulomb-Bedingung, d.h. (1.6) kann immer erfüllt werden. Die 2. Gleichung von(1.5) reduziert sich in der Coulomb-Eichung auf

$$(\Delta - \frac{1}{c^2}\,\partial_t^2)\,\boldsymbol{A} = -\frac{4\pi}{c}\,\boldsymbol{J} + \frac{1}{c}\,\boldsymbol{\nabla}\dot{\varphi}\,. \tag{1.8}$$

Hier ist der letzte Term nach (1.7) und der Kontinuitätsgleichung $\dot{\varrho} + \boldsymbol{\nabla}\cdot\boldsymbol{J} = 0$:

$$\boldsymbol{\nabla}\dot{\varphi} = \boldsymbol{\nabla}\int\frac{\dot{\varrho}(\boldsymbol{x}',t)}{|\boldsymbol{x}-\boldsymbol{x}'|}\,d^3x' = -\boldsymbol{\nabla}\int\frac{\boldsymbol{\nabla}'\cdot\boldsymbol{J}(\boldsymbol{x}',t)}{|\boldsymbol{x}-\boldsymbol{x}'|}\,d^3x'\,. \tag{1.9}$$

Wie jedes Vektorfeld, können wir auch den Strom in „longitudinale“ und „transversale“ Anteile zerlegen:

$$\boldsymbol{J} = \boldsymbol{J}_{\|} + \boldsymbol{J}_{\perp} , \tag{1.10}$$

mit

$$\nabla \wedge \boldsymbol{J}_{\|} = 0 , \qquad \nabla \cdot \boldsymbol{J}_{\perp} = 0 . \tag{1.11}$$

Dies lässt sich explizit bewerkstelligen. Wir zeigen weiter unten, dass

$$\boldsymbol{J}_{\|}(\boldsymbol{x}) = -\frac{1}{4\pi} \nabla \int \frac{\nabla' \cdot \boldsymbol{J}(\boldsymbol{x}', t)}{|\boldsymbol{x} - \boldsymbol{x}'|} d^3x' , \tag{1.12}$$

$$\boldsymbol{J}_{\perp}(\boldsymbol{x}) = \frac{1}{4\pi} \nabla \wedge \int \frac{\nabla' \wedge \boldsymbol{J}(\boldsymbol{x}', t)}{|\boldsymbol{x} - \boldsymbol{x}'|} d^3x' . \tag{1.13}$$

Nach (1.9) und (1.12) ist also

$$\nabla \dot{\varphi} = 4\pi \, \boldsymbol{J}_{\|} , \tag{1.14}$$

und folglich wird aus (1.8) mit (1.10)

$$\left(\Delta - \frac{1}{c} \partial_t^2 \right) \boldsymbol{A} = -\frac{4\pi}{c} \boldsymbol{J}_{\perp} . \tag{1.15}$$

$\boldsymbol{B}$ ist wegen $\nabla \cdot \boldsymbol{B} = 0$ transversal. Wir zerlege auch die elektrische Feldstärke gemäss $\boldsymbol{E} = \boldsymbol{E}_{\|} + \boldsymbol{E}_{\perp}$,

$$\boldsymbol{E}_{\|} = -\nabla \varphi , \qquad \boldsymbol{E}_{\perp} = -\frac{1}{c} \partial_t \boldsymbol{A} . \tag{1.16}$$

Nun betrachten wir die Feldenergie. Unter Benutzung des Gaußschen Satzes finden wir dafür

$$U = \frac{1}{8\pi} \int (\boldsymbol{E}^2 + \boldsymbol{B}^2) \, dV = \frac{1}{8\pi} \int (\boldsymbol{E}_{\perp}^2 + \boldsymbol{B}^2) \, dV + \frac{1}{8\pi} \int \boldsymbol{E}_{\|}^2 \, dV .$$

Der letzte Term ist nach (1.16) und (1.7)

$$\begin{aligned} \frac{1}{8\pi} \int \boldsymbol{E}_{\|}^2 \, dV &= \frac{1}{8\pi} \int |\nabla \varphi|^2 \, dV = -\frac{1}{8\pi} \int \varphi \, \Delta \varphi \, dV \\ &= \frac{1}{2} \int \varphi \, \varrho \, dV = \frac{1}{2} \int \frac{\varrho(\boldsymbol{x}, t) \, \varrho(\boldsymbol{x}', t)}{|\boldsymbol{x} - \boldsymbol{x}'|} d^3x d^3x' . \end{aligned}$$

Dieser longitudinale Anteil ist also gleich der Coulomb-Energie der Landungsverteilung ϱ.

Als Resultat haben wir

$$U = U_{\perp} + \text{Coulomb-Energie},$$

$$U_{\perp} = \frac{1}{8\pi} \int \left[\frac{1}{c^2} \dot{\boldsymbol{A}}^2 + |\nabla \wedge \boldsymbol{A}|^2 \right] dV . \tag{1.17}$$

* * *

Einschub: Zerlegung eines Vektorfeldes in quellenfreie und wirbelfreie Anteile

Im folgenden sollen alle Felder im Unendlichen hinreichend rasch abfallen. Dann gilt der
Hilfssatz: *Jedes Vektorfeld* $\boldsymbol{w}$ *auf* $\mathbb{R}^3$ *kann eindeutig in der Form*

$$\boldsymbol{w} = \boldsymbol{\nabla}\varphi + \boldsymbol{\nabla} \wedge \boldsymbol{a} \tag{1.18}$$

dargestellt werden. (Spezialfall der Hodge-Zerlegung.)
Beweis: 1. Existenz: Für eine Zerlegung (1.18) gilt notwendigerweise $\boldsymbol{\nabla} \cdot \boldsymbol{w} = \Delta\varphi$. Ist umgekehrt φ eine Lösung dieser Gleichung (welche immer existiert) und $\boldsymbol{v} := \boldsymbol{w} - \boldsymbol{\nabla}\varphi$, so erfüllt $\boldsymbol{v}$ die Gleichung $\boldsymbol{\nabla} \cdot \boldsymbol{v} = 0$. Folglich gibt es ein Vektorfeld $\boldsymbol{a}$ mit $\boldsymbol{v} = \boldsymbol{\nabla} \wedge \boldsymbol{a}$ und die Existenz ist bewiesen. Eine Lösung φ ist durch das folgende Poisson-Integral gegeben:

$$\varphi(\boldsymbol{x}) = -\frac{1}{4\pi} \int_{\mathbb{R}^3} \frac{\boldsymbol{\nabla} \cdot \boldsymbol{w}(\boldsymbol{x}')}{|\boldsymbol{x} - \boldsymbol{x}'|} \, d^3x' \, . \tag{1.19}$$

Ferner gilt für $\boldsymbol{a}$ die Gleichung

$$\boldsymbol{\nabla} \wedge (\boldsymbol{\nabla} \wedge \boldsymbol{a}) = \boldsymbol{\nabla} \wedge \boldsymbol{v} = \boldsymbol{\nabla} \wedge \boldsymbol{w} \, .$$

Für $\boldsymbol{a}$ können wir $\boldsymbol{\nabla} \cdot \boldsymbol{a} = 0$ verlangen. Dann gilt

$$\Delta \boldsymbol{a} = -\boldsymbol{\nabla} \wedge \boldsymbol{w} \, , \tag{1.20}$$

mit der Lösung

$$\boldsymbol{a}(\boldsymbol{x}) = \frac{1}{4\pi} \int_{\mathbb{R}^3} \frac{\boldsymbol{\nabla} \wedge \boldsymbol{w}(\boldsymbol{x}')}{|\boldsymbol{x} - \boldsymbol{x}'|} \, d^3x' \, . \tag{1.21}$$

2. Eindeutigkeit: Für eine Zerlegung (1.18) ist mit $\boldsymbol{v} := \boldsymbol{\nabla} \wedge \boldsymbol{a}$

$$\boldsymbol{w} = \boldsymbol{\nabla}\varphi + \boldsymbol{v} \, , \qquad \boldsymbol{\nabla} \cdot \boldsymbol{v} = 0 \, .$$

Da $\boldsymbol{\nabla} \cdot (\varphi \boldsymbol{v}) = (\boldsymbol{\nabla} \cdot \boldsymbol{v})\varphi + \boldsymbol{v} \cdot \boldsymbol{\nabla}\varphi$ gilt somit, unter Benutzung des Gaußschen Satzes und den angenommenen Abfalleigenschaften im Unendlichen,

$$\int_{\mathbb{R}^3} \boldsymbol{v} \cdot \boldsymbol{\nabla}\varphi \, dV = 0 \, . \tag{1.22}$$

Liegen nun zwei verschiedene Zerlegungen (mit 1,2 indiziert) vor, so gilt

$$0 = (\boldsymbol{v}_1 - \boldsymbol{v}_2) + \boldsymbol{\nabla}(\varphi_1 - \varphi_2) \, .$$

Multiplizieren wir diese Gleichung mit $\boldsymbol{v}_1 - \boldsymbol{v}_2$, integrieren über $\mathbb{R}^3$ und benutzen (1.22), so ergibt sich

$$\int_{\mathbb{R}^3} |\boldsymbol{v}_1 - \boldsymbol{v}_2|^2 \, dV = 0 \, .$$

Deshalb ist $\boldsymbol{v}_1 = \boldsymbol{v}_2$ und damit haben wir auch $\nabla\varphi_1 = \nabla\varphi_2$.

Der obige Beweis hat uns auch eine explizite Form für die eindeutige Zerlegung (1.18) geliefert: Nach (1.18), (1.19) und (1.21) ist

$$\boldsymbol{w}(\boldsymbol{x}) = -\frac{1}{4\pi}\nabla \int_{\mathbb{R}^3} \frac{\nabla \cdot \boldsymbol{w}(\boldsymbol{x}')}{|\boldsymbol{x} - \boldsymbol{x}'|} d^3x' + \frac{1}{4\pi}\nabla \wedge \int_{\mathbb{R}^3} \frac{(\nabla \wedge \boldsymbol{w})(\boldsymbol{x}')}{|\boldsymbol{x} - \boldsymbol{x}'|} d^3x' \,. \tag{1.23}$$

* * *

Im folgenden betrachten wir zuerst *freie* Felder ($\varrho = 0, \boldsymbol{J} = 0$). Dann ist in der Coulomb-Eichung

$$\varphi = 0\,, \qquad \nabla \cdot \boldsymbol{A} = 0\,. \tag{1.24}$$

Die Feldstärken lauten

$$\boldsymbol{E} = -\frac{1}{c}\,\partial_t \boldsymbol{A}\,, \qquad \boldsymbol{B} = \nabla \wedge \boldsymbol{A}\,, \tag{1.25}$$

und für $\boldsymbol{A}$ gilt die Wellengleichung

$$(\Delta - \frac{1}{c^2}\frac{\partial^2}{\partial t^2})\,\boldsymbol{A} = 0\,. \tag{1.26}$$

Zerlegung nach Eigenschwingungen

Wir betrachten die elektromagnetische Strahlung in einem kubischen Hohlraum der Kantenlänge L ($V = L^3$) und nehmen an, dass $\boldsymbol{A}$ periodische Randbedingungen erfüllt.

Spezielle Lösungen von (1.24) und (1.26) sind:

$$\boldsymbol{A}(x,t) = \frac{1}{\sqrt{V}}\,\boldsymbol{\varepsilon}(\boldsymbol{k},\lambda)\,e^{i\,(\boldsymbol{k}\cdot\boldsymbol{x} - \omega_k\,t)}\,. \tag{1.27}$$

Dabei sind $\boldsymbol{\varepsilon}(\boldsymbol{k}\lambda)$, $\lambda = 1,2$, zwei zueinander orthogonale Einheitsvektoren, welche senkrecht auf $\boldsymbol{k}$ stehen (womit die Transversalität (1.24) erfüllt ist) und $\boldsymbol{k}$ ist aufgrund der Randbedingungen von der Form

$$\boldsymbol{k} = \frac{2\pi}{L}\boldsymbol{n}\,, \qquad \boldsymbol{n} \in \mathbb{Z}^3\,. \tag{1.28}$$

Ferner verlangt die Wellengleichung für positive Frequenzen

$$\omega_k = c\,|\boldsymbol{k}|\,. \tag{1.29}$$

Wir bezeichnen im folgenden den Raum der vektorwertigen, transversalen, quadratintegrierbaren Funktionen über V mit $L^2_\perp(V)$. Die Lösungen der

Form (1.27) bilden eine vollständige orthonormierte Basis in diesem Raum. Eine allgemeine Lösung von (1.24) und (1.26) lässt sich nach dieser Basis entwickeln:

$$\boldsymbol{A}(x,t) = \frac{1}{\sqrt{V}} \sum_{\boldsymbol{k},\lambda} \left[c_{\boldsymbol{k},\lambda}\, \boldsymbol{\varepsilon}(k,\lambda)\, e^{i\,(\boldsymbol{k}\cdot\boldsymbol{x}-\omega_k\, t)} + c^*_{\boldsymbol{k},\lambda}\, \boldsymbol{\varepsilon}(k,\lambda)^*\, e^{-i\,(\boldsymbol{k}\cdot\boldsymbol{x}-\omega_k t)} \right] . \tag{1.30}$$

In dieser Entwicklung haben wir dafür gesorgt, dass $\boldsymbol{A}(x,t)$ reell ist.

Nun berechnen wir die Energie U des elektromagnetischen Feldes das zu (1.30) gehört. Nach (1.17) ist

$$U = \frac{1}{8\pi} \int_V \left(\frac{1}{c^2} |\dot{\boldsymbol{A}}|^2 + |\boldsymbol{\nabla} \wedge \boldsymbol{A}|^2 \right) d^3x \,. \tag{1.31}$$

Darin formen wir den 2. Term um:

$$\int_V (\boldsymbol{\nabla} \wedge \boldsymbol{A})^2\, d^3x = \int_V \{\boldsymbol{\nabla} \cdot [\boldsymbol{A} \wedge (\boldsymbol{\nabla} \wedge \boldsymbol{A})] + \boldsymbol{A} \cdot [\boldsymbol{\nabla} \wedge (\boldsymbol{\nabla} \wedge \boldsymbol{A})]\}\, d^3x \,.$$

Aufgrund der periodischen Randbedingungen und des Gaußschen Satzes können wir den ersten Term rechts weglassen. Benutzen wir $\boldsymbol{\nabla} \wedge (\boldsymbol{\nabla} \wedge\ ) = \boldsymbol{\nabla}(\boldsymbol{\nabla}\cdot\ ) - \Delta$, $\boldsymbol{\nabla} \cdot \boldsymbol{A} = 0$ sowie die Wellengleichung für $\boldsymbol{A}$, so erhalten wir

$$\int_V \boldsymbol{A} \cdot [\boldsymbol{\nabla} \wedge (\boldsymbol{\nabla} \wedge \boldsymbol{A})]\, d^3x = -\int_V \boldsymbol{A} \cdot \Delta \boldsymbol{A}\, d^3x = -\frac{1}{c^2} \int_V \boldsymbol{A} \cdot \ddot{\boldsymbol{A}}\, d^3x \,,$$

also gilt

$$\int_V |\boldsymbol{\nabla} \wedge \boldsymbol{A}|^2\, d^3x = -\frac{1}{c^2} \int_V \boldsymbol{A} \cdot \ddot{\boldsymbol{A}}\, d^3x \,,$$

und folglich

$$U = \frac{1}{8\pi} \int_V \frac{1}{c^2} \left[\dot{\boldsymbol{A}} \cdot \dot{\boldsymbol{A}} - \boldsymbol{A} \cdot \ddot{\boldsymbol{A}} \right] d^3x \,. \tag{1.32}$$

Darin setzen wir die Entwicklung (1.30) ein und benutzen die Orthogonalitätseigenschaften der Funktionen

$$\boldsymbol{u}_{\boldsymbol{k},\lambda}(\boldsymbol{x}) := \frac{1}{\sqrt{V}} \boldsymbol{\varepsilon}(k,\lambda)\, e^{i\,\boldsymbol{k}\cdot\boldsymbol{x}} \,, \tag{1.33}$$

d.h.

$$\int_V \boldsymbol{u}^*_{\boldsymbol{k}',\lambda'} \cdot \boldsymbol{u}_{\boldsymbol{k},\lambda}\, d^3x = \delta_{\boldsymbol{k}',\boldsymbol{k}}\, \delta_{\lambda',\lambda} \,, \tag{1.34}$$

$$\int_V \boldsymbol{u}_{\boldsymbol{k}',\lambda'} \cdot \boldsymbol{u}_{\boldsymbol{k},\lambda}\, d^3x = \delta_{\boldsymbol{k}',-\boldsymbol{k}}\, \delta_{\lambda',\lambda} \,. \tag{1.35}$$

Als Resultat erhalten wir leicht

$$U = \frac{1}{2\pi} \sum_{\boldsymbol{k},\lambda} (\omega_k/c)^2\, c^*_{\boldsymbol{k},\lambda}\, c_{\boldsymbol{k},\lambda} \,. \tag{1.36}$$

Setzen wir

$$q_{\boldsymbol{k},\lambda}(t) = \frac{1}{\sqrt{2\pi}\,c}\,\frac{1}{\sqrt{2}}\left(c_{\boldsymbol{k},\lambda}\,e^{-i\,\omega_k\,t} + c^*_{\boldsymbol{k},\lambda}\,e^{i\,\omega_k\,t}\right) ,$$

$$p_{\boldsymbol{k},\lambda}(t) = \frac{-i\,\omega_k}{\sqrt{2\pi}\,c}\,\frac{1}{\sqrt{2}}\left(c_{\boldsymbol{k},\lambda}\,e^{-i\,\omega_k\,t} - c^*_{\boldsymbol{k},\lambda}\,e^{i\,\omega_k\,t}\right) , \tag{1.37}$$

so erhalten wir für die Energie, welche wir jetzt mit H bezeichnen,

$$\boxed{H(q_{\boldsymbol{k},\lambda}, p_{\boldsymbol{k},\lambda}) = \sum_{\boldsymbol{k},\lambda} \frac{1}{2}(p^2_{\boldsymbol{k},\lambda} + \omega_k^2\, q^2_{\boldsymbol{k},\lambda}) \,.} \tag{1.38}$$

Die $\{q_{\boldsymbol{k},\lambda}, p_{\boldsymbol{k},\lambda}\}$ sind ***kanonische Variablen***, denn nach (1.37) ist

$$\frac{\partial H}{\partial q_{\boldsymbol{k},\lambda}} = \omega_k^2 q_{\boldsymbol{k},\lambda} = -\dot{p}_{\boldsymbol{k},\lambda} \,,$$

$$\frac{\partial H}{\partial p_{\boldsymbol{k},\lambda}} = p_{\boldsymbol{k},\lambda} = \dot{q}_{\boldsymbol{k},\lambda} \,. \tag{1.39}$$

Die Hamilton-Funktion (1.30) beschreibt unendlich viele ungekoppelte harmonische Oszillatoren!

1.2 Quantisierung des Strahlungsfeldes

Die Quantisierung des freien Strahlungsfeldes liegt nun auf der Hand. Wir behandeln die unendlich vielen harmonischen Oszillatoren quantenmechanisch, d.h. wir interpretieren die $\{q_{\boldsymbol{k},\lambda}, p_{\boldsymbol{k},\lambda}\}$ als Operatoren eines Hilbert-Raumes $\mathcal{H}$, welche (formal) die kanonischen Vertauschungsrelationen

$$[q_{\boldsymbol{k},\lambda}, p_{\boldsymbol{k}',\lambda'}] = i\,\hbar\,\delta_{\boldsymbol{k}'\boldsymbol{k}}\,\delta_{\lambda'\lambda} \,, \tag{1.40}$$

$$[q_{\boldsymbol{k},\lambda}, q_{\boldsymbol{k}',\lambda'}] = [p_{\boldsymbol{k},\lambda}, p_{\boldsymbol{k}',\lambda'}] = 0 \tag{1.41}$$

erfüllen. Wie bei der QM eines einzelnen Oszillators ist es zweckmässig, die folgenden Linearkombinationen einzuführen:

$$a_{\boldsymbol{k},\lambda} = \frac{1}{\sqrt{2\hbar\omega_k}}\,(\omega_k\, q_{\boldsymbol{k},\lambda} + i\, p_{\boldsymbol{k},\lambda}) \,,$$

$$a^*_{\boldsymbol{k},\lambda} = \frac{1}{\sqrt{2\hbar\omega_k}}\,(\omega_k\, q_{\boldsymbol{k},\lambda} - i\, p_{\boldsymbol{k},\lambda}) \,. \tag{1.42}$$

$a^*_{\boldsymbol{k},\lambda}$ ist (formal) adjungiert zu $a_{\boldsymbol{k},\lambda}$. Aus (1.40) und (1.41) erhält man die Vertauschungsrelationen:

$$\boxed{[a_{\boldsymbol{k},\lambda}, a^*_{\boldsymbol{k},\lambda}] = \delta_{\boldsymbol{k}\boldsymbol{k}'}\delta_{\lambda\lambda'}, \qquad [a_{\boldsymbol{k},\lambda}, a_{\boldsymbol{k}',\lambda'}] = [a^*_{\boldsymbol{k},\lambda}, a^*_{\boldsymbol{k}',\lambda'}] = 0 \,.} \tag{1.43}$$

Vergleichen wir (1.42) mit (1.37), zunächst klassisch aufgefasst, so finden wir für (1.30):

$$\boxed{\boldsymbol{A}(\boldsymbol{x}) = \frac{1}{\sqrt{V}} \sum_{\boldsymbol{k},\lambda} \sqrt{\frac{2\pi\hbar c^2}{\omega_k}} \left[a_{\boldsymbol{k}\lambda} \boldsymbol{\varepsilon}(\boldsymbol{k},\lambda) e^{i\,\boldsymbol{k}\cdot\boldsymbol{x}} + a^*_{\boldsymbol{k}\lambda} \boldsymbol{\varepsilon}(\boldsymbol{k},\lambda)^* e^{-i\,\boldsymbol{k}\cdot\boldsymbol{x}}\right] .} \tag{1.44}$$

Mit der Reinterpretation von $a_{\boldsymbol{k}\lambda}$ als Operatoren wird aus $\boldsymbol{A}(\boldsymbol{x})$ ein *operatorwertiges Feld* (mathematische Präzisierungen folgen später). Je nachdem, ob wir im Heisenberg- oder im Schrödinger-Bild arbeiten, ist $\boldsymbol{A}(\boldsymbol{x})$ zeitabhängig, bzw. zeitunabhängig.

Wir betrachten zunächst ein einzelnes Paar von Operatoren a und a^*, wobei wir Bereichsfragen ignorieren. (Für eine konkrete Realisierung dieser Operatoren siehe [1], Kap. 1.4. Die dort benutzten Differentialoperatoren $D_\pm$ erfüllen dieselben algebraischen Beziehungen wie a und a^*.) Es sei

$$N = a^* a . \tag{1.45}$$

Wir notieren die Vertauschungsrelationen:

$$[a, N] = [a, a^* a] = [a, a^*]a = a, \qquad [a^*, N] = -a^* . \tag{1.46}$$

Ist $|n\rangle$ ein normierter Eigenzustand von N zum Eigenwert $n, N\,|n\rangle = n\,|n\rangle$, so gilt

1. $n \geq 0$, denn $n = \langle n|N|n\rangle = ||\, a\,|n\rangle\,||^2 \geq 0$;
2. $n = 0 \Leftrightarrow a\,|n\rangle = 0$;
3. $a^*\,|n\rangle$ verschwindet nicht (s. u.) und ist wieder ein Eigenzustand ($\neq 0$) von N zum Eigenwert $n+1$:
   $Na^*\,|n\rangle = [N, a^*]\,|n\rangle + a^* N\,|n\rangle = (n+1)a^*\,|n\rangle$.
4. Falls $n \neq 0$, ist $a\,|n\rangle$ wieder ein Eigenzustand ($\neq 0$) von N zum Eigenwert $n-1$.

Daraus folgt, falls die Operatoren a und a^* *irreduzibel* dargestellt sind, dass das Spektrum von N aus den nichtnegativen ganzen Zahlen besteht, wobei der Eigenwert $n \in \mathbb{N}_0$ einfach ist. Es gelten die Gleichungen

$$\begin{aligned} N\,|n\rangle &= n\,|n-1\rangle , \\ a\,|n\rangle &= \sqrt{n}\,|n-1\rangle, \qquad a\,|0\rangle = 0 , \\ a^*\,|n\rangle &= \sqrt{n+1}\,|n+1\rangle . \end{aligned} \tag{1.47}$$

[Z.B. ist $||a^*\,|n\rangle\,||^2 = \langle n\,|aa^*\,|n\rangle = \langle n\,|a^*a + 1\,|n\rangle = n+1 \Rightarrow a^*\,|n\rangle = \sqrt{n+1}\,|n+1\rangle$.]

Durch Iteration erhalten wir

$$\boxed{|n\rangle = \frac{1}{\sqrt{n!}}(a^*)^n\,|n\rangle .} \tag{1.48}$$

Wir notieren die wichtigen Matrixelemente

$$\boxed{\langle n-1\,|a\,|n\rangle = \sqrt{n}\,, \qquad \langle n+1\,|a^*\,|n\rangle = \sqrt{n+1}\,.} \tag{1.49}$$

Photonen

Wir identifizieren nun denjenigen Zustand, in welchem sich sämtliche Oszillatoren im Grundzustand befinden mit dem *Vakuum* und bezeichnen dieses wieder mit $|0\rangle$. Der normierte Zustand (vgl. 1.48)

$$|n_{\boldsymbol{k}_1\lambda_1}, n_{\boldsymbol{k}_2\lambda_2}, \ldots, n_{\boldsymbol{k}_s\lambda_s}\rangle := \prod_{i=1}^{s} \frac{1}{\sqrt{n_{\boldsymbol{k}_i\lambda_i}!}} (a^*_{\boldsymbol{k}_i\lambda_i})^{n_{\boldsymbol{k}_i\lambda_i}}\,|0\rangle \tag{1.50}$$

erfüllt

$$N_{\boldsymbol{k}_i\lambda_i}\,|n_{\boldsymbol{k}_1\lambda_1}, \ldots, n_{\boldsymbol{k}_s\lambda_s}\rangle = n_{\boldsymbol{k}_i\lambda_i}\,|n_{\boldsymbol{k}_1\lambda_1}, \ldots, n_{\boldsymbol{k}_s\lambda_s}\rangle\,, \tag{1.51}$$

wobei $N_{\boldsymbol{k}\lambda} = a^*_{\boldsymbol{k}\lambda} a_{\boldsymbol{k}\lambda}$.

Wir interpretieren (1.50) als den Zustand, bei welchem $n_{\boldsymbol{k}_1\lambda_1}$ Photonen der Sorte $(\boldsymbol{k}_1, \lambda_1)$, $n_{\boldsymbol{k}_2,\lambda_2}$ Photonen der Sorte $(\boldsymbol{k}_2, \lambda_2)$, etc. vorhanden sind. Es wird sich weiter unten zeigen, dass $\hbar\boldsymbol{k}_i$ die Impulse und λ_i die Polarisationen der Photonen sind. Aus (1.47) folgt, dass $a^*_{\boldsymbol{k},\lambda}$ ein zusätzliches Photon der Sorte $(\boldsymbol{k}, \lambda)$ erzeugt und $a_{\boldsymbol{k},\lambda}$ ein solches vernichtet. Deshalb nennt man die $a_{\boldsymbol{k},\lambda}, a^*_{\boldsymbol{k},\lambda}$ *Vernichtungs-*, bzw. *Erzeugungs-Operatoren.*

Die Zustände (1.50) für alle möglichen *endlichen* Sequenzen $\boldsymbol{k}_1, \lambda_1$, $\boldsymbol{k}_2\lambda_2$, $\ldots$, $\boldsymbol{k}_s, \lambda_s$ bilden eine *orthonormierte Basis* im Hilbert-Raum des quantisierten Strahlungsfeldes (eine mathematischere Diskussion wird folgen).

Der vorliegende Formalismus gestattet es, Zustände mit unbestimmter und unbeschränkter Photonenanzahl zu beschreiben. Wir vermerken überdies, dass die Zustände (1.50) bei Permutation der $\boldsymbol{k}_1, \lambda_1, \ldots, \boldsymbol{k}_s, \lambda_s$ symmetrisch sind, d.h. die Photonen genügen der *Bose-Einstein-Statistik.*

Energie und Impuls

Für den Hamilton-Operator des Strahlungsfeldes wählen wir den korrespondenzmässigen Ausdruck (1.38). Ausgedrückt durch die a, a^* lautet dieser

$$H = \frac{1}{2}\sum_{\boldsymbol{k},\lambda} \hbar\omega_k (a^*_{\boldsymbol{k},\lambda} a_{\boldsymbol{k},\lambda} + a_{\boldsymbol{k},\lambda} a^*_{\boldsymbol{k},\lambda}) = \sum_{\boldsymbol{k},\lambda} \hbar\omega_k \left(a^*_{\boldsymbol{k},\lambda} a_{\boldsymbol{k},\lambda} + \frac{1}{2} \right)\,. \tag{1.52}$$

Dieser Ausdruck enthält eine *divergente Nullpunktsenergie.* Da die Energie nur bis auf eine additive Konstante bestimmt ist, können wir diese Nullpunktsenergie weglassen (siehe jedoch Kap. 1.3 zum *Casimir-Effekt*). Dies würde sich auch durch eine andere Wahl in der Reihenfolge der Operatoren in (1.52) ergeben, welche ja korrespondenzmässig nicht bestimmt ist! Damit lautet der Hamilton-Operator für das freie Strahlungsfeld:

$$\boxed{H = \sum_{\boldsymbol{k},\lambda} \hbar\omega_k a^*_{\boldsymbol{k},\lambda} a_{\boldsymbol{k},\lambda} \, .} \tag{1.53}$$

Es gilt

$$H\,|0\rangle = 0 \tag{1.54}$$

und

$$H\,|n_{\boldsymbol{k}_1,\lambda_1},\ldots,n_{\boldsymbol{k}_s,\lambda_s}\rangle = \left(\sum_{i=1}^{s} n_{\boldsymbol{k}_i,\lambda_i}\hbar\omega_{k_i}\right)|n_{\boldsymbol{k}_1,\lambda_1},\ldots,n_{\boldsymbol{k}_s,\lambda_s}\rangle \, . \tag{1.55}$$

Die Vertauschungsrelationen

$$[H, a^*_{\boldsymbol{k},\lambda}] = \hbar\omega_k a^*_{\boldsymbol{k},\lambda}, \qquad [H, a_{\boldsymbol{k},\lambda}] = \hbar\omega_k a^*_{\boldsymbol{k},\lambda}$$

zeigen, dass die Zeitabhängigkeit der Operatoren $a_{\boldsymbol{k},\lambda}$ und $a^*_{\boldsymbol{k},\lambda}$ im Heisenberg-Bild dieselbe ist wie für die klassischen Grössen:

$$a_{\boldsymbol{k},\lambda}(t) = a_{\boldsymbol{k},\lambda}(0)e^{-i\omega_k t}, \qquad a^*_{\boldsymbol{k},\lambda}(t) = a^*_{\boldsymbol{k},\lambda}(0)e^{+i\omega_k t} \, .$$

Für den Impuls übernehmen wir ebenfalls den korrespondenzmässigen Ausdruck

$$\boldsymbol{P} = \frac{1}{4\pi c}\int_V \boldsymbol{E}\wedge\boldsymbol{B}\, d^3x \, .$$

Setzt man darin die Entwicklung (1.44) ein, so findet man (s. Aufgabe 1.11.1):

$$\boxed{\boldsymbol{P} = \sum_{\boldsymbol{k},\lambda} \hbar\boldsymbol{k} a^*_{\boldsymbol{k},\lambda} a_{\boldsymbol{k},\lambda} \, .} \tag{1.56}$$

Dies zeigt z.B., dass

$$\boldsymbol{P} a^*_{\boldsymbol{k},\lambda}\,|0\rangle = \hbar\boldsymbol{k} a^*_{\boldsymbol{k},\lambda}\,|0\rangle \, .$$

Allgemeiner haben wir

$$\boldsymbol{P}\,|n_{\boldsymbol{k}_1,\lambda_1},\ldots,n_{\boldsymbol{k}_s,\lambda_s}\rangle = \left(\sum_{i=1}^{s} n_{\boldsymbol{k}_i,\lambda_i}\hbar\boldsymbol{k}_i\right)|n_{\boldsymbol{k}_1,\lambda_1},\ldots,n_{\boldsymbol{k}_s,\lambda_s}\rangle \, . \tag{1.57}$$

Wir sehen, dass $\hbar\boldsymbol{k}$ der *Impuls* und $\hbar\omega_k$ die *Energie eines Photons* der Sorte $(\boldsymbol{k},\lambda)$ ist, womit wir den Anschluss an die Photonenhypothese von Einstein gefunden haben!

Polarisation

Photonzustände $|\boldsymbol{k},\lambda\rangle$ mit dem gleichen $\boldsymbol{k}$ unterscheiden sich in der Polarisation λ. Klassisch gibt die Polarisation die Schwingungsrichtung des transversalen elektrischen Feldes an. In unserem Fall hängt die Bedeutung von λ von der Wahl der linear unabhängigen Polarisationsvektoren $\boldsymbol{\varepsilon}(\boldsymbol{k}, \lambda)$ senkrecht zu $\boldsymbol{k}$ ab. Im folgenden wählen wir für $\boldsymbol{\varepsilon}(\boldsymbol{k}, \lambda)$ entweder zwei reelle orthonormierte Vektoren $\boldsymbol{\varepsilon}(\boldsymbol{k}, 1)$, $\boldsymbol{\varepsilon}(\boldsymbol{k}, 2)$ derart, dass $\boldsymbol{\varepsilon}(\boldsymbol{k}, 1)$, $\boldsymbol{E}(\boldsymbol{k}, 2)$ und $\boldsymbol{k}$ ein rechtshändiges kartesisches Dreibein bilden, oder wir wählen die Zirkularpolarisationen[2]

$$\boldsymbol{\varepsilon}(\boldsymbol{k}, \pm) = \mp \frac{1}{\sqrt{2}}(\boldsymbol{\varepsilon}(\boldsymbol{k}, 1) \pm i\boldsymbol{\varepsilon}(\boldsymbol{k}, 2)) . \tag{1.58}$$

Beachte, dass

$$\boldsymbol{\varepsilon}(\boldsymbol{k}, +) = -\boldsymbol{\varepsilon}(\boldsymbol{k}, -)^* . \tag{1.59}$$

Nun behaupten wir:
Die Komponente des Drehimpulses eines Photonzustandes zu den Basisvektoren $\boldsymbol{\varepsilon}(\boldsymbol{k}, \pm)$ in Richtung $\boldsymbol{k}$ ist gleich ± 1. Wir sagen dafür auch die Helizität sei ± 1.

Begründung: Der Drehimpuls-Operator $\boldsymbol{J}$ des quantisierten Strahlungsfeldes ergibt sich korrespondenzmässig aus dem klassischen Ausdruck

$$\boldsymbol{J} = \frac{1}{4\pi c} \int_V [\boldsymbol{x} \wedge (\boldsymbol{E} \wedge \boldsymbol{B})] \, d^3x$$

durch Substitution der Zerlegung (1.44) des quantisierten Strahlungsfeldes. Eine etwas mühsame Rechnung zeigt (Aufgabe 1.11.1)

$$\boldsymbol{J} \cdot \hat{\boldsymbol{k}} \, |\boldsymbol{k}, \pm\rangle = \pm\hbar \, |\boldsymbol{k}, \pm\rangle . \tag{1.60}$$

Dieses Ergebnis steht auch im Einklang mit folgender Betrachtung. Unter einer Drehung R_α um die Richtung $\boldsymbol{k}$ mit dem Winkel α transformieren sich die Polarisationsvektoren $\boldsymbol{\varepsilon}(\boldsymbol{k}, \pm)$ gemäss

$$R_\alpha \; : \; \boldsymbol{\varepsilon}(\boldsymbol{k}, \pm) \mapsto e^{\mp i\alpha} \boldsymbol{\varepsilon}(\boldsymbol{k}, \pm) . \tag{1.61}$$

Drehungen R werden im Hilbert-Raum der Zustände eine (eindeutige) unitäre Darstellung $U(R)$ induzieren, mit den Eigenschaften[3]

$$U(R)(\boldsymbol{A})(\boldsymbol{x})U^{-1}(R) = R^{-1}\boldsymbol{A}(R\boldsymbol{x}) , \tag{1.62}$$
$$U(R) \, |0\rangle = |0\rangle . \tag{1.63}$$

Aus (1.44) erhalten wir

$$a^*_{\boldsymbol{k},\lambda} \, |0\rangle = \sharp \int \boldsymbol{A}(\boldsymbol{x}) \cdot \boldsymbol{\varepsilon}(\boldsymbol{k}, \lambda) e^{i\,\boldsymbol{k}\cdot\boldsymbol{x}} \, d^3x \, |0\rangle .$$

Also ist nach (1.62) und (1.63)

[2] Beachte, dass der zeitunabhängige Vektor $Re(\boldsymbol{\varepsilon}(\boldsymbol{k}, \pm)e^{-i\omega t})$ eine Kreisbewegung in der Ebene $\perp$ zu $\boldsymbol{k}$ beschreibt. Im $+(-)$ Fall bildet diese zusammen mit der Richtung $\boldsymbol{k}$ eine Rechts (Links) -Schraube.

[3] Dies wird später noch näher begründet.

$$\begin{aligned} U(R)a^*_{\boldsymbol{k},\lambda}|0\rangle &= \sharp \int R^{-1}\boldsymbol{A}(R\boldsymbol{x}) \cdot \boldsymbol{\varepsilon}(\boldsymbol{k},\lambda)e^{i\boldsymbol{k}\cdot\boldsymbol{x}}\,d^3x\,|0\rangle \\ &= \sharp \int \boldsymbol{A}(R\boldsymbol{x}) \cdot R\boldsymbol{\varepsilon}(\boldsymbol{k},\lambda)e^{i\,R\boldsymbol{k}\cdot R\boldsymbol{x}}\,d^3x\,|0\rangle \\ &= \sharp \int \boldsymbol{A}(\boldsymbol{x}) \cdot R\boldsymbol{\varepsilon}(\boldsymbol{k},\lambda)e^{i\,R\boldsymbol{k}\cdot\boldsymbol{x}}\,d^3x\,|0\rangle\,. \end{aligned}$$

Speziell für R_α folgt mit (1.61)

$$U(R_\alpha)a^*_{\boldsymbol{k}\pm}|0\rangle = e^{\mp i\alpha}a^*_{\boldsymbol{k}\pm}|0\rangle\,. \tag{1.64}$$

Dies bedeutet

$$U(R_\alpha)\,|\boldsymbol{k},\pm\rangle = e^{\mp i\alpha}\,|\boldsymbol{k},\pm\rangle\,. \tag{1.65}$$

Nun wird aber nach allgemeinen Prinzipien (siehe [1], Kap. 4) die unitäre Gruppe $U(R_\alpha)$ durch die Komponente des Drehimpuls-Operators in Richtung $\boldsymbol{k}$ erzeugt:

$$U(R_\alpha) = e^{-\frac{i}{\hbar}\boldsymbol{J}\cdot\hat{\boldsymbol{k}}\alpha}\,. \tag{1.66}$$

Aus (1.65) und (1.66) folgt wieder (1.60).

1.3 Vakuum-Energie und Casimir-Effekt

Die Quantennatur der elektromagnetischen Strahlung hat zur Folge, dass zwischen zwei *ungeladenen* Metallplatten (im Vakuum) eine Kraft wirkt. Dies wurde von Casimir in einer berühmten Arbeit [21] aus dem Jahre 1948 gezeigt. Qualitativ kann man diesen Effekt folgendermassen verstehen: Die Metallplatten 'verstimmen das Vakuum' über die Randbedingungen für die elektromagnetischen Felder. Damit ändert sich insbesondere die Nullpunktsenergie der Feldoszillatoren und damit die gesamte Nullpunktsenergie. Diese Änderung bewirkt bei $T = 0$ eine anziehende Kraft, ähnlich wie im Beispiel 1.6.4 (Seite 46) in [1] für die Van der Waals-Kraft.

Für grosse Platten kann die Kraft pro Flächeneinheit (P), bis auf einen Proportionalitätsfaktor, durch eine Dimensionsbetrachtung gewonnen werden: P hängt a priori nur von $\hbar, c$ und dem Plattenabstand d ab. Nun hat aber einzig die Kombination $\hbar c/d^4$ die richtige Dimension, also ist $P \propto \hbar c/d^4$. Wir werden im folgenden den Proportionalitätsfaktor bestimmen.

In den letzten Jahren ist die Casimir-Kraft für verschiedene Anordnungen erstaunlich genau (auf $\sim 1\%$) gemessen worden. Wir werden weiter unten auf den Vergleich von Theorie und Experiment kurz eingehen.

Berechnung der Casimir-Kraft

Wir betrachten hier nur den einfachsten Fall von zwei 'grossen' planparallelen Metallplatten (Fig. 1.1). Für die stationären Moden des elektromagnetischen

Feldes zwischen den Platten müssen die elektrischen und magnetischen Felder die bekannten Randbedingungen erfüllen: $\boldsymbol{E}$ ist senkrecht und $\boldsymbol{B}$ tangential zu den Platten. Mit den Bezeichnungen in Fig. 1.1 durchlaufen deshalb die Wellenzahlvektoren $\boldsymbol{k}$ das Gitter

$$\boldsymbol{k} = \left(l\frac{\pi}{d}, m\frac{2\pi}{L_y}, n\frac{2\pi}{L_z}\right) , \qquad l \in \mathbb{N}_0 , \quad m, n \in \mathbb{Z} . \tag{1.67}$$

Zu jedem $\boldsymbol{k}$ gehört die Kreisfrezuenz

$$\omega(\boldsymbol{k}) = c\sqrt{k_x^2 + k_y^2 + k_z^2} . \tag{1.68}$$

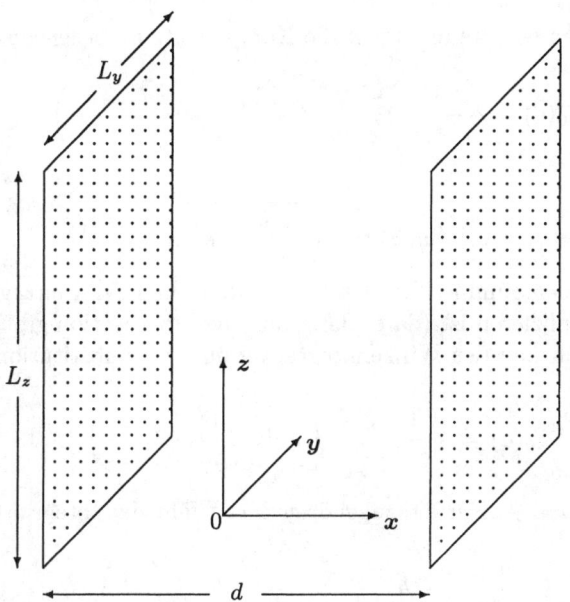

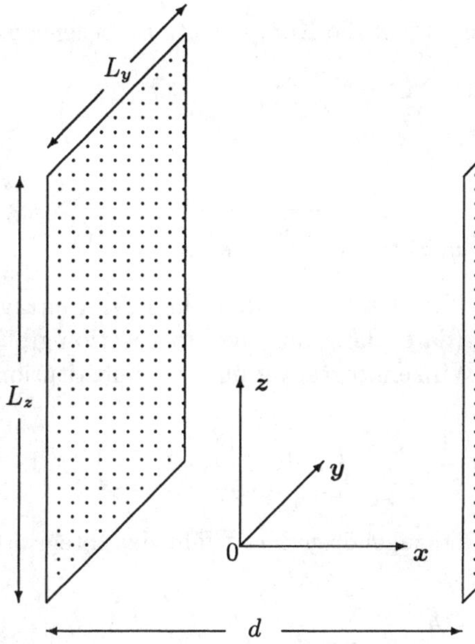

Abbildung 1.1. Anordnung von zwei planparallelen ideal leitenden Platten.

Alle Moden sind zweifach entartet (zwei Polarisationszustände), ausser jene mit $l = 0$, für die es nur einen Polarisationszustand gibt (man mache sich dies klar).

Bei der Temperatur Null ist die elektromagnetische Energie die Summe der Nullpunktsenergien $\frac{1}{2}\hbar\omega(\boldsymbol{k})$. Diese Summe ist nun freilich divergent, aber bei hinreichend hohen Frequenzen verhalten sich die Metallplatten nicht mehr wie ideale Leiter; sie werden dielektrisch und durchsichtig für die elektromagnetischen Wellen. Die sehr hohen Frequenzen geben deshalb keinen Beitrag zur Casimir-Kraft. Wir müssen die gesamte Nullpunktsenergie regularisieren:

$$\mathcal{E}_0(d) = \sum_{\text{Moden}} \frac{1}{2}\hbar\omega\chi\left(\frac{\omega}{\omega_c}\right). \tag{1.69}$$

Hier ist $\chi(\frac{\omega}{\omega_c})$ eine Abschneidefunktion mit $\chi(0) = 1$, die am Ursprung regulär ist. Sie geht samt ihren Ableitungen für $\omega/\omega_c \to \infty$ derart gegen Null, dass $\mathcal{E}_0$ endlich bleibt.

Für grosse Platten können wir die Summe über m, n in bekannter Weise durch ein zweidimensionales Integral ersetzen:

$$\sum_{m,n\in\mathbb{Z}} \cdots \longrightarrow \frac{A}{(2\pi)^2} \int_{\mathbb{R}^2} d^2k_\parallel \cdots ,$$

wo $\boldsymbol{k}_\parallel$ die Komponente von $\boldsymbol{k}$ parallel zu den Platten ist und A die Fläche der Platten bezeichnet.

Damit haben wir, wenn jetzt $\boldsymbol{k}$ die Komponente $\boldsymbol{k}_\parallel$ bezeichnet,

$$\mathcal{E}_0(d) = 2\frac{A}{(2\pi)^2} \sum_{l=0}^{\infty}{}^{*} \int_{\mathbb{R}^2} d^2k \, \frac{1}{2}\hbar\omega_l(\boldsymbol{k})\chi\left(\frac{\omega_l(\boldsymbol{k})}{\omega_c}\right), \tag{1.70}$$

mit

$$\omega_l(\boldsymbol{k}) = c\sqrt{\frac{\pi^2 l^2}{d^2} + \boldsymbol{k}^2}\,. \tag{1.71}$$

Der Stern bei der Summe über l soll andeuten, dass der Beitrag von $l = 0$ mit $\frac{1}{2}$ zu multiplizieren ist (da es dann nur eine Polarisation gibt).

Nach Ausführung der Winkelintegration und der Substitution (1.71) ergibt sich

$$\mathcal{E}_0(d) = A\frac{1}{\pi c^2} \sum_{l=0}^{\infty}{}^{*} \int_{\omega_l}^{\infty} d\omega \, \omega \frac{1}{2}\hbar\omega\chi\left(\frac{\omega}{\omega_c}\right), \tag{1.72}$$

wo $\omega_l := \omega_l(\mathbf{0}) = \frac{\pi c l}{d}$. Für die zugehörige Kraft fällt das Integral weg:

$$-\frac{\partial\mathcal{E}_0}{\partial d} = -A\frac{1}{\pi c^2} \sum_{l=0}^{\infty}{}^{*} \frac{1}{d}\omega_l^2 \frac{1}{2}\hbar\omega_l\chi\left(\frac{\omega_l}{\omega_c}\right).$$

Dies schreiben wir so

$$-\frac{\partial\mathcal{E}_0}{\partial d} = -A\frac{\pi^2\hbar c}{2d^4} \sum_{l=0}^{\infty}{}^{*} g(l)\,, \qquad g(l) := l^3\chi\left(\frac{\omega_l}{\omega_c}\right). \tag{1.73}$$

Bei grösseren Abständen d nähert sich dies dem Ausdruck

$$-A\frac{\pi^2\hbar c}{2d^4} \int_0^\infty g(l)\, dl\,. \tag{1.74}$$

Für die Casimir-Kraft zählt nun neben (1.73) auch noch der Beitrag von der Nullpunktsenergie ausserhalb der beiden Platten. Dieser ist gerade das entgegengesetzte von (1.74). Die Casimir-Kraft F_{Cas} ist demnach

$$F_{Cas} = -A\frac{\pi^2\hbar c}{2d^4}\left[\sum_{l=0}^{\infty}{}' g(l) - \int_0^\infty g(l)\,dl\right] . \tag{1.75}$$

An dieser Stelle können wir die wichtige *Euler-Mclaurin-Formel* benutzen:

$$\sum_{l=0}^{\infty}{}' g(l) - \int_0^\infty g(l)\,dl = -\frac{1}{12}g'(0) + \frac{1}{6!}g'''(0) + \mathcal{O}\left(g^{(5)}(0)\right) \tag{1.76}$$

(siehe z.B. [22], Band III, Kap. 2, Seite 76). Für unsere Funktion g haben wir

$$\begin{aligned} g'(0) &= 0\,, \\ g'''(0) &= 6\chi(0) = 6\,, \\ g^{(p)}(0) &= \mathcal{O}\left(\omega_c^{-(p-3)}\right) \qquad \text{für } p \geq 3\,. \end{aligned}$$

Damit ist

$$\sum_{l=0}^{\infty}{}^{*} g(l) - \int_0^\infty g(l)\,dl = \frac{1}{s!} + \mathcal{O}\left(\omega_c^{-2}\right) . \tag{1.77}$$

Für perfekte Leiter bis zu beliebig hohen Frequenzen ergibt sich somit im Limes $\omega_c \longrightarrow \infty$ die anziehende *Casimir-Kraft* pro Flächeneinheit

$$\begin{aligned} \frac{F_{Cas}}{A} &= -\frac{\pi^2}{240}\frac{\hbar c}{d^4} \\ &= 0.013\frac{1}{d^4}dyn\frac{(\mu m)^4}{cm^2}\,. \end{aligned} \tag{1.78}$$

Die zugehörige *Casimir-Energie* ist, bis auf eine irrelevante additive Konstante,

$$\mathcal{E}_{Cas} = -A\frac{\pi^2}{720}\frac{\hbar c}{d^3}\,. \tag{1.79}$$

Rückblickend haben wir dieses Ergebnis durch die folgenden Schritte erhalten: (a) *regularisiere* die Nullpunktsenergie mit einer Abschneidefunktion χ; (b) *renormiere* die regularisierte Nullpunktsenergie durch Subtraktion der regularisierten Nullpunktsenergie ohne Platten; beseitige für die Differenz die Regularisierung ($\chi \longrightarrow 1$). Statt die Euler-Mclaurin-Formel zu benutzen, kann man natürlich auch eine spezielle Regularisierung benutzen, da das Ergebnis unabhängig von χ ist (siehe Aufgabe 1.11.2 auf Seite 96).

Vergleich von Theorie und Experiment

Seit 1997 ist es dank neuer Techniken gelungen, die Casimir-Kraft mit einer Genauigkeit von etwa einem Prozent zu messen. Eine der Methoden benutzt das von Binning und Mitarbeitern erfundene Kraftmikroskop. In Fig. 1.2 zeigen wir den Vergleich von Theorie und Experiment für die Casimir-Kraft zwischen einer Platte und einer metallisierten Kugel.

Für diese Anordnung gibt es kein exaktes Resultat, aber für kleine Abstände kann man eine gute Näherungsformel herleiten. Beim Vergleich ist es auch notwendig, endliche Temperatureffekte zu berücksichtigen. Dann erhält man die gestrichelte Kurve in Fig. 1.2, welche etwas neben den Daten aus der Arbeit [23] von U. Mohideen und A. Roy liegt. Die ausgezogene Kurve berücksichtigt zusätzlich Korrekturen der Oberflächen. Damit ergibt sich eine sehr gute Übereinstimmung zwischen Theorie und Experiment.

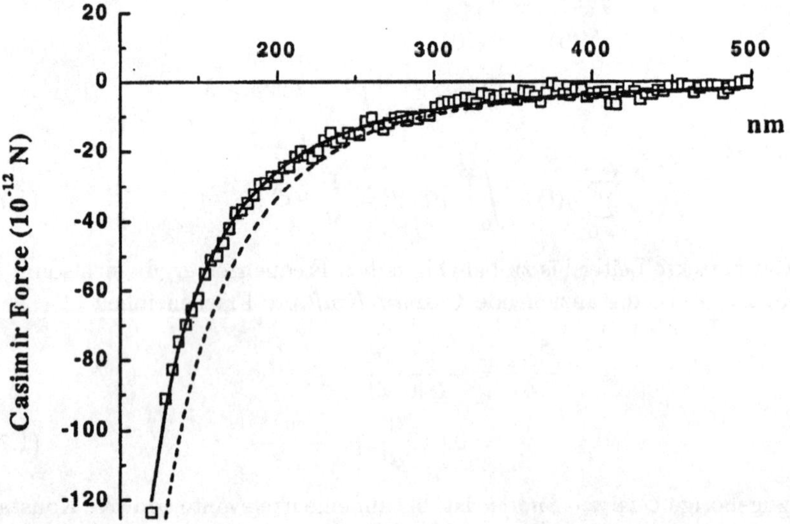

Abbildung 1.2. Vergleich von Theorie und Experiment für die Casimir-Kraft zwischen einer Platte und einer metallisierten Kugel als Funktion des Abstandes. Die ausgezogene Kurve berücksichtigt die nichtidealen Bedingungen hinsichtlich Leitfähigkeit und Oberflächenbeschaffenheit. Die experimentelle Kurve stammt aus der Arbeit [23].

Literaturangaben

Über den Casimir-Effekt gibt es inzwischen eine riesige Literatur. Eine kürzliche Darstellung in Buchform ist diejenige von Borsdag, Mohideen und Mostepanenko, *New Developments in the Casimir Effect* [24].

Für eine pädagogische Einführung in Theorie und Experiment empfehlen wir verschiedene Beiträge in [25].

1.4 Fock-Raum und Fock-Darstellung der kanonischen Vertauschungsrelationen

In diesem Abschnitt soll die mathematische Struktur, die wir bei der Quantisierung des Strahlungsfeldes gefunden haben, genauer analysiert werden. Die folgenden Überlegungen werden später auch bei der Quantisierung von anderen Feldtypen nützlich sein.

Der Fock-Raum

Es sei $\mathcal{H}$ ein Hilbert-Raum und $\mathcal{H}^{\circledS n}$ das n-fache symmetrische Tensorprodukt von $\mathcal{H}$, d.h.

$$\mathcal{H}^{\circledS n} = S_n \mathcal{H}^{\otimes n} \,, \tag{1.80}$$

wobei S_n den Symmetrisierungs-Operator

$$S_n = \frac{1}{n!} \sum_{\pi \in S} U_n(\pi) \tag{1.81}$$

bezeichnet. Darin ist $U_n(\pi)$ die unitäre Darstellung der Permutationsgruppe S_n, definiert durch

$$U_n(\pi)(\varphi_{k_1} \otimes \varphi_{k_2} \otimes \cdots \otimes \varphi_{k_n}) = \varphi_{k_{\pi(1)}} \otimes \varphi_{k_{\pi(2)}} \otimes \cdots \otimes \varphi_{k_{\pi(n)}} \,. \tag{1.82}$$

Wir setzen $\mathcal{H}_0 = \mathbb{C}$, $\mathcal{H}_1 = \mathcal{H}$ und $\mathcal{H}_n = \mathcal{H}^{\circledS n}$. Der symmetrische *Fock-Raum* $\mathcal{F}(\mathcal{H})$ ist definiert durch die Hilbertsche Summe der $\mathcal{H}_n$:

$$\mathcal{F}(\mathcal{H}) = \bigoplus_{n=0}^{\infty} \mathcal{H}_n \,. \tag{1.83}$$

Die Elemente von $\mathcal{F}(\mathcal{H})$ sind also Folgen

$$\psi = \{\psi_0, \psi_1, \ldots\}, \qquad \psi_n \in \mathcal{H}_n \,, \tag{1.84}$$

mit der Eigenschaft

$$\|\psi\|^2 = \sum_{n=0}^{\infty} \|\psi_n\|_n^2 < \infty \,. \tag{1.85}$$

Dabei sei $(\ ,\ )_n$ das Skalarprodukt von $\mathcal{H}_n$, welches durch dasjenige von $\mathcal{H}$ induziert wird. Die Menge der Folgen (1.84) mit der Eigenschaft (1.85) bildet wieder einen Hilbert-Raum bezüglich des Skalarproduktes

$$(\psi, \varphi) := \sum_{n=0}^{\infty} (\psi_n, \varphi_n)_n \,, \tag{1.86}$$

wobei $\psi = \{\psi_n\}$, $\varphi = \{\varphi_n\}$ zwei Elemente aus $\mathcal{F}(\mathcal{H})$ bezeichnen.

Beispiel $\mathcal{H} = L^2(\mathbb{R}^3)$. In diesem Fall besteht $\mathcal{F}(\mathcal{H})$ aus den Folgen

$$\psi = \{\psi_0, \psi_1(\boldsymbol{x}_1), \psi_2(\boldsymbol{x}_1, \boldsymbol{x}_2), \dots\},$$

wobei $\psi_n(\boldsymbol{x}_1, \dots, \boldsymbol{x}_n)$ symmetrische Funktionen in $L^2(\mathbb{R}^{3n})$ sind, mit der Bedingung

$$|\psi_0|^2 + \sum_{n=1}^{\infty} \int_{\mathbb{R}^3} |\psi_n(\boldsymbol{x}_1, \dots, \boldsymbol{x}_n)|^2 \, d^3x_1 \dots d^3x_n < \infty .$$

Die Menge aller $\varphi = \{0, 0, \dots, \varphi_n, 0, 0\}$, n fest, bildet einen Unterraum von $\mathcal{F}$, der in natürlicher Weise isomorph zu $\mathcal{H}_n$ ist. Wir identifizieren ihn deshalb mit $\mathcal{H}_n$. $\mathcal{H}_n$ nennen wir den *n-Teilchen-Unterraum.*

Sei $\varphi \in \mathcal{F}$; unter der *n-ten Komponente* von φ verstehen wir die Projektion von φ auf $\mathcal{H}_n$.

Einem Vektor $\varphi = \{\varphi_n\}$ mit $\varphi_n = 0$, bis auf endlich viele, nennen wir einen *Vektor zu endlicher Teilchenzahl.* Die Menge dieser Vektoren bezeichnen wir mit $\mathcal{F}_0$. Den Vektor $\Omega = \{1, 0, 0, \dots\}$ nennen wir das *Vakuum.* $\mathcal{F}_0$ liegt offensichtlich dicht in $\mathcal{F}$. Ist also $\mathcal{H}$ separabel (was vorausgesetzt sei), so ist auch $\mathcal{F}$ separabel.

Es sei A ein selbstadjungierter Operator auf $\mathcal{H}$, welcher auf $\mathcal{D}$ wesentlich selbstadjungiert ist. Wir definieren

$$\mathcal{D}_A = \{\varphi \in \mathcal{F}_0 \,|\, \varphi_n \in \bigotimes_1^n \mathcal{D}\} .$$

Der Operator $d\Gamma(A)$ ist so definiert, dass

$$\begin{aligned} d\Gamma(A)\,|_{\mathcal{D}_A \cap \mathcal{H}_n} := A \otimes \mathbb{1} \otimes \dots \otimes \mathbb{1} + \mathbb{1} \otimes A \otimes \mathbb{1} \otimes \dots \otimes \mathbb{1} \\ + \dots + \mathbb{1} \otimes \mathbb{1} \otimes \dots \otimes A \,. \end{aligned} \tag{1.87}$$

Man kann zeigen (siehe [2], Kap. VIII. 10), dass $d\Gamma(A)$ auf $\mathcal{D}_A$ wesentlich selbstadjungiert ist. Zum Beispiel ist $N := d\Gamma(I)$ auf $\mathcal{F}_0$ wesentlich selbstadjungiert und für $\varphi \in \mathcal{H}_n$ gilt $N\varphi = n\varphi$. N ist der sog. *Teilchenzahl-Operator.* $d\Gamma(A)$ nennt man die *zweite Quantisierung von A.*

Ist U ein unitärer Operator von $\mathcal{H}$, so definieren wir $\Gamma(U)$ durch

$$\Gamma(U)\,|_{\mathcal{H}_n} = \bigotimes_1^n U, \qquad n \geq 1, \qquad \Gamma(U)\,|_{\mathcal{H}_0} = \mathbb{1} .$$

$\Gamma(U)$ ist ein unitärer Operator auf $\mathcal{F}$. Ist e^{itA} eine stetige unitäre Gruppe auf $\mathcal{H}$, dann gilt

$$\Gamma(e^{itA}) = e^{it\, d\Gamma(A)} , \tag{1.88}$$

d.h. $d\Gamma(A)$ erzeugt die Gruppe $\Gamma(e^{itA})$.

Nun sei $f \in \mathcal{H}$. Für Vektoren $\psi \in \mathcal{H}^{\otimes n}$ der Form $\psi = \varphi_1 \otimes \ldots \otimes \varphi_n$ definieren wir die Abbildung $b(f) : \mathcal{H}^{\otimes n} \to \mathcal{H}^{\otimes (n-1)}$ durch

$$\boxed{b(f)\psi = (f, \varphi_1)\varphi_2 \otimes \ldots \otimes \varphi_n\,.} \tag{1.89}$$

Diese Abbildung kann durch Linearität eindeutig auf endliche Linearkombinationen von solchen Vektoren ausgedehnt werden. Da

$$||b(f)\psi|| \leq ||f||\,||\psi||\,.$$

lässt sich $b(f)$ eindeutig zu einer beschränkten Abbildung (mit Norm $||f||$) von $\mathcal{H}^{\otimes n}$ nach $\mathcal{H}^{\otimes (n-1)}$ ausdehnen. Beschränken wir $b(f)$ auf den symmetrisierten Teil $\mathcal{H}_n$, so ist das Bild in $\mathcal{H}_{n-1}$. Auf $\mathcal{H}_0$ setzen wir $b(f) = 0$. $b(f)$ lässt sich in natürlicher Weise zu einem beschränkten Operator mit Norm $||f||$ auf $\mathcal{F}$ ausdehnen. Wir bezeichnen diese Ausdehnung ebenfalls mit $b(f)$.

Auf $\mathcal{F}_0$ definieren wir den *Vernichtungs-Operator* $a(f)$ durch

$$\boxed{a(f) := \sqrt{N+1}\,b(f)\,.} \tag{1.90}$$

Dieser führt den n-Teilchenunterraum in den $(n-1)$-Teilchenunterraum über (daher der Name).

Daneben betrachten wir den beschränkten Operator $b^*(f)$ auf $\mathcal{F}$, definiert durch

$$\boxed{b^*(f)\psi = S_{n+1}(f \otimes \psi), \qquad \text{für } \psi \in \mathcal{H}_n\,.} \tag{1.91}$$

Dieser ist zu $b(f)$ adjungiert, denn einerseits ist

$$\begin{aligned} &(S_{n+1}(\psi_1 \otimes \ldots \otimes \psi_{n+1}), b^*(f)S_n(\varphi_1 \otimes \ldots \otimes \varphi_n)) \\ &= (S_{n+1}(\psi_1 \otimes \ldots \otimes \psi_{n+1}), S_{n+1}(f \otimes \varphi_1 \otimes \ldots \otimes \varphi_n)) \\ &= (S_{n+1}(\psi_1 \otimes \ldots \otimes \psi_{n+1}), f \otimes \varphi_1 \otimes \ldots \otimes \varphi_n) \end{aligned}$$

(S_{n+1} ist ein Projektor), und andrerseits gilt

$$\begin{aligned} &(b(f)S_{n+1}(\psi_1 \otimes \ldots \otimes \psi_{n+1})\,,\, S_n(\varphi_1 \otimes \ldots \otimes \varphi_n)) \\ &= \frac{1}{(n+1)!} \sum_{\pi \in S_{n+1}} \overline{(f, \psi_{\pi(1)})}\, (\psi_{\pi(2)} \otimes \ldots \otimes \psi_{\pi(n+1)}\,,\, S_n(\varphi_1 \otimes \ldots \otimes \varphi_n)) \\ &= \frac{1}{(n+1)!} \sum_{\pi \in S_{n+1}} (\psi_{\pi(1)} \otimes \ldots \otimes \psi_{\pi(n+1)}\,,\, f \otimes S_n(\varphi_1 \otimes \ldots \otimes \varphi_n)) \\ &= (S_{n+1}(\psi_1 \otimes \ldots \otimes \psi_{n+1})\,,\, f \otimes \varphi_1 \otimes \ldots \otimes \varphi_n)\,. \end{aligned}$$

Auf $\mathcal{F}_0$ definieren wir die *Erzeugungs-Operatoren* durch (beachte die Reihenfolge der Faktoren)

$$\boxed{a^*(f) = b^*(f)\sqrt{N+1}\,.} \tag{1.92}$$

Auf $\mathcal{F}_0$ gilt

$$\begin{aligned}(a(f)\psi\,,\varphi) &= \left(\sqrt{N+1}\,b(f)\psi\,,\varphi\right) = \left(b(f)\psi\,,\sqrt{N+1}\,\varphi\right) \\ &= \left(\psi\,,b^*(f)\sqrt{N+1}\,\varphi\right) = (\psi\,,a^*(f)\varphi)\;,\end{aligned}$$

d.h. $a^*(f)$ *stimmt auf* $\mathcal{F}_0$ *mit dem adjungierten Operator von* $a(f)$ *überein.* Beide Operatoren $a(f)$ und $a^*(f)$ lassen sich abschliessen. Für ihre Abschlüsse verwenden wir die gleichen Symbole. Es lässt sich zeigen (vgl. [2], Theorem X.41), dass der Operator

$$\Phi(f) := \frac{1}{\sqrt{2}}\,(a(f) + a^*(f))$$

auf $\mathcal{F}_0$ *wesentlich selbstadjungiert* ist.

Es ist klar, dass das Vakuum bezüglich den Operatoren $a(f)$ und $a^*(f)$ (für alle möglichen $f \in \mathcal{H}$) zyklisch ist. Dies bedeutet, dass die Zustände

$$\{a^*(f_1)\ldots a^*(f_n)\Omega \mid f_i \text{ und } n \text{ beliebig }\}$$

in $\mathcal{F}$ total sind (deren lineare Hülle ist dicht).

Auf $\mathcal{F}_0$ gelten ferner die Vertauschungsrelationen

$$a(f)a(g) - a(g)a(f) = 0\;, a^*(f)a^*(g) - a^*(g)a^*(f) = 0\;, \tag{1.93}$$

$$a(f)a^*(g) - a^*(g)a(f) = (f,g)\mathbb{1}\;. \tag{1.94}$$

Beweis. Für $\psi \in \mathcal{F}_0$ ist

$$\begin{aligned}(a(f)a(g)\psi)_n &= \left(\sqrt{N+1}\,b(f)\sqrt{N+1}\,b(g)\psi\right)_n \\ &= \sqrt{n+1}\left(b(f)\sqrt{N+1}\,b(g)\psi\right)_n \\ &= \sqrt{n+1}\,b(f)\left(\sqrt{N+1}\,b(g)\psi\right)_{n+1} \\ &= \sqrt{(n+1)(n+2)}\,b(f)b(g)\psi_{n+2}\;.\end{aligned}$$

Nun sieht man aus (1.89) leicht, dass $b(f)b(g) = b(g)b(f)$ ist, womit die 1. Gleichung in (1.93) bewiesen ist. Analog ist

$$\begin{aligned}(a^*(f)a^*(g)\psi)_n &= \left(b^*(f)\sqrt{N+1}\,b^*(g)\sqrt{N+1}\,\psi\right)_n \\ &= \sqrt{n(n-1)}\,b^*(f)b^*(g)\psi_{n-2} \\ &= \sqrt{n(n-1)}\,S_n\left(f \otimes S_{n-1}(g \otimes \psi_{n-2})\right) \\ &= \sqrt{n(n-1)}\,S_n\left(f \otimes g \otimes \psi_{n-2}\right)\;.\end{aligned}$$

Dies ist ebenfalls symmetrisch in f und g.

Schliesslich betrachten wir die beiden Terme in (1.94):

$$\begin{aligned}(a(f)a^*(g)\psi)_n &= \left(\sqrt{N+1}\,b(f)b^*(g)\sqrt{N+1}\,\psi\right)_n \\ &= (n+1)b(f)b^*(g)\psi_n \\ &= (n+1)b(f)S_{n+1}(g\otimes\psi_n)\ ;\end{aligned}$$

$$\begin{aligned}(a^*(g)a(f)\psi)_n &= \left(b^*(g)\sqrt{N+1}\sqrt{N+1}\,b(f)\psi\right)_n \\ &= nS_n\left(g\otimes(b(f)\psi)_{n-1}\right)\ .\end{aligned}$$

Wählen wir speziell $\psi_n = S_n(\varphi_1 \otimes \ldots \otimes \varphi_n$, so erhalten wir

$$\begin{aligned}&(a(f)\,a^*(g)\psi)_n - (a^*(g)a(f)\psi_n) \\ &= (n-1)b(f)S_{n+1}(g\otimes\varphi_1\otimes\ldots\otimes\varphi_n) \\ &\quad -nS_n\left(g\otimes\frac{1}{n!}\sum_{\pi\in S_n}(f,\varphi_{\pi(1)})\varphi_{\pi(2)}\otimes\ldots\otimes\varphi_{\pi(n)}\right) \\ &= (f,g)\psi_n + \frac{1}{n!}\sum_{\pi\in S_n}(f,\varphi_{\pi(1)})\Big\{g\otimes\varphi_{\pi(2)}\otimes\ldots\otimes\varphi_{\pi(n)} \\ &\qquad +\varphi_{\pi(2)}\otimes g\otimes\varphi_{\pi(3)}\otimes\ldots\otimes\varphi_{\pi(n)}+\ldots \\ &\qquad +\varphi_{\pi(2)}\otimes\varphi_{\pi(3)}\otimes\ldots\otimes\varphi_{\pi(n)}\otimes g\Big\} \\ &\quad -\frac{1}{n!}\sum_{\pi\in S_n}(f,\varphi_{\pi(1)})nS_n\left(g\otimes\varphi_{\pi(2)}\otimes\ldots\otimes\varphi_{\pi(n)}\right) \\ &= (f,g)\psi_n\ .\end{aligned}$$

Auf $\mathcal{F}_0$ gelten auch die Vertauschungsrelationen

$$[N,a(f)] = -a(f)\,,\quad [N,a^*(f)] = a^*(f)\ . \tag{1.95}$$

Beweis. Für $\psi \in \mathcal{F}_0$ ist

$$\begin{aligned}(Na(f)\psi)_n - (a(f)N\psi)_n &= \left(N\sqrt{N+1}\,b(f)\psi\right)_n - \left(\sqrt{N+1}\,b(f)N\psi\right)_n \\ &= n\sqrt{n+1}\,(b(f)\psi)_n - \sqrt{n+1}(n+1)\,(b(f)\psi)_n \\ &= -\sqrt{n+1}\,(b(f)\psi)_n = -\left(\sqrt{N+1}\,b(f)\psi\right)_n \\ &= -\,(a(f)\psi)_n\ .\end{aligned}$$

Ähnlich beweist man die 2. Vertauschungsrelation in (1.95).

Wir können in $\mathcal{F}$ wie folgt orthonormierte Basen einführen: Es sei $\{f_k\}$ eine orthonormierte Basis von $\mathcal{H}$ und

$$a_k := a(f_k)\,,\quad a_k^* := a^*(f_k)\ . \tag{1.96}$$

a_k^* stimmt, wie wir wissen, auf $\mathcal{F}_0$ mit dem adjungierten Operator von a_k überein. Nach (1.93) und (1.94) gelten auf $\mathcal{F}_0$ die Vertauschungsrelationen:

$$[a_k, a_l] = 0\,, \qquad [a_k^*, a_l^*] = 0\,, \qquad [a_k, a_l^*] = \delta_{kl}\,. \tag{1.97}$$

Die Zustände

$$\Phi_{n_{k_1}\dots n_{k_s}} := \prod_{i=1}^{s} \frac{1}{\sqrt{n_{k_i}!}} (a_{k_i}^*)^{n_{k_i}} \Omega \tag{1.98}$$

bilden eine orthonormierte Basis von $\mathcal{F}(\mathcal{H})$ von Zuständen in $\mathcal{F}_0$.

Damit haben wir den Anschluss an Abschnitt 2 gewonnen. Der Hilbertraum des freien Strahlungsfeldes kann aufgefasst werden als der Fock-Raum über dem *komplexen* Hilbert-Raum $L_\perp^2(V)$ (V: Quantisierungsvolumen). Die Erzeugungs- und Vernichtungs-Operatoren $a_{\boldsymbol{k},\lambda}$ und $a_{\boldsymbol{k},\lambda}^*$ gehören im Sinne von (1.96) zur Basis $\frac{1}{\sqrt{V}}\boldsymbol{\varepsilon}(\boldsymbol{k},\lambda)e^{i\boldsymbol{k}\cdot\boldsymbol{x}}$. Für diese Interpretation ist wesentlich, dass jede Darstellung der kanonischen Vertauschungsrelation (1.97) *mit Vakuum* unitär äquivalent zur oben konstruierten sog. *Fock-Darstellung* ist. Dies wollen wir zum Schluss im Detail besprechen.

Darstellung der kanonischen Vertauschungsrelationen

Definition *$\mathcal{H}$ sei ein Hilbert-Raum. Eine* Darstellung der kanonischen Vektorrelation *ist ein Paar von Abbildungen, welche jedem $f \in \mathcal{H}$ zwei lineare Operatoren $a(f)$ und $a^*(f)$ auf einem Hilbert-Raum $\mathcal{M}$ zuordnen, die auf einem dichten Bereich $\mathcal{D} \subset \mathcal{M}$ definiert sind, sodass die folgenden Eigenschaften erfüllt sind:*

1. $a(f)(D) \subset \mathcal{D}, \quad a^*(f)\mathcal{D} \subset \mathcal{D}$;
2. $a(f)$ ist antilinear in f und $a^*(f)$ ist linear in f;
3. $(\psi, a(f)\varphi) = (a^*(f)\psi, \varphi)$ für $\psi, \varphi \in \mathcal{D}$;
4. Auf $\mathcal{D}$ gelten die kanonischen Vertauschungsrelationen
   $[a(f), a(g)] = 0, \quad [a^*(f), a^*(g)] = 0,$
   $[a(f), a^*(g)] = (f, g)$.

Es ist klar, was man unter einer irreduziblen Darstellung der kanonischen Vertauschungsrelationen zu verstehen hat. Die Konstruktion aller (irreduziblen) Darstellungen der kanonischen Vertauschungsrelationen ist ein sehr schwieriges Problem. Im Gegensatz zum endlich-dimensionalen Fall gibt es für $\dim \mathcal{H} = \infty$ *unendlich viele inäquivalente* Darstellungen. Wir interessieren uns im folgenden nur für *Darstellungen mit Vakuum* : Es soll ein Zustand $\Omega \in \mathcal{D}$ existieren mit $a(f)\Omega = 0$ für alle $f \in \mathcal{H}$.

Ein Beispiel einer solchen Darstellung haben wir im Fock-Raum $\mathcal{F}(\mathcal{H})$ konstruiert, wobei $\mathcal{F}_0$ die Rolle des dichten Bereiches $\mathcal{D}$ in der obigen Definition übernimmt. Für diese Fock-Darstellung gilt der folgende Eindeutigkeitssatz:

Satz. *Jede irreduzible Darstellung der kanonischen Vektorrelation (zu $\mathcal{H}$) mit Vakuum ist unitär äquivalent zur Fock-Darstellung.*

Beweis. Die Menge der Vakua braucht a priori nicht eindimensional zu sein. Wir wählen ein normiertes Vakuum Ω und bezeichnen mit $\mathcal{M}_0$ den durch Ω erzeugten 1-dimensionalen Unterraum in $\mathcal{M}$. Mit $\mathcal{D}_n$ $(n = 1, 2, \ldots)$ bezeichnen wir die lineare Hülle der Menge

$$T_n = \{S_n(f_1 \otimes \ldots \otimes f_n)\} \subset \mathcal{H}_n = S_n \mathcal{H}^{\otimes n} .$$

T_n ist total in $\mathcal{H}_n$ und folglich ist $\mathcal{D}_n$ ein dichter Teilraum von $\mathcal{H}_n$. Auf T_n definieren wir die Abbildung U_n durch

$$U_n(S_n(f_1 \otimes \ldots \otimes f_n)) = \frac{1}{\sqrt{n!}} a^*(f_n)\Omega . \tag{1.99}$$

U_n ist auf T_n wohldefiniert, denn die rechte Seite von (1.99) hängt auf Grund der kanonischen Vertauschungsrelationen nur von $S_n(f_1 \otimes \ldots \otimes f_n)$ ab. Nun zeigen wir, dass

$$\begin{aligned} &(U_n\left(S_n(f_1 \otimes \ldots \otimes f_n)\right), U_n\left(S_n(g_1 \otimes \ldots \otimes g_n)\right)) \\ &\quad = (S_n(f_1 \otimes \ldots \otimes f_n), S_n(g_1 \otimes \ldots \otimes g_n)) . \end{aligned} \tag{1.100}$$

Dies beweisen wir rekursiv. Die linke Seite von (1.100) ist auf Grund von Punkt 3 der Definition gleich

$$\frac{1}{n!}\left(\Omega, a(f_n)a(f_{n-1})\ldots a(f_1)a^*(g_1)a^*(g_n)\Omega\right) .$$

Darin bringen wir $a(f_n)$ mit Hilfe der kanonischen Vertauschungsrelation ganz nach rechts vor das Vakuum und erhalten (ˇ bedeutet: auslassen)

$$\frac{1}{n}\sum_{k=1}^{n}(f_n, g_k)\left(S_{n-1}(f_1 \otimes \ldots \otimes f_{n-1}), S_{n-1}(g_1 \otimes \ldots \otimes \check{g}_k \otimes \ldots \otimes g_n)\right) ,$$

wobei wir die Rekursionsannahme (Gültigkeit von (1.100) für $n-1$) benutzt haben. Dies ist gleich

$$\begin{aligned} &\frac{1}{n}\sum_{k=1}^{n}(f_n, g_k)\frac{1}{(n-1)!}\sum_{\pi \in \mathcal{S}(1\ldots\check{k}\ldots n)}(f_1, g_{\pi(1)})\ldots(f_{n-1}, g_{\pi(n)}) \\ &= \frac{1}{n!}\sum_{\pi \in \mathcal{S}_n}(f_1, g_{\pi(1)})\ldots(f_n, g_{\pi(n)}) \\ &= (S_n(f_1 \otimes \ldots \otimes f_n), S_n(g_1 \otimes \ldots \otimes g_n)) . \end{aligned}$$

Für $n = 1$ ist anderseits (1.100) trivial, denn

$$(a^*(f)\Omega, a^*(g)\Omega) = (\Omega, a(f)a^*(g)\Omega) = (f,g)\,.$$

Dies beweist die Richtigkeit von (1.100).

Die Formel (1.100) zeigt sofort, dass $a^*(f)$ auf den Zuständen in

$$\mathcal{M}_n := \overline{L\{a^*(f_1)\dots a^*(f_n)\Omega\}} \tag{1.101}$$

stetig ist; $a^*(f)$ ist damit auch stetig auf

$$\mathcal{M}_\infty = \{\psi \mid \psi = \sum \psi_n,\ \psi_n \in \mathcal{M}_n,\ \text{nur endlich viele } \psi_n \neq 0\}\,.$$

Man sieht leicht, dass $\mathcal{M}_n \perp (\mathcal{M})_m$ für $n \neq m$. $\mathcal{M}_\infty$ ist ein in $\mathcal{D}$ enthaltener invarianter Teilraum von $\mathcal{M}$ und liegt dicht in $\bigoplus_{n=0}^\infty \mathcal{M}_n$. Wegen der angenommenen Irreduzibilität ist deshalb $\mathcal{M} = \bigoplus_{n=0}^\infty \mathcal{M}_n$ und $\mathcal{D} \subseteq \mathcal{M}_\infty$.

Auf Grund von (1.100) lässt sich U_n durch Linearität zunächst auf $\mathcal{D}_n$ und sodann durch Stetigkeit auf $\mathcal{H}_n$ fortsetzen. Diese Fortsetzung, welche wir ebenfalls mit U_n bezeichnen, bildet $\mathcal{H}_n$ unitär auf $\mathcal{M}_n$ ab. Wir definieren noch $U_0 : \mathcal{H}_0 \to \mathcal{M}_0$, indem wir dem Fock-Vakuum das Vakuum Ω zuordnen. Durch

$$U\psi = \sum U_n\psi_n, \qquad \psi = \{\psi_n\} \in \mathcal{F}(\mathcal{H})$$

wird eine unitäre Abbildung vom Fock-Raum auf $\mathcal{M}$ definiert, wobei $\mathcal{F}_0$ in $\mathcal{D}$ übergeht.

Bezeichnen $a_F^*(f), a_F(f)$ die Erzeugungs- und Vernichtungs-Operatoren der Fock-Darstellung, so gilt

$$\begin{aligned}
a^*(f)U_n(S_n(f_1\otimes\dots\otimes f_n)) &= a^*(f)\frac{1}{\sqrt{n!}}a^*(f_1)\dots a^*(f_n)\Omega \\
&= \sqrt{n+1}U_{n+1}(S_{n+1}(f\otimes f_1\otimes\dots\otimes f_n)) \\
&= U_{n+1}(a_F^*(f)S_n(f_1\otimes\dots\otimes f_n))\,.
\end{aligned}$$

Durch Fortsetzung folgt

$$a^*(f)U = Ua_F^*(f) \text{ auf } \mathcal{F}_0\,.$$

Wegen

$$\begin{aligned}
&a(f)U_n\left(S_n(f_1\otimes\dots\otimes f_n)\right) \\
&= a(f)\frac{1}{\sqrt{n!}}a^*(f_1)\dots a^*(f_n)\Omega \\
&= \frac{1}{\sqrt{n!}}\sum_{k=1}^n (f,f_k)a^*(f_1)\dots\check{a}^*(f_k)\dots a^*(f_n)\Omega \\
&= \frac{1}{\sqrt{n}}U_{n-1}\left(\sum_{k=1}^n (f,f_k)S_{n-1}(f_1\otimes\dots\otimes\check{f}_k\otimes\dots\otimes f_n)\right) \\
&= U_{n-1}(a_F(f)S_n(f_1\otimes\dots\otimes f_n))
\end{aligned}$$

folgt wieder durch Fortsetzung

$$a(f)U = Ua_F(f) \text{ auf } \mathcal{F}_0 \,.$$

Dies zeigt, dass die beiden Darstellungen unitär äquivalent sind.

Bemerkung: Liegt eine irreduzible Darstellung der kanonischen Vertauschungsrelation vor, so hat diese entweder kein Vakuum oder genau ein Vakuum (der Unterraum der Vakua ist eindimensional).

1.5 Vertauschungsrelationen der Feldoperatoren, Unschärferelationen und Vakuumfluktuationen

Im Anschluss an Kap. 1.4 ist nun auch klar, wie das Strahlungsfeld im $\mathbb{R}^3$ zu quantisieren ist. (Die Einführung eines endlichen Quantisierungsvolumens ist ein etwas unschöner Kunstgriff, der die Translationsinvarianz und Lorentz-Invarianz zerstört). Der Hilbert-Raum der Photonenzustände ist der Fock-Raum über dem komplexen Raum der transversalen, vektorwertigen und quadratintegrierbaren Funktionen, im folgenden mit $L^2_\perp(\mathbb{R}^3)$ bezeichnet. Ein Element $\hat{\boldsymbol{f}} \in L^2_\perp(\mathbb{R}^3)$ können wir wie folgt darstellen

$$\hat{\boldsymbol{f}}(\boldsymbol{x}) = (2\pi)^{-3/2} \int_{\mathbb{R}^3} \sum_\lambda f(\boldsymbol{k},\lambda)\, \boldsymbol{\varepsilon}(\boldsymbol{k},\lambda) e^{i\boldsymbol{k}\cdot\boldsymbol{x}}\, d^3k \,. \tag{1.102}$$

Die Abbildung $f \mapsto \hat{\boldsymbol{f}}$ ist eine unitäre Transformation von $L^2(\mathbb{R}^3) \otimes \mathbb{C}^2$ auf $L^2_\perp(\mathbb{R}^3)$, denn für zwei Elemente $\hat{\boldsymbol{f}}, \hat{\boldsymbol{g}} \in L^2_\perp(\mathbb{R}^3)$ gilt wegen

$$\boldsymbol{\varepsilon}(\boldsymbol{k},\lambda) \cdot \boldsymbol{\varepsilon}^*(\boldsymbol{k},\lambda') = \delta_{\lambda\lambda'} \,, \tag{1.103}$$

die Gleichung

$$(\hat{\boldsymbol{f}}, \hat{\boldsymbol{g}}) = \int \sum_\lambda \overline{f(\boldsymbol{k},\lambda)} g(\boldsymbol{k},\lambda)\, d^3k = (f,g) \,. \tag{1.104}$$

Der Fock-Raum über $L^2_\perp(\mathbb{R}^3)$ ist also in natürlicher Weise isomorph zum Fock-Raum über $L^2(\mathbb{R}^3) \otimes \mathbb{C}^2$. Nur letzteren wollen wir im folgenden betrachten.

Die Zustände

$$|f_1, \ldots f_n\rangle := \# \prod_j a^*(f_j)\, |0\rangle \tag{1.105}$$

beschreiben n Photonen zu den Wellenpaketen $f_i \in L^2(\mathbb{R}^3) \otimes \mathbb{C}^2$. Die $a^*(f)$ schreiben wir formal auch so:

$$a^*(f) = \int \sum_\lambda a^*(\boldsymbol{k},\lambda) f(\boldsymbol{k},\lambda)\, d^3k \,. \tag{1.106}$$

Die Vertauschungsrelation

$$[a(f), a^*(g)] = (f, g) \tag{1.107}$$

übersetzen sich in die formalen Relationen

$$[a(\boldsymbol{k}, \lambda), a^*(\boldsymbol{k}', \lambda')] = \delta^3(\boldsymbol{k} - \boldsymbol{k}')\delta_{\lambda\lambda'} \,. \tag{1.108}$$

Dies zeigt, dass man die $a^*(\boldsymbol{k}, \lambda)$ als Distributionen auffassen muss (etwa auf dem Schwartzraum $\mathcal{S}(\mathbb{R}^3) \otimes \mathbb{C}^2$). Demzufolge sind z.B.

$$|\boldsymbol{k}, \lambda\rangle = a^*(\boldsymbol{k}, \lambda)\,|0\rangle$$

„uneigentliche Zustände“ , welchc folgendermassen normiert sind:

$$\begin{aligned}\langle \boldsymbol{k}, \lambda | \boldsymbol{k}', \lambda' \rangle &= \langle 0 | a(\boldsymbol{k}, \lambda) a^*(\boldsymbol{k}', \lambda') | 0 \rangle \\ &= \langle 0 | [a(\boldsymbol{k}, \lambda), a^*(\boldsymbol{k}', \lambda')] | 0 \rangle \\ &= \delta^3(\boldsymbol{k} - \boldsymbol{k}')\delta_{\lambda\lambda'} \,.\end{aligned}$$

Diese Zustände entsprechen den ebenen Wellen $(2\pi)^{-3/2}\boldsymbol{\varepsilon}(\boldsymbol{k}, \lambda)e^{i\boldsymbol{k}\cdot\boldsymbol{x}}$. Wir werden uns nicht scheuen, formal mit ihnen zu arbeiten (obschon sich dies natürlich vermeiden lässt).

Das Quantenfeld $\boldsymbol{A}(\boldsymbol{x}, t)$ ist im Heisenberg-Bild

$$\begin{aligned}\boldsymbol{A}(\boldsymbol{x}, t) = (2\pi)^{-3/2} \int d^3k \sum_\lambda \Big\{ &\mu(k) a(\boldsymbol{k}, \lambda) \boldsymbol{\varepsilon}(\boldsymbol{k}, \lambda) e^{i(\boldsymbol{k}\cdot\boldsymbol{x} - \omega(k)t)} \\ &+ \mu(k) a^*(\boldsymbol{k}, \lambda) \boldsymbol{\varepsilon}^*(\boldsymbol{k}, \lambda) e^{-i(\boldsymbol{k}\cdot\boldsymbol{x} - \omega(k)t)} \Big\}\end{aligned} \tag{1.109}$$

mit

$$\mu(k) = \sqrt{\frac{2\pi\hbar c^2}{\omega(k)}} \,.$$

Dies ist ebenfalls eine symbolische Schreibweise, denn $\boldsymbol{A}$ *in einem Punkt* x *ist kein Operator*. Sinn machen nur Mittelwerte $A(f, t)$, wobei f eine Testfunktion z.B. des Schwartzraumes ist ($\boldsymbol{A}$ ist eine operatorwertige Distribution). Das wollen wir näher ausführen.

Es sei im folgenden $f \in \mathcal{S}(\mathbb{R}^3) \otimes \mathbb{C}^2$ mit zugehörigem $\hat{\boldsymbol{f}}(\boldsymbol{x})$ (Gl. (1.102)). Wegen Gleichung (1.103) lautet die Umkehrformel

$$f(\boldsymbol{k}, \lambda) = (2\pi)^{-3/2} \int \hat{\boldsymbol{f}}(\boldsymbol{x}) \cdot \boldsymbol{\varepsilon}^*(\boldsymbol{k}, \lambda) e^{-i\boldsymbol{k}\cdot\boldsymbol{x}}\, d^3x \,. \tag{1.110}$$

Wir definieren nun $A(f, t)$ für ein reelles $\hat{\boldsymbol{f}}$ als *Resultat* der folgenden formalen Rechnung:

$$
\begin{aligned}
A(f,t) &:= \int \boldsymbol{A}(\boldsymbol{x},t)\cdot \hat{\boldsymbol{f}}(\boldsymbol{x})d^3x \\
&\overset{(1.109)}{=} \int d^3k \sum_\lambda \mu(k) a^*(\boldsymbol{k},\lambda) e^{i\omega(k)t}(2\pi)^{-3/2}\int d^3x\, \boldsymbol{\varepsilon}^*(\boldsymbol{k},\lambda)e^{-i\boldsymbol{k}\cdot\boldsymbol{x}}\hat{\boldsymbol{f}}(\boldsymbol{x}) + h.c. \\
&\overset{(1.110)}{=} \int d^3k \sum_\lambda \mu(k) e^{i\omega(k)t} f(\boldsymbol{k},\lambda)a^*(\boldsymbol{k},\lambda) + h.c. \qquad (1.111)
\end{aligned}
$$

Dies können wir so schreiben

$$
A(f,t) = a^*(\mu(k)e^{i\omega(k)t}f) + a(\mu(k)e^{i\omega(k)t}f)\,, \qquad (1.112)
$$

wobei die rechte Seite dieser Gleichung nun mathematisch wohldefiniert ist.

Vertauschungsrelationen der Feldoperatoren und Unschärferelationen

Nun berechnen wir mit Gl. (1.112) und den Vertauschungsrelationen (1.93), (1.94) den Kommutator

$$
\begin{aligned}
[A(f,t),A(g,0)] &= (\mu e^{i\omega t}f, \mu g) - (\mu g, \mu e^{i\omega t}f) \\
&= \int d^3k \sum_\lambda \mu^2(k)\left[f^*(\boldsymbol{k},\lambda)g(\boldsymbol{k},\lambda)e^{-i\omega(k)t} - g^*(\boldsymbol{k},\lambda)f(\boldsymbol{k},\lambda)e^{i\omega(k)t}\right].
\end{aligned}
$$

Mit Hilfe der Umkehrformel (1.110) drücken wir die rechte Seite durch die reellen $\hat{\boldsymbol{f}}$ und $\hat{\boldsymbol{g}}$ aus. Wir rechnen formal (von der Richtigkeit des Resultates (1.121) unten kann man sich anschliessend leicht überzeugen):

$$
\begin{aligned}
&[A(f,t),A(g,0)] = 4\pi\hbar c^2 \int d^3x \int d^3y \hat{f}_i(x)\hat{g}_j(y)\frac{1}{(2\pi)^3}\int \frac{d^3k}{2\omega(k)}\sum_\lambda \\
&\left\{\varepsilon_i(\boldsymbol{k},\lambda)\varepsilon_j^*(\boldsymbol{k},\lambda)e^{i\boldsymbol{k}\cdot(\boldsymbol{x}-\boldsymbol{y})}e^{-i\omega(k)t} - \varepsilon_j(\boldsymbol{k},\lambda)\varepsilon_i^*(\boldsymbol{k},\lambda)e^{-i\boldsymbol{k}\cdot(\boldsymbol{x}-\boldsymbol{y})}e^{-i\omega(k)t}\right\}.
\end{aligned}
$$

Hier wollen wir die beiden Terme geeignet zusammenfassen. Dazu ersetzen wir im 2. Term die Integrationsvariable $\boldsymbol{k}$ durch $-\boldsymbol{k}$ und treffen die folgenden Konventionen für die linearen Polarisationsvektoren:

$$
\boldsymbol{\varepsilon}(-\boldsymbol{k},1) = -\boldsymbol{\varepsilon}(\boldsymbol{k},1)\,, \qquad \boldsymbol{\varepsilon}(-\boldsymbol{k},2) = \boldsymbol{\varepsilon}(\boldsymbol{k},2)\,. \qquad (1.113)
$$

Beachte, dass letztere mit der gewählten Orientierung von$\{\boldsymbol{\varepsilon}(\boldsymbol{k},1),\boldsymbol{\varepsilon}(\boldsymbol{k},2),\boldsymbol{k}\}$ verträglich ist (s. Abb. 1.3).

Für die zirkularen Polarisationsvektoren gilt dann

$$
\boldsymbol{\varepsilon}^*(-\boldsymbol{k},\pm) = -\boldsymbol{\varepsilon}(\boldsymbol{k},\pm)\,. \qquad (1.114)
$$

Damit erhalten wir

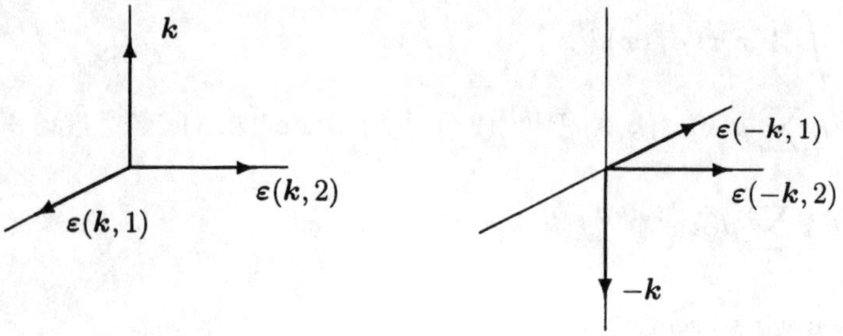

Abbildung 1.3. Konventionen für die linearen Polarisationsvektoren

$$[A(f,t), A(g,0)] = -4\pi\hbar c^2\, i \int d^3x \int d^3y \hat{f}_i(\boldsymbol{x})\hat{g}_j(\boldsymbol{y}) D^{\perp}_{ij}(x-y)\,, \tag{1.115}$$

$x = (ct, \boldsymbol{x})$, $y = (0, \boldsymbol{y})$, wobei

$$D^{\perp}_{ij}(x) = -\frac{i}{(2\pi)^3} \int \frac{d^3k}{2\omega(k)} \sum \lambda \varepsilon_i(\boldsymbol{k},\lambda) e^*_j(\boldsymbol{k},\lambda)[e^{-i(k,x)} - e^{i(k,x)}]\,. \tag{1.116}$$

In diesem Ausdruck ist $k = (\frac{\omega}{c}, \boldsymbol{k})$ und (k,x) bezeichnet das Minkowskische Skalarprodukt $(k,x) = k^0x^0 - \boldsymbol{k}\cdot\boldsymbol{x}$.

Nun gilt, wie man leicht sieht,

$$\sum_{\lambda} \varepsilon_i(\boldsymbol{k},\lambda)\varepsilon^*_j(\boldsymbol{k},\lambda) = \delta_{ij} - \frac{k_i k_j}{|\boldsymbol{k}|^2}\,. \tag{1.117}$$

Deshalb ist

$$D^{\perp}_{ij}(x) = -\frac{i}{(2\pi)^3} \int \frac{d^3k}{2\omega(k)} \left(\delta_{ij} - \frac{k_i k_j}{|\boldsymbol{k}|^2}\right) \left[e^{-i(k,x)} - e^{i(k,x)}\right]\,. \tag{1.118}$$

Im folgenden wird auch die *Jordan-Pauli-Distribution*

$$\boxed{D(x) = -\frac{i}{(2\pi)^3} \int \frac{d^3k}{2\omega(k)} \left(e^{-i(k,x)} - e^{i(k,x)}\right)} \tag{1.119}$$

eine wichtige Rolle spielen. Natürlich gilt (im Sinne der Distributionen)

$$D^{\perp}_{ij}(x) = \left(\delta_{ij} - \frac{\partial_i\partial_j}{\Delta}\right) D(x)\,. \tag{1.120}$$

Das Resultat (1.115) bedeutet korrekt geschrieben

$$[A(f,t), A(g,0)] = -4\pi\hbar i\, \langle \hat{f}_i, D^{\perp}_{ij} * \hat{g}_j \rangle\,, \tag{1.121}$$

wobei $D^{\perp}_{ij}$ als t-abhängige Distribution zu verstehen ist. Symbolisch schreiben wir dafür $(y = (0, \boldsymbol{y}))$:

$$[A_i(\boldsymbol{x},t), A_j(\boldsymbol{y},0)] = -4\pi\hbar c^2 i D_{ij}^{\perp}(x-y)\,. \tag{1.122}$$

Daraus erhalten wir unmittelbar die Vertauschungsrelation der elektromagnetischen Feldstärken

$$\boldsymbol{E} = -\frac{1}{c}\dot{\boldsymbol{A}}\,, \qquad \boldsymbol{B} = \boldsymbol{\nabla}\wedge\boldsymbol{A}\,.$$

Alle Kommutatoren der Feldstärken lassen sich durch 2. Ableitungen der Jordan-Pauli-Distribution ausdrücken. Verifiziere, dass sich das Resultat mit dem Feldtensor $F_{\mu\nu}$ wie folgt vierdimensional schreiben lässt (Jordan-Pauli):

$$[F_{\mu\nu}(x), F_{\alpha\beta}(y)] = 4\pi\hbar c^2 i D_{\mu\nu|\alpha\beta}(x-y)\,, \tag{1.123}$$

wobei

$$D_{\mu\nu|\alpha\beta}(\xi) = (g_{\nu\alpha}\partial_\mu\partial_\beta + g_{\mu\beta}\partial_\nu\partial_\alpha - g_{\mu\alpha}\partial_\nu\partial_\beta - g_{\nu\beta}\partial_\mu\partial_\alpha)\,D(\xi)\,. \tag{1.124}$$

Dieses wichtige Resultat ist manifest Lorentz-invariant, denn die Jordan-Pauli-Distribution ist Lorentz-invariant:

$$D(\Lambda\xi) = D(\xi) \qquad \Lambda \in L_+^\uparrow\,. \tag{1.125}$$

Letzteres folgt unmittelbar aus der Tatsache, dass $d^3k/2\omega(k)$ ein *Lorentz-invariantes Mass* ist (siehe Aufgabe 1.11.5). Weitere wesentliche Eigenschaften dieser Distribution sind (siehe Aufgabe 3.5.5):

$$D(\xi) = -D(-\xi) \tag{1.126}$$

und

$$\Box D = g^{\mu\nu}\partial_\mu\partial_\nu D = 0\,. \tag{1.127}$$

Aus (1.125) und (1.126) allein folgt

$$\boxed{D(\xi) = 0 \quad \text{für } \xi^2 < 0.} \tag{1.128}$$

Dies ist deswegen so, weil $L_+^\uparrow$ die Punkte eines raumartigen Hyperboloides $\xi^2 = -\alpha^2 < 0$ transitiv transformiert und somit eine invariante Funktion auf einem solchen einen konstanten Wert haben muss. Dieser Wert ist wegen (1.126) notwendig Null.

Aus (1.123) folgt also das Verschwinden des Kommutators der Feldstärken für raumartige Separationen $x - y$. Man sagt auch, das Feld sei *lokal.* Die Interpretation dieses Resultates ist im Sinne der Unschärferelationen sehr naheliegend:

Messungen in raumartigen separierten Gebieten sollten sich nach der Speziellen Relativitätstheorie nicht gegenseitig stören. Deshalb müssen Observablen (insbesondere die elektromagnetischen Feldstärken) zu raumartig separierten Gebieten vertauschen.

Das Resultat (1.123) ist auch ein starkes Indiz, dass unsere Quantisierung des Strahlungsfeldes Lorentz-invariant ist, obschon dies zunächst äusserlich gar nicht danach aussah.

Unschärferelationen für die elektromagnetischen Felder

Analog zur Interpretation der kanonischen Vertauschungsrelation, die Heisenberg in seiner berühmten Diskussion der Unschärferelationen gegeben hat, kann man auch die Vertauschungsrelation der elektromagnetischen Feldstärken anschaulich interpretieren. Dies wurde in einer (schwierigen) Arbeit 1933 von N. Bohr und L. Rosenfeld durchgeführt. Eine ausgezeichnete vereinfachte Diskussion dieser Arbeit findet man im Buch von Heitler [19], Kap. II.9. Wir begnügen uns hier mit ein paar Hinweisen.

Feldstärken in einem Punkt haben in der Quantentheorie keinen Sinn, sondern nur Mittelwerte über endliche Raum-Zeit Gebiete D:

$$F_{\mu\nu}(f) = \frac{\int F_{\mu\nu}(x) f(x)\, d^4x}{\int (fx)\, d^4x} .$$

Hier sei f eine Ausglättung der charakteristischen Funktion des Gebietes D. Zur Messung der Feldstärken in einem Gebiet D_1 benötigt man Testkörper, welche ihrerseits den quantenmechanischen Unschärferelationen unterworfen sind. Dabei muss man Orts- *und* Impulsmessungen vornehmen, welche sich überdies über eine endliche Zeit erstrecken. Unsicherheiten in Ort und Impuls der Testkörper, welche (wie eine genaue Diskussion zeigt) *makroskopisch* sein müssen, induzieren Unschärfen in den zugehörigen Ladungs- und Stromverteilungen, welche es ihrerseits verunmöglichen, die Feldstärken in einem anderen Gebiet D_2 beliebig genau zu messen, falls dieses nicht raumartig separiert ist. Die von Testkörpern in D_1 erzeugten Felder sind eben bis zu einem gewissen Grade unbestimmt.

Die detaillierte Diskussion zeigt, dass das Produkt der Unschärfen für die Feldstärken in den beiden Gebieten D_1 und D_2 im besten Fall den Wert erreicht, der durch die Vertauschungsrelation der Feldstärken impliziert wird. (Auf letztere kommen wir in Aufgabe 1.11.6 zurück.)

Vakuumfluktuationen

Obschon der Vakuumerwartungswert etwa für $\boldsymbol{E}(f)$ (f: Testfunktion) verschwindet, ist dies für $(\boldsymbol{E}(f))^2$ nicht der Fall. Bezeichnet $\boldsymbol{E}(D)$ den Mittelwert der elektrischen Feldstärke $\boldsymbol{E}$ über ein kleines Volumen D mit einer geglätteten charakteristischen Funktion (keine scharfen Ränder), so findet man für den Vakuumerwartungswert des Quadrates (d.h. für das Schwankungsquadrat)

$$\langle (\boldsymbol{E}(D))^2 \rangle_0 \sim \frac{\hbar c}{|D|^{\frac{4}{3}}} \quad (|D| = \text{Volumen von } D) . \tag{1.129}$$

Dies werden wir in den Übungsaufgaben (Aufgabe 1.11.3) zeigen. Das Resultat (1.129) folgt aber allein schon aus Dimensionsgründen. Wir benutzen dieses, um zu sehen, unter welchen Bedingungen eine klassische Beschreibung des elektromagnetischen Feldes zulässig ist. Dazu vergleichen wir die Energiedichte einer klassischen Welle (Wellenlänge λ) mit der Vakuumschwankung (1.129) für $|D| = \lambda^3$. Wir setzen den Zeitmittelwert von $\boldsymbol{E}^2/4\pi$ für die klassische Welle gleich $\bar{n}\hbar\omega$, wo $\bar{n}$ die mittlere Photonenzahl pro Volumeneinheit ist. Damit Quanteneffekte vernachlässigbar sind, muss

$$\bar{n}\hbar\omega \gg \frac{\hbar c}{\lambda\!\!\!^{-4}}$$

sein, d.h.

$$\boxed{\bar{n} \gg \frac{1}{\lambda\!\!\!^{-3}}\,.} \tag{1.130}$$

Falls also die Zahl der Photonen im Volumen $\lambda\!\!\!^{-}{}^{-3}$ viel grösser als 1 ist, darf eine klassische Beschreibung benutzt werden.

Beispiel: Das Feld eines Senders mit $\lambda = 48$ cm Wellenlänge und 135'000 Watt hat 10 km weit weg immer noch 10^{16} Photonen pro λ^3. Die klassische Beschreibung ist deshalb extrem gut.

1.6 Quantentheorie des gekoppelten Systems: Teilchen und Feld

In der nichtrelativistischen Quantenmechanik [1] haben wir gelernt, wie ein N-Teilchensystem in *äusseren* elektromagnetischen Feldern quantenmechanisch beschrieben wird. Im folgenden betrachten wir der Bestimmtheit halber ein N-Teilchensystem (die Verallgemeinerung auf verschiedene Teilchensorten ist unmittelbar). Der Hilbert-Raum $\mathcal{H}_N$ der Zustände für Elektronen (allgemeiner für Fermionen) ist dann der antisymmetrische Teil von $L^2(\mathbb{R}^{3N}) \otimes (\mathbb{C}^2)^{\otimes N}$ und der Hamilton-Operator lautet

$$H_N = \sum_{j=1}^{N} \left[\frac{1}{2m}(\boldsymbol{p}_j - \frac{e}{c}\boldsymbol{A}(\boldsymbol{x}_j))^2 + e\varphi(\boldsymbol{x}_j) - \frac{e\hbar}{2mc}\boldsymbol{\sigma}_j \cdot \boldsymbol{B}(\boldsymbol{x}_j) \right] . \tag{1.131}$$

Auf der anderen Seite ist die Energie eines klassischen elektromagnetischen Feldes nach (1.17)

$$U = \frac{1}{8\pi} \int (\boldsymbol{E}^2 + \boldsymbol{B}^2)\, d^3x = U_\perp + \text{Coulomb-Energie}\,, \tag{1.132}$$

mit

$$U_\perp = \frac{1}{8\pi} \int d^3x \left[\frac{1}{c}|\dot{\boldsymbol{A}}|^2 + |\boldsymbol{\nabla} \wedge \boldsymbol{A}|^2 \right] . \tag{1.133}$$

Dabei ist $\boldsymbol{A}$ das Vektorpotential in der Coulomb-Eichung. In Abwesenheit von Ladungen und Strömen wissen wir wie $\boldsymbol{A}$ zu quantisieren ist. Der zugehörige

Hilbert-Raum der Photonzustände ist der Fock-Raum $\mathcal{F}(L^2(\mathbb{R}^3) \otimes \mathbb{C}^2)$ und der Hamilton-Operator entspricht der Energie $U_\perp$ und lautet

$$H_{\text{Feld}} = \sum_{\boldsymbol{k},\lambda} \hbar\omega_k \, a^*_{\boldsymbol{k},\lambda} a_{\boldsymbol{k},\lambda} \, . \tag{1.134}$$

Es ist nun ziemlich klar, wie die Quantentheorie des gekoppelten Systems von Teilchen und Feld aussehen muss (eine konsequentere Begründung wird im Anhang (1.A) zu diesem Kapitel gegeben): Der Hilbert-Raum der Zustände ist

$$\mathcal{H} = \mathcal{F}(L^2(\mathbb{R}^3) \otimes \mathbb{C}^2) \otimes \mathcal{H}_N \, . \tag{1.135}$$

Der Hamilton-Operator setzt sich aus zwei Teilen zusammen:

$$H = H_0 + H' \, . \tag{1.136}$$

Dabei ist H_0 die Summe des Hamilton-Operators des freien Strahlungsfeldes (1.134) und des Hamilton-Operators des N-Teilchensystems, bei ausschliesslicher Berücksichtigung der Coulomb-Wechselwirkung:

$$H_0 = H_{\text{Feld}} + H_{\text{Teilchen}} \, , \tag{1.137}$$

mit

$$H_{\text{Teilchen}} = \sum_j \frac{1}{2m} \boldsymbol{p}_j^2 + \sum_{i<j} \frac{e^2}{|\boldsymbol{x}_i - \boldsymbol{x}_j|} \, . \tag{1.138}$$

Die beiden Anteile von H_0 operieren jeweils in einem Faktor von (1.135) trivial und vertauschen natürlich miteinander. Die Wechselwirkung H' wird aus den Termen in (1.131) bestehen, welche $\boldsymbol{A}$ enthalten:

$$\begin{aligned} H' = & \sum_j \left\{ -\frac{e}{2mc} \left[\boldsymbol{p}_j \cdot \boldsymbol{A}(\boldsymbol{x}_j) + \boldsymbol{A}(\boldsymbol{x}_j) \cdot \boldsymbol{p}_j \right] - \frac{e\hbar}{2mc} \boldsymbol{\sigma}_j \cdot \boldsymbol{B}(\boldsymbol{x}_j) \right\} \\ & + \frac{e^2}{2mc^2} \sum_j \boldsymbol{A}(\boldsymbol{x}_j) \cdot \boldsymbol{A}(\boldsymbol{x}_j) \, . \end{aligned} \tag{1.139}$$

Dabei ist $\boldsymbol{A}(\boldsymbol{x}_j)$ das quantisierte Strahlungsfeld (1.109) (oder (1.112)) am Ort des j^{ten} Teilchens. Die verschiedenen Terme von H' operieren in beiden Faktoren von (1.135) nichttrivial und zerfallen auch nicht in entsprechende Tensorprodukte. H' induziert deshalb Übergänge zwischen $\mathcal{F}$ und $\mathcal{H}_N$, d.h. *führt u.a. zu Emissions- und Absorptionsprozessen.*

H_0 ist ein selbstadjungierter Operator im Raume (1.135). Wären auch H' und $H = H_0 + H'$ wohldefinierte selbstadjungierte Operatoren, so wäre damit die Dynamik des abgeschlossenen Systems (Teilchen + Feld) konsequent quantenmechanisch beschrieben (freilich in einer nichtrelativistischen Näherung für die Teilchen). Da aber $\boldsymbol{A}$ in einem Punkt kein Operator ist (siehe anschliessend an (1.109)), ist H' ein sehr singuläres Objekt und es ist zu erwarten, dass die Theorie mathematisch nicht wohldefiniert ist. Dies wollen wir aber vorläufig ignorieren und zunächst deren Erfolge geniessen. Es wird sich nämlich zeigen, dass in 1. Ordnung Störungstheorie in H' höchst befriedigende Ergebnisse herauskommen. In höherer Ordnung werden sich aber Schwierigkeiten (Divergenz) ergeben, welche erst in einer konsequenten relativistischen Quantenfeldtheorie (bei welcher auch die Materie durch Quantenfelder beschrieben wird) behoben werden können (zumindest in einem praktischen Sinne). Auf diese Theorie - die QED - werden wir in späteren Kapiteln näher eingehen.

In tiefster, nichtverschwindender Ordnung tauchen keine Probleme auf weil $\boldsymbol{A}(\boldsymbol{x},t)$ lediglich als *quadratische Form über* $\mathcal{D}_S \times \mathcal{D}_S$ benutzt wird, wobei $\mathcal{D}_S = \{\psi \in \mathcal{F}_0 | \psi_n \in S(\mathbb{R}^{3n}) \otimes (\mathbb{C}^2)^{\otimes n}\}$. So interpretiert ist $\boldsymbol{A}(\boldsymbol{x},t)$ in einem Punkt $\boldsymbol{x}$ sinnvoll. Genauer bedeutet dies folgendes: Ist z.B. $\psi = \{0, \psi_1, 0, \ldots\}$, $\varphi = \{0, 0, \varphi_2, 0, \ldots\}$, so ist $(\varphi, \boldsymbol{A}(\boldsymbol{x},t), \psi)$, interpretiert als *Resultat* der folgenden formalen Rechnung, sinnvoll:

$$\begin{aligned}(\varphi, \boldsymbol{A}(\boldsymbol{x},t), \psi) &= (2\pi)^{-\frac{3}{2}} \int d^3k \sum_\lambda \mu(k) \cdot (\psi, a(\boldsymbol{k},\lambda)\varphi)\, \boldsymbol{\varepsilon}(\boldsymbol{k},\lambda) e^{i(\boldsymbol{k}\cdot\boldsymbol{x}-\omega t)} \\ &= (2\pi)^{-\frac{3}{2}} \int d^3k \sum_\lambda \mu(k) \\ &\quad \times \int d^3q \sum_\mu \overline{\psi_1(q,\mu)}\, (a(\boldsymbol{k},\lambda)\varphi_2)\,(q,\mu) \boldsymbol{\varepsilon}(\boldsymbol{k},\lambda) e^{i(\boldsymbol{k}\cdot\boldsymbol{x}-\omega t)} . \end{aligned} \tag{1.140}$$

Nun ist aber für $\psi \in \mathcal{D}_S$ (wir lassen Polarisationsindizes weg)

$$(a(\boldsymbol{p})\psi)_n(\boldsymbol{k}_1, \ldots, \boldsymbol{k}_n) = \sqrt{n+1}\, \psi_{n+1}(\boldsymbol{p}, \boldsymbol{k}_1, \ldots, \boldsymbol{k}_n) , \tag{1.141}$$

in Übereinstimmung mit (1.89) und (1.90), d.h. mit

$$(a(f)\psi)_n(\boldsymbol{k}_1, \ldots, \boldsymbol{k}_n) = \sqrt{n+1} \int \overline{f(\boldsymbol{p})} \psi_{n+1}(\boldsymbol{p}, \boldsymbol{k}_1, \ldots, \boldsymbol{k}_n)\, d^3p .$$

Der Ausdruck (1.140) ist damit sinnvoll.

Der zu $a(\boldsymbol{p})$ adjungierte Operator $a^*(\boldsymbol{p})$ ist formal gegeben durch

$$\left(a^*(\boldsymbol{p})\psi\right)_n (\boldsymbol{k}_1, \ldots, \boldsymbol{k}_n) = \frac{1}{\sqrt{n}} \sum_{l=1}^{n} \delta\left(\boldsymbol{p} - \boldsymbol{k}_l\right) \psi_{n-1}(\boldsymbol{k}_1, \ldots, \check{\boldsymbol{k}}_l, \ldots \boldsymbol{k}_n) , \tag{1.142}$$

denn formal erhält man daraus

$$\left(\int a^*(\boldsymbol{p}) f(\boldsymbol{p}) d^3\, p\, \psi\right)_n (\boldsymbol{k}_1, \ldots, \boldsymbol{k}_n) = \frac{1}{\sqrt{n}} \sum_{l=1}^{n} f(\boldsymbol{k}_l) \psi_{n-1}(\boldsymbol{k}_1, \ldots, \check{\boldsymbol{k}}_l, \ldots \boldsymbol{k}_n),$$

wie es nach (1.91) und (1.92) sein muss. Gleichung (1.142) hat ebenfalls einen wohldefinierten Sinn als quadratische Form auf $\mathcal{D}_S \times \mathcal{D}_S$. Z.B. ist

$$(\varphi, a^*(\boldsymbol{p})\psi) = \frac{1}{\sqrt{2}} \int \left[\overline{\varphi_2(\boldsymbol{k}_1, \boldsymbol{p})} \psi_1(\boldsymbol{k}_1) + \overline{\varphi_2(\boldsymbol{p}, \boldsymbol{k}_1)} \psi_1(\boldsymbol{k}_1) \right] d^3k_1 \, .$$

Man überzeuge sich, dass auch $(\varphi, \boldsymbol{A}^2(\boldsymbol{x}, t)\psi)$ sinnvoll ist. Im Sinne von quadratischen Formen ist z.B. auch der folgende Ausdruck für den Teilchenzahl-Operator

$$N = \int_{\mathbb{R}^3} \sum_\lambda a^*(\boldsymbol{p}, \lambda) a(\boldsymbol{p}, \lambda) \, d^3p \tag{1.143}$$

zu verstehen (verifiziere die Richtigkeit dieser Formel).

Bevor wir verschiedene Strahlungsprozesse in den folgenden Abschnitten im Detail durchrechnen, seien ein paar allgemeine Bemerkungen zur Emission und Absorption von Strahlung vorausgeschickt. Zunächst betrachten wir die *Absorption:* Ein Atom sei in einem Anfangszustand α und mache einen Strahlungsübergang in einen Zustand β. Der Einfachheit halber seien nur Photonen der Sorte $(\boldsymbol{k}, \lambda)$ vorhanden. Ihre Anzahl sei anfänglich $n_{\boldsymbol{k}\lambda}$ und am Ende $n_{\boldsymbol{k}\lambda} - 1$. Dann tragen in tiefster Ordnung Störungstheorie nur die in $\boldsymbol{A}$ linearen Terme der Wechselwirkung H' (1.139) bei. Lassen wir für einen Moment magnetische Kopplung weg, so ist das Matrixelement für die Absorption (wir arbeiten in einem endlichen Quantisierungsvolumen V):

$$\begin{aligned} &\langle \beta; n_{\boldsymbol{k}\lambda} - 1 \,|H'|\, \alpha; n_{\boldsymbol{k}\lambda} \rangle \\ &= -\frac{e}{mc} \langle \beta; n_{\boldsymbol{k}\lambda} - 1 \,|\sum_j \sqrt{\frac{2\pi\hbar c^2}{V\omega_k}} a_{\boldsymbol{k}\lambda} e^{i(\boldsymbol{k}\cdot\boldsymbol{x}_j - \omega_k t)} \boldsymbol{p}_j \cdot \boldsymbol{\varepsilon}(\boldsymbol{k}, \lambda) |\, \alpha; n_{\boldsymbol{k}\lambda} \rangle \\ &= -\frac{e}{m} \sqrt{\frac{2\pi\hbar}{V\omega_k}} \sqrt{n_{\boldsymbol{k}\lambda}} \, \langle \beta \,|\sum_j e^{i\boldsymbol{k}\cdot\boldsymbol{x}_j} \boldsymbol{p}_j \cdot \boldsymbol{\varepsilon}(\boldsymbol{k}, \lambda) |\, \alpha \rangle e^{-i\omega_k t} \, . \end{aligned} \tag{1.144}$$

Wie (von einer semiklassischen Theorie her) zu erwarten war, ist deshalb die Übergangsrate proportional zu $n_{\boldsymbol{k}\lambda}$. Dies ist aber nicht mehr so für den umgekehrten Prozess der *Emission* eines Photons. Für das zugehörige Matrixelement erhalten wir

$$\begin{aligned} &\langle \beta; n_{\boldsymbol{k}\lambda} + 1 \,|H'|\, \alpha; n_{\boldsymbol{k}\lambda} \rangle \\ &= -\frac{e}{m} \sqrt{\frac{2\pi\hbar}{V\omega_k}} \sqrt{n_{\boldsymbol{k}\lambda} + 1} \, \langle \beta \,|\sum_j e^{-i\boldsymbol{k}\cdot\boldsymbol{x}_j} \boldsymbol{p}_j \cdot \boldsymbol{\varepsilon}^*(\boldsymbol{k}, \lambda) |\, \alpha \rangle e^{i\omega_k t} \, . \end{aligned} \tag{1.145}$$

Die Emissionswahrscheinlichkeit ist also *proportional zu* $n_{\boldsymbol{k}\lambda} + 1$. Den Anteil proportional zu $n_{\boldsymbol{k}\lambda}$ nennt man die *induzierte Emission.* Diesen Beitrag würde man auch in einer halbklassischen Theorie erhalten, jedoch nicht die *spontane Emission*, welche auch für $n_{\boldsymbol{k}\lambda} = 0$ vorhanden ist. Quantenmechanisch treten die beiden Anteile gleichberechtigt auf. (Für grosse $n_{\boldsymbol{k}\lambda}$ ist natürlich die semiklassische Theorie eine sehr gute Näherung.)

Der Umstand, dass die spontane Emission so natürlich herauskommt, muss als ein Triumpf der Quantentheorie der Strahlung angesehen werden.

1.7 Strahlungsprozesse in tiefster Ordnung Störungstheorie

Für die Behandlung von Streuprozessen benötigen wir im folgenden die *S-Matrix:*

Ein quantenmechanisches System zerfalle gemäss

$$H = H_0 + V$$

in einen „freien“ Teil und eine schwache Kopplung V. Wir betrachten einen Streuzustand $\psi_w(t)$ im Wechselwirkungsbild. Zwischen den asymptotischen Zuständen $\psi_w(\pm\infty)$ besteht nach [1], Kap. 9.1 die Beziehung

$$\psi_w(+\infty) = U_w(+\infty, -\infty)\psi_w(-\infty) \tag{1.146}$$

und für den Streuoperator (S-Matrix)

$$S = U_w(+\infty, -\infty) \tag{1.147}$$

lautet (für schwache Kopplung) die Störungsreihe

$$S = \sum_{n=0}^{\infty} \left(\frac{-i}{\hbar}\right)^n \int_{-\infty}^{+\infty} dt_1 \int_{-\infty}^{t_1} dt_2 \ldots \int_{-\infty}^{t_{n-1}} dt_n V_w(t_1) \ldots V_w(t_u) \; . \tag{1.148}$$

(Siehe auch die strenge Diskussion im Rahmen der Potentialstreuung, [1], Kap. 7.4)

Spontane Emission

Ein angeregter Atomzustand α ist auf Grund der Kopplung an das quantisierte Strahlungsfeld unstabil. Wir wollen in 1. Ordnung Störungstheorie mit Hilfe der Goldenen Regel die Übergangsrate für den Übergang in einen tieferliegenden Zustand β unter Emission eines Photons der Sorte $(\boldsymbol{k}, \lambda)$ berechnen.

Die Emissionsrate für Photonen in den Raumwinkel $d\Omega$ ist nach der Goldenen Regel (vgl. [1], Kap. 9.4)

$$d\Gamma = \frac{2\pi}{\hbar} \int |\langle\beta; \boldsymbol{k}, \lambda\, |H'|\, \alpha\rangle|^2 \delta(E_\alpha - E_\beta - \hbar\omega_k) k^2 dk \, d\Omega \; ,$$

also gilt

$$\frac{d\Gamma}{d\Omega} = \frac{2\pi}{\hbar^2 c^3} \omega^2 \, |\langle\beta; \boldsymbol{k}, \lambda\, |H'|\, \alpha\rangle|^2 \; , \quad \omega = \frac{E_\alpha - E_\beta}{\hbar} \; . \tag{1.149}$$

Von der Wechselwirkung H' (Gl. (1.139)) tragen nur die Terme linear in $\boldsymbol{A}$ bei. Da ausserdem $\boldsymbol{A}$ transversal ist, können wir $\boldsymbol{p}_j \cdot \boldsymbol{A}(\boldsymbol{x}_j)$ durch $\boldsymbol{A}(\boldsymbol{x}_j) \cdot \boldsymbol{p}_j$ ersetzen. Damit ist (im Schrödinger-Bild)

$$\langle\beta;\boldsymbol{k},\lambda|H'|\alpha\rangle = -\frac{e}{mc}(2\pi)^{-\frac{3}{2}}\langle\beta;\boldsymbol{k},\lambda|\sum_j \mu(k)a^*(\boldsymbol{k},\lambda)e^{-i\boldsymbol{k}\cdot\boldsymbol{x}_j}\boldsymbol{p}_j\cdot\boldsymbol{\varepsilon}^*(\boldsymbol{k},\lambda)|\alpha\rangle$$
$$+ \text{ magnetische Terme}$$
$$= (2\pi)^{-\frac{3}{2}}\frac{e}{m}\sqrt{\frac{2\pi\hbar}{\omega}}\cdot M\,,$$

wobei

$$M = \langle\beta|\sum_j e^{-i\boldsymbol{k}\cdot\boldsymbol{x}_j}\boldsymbol{\varepsilon}^*(\boldsymbol{k},\lambda)\cdot(\boldsymbol{p}_j + \frac{i\hbar}{2}\boldsymbol{k}\wedge\boldsymbol{\sigma}_j)|\alpha\rangle\,. \tag{1.150}$$

Somit haben wir

$$\frac{d\Gamma}{d\Omega} = \frac{e^2}{2\pi\hbar m^2 c^3}\omega\,|M|^2\,. \tag{1.151}$$

Dieses Resultat werden wir ab Seite 49 weiter auswerten.

Es ist instruktiv, das Ergebnis (1.150), (1.151) mit der klassischen Abstrahlungsformel zu vergleichen. Wir betrachten eine periodische Stromquelle

$$\boldsymbol{J}(\boldsymbol{x},t) = \boldsymbol{J}(\boldsymbol{x})e^{-i\omega t} + \text{komplex konj.}\,.$$

In der Coulomb-Eichung ist (siehe (1.15))

$$\Box\boldsymbol{A} = \frac{4\pi}{c}\boldsymbol{J}_\perp\,,$$

d.h.

$$\boldsymbol{A}(\boldsymbol{x},t) = \frac{1}{c}\int d^3x'\,\frac{\boldsymbol{J}_\perp(\boldsymbol{x}',t-\frac{|\boldsymbol{x}-\boldsymbol{x}'|}{c})}{|\boldsymbol{x}-\boldsymbol{x}'|}\,.$$

Weit weg von der Quelle ist dies

$$\boldsymbol{A}(\boldsymbol{x},t) \simeq \frac{1}{rc}\int d^3x'\boldsymbol{J}_\perp(\boldsymbol{x}')e^{-i\omega(t-\frac{r}{c})}e^{-i\frac{\omega}{c}\hat{\boldsymbol{x}}\cdot\boldsymbol{x}'} + \text{komplex konj.}$$
$$= \frac{e^{-i\omega(t-\frac{r}{c})}}{rc}\cdot\tilde{\boldsymbol{J}}_\perp(\boldsymbol{k}) + \text{komplex konj.}\,.$$

Dabei ist $\boldsymbol{k} = \frac{\omega}{c}\hat{\boldsymbol{x}}$ und $\tilde{\boldsymbol{J}}_\perp(\boldsymbol{k})$ ist die Fourier-Transformierte von $\boldsymbol{J}_\perp$:

$$\tilde{\boldsymbol{J}}_\perp(\boldsymbol{k}) = \int d^3x'\,e^{-i\boldsymbol{k}\cdot\boldsymbol{x}'}\,\boldsymbol{J}_\perp(\boldsymbol{x}')\,.$$

Nun ist nach (1.13)

$$\tilde{\boldsymbol{J}}_\perp(\boldsymbol{k}) = \frac{\boldsymbol{k}\wedge(\tilde{\boldsymbol{J}}(\boldsymbol{k})\wedge\boldsymbol{k})}{|\boldsymbol{k}|^2}\,.$$

Die transversalen Strahlungsfelder $\boldsymbol{E}_S$, $\boldsymbol{B}_S$ in der Wellenzone sind die Terme $O(\frac{1}{r})$ von $\boldsymbol{B} = \boldsymbol{\nabla}\wedge\boldsymbol{A}$ und $\boldsymbol{E}_\perp = -\frac{1}{c}\dot{\boldsymbol{A}}$. Also ist

$$\boldsymbol{E}_S = i\omega\,\frac{e^{-i\omega(t-\frac{r}{c})}}{rc^2}\cdot\frac{\boldsymbol{k}\wedge(\tilde{\boldsymbol{J}}(\boldsymbol{k})\wedge\boldsymbol{k})}{|\boldsymbol{k}|^2} + \text{komplex konj.}\,.$$

Die Komponente von $\boldsymbol{E}_S$ in Richtung des Polarisationsvektors $\boldsymbol{\varepsilon}(\boldsymbol{k}, \lambda)$ ist

$$\boldsymbol{E}_S \cdot \boldsymbol{\varepsilon}(\boldsymbol{k}, \lambda) = i\omega \frac{e^{-i\omega(t-\frac{r}{c})}}{rc^2} \boldsymbol{\varepsilon}(\boldsymbol{k}, \lambda) \cdot \tilde{\boldsymbol{J}}(\boldsymbol{k}) + \text{komplex konj.} .$$

Die zeitlich gemittelte Abstrahlung in das Raumwinkelelement $d\Omega$ ist für die Polarisation λ

$$dP = \frac{c}{4\pi} \cdot 2\frac{\omega^2}{r^2c^4} \left|\boldsymbol{\varepsilon}(\boldsymbol{k}, \lambda) \cdot \tilde{\boldsymbol{J}}(\boldsymbol{k})\right|^2 r^2 \, d\Omega \, ,$$

d.h.

$$\frac{dP}{d\Omega} = \frac{\omega^2}{2\pi c^3} \left|\tilde{\boldsymbol{J}}(\boldsymbol{k}) \cdot \boldsymbol{\varepsilon}(\boldsymbol{k}, \lambda)\right|^2 .$$

Der Vergleich mit (1.151 zeigt, dass das Matrixelement

$$\langle\beta| \sum e^{-i\boldsymbol{k}\cdot\boldsymbol{x}_j} \frac{e}{m} \boldsymbol{p}_j \, |\alpha\rangle$$

bei der spontanen Emission dieselbe Rolle spielt wie die Fourier-Transformierte $\tilde{\boldsymbol{J}}(\boldsymbol{k})$ des Stromes bei der Strahlung einer klassischen Quelle.

Induzierte Emission

Wir nehmen nun an, dass im Anfangszustand bereits Photonen vorhanden sind und berechnen die Emissionsrate für ein weiteres Photon. Dieses Problem lässt sich einfacher diskutieren, wenn wir zunächst in einem endlichen Quantisierungsvolumen V arbeiten. Die Endzustände sind dann zwar diskret, liegen aber für grosse V sehr dicht und deshalb können wir die Goldene Regel ungeändert anwenden:

$$\frac{d\Gamma}{d\Omega} = \frac{2\pi}{\hbar} \left|\langle\beta; n_{\boldsymbol{k}\lambda} + 1 \, |H'| \, \alpha; n_{\boldsymbol{k}\lambda}\rangle\right|^2 \rho(\hbar\omega) \, . \tag{1.152}$$

$\rho(\hbar\omega)$ ist die Dichte der Photonzustände pro Raumwinkel- und Energieeinheit. Die Zahl der Zustände im Intervall $(\boldsymbol{k}, \boldsymbol{k}+d^3k)$ ist (wegen $\boldsymbol{k} = \frac{2\pi}{L}\boldsymbol{n}$, $\boldsymbol{n} \in \mathbb{Z}^3$) gleich $\frac{V}{(2\pi)^3} d^3k$. Aber $d^3k = k^2 dk d\Omega$, $E = \hbar\omega = \hbar c|\boldsymbol{k}|$, also

$$\rho(E) dE d\Omega = \frac{V}{(2\pi)^3} k^2 \frac{dE}{\hbar c} d\Omega \, ,$$

d.h.

$$\rho(E) = \frac{V}{(2\pi)^3} \frac{\omega^2}{\hbar c^3} \, . \tag{1.153}$$

Das Matrixelement in (1.152) ist nach (1.145)

$$\langle\beta; n_{\boldsymbol{k}\lambda} + 1 \, |H'| \, n_{\boldsymbol{k}\lambda}\rangle = -\frac{e}{m} \sqrt{\frac{2\pi\hbar}{\omega V}} M \sqrt{n_{\boldsymbol{k}\lambda} + 1} \, . \tag{1.154}$$

Daraus folgt sofort

$$\frac{d\Gamma}{d\Omega} = \frac{d\Gamma^{(\text{spontan})}}{d\Omega} \cdot (n_{\boldsymbol{k}\lambda} + 1) \equiv \frac{d\Gamma^{(\text{spontan})}}{d\Omega} + \frac{d\Gamma^{(\text{induziert})}}{d\Omega} , \tag{1.155}$$

$$\frac{d\Gamma^{(\text{induziert})}}{d\Omega} = \frac{d\Gamma^{(\text{spontan})}}{d\Omega} \cdot n_{\boldsymbol{k}\lambda} . \tag{1.156}$$

Wir bringen noch die Besetzungszahlen $n_{\boldsymbol{k}\lambda}$ mit der Intensität der auf das System einfallenden Strahlung in Verbindung. Es sei $I(\boldsymbol{k},\lambda)d\omega d\Omega$ die Strahlungsenergie, welche pro Sekunde auf die Fläche 1 cm^2 auftrifft und die Polarisation λ, die Frequenz im Intervall $d\omega$ und die Richtung des Wellenzahlvektors im Raumwinkel $d\Omega$ hat. Den angegebenen Intervallen entsprechen $\frac{V}{(2\pi)^3}d^3k = \frac{V}{(2\pi)^3}k^2 dk d\omega$ Oszillatoren. Die zugehörige Photonenzahl pro Volumeneinheit ist $n_{\boldsymbol{k}\lambda}\frac{k^2}{(2\pi)^3}dkd\Omega$. Deshalb ist

$$I(\boldsymbol{k},\lambda)d\omega d\Omega = c\hbar\omega n_{\boldsymbol{k}\lambda}\frac{k^2}{(2\pi)^3}dkd\Omega .$$

Hieraus finden wir die gesuchte Beziehung

$$I(\boldsymbol{k},\lambda) = \frac{\hbar\omega^3}{(2\pi)^3c^2}n_{\boldsymbol{k}\lambda} . \tag{1.157}$$

Folglich ist

$$\frac{d\Gamma^{(\text{ind})}}{d\Omega} = \frac{d\Gamma^{(\text{sp})}}{d\Omega} \cdot \frac{(2\pi)^3c^2}{\hbar\omega^3}I(\boldsymbol{k},\lambda) . \tag{1.158}$$

Absorption von Strahlung

Nun betrachten wir den umgekehrten Übergang des Systems ($\beta \to \alpha$) unter Absorption eines Photons. Die Absorptionsrate berechnen wir zuerst auf die übliche (etwas naive) Weise und geben anschliessend eine befriedigendere Herleitung.

Dazu verwenden wir die Goldene Regel in der Form

$$\Gamma_{\beta;\boldsymbol{k}\lambda\to\alpha} = \frac{2\pi}{\hbar}\left|\langle\alpha; n_{\boldsymbol{k}\lambda} - 1\,|H'|\,\beta; n_{\boldsymbol{k}\lambda}\rangle\right|^2 \delta(E_\alpha - E_\beta - \hbar\omega_k)$$

und summieren dies über $\boldsymbol{k}$, wobei wir die Summe in üblicher Weise durch ein Integral ersetzen

$$\Gamma^{(\text{abs})} = \frac{2\pi}{\hbar}\frac{V}{(2\pi)^3}\int d^3k\,\left|\langle\alpha; n_{\boldsymbol{k}\lambda} - 1\,|H'|\,\beta; n_{\boldsymbol{k}\lambda}\rangle\right|^2 \delta(E_\alpha - E_\beta - \hbar\omega_k) .$$

Das Matrixelement in diesem Ausdruck ist

$$\langle\alpha; n_{\boldsymbol{k}\lambda} - 1\,|H'|\,\beta; n_{\boldsymbol{k}\lambda}\rangle = -\frac{e}{m}\sqrt{\frac{2\pi\hbar}{\omega V}}\,\overline{M}\,\sqrt{n_{\boldsymbol{k}\lambda}} ,$$

denn

$$\langle\alpha|\sum_j e^{i\boldsymbol{k}\cdot\boldsymbol{x}_j}\boldsymbol{\varepsilon}(\boldsymbol{k},\lambda)\cdot\left(\boldsymbol{p}_j-\frac{i\hbar}{2}\boldsymbol{k}\wedge\boldsymbol{\sigma}_j\right)|\beta\rangle=\overline{M}\,.$$

Damit erhalten wir

$$\frac{d\Gamma^{(\mathrm{abs})}}{d\Omega}=\frac{d\Gamma^{(\mathrm{ind})}}{d\Omega}\,. \tag{1.159}$$

* * *

Ergänzung

Wir geben nun eine sorgfältigere Herleitung der Absorptionsrate, wobei wir uns nicht mehr des Kastens V bedienen. Ein Photon mit asymptotischer Wellenfunktion $\varphi(\boldsymbol{k})$ falle auf das Atom ein. Das S-Matrixelement für den Absorptionsprozess hat auf Grund der Energieerhaltung die Form (Ω: Photonvakuum)

$$(\psi_\alpha\otimes\Omega,S\psi_\beta\otimes\varphi)=-2\pi i\int\delta(E_\alpha-E_\beta-\hbar\omega(\boldsymbol{k}))\langle\alpha|T|\beta;\boldsymbol{k},\lambda\rangle\,\varphi(\boldsymbol{k})d^3k\,. \tag{1.160}$$

(Siehe dazu auch Kap. 7 in [1].)

Nun sei A eine Ebene senkrecht zu $\langle\boldsymbol{k}\rangle_\varphi$ in $\mathbb{R}^3$. Wir nennen sie die Stossparameterebene. Zum Anfangszustand φ des Photons betrachten wir auch die um $\boldsymbol{a}\in A$ verschobenen Zustände $U(\boldsymbol{a})\varphi$. Dabei ist $U(\boldsymbol{a})$ die Darstellung der Translationsgruppe im Raum der Wellenfunktionen φ. Das zugehörige Wellenpaket ist

$$\varphi_{\boldsymbol{a}}(\boldsymbol{k}):=(U(\boldsymbol{a})\varphi)(\boldsymbol{k})=e^{-i\boldsymbol{k}\cdot\boldsymbol{a}}\varphi(\boldsymbol{k})\,. \tag{1.161}$$

Als Anfangszustand wählen wir ein *statistisches Gemisch* von Zuständen $\{u(\boldsymbol{a}_i)\varphi\}$, deren relative Stossparameter $\boldsymbol{a}_i$ die Ebene A mit einer Flächendichte n gleichmässig belegen. Die *Absorptionsrate* ist dann die zu erwartende Gesamtzahl von Absorptionen, dividiert durch die Flächendichte n. Im Grenzfall einer kontinuierlichen Verteilung der $\{\boldsymbol{a}_i\}$ erhalten wir mit (1.160)

$$\begin{aligned}\Gamma&=\int_A d^2a\,|(\psi_\alpha\otimes\Omega,S\psi_\beta\otimes\varphi_{\boldsymbol{a}})|^2\\&=\int_A d^2a\int d^3kd^3k'\,(2\pi)^2\delta(E_\alpha-E_\beta-\hbar\omega')\delta(E_\alpha-E_\beta-\hbar\omega)\\&\quad\cdot\overline{\langle\alpha|T|\beta;\boldsymbol{k}'\lambda\rangle}\langle\alpha|T|\beta;\boldsymbol{k}\lambda\rangle\overline{\varphi(\boldsymbol{k}')}\varphi(\boldsymbol{k})e^{i(\boldsymbol{k}'-\boldsymbol{k})\cdot\boldsymbol{a}}\,.\end{aligned} \tag{1.162}$$

Die „Integration“ über $\boldsymbol{a}$ liefert

$$\int_A d^2a\,e^{i\boldsymbol{a}\cdot(\boldsymbol{k}'-\boldsymbol{k})}=(2\pi)^2\delta^2(\boldsymbol{k}'_\perp-\boldsymbol{k}_\perp)$$

($\boldsymbol{k}'_\perp - \boldsymbol{k}_\perp$: Komponenten von $\boldsymbol{k}'$, $\boldsymbol{k}$ senkrecht zu $\langle \boldsymbol{k} \rangle_\varphi$). Im verbleibenden Integranden von (1.162) können wir deshalb $|\boldsymbol{k}'| = |\boldsymbol{k}|$, $\boldsymbol{k}'_\perp = \boldsymbol{k}_\perp$ setzen, woraus $k'^2_\parallel = k^2_\parallel$, d.h. $k'_\parallel = \pm k_\parallel$ folgt. Einer praktischen Situation entsprechend verlangen wir für den Anfangszustand $\varphi(\boldsymbol{k}) = 0$ für $k_\parallel < 0$. Dann ist $\varphi(\boldsymbol{k}')\varphi(\boldsymbol{k}) = 0$ für $k'_\parallel = -k_\parallel$, d.h. der Träger des Integranden liegt auf $\{\boldsymbol{k}' = \boldsymbol{k}\}$. Damit haben wir

$$\begin{aligned} \Gamma = &\int d^3k\,(2\pi)^4 \delta(E_\alpha - E_\beta - \hbar\omega) |\langle \alpha\,|T|\,\beta; \boldsymbol{k}\lambda\rangle|^2\,|\varphi(\boldsymbol{k})|^2 \\ &\cdot \int_{k'_\parallel > 0} d^3k'\,\delta(E_\alpha - E_\beta - \hbar\omega')\delta^2(\boldsymbol{k}'_\perp - \boldsymbol{k}_\perp)\,. \end{aligned}$$

Darin ist das letzte Integral gleich $\frac{1}{\hbar c}\frac{|\boldsymbol{k}|}{k_\parallel}$. Nun soll die Richtung von $\boldsymbol{k}$ in $|\varphi(\boldsymbol{k})|^2$ sehr scharf definiert sein:

$$|\varphi(\boldsymbol{k})|^2 d^3k = f(\omega)\delta^2(\hat{\boldsymbol{k}} - \boldsymbol{e})d\omega d\Omega_{\boldsymbol{k}}, \qquad \int_0^\infty f(\omega)d\omega = 1\,. \tag{1.163}$$

Damit erhalten wir

$$\Gamma = \frac{(2\pi)^4}{\hbar^2 c}|\langle \alpha\,|T|\,\beta; \boldsymbol{k}\lambda\rangle|^2\,f(\omega), \qquad \omega = \frac{E_\alpha - E_\beta}{\hbar}\,. \tag{1.164}$$

Nun ist die Energie der einfallenden Welle gleich

$$\int d^3k\hbar\omega\,\underbrace{(\varphi, a^*(\boldsymbol{k})a(\boldsymbol{k})\varphi)}_{|\varphi(\boldsymbol{k})|^2} = \int f(\omega)\,\hbar\omega\,d\omega\,.$$

Die einfallende spektrale Energie pro Flächeneinheit $E(\omega)$ für das betrachtete statistische Gemisch ist deshalb

$$E(\omega) = \hbar\omega\,f(\omega)\,. \tag{1.165}$$

Fällt ein Strahl mit der Intensität $I(\boldsymbol{k}, \lambda)$ ein, dann ist nach (1.164) und (1.165) die Zahl der absorbierten Photonen pro Zeiteinheit und Atom für die Strahlung aus dem Raumwinkel $d\Omega$

$$\frac{d\Gamma^{(\mathrm{abs})}}{d\Omega} = \frac{(2\pi)^4}{\hbar^3 c}\frac{1}{\omega}|\langle \alpha\,|T|\,\beta; \boldsymbol{k}, \lambda\rangle|^2 \cdot I(\boldsymbol{k}, \lambda)\,. \tag{1.166}$$

In erster Ordnung Störungstheorie erhalten wir

$$\begin{aligned} \langle \alpha\,|S^{(1)}|\,\beta; \boldsymbol{k}\lambda\rangle &= \frac{-i}{\hbar}\int_{-\infty}^{+\infty} dt\,\langle \alpha\,|H'_w(t)|\,\beta; \boldsymbol{k}\lambda\rangle \\ &= \frac{-i}{\hbar}\langle \alpha\,|H'|\,\beta; \boldsymbol{k}\lambda\rangle \int_{-\infty}^{+\infty} e^{\frac{i}{\hbar}(E_\alpha - E_\beta - \hbar\omega)t}\,dt \\ &= -2\pi i\delta(E_\alpha - E_\beta - \hbar\omega)\langle \alpha\,|H'|\,\beta; \boldsymbol{k}\lambda\rangle\,, \end{aligned}$$

d.h. die Form (1.160), mit

$$\langle\alpha\,|T^{(1)}|\,\beta;\boldsymbol{k}\lambda\rangle = \langle\alpha\,|H'|\,\beta;\boldsymbol{k}\lambda\rangle\ .$$

Setzen wir dies in (1.166) ein und vergleichen das Resultat mit (1.149), so erhalten wir

$$\frac{d\Gamma^{(\mathrm{abs})}}{d\Omega} = \frac{d\Gamma^{(\mathrm{sp})}}{d\Omega}\frac{(2\pi)^3c^2}{\hbar\omega^3}I(\boldsymbol{k},\lambda)\ . \tag{1.167}$$

Dies stimmt mit dem früheren Ergebnis (1.158) und (1.159) überein.

* * *

Einstein-Koeffizienten, Plancksches Gesetz

Nach (1.158) und (1.159) haben wir die folgenden Beziehungen zwischen den verschiedenen Raten

$$\frac{d\Gamma^{(\mathrm{ind})}_{\alpha\to\beta}}{d\Omega} = \frac{d\Gamma^{(\mathrm{abs})}_{\beta\to\alpha}}{d\Omega} = \frac{d\Gamma^{(\mathrm{sp})}_{\alpha\to\beta}}{d\Omega}\cdot\frac{(2\pi)^3c^2}{\hbar\omega^3}I(\boldsymbol{k},\lambda)\ . \tag{1.168}$$

Wenn die Strahlung isotrop und unpolarisiert ist, dann ergeben die Integrationen von (1.168) über alle Richtungen von $\boldsymbol{k}$ und die Summation über λ analoge Beziehungen zwischen den totalen Raten für Strahlungsübergänge:

$$\Gamma^{(\mathrm{ind})}_{\alpha\to\beta} = \Gamma^{(\mathrm{abs})}_{\beta\to\alpha} = \Gamma^{(\mathrm{sp})}_{\alpha\to\beta}\frac{\pi^2c^2}{\hbar\omega^3}I_\omega\ , \tag{1.169}$$

wenn $I_\omega = 2\cdot 4\pi I(\boldsymbol{k},\lambda)$ die gesamte spektrale Intensität der Strahlung ist.

Falls die Zustände α und β entartet sind, ergibt sich die gesamte Emissions- (oder Absorptions-) Wahrscheinlichkeit für bestimmte Photonen durch Summation über alle entarteten Endzustände und durch Mittelung über die Anfangszustände. Für diese Grössen gilt (wir deuten sie durch einen Querstrich an), wenn g_α, g_β die Entartungsgrade bezeichnen

$$g_\alpha\overline{\Gamma}^{(\mathrm{ind})}_{\alpha\to\beta} = g_\beta\overline{\Gamma}^{(\mathrm{abs})}_{\beta\to\alpha} = g_\alpha\overline{\Gamma}^{(\mathrm{sp})}_{\alpha\to\beta}\frac{\pi^2c^2}{\hbar\omega^3}I_\omega\ . \tag{1.170}$$

Die sogenannten *Einstein-Koeffizienten* A und B sind definiert durch

$$\begin{aligned} A_{\alpha\beta} &= \overline{\Gamma}^{(\mathrm{sp})}_{\alpha\to\beta}\ ;\\ B_{\alpha\beta} &= \overline{\Gamma}^{(\mathrm{ind})}_{\alpha\to\beta}\cdot\frac{c}{I_\omega}\ ;\\ B_{\beta\alpha} &= \overline{\Gamma}^{(\mathrm{abs})}_{\beta\to\alpha}\cdot\frac{c}{I_\omega} \end{aligned} \tag{1.171}$$

(I_ω/c ist die spektrale Energiedichte). Zwischen diesen bestehen nach (1.170) die sogenannten

Einsteinschen Beziehungen:

$$\frac{B_{\alpha\beta}}{B_{\beta\alpha}} = \frac{g_\beta}{g_\alpha}, \qquad \frac{A_{\alpha\beta}}{B_{\alpha\beta}} = \frac{\pi^2 c^3}{\hbar\omega^3}. \tag{1.172}$$

Einstein hat diese wichtigen Relationen 1917 korrespondenzmässig in seiner berühmten Ableitung des Planckschen Strahlungsgesetzes gewonnen. Wir haben sie hier ohne jegliche Berufung auf das Korrespondenzprinzip erhalten (Dirac 1927). Umgekehrt kann man natürlich die Plancksche Strahlungsformel sehr einfach aus (1.170) folgendermassen herleiten.

Das Strahlungsfeld sei im thermodynamischen Gleichgewicht mit den Atomen. Dann müssen pro Zeiteinheit in beiden Richtungen $\alpha \leftrightarrows \beta$ gleich viele Übergänge stattfinden. Sind die Populationen der Zustände α und β gleich N_α und N_β, so bedeutet dies

$$N_\beta \overline{\Gamma}^{(\mathrm{ab})}_{\beta\to\alpha} = N_\alpha \overline{\Gamma}^{(\mathrm{em})}_{\alpha\to\beta}\,.$$

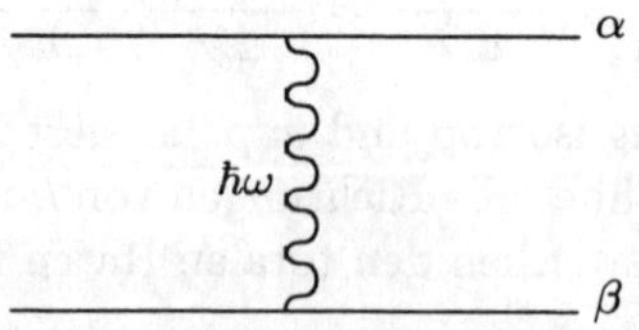

Abbildung 1.4. Strahlungsübergang

Da

$$\frac{N_\beta}{N_\alpha} = \frac{g_\beta e^{-\frac{E_\beta}{kT}}}{g_\alpha e^{-\frac{E_\alpha}{kT}}} = \frac{g_\beta}{g_\alpha} e^{\frac{\hbar\omega}{kT}},$$

so folgt

$$e^{\frac{\hbar\omega}{kT}} = \frac{g_\alpha}{g_\beta} \frac{\overline{\Gamma}^{(\mathrm{em})}_{\alpha\to\beta}}{\overline{\Gamma}^{(\mathrm{ab})}_{\beta\to\alpha}} = \frac{1 + \frac{\pi^2 c^2}{\hbar\omega^3} \cdot I(\omega, T)}{\frac{\pi^2 c^2}{\hbar\omega^3} \cdot I(\omega, T)},$$

und somit

$$I(\omega, T) = \frac{\hbar\omega^3}{\pi^2 c^2} \frac{1}{e^{\frac{\hbar\omega}{kT}} - 1}\,.$$

Für die spektrale Energiedichte $\rho(\nu)$ ergibt sich mit $\rho(\nu) = \frac{1}{c} I(\omega, T) \frac{d\omega}{d\nu}$ das Plancksche Gesetz[4]

[4] Über seine neuartige Begründung von (1.173) schrieb Einstein im August 1916 an M. Besso: „Mir ist ein prächtiges Licht über die Absorption und Emission der Strahlung aufgegangen. Eine verblüffend einfache Ableitung der Planckschen Formel, ich möchte sagen, *die* Ableitung. Alles ganz quantisch."

$$\rho(\nu) = \frac{8\pi\nu^2}{c^3} \frac{h\nu}{e^{\frac{h\nu}{kT}} - 1} . \tag{1.173}$$

Multipolentwicklung für die spontane Emission

In diesem Abschnitt wollen wir das Resultat (1.150), (1.151) für die spontane Emission weiter auswerten. Zunächst betrachten wir die

Dipolnäherung

Bei einem typischen Atomübergang im optischen Gebiet ist die Wellenlänge des emittierten Photons viel grösser als die lineare Dimension des Atoms:

$$\lambdabar = \frac{1}{|\boldsymbol{k}|} \gg R_{\text{Atom}} ,$$

denn $\lambdabar$ ist typisch einige tausend Angström, während der Atomradius von der Grössenordnung 1 Angström ist. In dieser Situation können wir im Matrixelement (1.150) $e^{i\boldsymbol{k}\cdot\boldsymbol{x}_j}$ durch 1 ersetzen. Die Wechselwirkung des magnetischen Momentes ist ebenfalls vernachlässigbar, denn das Matrixelement von $\frac{e}{mc}\boldsymbol{\varepsilon}\cdot\boldsymbol{p}_j$ ist nun $\lambdabar/R_{\text{Atom}}$ grösser als das Matrixelement von $\frac{e\hbar}{2mc}\boldsymbol{\varepsilon}\cdot\boldsymbol{k}\wedge\boldsymbol{\sigma}_j$, weil das Matrixelement von $\boldsymbol{p}_j$ die Grössenordnung $\hbar/R_{\text{Atom}}$ hat. Auf diese Weise erhalten wir die Dipolnäherung

$$\frac{d\Gamma_\lambda^{\text{Dipol}}}{d\Omega} = \frac{e^2}{2\pi\hbar c^3 m^2}\omega\, |\boldsymbol{\varepsilon}^*(\boldsymbol{k},\lambda)\cdot\langle\beta\,|\boldsymbol{P}|\,\alpha\rangle|^2 , \tag{1.174}$$

wo

$$\boldsymbol{P} = \sum_j \boldsymbol{p}_j .$$

Vernachlässigen wir im Hamilton-Operator H_0 des Atoms Spin-Bahn-Wechselwirkungen, so ist nach den kanonischen Vertauschungsrelationen

$$\frac{1}{m}\boldsymbol{P} = \frac{1}{i\hbar}[\boldsymbol{d}, H_0] , \quad \boldsymbol{d} = \sum_j \boldsymbol{x}_j \ : \ \text{Dipoloperator.} \tag{1.175}$$

Daraus folgt

$$\frac{1}{m}\langle\beta\,|\boldsymbol{P}|\,\alpha\rangle = \frac{1}{i\hbar}(E_\alpha - E_\beta)\langle\beta\,|\boldsymbol{d}|\,\alpha\rangle = -i\omega\langle\beta\,|\boldsymbol{d}|\,\alpha\rangle \tag{1.176}$$

und somit

$$\frac{d\Gamma_\lambda^{\text{Dipol}}}{d\Omega} = \frac{e^2}{2\pi\hbar c^3}\omega^3 |\boldsymbol{\varepsilon}^*(\boldsymbol{k},\lambda)\cdot\langle\beta\,|\boldsymbol{d}|\,\alpha\rangle|^2 . \tag{1.177}$$

Falls man sich nicht für die Polarisation des Photons interessiert, ist der Ausdruck (1.177) über die Photonpolarisation zu summieren. Unter Benutzung von

$$\sum_\lambda \varepsilon_i(\boldsymbol{k},\lambda)\varepsilon_j(\boldsymbol{k},\lambda) = \delta_{ij} - \hat{k}_i\hat{k}_j$$

erhält man

$$\frac{d\Gamma(E1)}{d\Omega} = \frac{e^2}{2\pi\hbar c^3}\omega^3 |\langle\beta\,|\boldsymbol{d}|\,\alpha\rangle|^2 \sin^2\vartheta\,,$$

wo ϑ den Winkel zwischen $\langle\beta\,|\boldsymbol{d}|\,\alpha\rangle$ und $\boldsymbol{k}$ bezeichnet. Integrieren wir noch über die Raumwinkel, so ergibt sich

$$\Gamma(E1) = \frac{e^2}{\hbar c}\frac{4}{3}\frac{\omega^3}{c^2}|\langle\beta\,|\boldsymbol{d}|\,\alpha\rangle|^2\,.$$

Beachte, dass $\frac{e^2}{\hbar c}$ die *Feinstrukturkonstante* $\alpha \simeq \frac{1}{137}$ ist.

Für die weitere Auswertung von (1.177) verwenden wir

$$\boldsymbol{\varepsilon}^* \cdot \boldsymbol{d} = \sum_{q=\pm,0} \varepsilon_q^* d_q\,, \tag{1.178}$$

wo ε_q und d_q die sphärischen Komponenten von $\boldsymbol{\varepsilon}$ und $\boldsymbol{d}$ sind:

$$\begin{aligned} d_\pm &= \mp\frac{1}{\sqrt{2}}(d_1 \pm i d_2)\,, \\ d_0 &= d_3\,. \end{aligned} \tag{1.179}$$

Ferner benutzen wir für die Matrixelemente von d_q das Wigner-Eckart-Theorem ([1], Seite 186):

$$\langle\beta J_\beta M_\beta\,|d_q|\,\alpha J_\alpha M_\alpha\rangle = \frac{1}{\sqrt{2J_\beta+1}}\langle J_\alpha M_\alpha 1 q\,|\,J_\beta M_\beta\rangle\langle\beta\,||d||\,\alpha\rangle\,.$$

Damit haben wir

$$\frac{d\Gamma_\lambda}{d\Omega} = \frac{e^2}{2\pi\hbar c^3}\omega^3 \cdot |\langle\beta\,||d||\,\alpha\rangle|^2 \frac{|\sum_q \varepsilon_q(\boldsymbol{k},\lambda)\langle J_\alpha M_\alpha 1 q\,|J_\beta M_\beta\rangle|^2}{2J_\beta+1}\,. \tag{1.180}$$

Die Winkelverteilung in diesem Ausdruck ist rein geometrisch bestimmt.

Ist der Zustand α unpolarisiert und wird die Endpolarisation M_β nicht beobachtet, so müssen wir

$$\overline{\frac{d\Gamma_\lambda}{d\Omega}} = \frac{1}{2J_\alpha+1}\sum_{M_\alpha,M_\beta}\frac{d\Gamma_\lambda}{d\Omega}$$

betrachten. In bekannter Weise erhält man dafür (Übung)

$$\overline{\frac{d\Gamma_\lambda}{d\Omega}} = \frac{e^2}{6\pi\hbar c^3}\omega^3\frac{|\langle\alpha\,||d||\,\beta\rangle|^2}{2J_\alpha+1}\,.$$

Wie zu erwarten war, ist dieser Ausdruck isotrop und auch unabhängig von λ. Für die totale Übergangsrate erhalten wir deshalb

$$\Gamma(E1) = \frac{4e^2}{3\hbar c^3}\omega^3 \frac{|\langle\alpha\,||d||\,\beta\rangle|^2}{2J_\alpha + 1} . \tag{1.181}$$

Diese Auswahlregeln für E1-Strahlung sind offensichtlich

$$|J_\beta - J_\alpha| = 1, 0 , \qquad \text{nicht } 0 \to 0 . \tag{1.182}$$

Selbstverständlich muss die Parität des Atomzustandes beim Übergang wechseln.

Dipolübergänge in H-ähnlichen Atomen

Für das H-Atom kann man die Übergangs-Matrixelemente analytisch berechnen. Da die Parität $\pi = (-1)^l$ ist, muss sich bei Dipolübergängen l um ± 1 ändern.

Die Wellenfunktion des Elektrons im H-Atom ist ein Produkt aus Winkelanteil und Radialfunktion R_{nl}; die reduzierten Matrixelemente des Ortsvektors $\boldsymbol{x}$ können daher ebenfalls als Produkte dargestellt werden

$$\langle n', l-1\,||x||\,n, l\rangle = \langle l-1\,||\hat{x}||\,l\rangle \int_0^\infty R_{n',l-1}(r) r R_{n,l}(r) r^2 dr ;$$

$\langle l-1\,||\hat{x}||\,l\rangle$ sind dabei die reduzierten Matrixelemente des Einheitsvektors $\hat{\boldsymbol{x}}$. Diese wollen wir zuerst berechnen. Dazu berechnen wir gleich allgemeiner das (oft auftretende) Integral

$$\int_{S^2} \overline{Y_l^m} Y_{l_1}^{m_1} Y_{l_2}^{m_2} \, d\Omega .$$

(In unserem Fall ist $l_2 = 1$.) Dafür benutzen wir (siehe [1], Anhang C zu Kap. 1, Seite 61)

$$D^l_{m0}(R) = \sqrt{\frac{4\pi}{2l+1}} \overline{Y_l^m(\hat{\boldsymbol{x}})} , \qquad \hat{\boldsymbol{x}} = R\boldsymbol{e} , \qquad \boldsymbol{e} = (0,0,1) ,$$

und ([1], Seite 185, Gl. (5.36))

$$D^{j_1}_{m_1' m_1} D^{j_2}_{m_2' m_2} = \sum_{j,m} (j_1 m_1\, j_2 m_2 \,|\, jm) D^j_{m'm} (j_1 m_1'\, j_2 m_2' \,|\, jm') .$$

Daraus folgt

$$\begin{aligned} Y_{l_1}^{m_1} Y_{l_2}^{m_2} &= \frac{\sqrt{(2l_1+1)(2l_2+1)}}{4\pi} \overline{D^{l_1}_{m_1 0}}\, \overline{D^{l_2}_{m_2 0}} \\ &= \frac{\sqrt{(2l_1+1)(2l_2+1)}}{4\pi} \sum_{l,m} (l_1 0\, l_2 0 \,|\, l0) \overline{D^l_{m0}} (l_1 m_1\, l_2 m_2 \,|\, lm) , \end{aligned}$$

d.h.

$$Y_{l_1}^{m_1} Y_{l_2}^{m_2} = \sum_{l,m} \sqrt{\frac{(2l_1+1)(2l_2+1)}{4\pi(2l+1)}} (l_1 0\, l_2 0 \,|\, l0) Y_l^m (l_1 m_1\, l_2 m_2 \,|\, lm) . \tag{1.183}$$

Deshalb haben wir

$$\int_{S^2} \overline{Y_l^m} Y_{l_1}^{m_1} Y_{l_2}^{m_2}\, d\Omega = \sqrt{\frac{(2l_1+1)(2l_2+1)}{4\pi(2l+1)}} (l_1 0\, l_2 0 \,|\, l0)(l_1 m_1\, l_2 m_2 \,|\, lm) . \tag{1.184}$$

Nach dem Wigner-Eckart-Theorem ist dies anderseits gleich

$$\frac{(l_1 m_1\, l_2 m_2 \,|\, lm)}{\sqrt{2l+1}} \langle l \,||Y_{l_2}||\, l_1 \rangle .$$

Also ist

$$\langle l \,||Y_{l_2}||\, l_1 \rangle = \sqrt{\frac{(2l_1+1)(2l_2+1)}{4\pi}} (l_1 0\, l_2 0 \,|\, l0) , \tag{1.185}$$

oder (siehe [1], Seite 186, Gl. (5.40)).

$$\langle l \,||Y_{l_2}||\, l_1 \rangle = (-1)^{l_1 - l_2} \sqrt{\frac{(2l_1+1)(2l_2+1)(2l+1)}{4\pi}} \begin{pmatrix} l_1 & l_2 & l \\ 0 & 0 & 0 \end{pmatrix} . \tag{1.186}$$

Speziell gilt

$$\langle l-1 \,||Y_1||\, l \rangle = (-1)^{l-1} \sqrt{\frac{3}{4\pi}} \sqrt{(2l+1)(2l-1)} \begin{pmatrix} l & l & l-1 \\ 0 & 0 & 0 \end{pmatrix} .$$

Aus einer Tabelle entnimmt man

$$\begin{pmatrix} l & l-1 & l \\ 0 & 0 & 0 \end{pmatrix} = (-1)^l \left(\frac{l}{(2l+1)(2l-1)} \right)^{\frac{1}{2}} .$$

Also finden wir das einfache Resultat

$$\langle l-1 \,||Y_1||\, l \rangle = (-1) \sqrt{\frac{3}{4\pi}} \sqrt{l} .$$

Daraus folgt

$$\langle l-1 \,||\hat{x}||\, l \rangle = \langle l \,||\hat{x}||\, l-1 \rangle^* = -\sqrt{l} , \tag{1.187}$$

und damit

$$\begin{aligned} \langle n', l-1 \,||x||\, n, l \rangle &= \langle n, l \,||x||\, n', l-1 \rangle \\ &= -\sqrt{l} \int_0^\infty R_{n',l-1}(r) R_{n,l}(r) r^3\, dr . \end{aligned} \tag{1.188}$$

Die radialen Wellenfunktionen lauten (siehe [1], Anhang zu Kap. 1) in atomaren Einheiten

$$R_{nl} = \frac{2}{n^{l+2}(2l+1)!}\sqrt{\frac{(n+l)!}{(n-l-1)!}}(2r)^l e^{-\frac{r}{n}} F\left(l+1-n, 2l+2, \frac{2r}{n}\right)$$
$$= -\frac{2}{n^2}\sqrt{\frac{(n-l-1)!}{[(n+l)!]^3}} e^{-\frac{r}{n}} \left(\frac{2r}{n}\right)^l L_{n+l}^{2l+1}\left(\frac{2r}{n}\right) . \tag{1.189}$$

Das allgemeinste radiale Integral in (1.188) lässt sich durch hypergeometrische Funktionen ausdrücken. Als Übung berechne man z.B. das Radialintegral für Übergänge $(n, n-1) \to (n-1, n-2)$ zwischen Zirkularbahnen $(n, l = n-1)$. Dies geschieht am einfachsten mit Hilfe der erzeugenden Funktion für die Laguerre Polynome ([1], Anhang 1.D.3). Als Resultat findet man für das radiale Integral

$$\int_0^\infty R_{n-1,n-2}(r) R_{n,n-1}(r) r^3 \, dr$$
$$= \frac{1}{\sqrt{2}} 2^{2n+1} \frac{n^{n+1}(n-1)^{n+2}}{(2n-1)^{2n}} \frac{1}{\sqrt{(2n-1)(n-1)}} . \tag{1.190}$$

Die Übergangsfrequenz ω ist

$$\omega = \frac{1}{2} \frac{Z^2 \alpha^2 mc^2}{\hbar} \frac{2n-1}{n^2(n-1)^2} .$$

Setzen wir dies und (1.187) in (1.181) ein, so finden wir

$$\Gamma_{(n,n-1)\to(n-1,n-2)}(E1) = \frac{1}{3}\alpha^5 Z^4 \frac{mc^2}{\hbar} \frac{2^{4n} n^{2n-4}(n-1)^{2n-2}}{(2n-1)^{4n-1}} . \tag{1.191}$$

(Für ein Elektron ist $\hbar/m_e c^2 = 1.288 \cdot 10^{-21} s$.) Als Beispiel erhält man für den $2p - 1s$ Übergang im H-Atom die Lebensdauer

$$\tau = 1.6 \cdot 10^{-9} s . \tag{1.192}$$

(Dies wird in Aufgabe 1.11.8 auch direkt berechnet.)

Für Müonen sind die Übergänge m_μ/m_e mal schneller. μ-Atome werden typisch bei $n \simeq 14$ gebildet. Für $Z = 82$ (Blei) erhält man für den $2p - 1s$ Übergang $\simeq 10^{-19} s$ und die ganze Kaskade (sie läuft vorwiegend über die Kreisbahnen) dauert $\simeq 10^{-13} s$. Dies ist wesentlich kürzer als die Lebensdauer des Müons ($\tau_\mu \simeq 2 \cdot 10^{-6} s$).

Magnetische Dipol- und elektrische Quadrupolübergänge

Wenn der elektrische Dipolübergang (aus Symmetriegründen) verboten ist, muss man in der Entwicklung der ebenen Welle in (1.150) einen Term weitergehen und den Spinterm berücksichtigen. Diese Beiträge zu M lauten (wir lassen die Summe über j weg)

$$-i\,\langle\beta\,|(\boldsymbol{k}\cdot\boldsymbol{x})(\boldsymbol{\varepsilon}\cdot\boldsymbol{p}) - \frac{\hbar}{2}\boldsymbol{\varepsilon}\cdot(\boldsymbol{k}\wedge\boldsymbol{\sigma})|\,\alpha\rangle\,. \tag{1.193}$$

Den ersten Term darin formen wir wie folgt um:

$$k_i\varepsilon_j x_i p_j = \frac{1}{2}k_i\varepsilon_j\left\{(x_ip_j + p_ix_j) + (x_ip_j - p_ix_j)\right\}\,. \tag{1.194}$$

Nun ist

$$x_ip_j + p_ix_j = \frac{im}{\hbar}[H_0, x_ix_j]\,.$$

Also

$$\begin{aligned}\langle\beta\,|x_ip_j + p_ix_j|\,\alpha\rangle &= \frac{im}{\hbar}(E_\beta - E_\alpha)\,\langle\beta\,|x_ix_j|\,\alpha\rangle\\ &= -im\omega\,\langle\beta\,|x_ix_j|\,\alpha\rangle\,.\end{aligned}$$

Bei der Kontraktion mit $k_i\varepsilon_j$ können wir darin (wegen $\boldsymbol{k}\cdot\boldsymbol{\varepsilon} = 0$) die Spur abziehen. Den zweiten Term in (1.194) können wir mit den kanonischen Vertauschungrelationen und $\boldsymbol{k}\cdot\boldsymbol{\varepsilon} = 0$ so schreiben:

$$\begin{aligned}k_i\varepsilon_j(x_ip_j - p_ix_j) &= k_i\varepsilon_j(x_ip_j - x_jp_i)\\ &= (\boldsymbol{k}\wedge\boldsymbol{\varepsilon})\cdot(\boldsymbol{x}\wedge\boldsymbol{p})\\ &= (\boldsymbol{k}\wedge\boldsymbol{\varepsilon})\cdot\boldsymbol{L}\\ &= -\boldsymbol{\varepsilon}\cdot(\boldsymbol{k}\wedge\boldsymbol{L})\,.\end{aligned}$$

Also wird aus (1.193) (Drehimpuls-Operatoren sind in Einheiten $\hbar$ zu nehmen)

$$-\frac{m\omega}{2}k_i\varepsilon_j\,\langle\beta\,|x_ix_j - \frac{1}{3}\delta_{ij}|\boldsymbol{x}|^2\,|\,\alpha\rangle + i\hbar\,\langle\beta\,|\frac{1}{2}\boldsymbol{\varepsilon}\cdot(\boldsymbol{k}\wedge(\boldsymbol{L}+\boldsymbol{\sigma}))\,|\,\alpha\rangle\,.$$

Für einen magnetischen Dipol-Übergang (2. Term) erhalten wir mit (1.151)

$$\frac{d\Gamma_\lambda(M1)}{d\Omega} = \frac{\mu_0^2}{2\pi\hbar c^3}\omega^3\left|(\boldsymbol{\varepsilon}\wedge\hat{\boldsymbol{k}})\cdot\langle\beta\,|\boldsymbol{J}+\boldsymbol{S}|\,\alpha\rangle\right|^2\,. \tag{1.195}$$

Für einen elektrischen Quadrupol (E2)-Übergang ist

$$\frac{d\Gamma_\lambda(E2)}{d\Omega} = \frac{1}{4}\,\frac{e^2}{2\pi\hbar c^3}\,\frac{\omega^5}{c^2}\,\left|\langle\beta\,|\varepsilon_i\hat{k}_jQ_{ij}|\,\alpha\rangle\right|^2\,, \tag{1.196}$$

wobei $Q_{ij} = x_ix_j - \frac{1}{3}\delta_{ij}|\boldsymbol{x}|^2$ der Quadrupoltensor ist.

Die (1.181) entsprechende Formel für M1-Übergänge lautet

$$\overline{\Gamma}(M1) = \frac{4\mu_0^2}{3\hbar c^3}\omega^3\frac{|\langle\beta\,||J+S||\,\alpha\rangle|^2}{2J_\alpha+1}\,. \tag{1.197}$$

(1.197) geht aus (1.181) durch die Substitution

$$ed \to \mu_0(\boldsymbol{L} + 2\boldsymbol{S}) = \mu_0(\boldsymbol{J} + \boldsymbol{S}) \tag{1.198}$$

hervor.

Beispiel: Der Übergang zwischen den Hyperfeinstruktur-Komponenten des Grundzustandes des H-Atoms ist sowohl als $E1$ als auch als $E2$-Übergang streng verboten. In der Aufgabe 1.11.9 werden wir zeigen, dass die Übergangsrate nach (1.197) folgendermassen lautet:

$$\Gamma(M1) = \frac{\mu_0^2}{\hbar c} \frac{4}{3} \frac{\omega^3}{c^2} = 2.85 \cdot 10^{-15} s^{-1} . \tag{1.199}$$

Die Lebensdauer beträgt also $\sim 10^7$ Jahre! Man versuche, dies auch durch eine grobe Abschätzung zu verstehen. $M1$-Übergänge zwischen Hyperfeinstruktur Komponenten eines Niveaus kann man allgemein ausrechnen; siehe z.B. [3], Kap. 50.

Summieren wir (1.196) noch über die Polarisationen des Photons, so ergibt sich, wenn Q_{ij} jetzt die Matrixelemente $\langle \beta | Q_{ij} | \alpha \rangle$ bezeichnet,

$$\frac{d\Gamma(E2)}{d\Omega} = \frac{e^2}{8\pi\hbar c^5} \omega^5 [Q_{ij} Q_{im}^* \hat{k}_j \hat{k}_m - Q_{ij} Q_{lm}^* \hat{k}_i \hat{k}_j \hat{k}_l \hat{k}_m] . \tag{1.200}$$

Zur Berechnung der totalen Übergangsrate $\Gamma(E2)$ benutzen wir die (leicht herzuleitende) Integrale:

$$\int_{S^2} \hat{k}_l \hat{k}_m \, d\Omega = \frac{4\pi}{3} \delta_{lm} ,$$

$$\int_{S^2} \hat{k}_i \hat{k}_j \hat{k}_s \hat{k}_m \, d\Omega = \frac{4\pi}{15} [\delta_{ij}\delta_{sm} + \delta_{is}\delta_{jm} + \delta_{im}\delta_{js}] ,$$

und erhalten

$$\Gamma(E2) = \frac{e^2}{10 c^5 \hbar} \omega^5 Q_{kl} Q_{kl}^* . \tag{1.201}$$

Bezüglich einer interessanten Anwendung siehe die Aufgabe 1.11.11.

Systematische Multipolentwicklung ($\hbar = c = 1$)

Wir geben nun eine systematische Multipolentwicklung, wobei wir gewisse detaillierte Ableitungen in den Anhang B dieses Kapitels verschieben.

Eine Hauptaufgabe wird darin bestehen, die ebenen Wellen $\boldsymbol{\varepsilon}(\boldsymbol{k}, \lambda) e^{i\boldsymbol{k}\cdot\boldsymbol{x}}$ nach Eigenzuständen des Drehimpulses zu zerlegen. Dies bewerkstelligt man am besten mit der

Projektionsformel von Wigner: Sei $R \mapsto U(R)$ eine unitäre Darstellung von $SU(2)$ in einem Hilbert-Raum $\mathcal{H}$ und $d\mu(R)$ das Haarsche Mass von $SU(2)$. Es sei (siehe auch [1], Anhang B.4, Seite 360)

$$E^j_{mm'} = (2j+1)\int_{SU(2)} d\mu(R)\,\overline{D^j_{mm'}(R)}\,U(R)\,, \tag{1.202}$$

wo $D^j_{mm'}(R)$ die Darstellungsmatrizen von $SU(2)$ zum Drehimpuls j sind. Dann gilt:

$$U(R)E^j_{mm'} = \sum_\mu D^j_{\mu m}(R)E^j_{\mu m'}\,. \tag{1.203}$$

Beweis: Benutzen wir die Invarianz des Haarschen Masses, so ergibt sich

$$\begin{aligned} U(R)E^j_{mm'} &= (2j+1)\int \overline{D^j_{mm'}(R')}\,U(RR')\,d\mu(R') \\ &= (2j+1)\int \overline{D^j_{mm'}(R^{-1}R')}\,U(R')\,d\mu(R') \\ &= \sum_\mu \overline{D^j_{m\mu}(R^{-1})}\,E^j_{\mu m'} \\ &= \sum_\mu D^j_{\mu m}(R)\,E^j_{\mu m'}\,. \end{aligned}$$

Anwendung: Sei $\psi \in \mathcal{H}$, dann transformieren sich die Zustände $\psi^j_{m;m'} := E^j_{mm'}\psi$ (diese seien $\neq 0$) nach D^j:

$$U(R)\psi^j_{m;m'} = \sum_\mu \psi^j_{\mu;m'} D^j_{\mu m}(R)\,. \tag{1.204}$$

Als Hilbert-Raum wählen wir nun den Raum $L^2(S^2;\mathbb{R}^3)$ der vektorwertigen Funktionen auf der Sphäre S^2. Die Rotationsgruppe operiert darin gemäss

$$(U(R)\boldsymbol{\varphi})(\boldsymbol{x}) = R\boldsymbol{\varphi}(R^{-1}\boldsymbol{x})\,, \qquad \boldsymbol{\varphi} \in L^2(S^2,\mathbb{R}^3)\,. \tag{1.205}$$

Für ψ wählen wir die Zustände

$$\boldsymbol{a}(\boldsymbol{k},\lambda;\boldsymbol{x}) = \begin{cases} \mp\frac{1}{\sqrt{2}}(\boldsymbol{e}_x \pm i\boldsymbol{e}_y)e^{ikz}\,, & \lambda = \pm 1\,, \\ \boldsymbol{e}_z\,, & \lambda = 0\,. \end{cases}$$

Dabei sind $(\boldsymbol{e}_x, \boldsymbol{e}_y, \boldsymbol{e}_z,)$ die Einheitsvektoren in den drei Richtungen eines kartesischen Koordinatensystems. Die Zustände $E^j_{m\lambda}\boldsymbol{a}$ sind, bis auf irrelevante Phasenfaktoren, gleich

$$\boldsymbol{f}^\lambda_{jm}(k,\boldsymbol{x}) := \frac{2j+1}{4\pi}\int d\Omega_{\hat{\boldsymbol{k}}}\,\overline{D^j_{m\lambda}(\hat{\boldsymbol{k}})}\,\boldsymbol{\varepsilon}(\boldsymbol{k},\lambda)e^{i\boldsymbol{k}\cdot\boldsymbol{x}}\,. \tag{1.206}$$

Darin ist $D^j_{m\lambda}(\hat{\boldsymbol{k}})$ die Matrix $D^j_{m\lambda}(R)$ mit der Drehung R zu den Eulerschen Winkeln[5] $(\varphi,\vartheta,0)$ (wobei φ,ϑ : Polarwinkel von $\boldsymbol{k}$). Wir haben auch benutzt,

[5] Eine Drehung $R(\varphi,\vartheta,\psi)$ hat die Form (siehe z.B. [5], Kap. 11.4)

dass in den Eulerschen Winkeln $(\varphi, \vartheta, \psi)$ das Haarsche Mass folgendermassen lautet:

$$d\mu(R) = \frac{1}{8\pi^2} \sin\vartheta \, d\varphi \, d\vartheta \, d\psi \, . \tag{1.207}$$

(Siehe dazu den gruppentheoretischen Anhang B in [1], speziell Gl. (B.23). Dort ist das Haarsche Mass in einer anderen Parametrisierung bestimmt. Wir überlassen es dem Leser, (B.23) auf die Eulerschen Winkel umzuschreiben.) Die Vektoren $\boldsymbol{\varepsilon}(\boldsymbol{k}, \lambda)$ sind die üblichen zirkularen Polarisationsvektoren für $\lambda = \pm 1$ und $\boldsymbol{\varepsilon}(\boldsymbol{k}, 0) = \hat{\boldsymbol{k}}$ (longitudinale Polarisation). Zwischen $\boldsymbol{\varepsilon}(\boldsymbol{k}, \lambda)$ und der sphärischen Basis $\boldsymbol{e}_\nu$,

$$\boldsymbol{e}_\nu = \begin{cases} \mp \frac{1}{\sqrt{2}}(\boldsymbol{e}_x \pm i\boldsymbol{e}_y) \, , & \nu = \pm 1 \, , \\ \boldsymbol{e}_z \, , & \nu = 0 \, . \end{cases} \tag{1.208}$$

gilt die Beziehung

$$\boldsymbol{\varepsilon}(\boldsymbol{k}, \lambda) = \sum_\nu \boldsymbol{e}_\nu D^1_{\nu\lambda}(\hat{\boldsymbol{k}}) \, . \tag{1.209}$$

Die Zustände $\boldsymbol{f}^\lambda_{jm}(k, \boldsymbol{x})$ transformieren sich nach Konstruktion irreduzibel nach der Darstellung D^j. Aus den Orthogonalitätsrelationen für die D-Matrizen folgt

$$\int d\Omega_{\hat{\boldsymbol{k}}} \, \overline{D^j_{m\lambda}(\hat{\boldsymbol{k}})} \, D^{j'}_{m'\lambda'}(\hat{\boldsymbol{k}}) = \frac{4\pi}{2j+1} \delta_{jj'} \delta_{\lambda\lambda'} \delta_{mm'} \, . \tag{1.210}$$

Da die $\{D^j_{mm'}\}$ ein vollständiges Funktionensystem auf $SO(3)$ sind[6], kann man umgekehrt $\boldsymbol{\varepsilon}(\boldsymbol{k}, \lambda) e^{i\boldsymbol{k}\cdot\boldsymbol{x}}$ nach den $D^j_{m\lambda}(\hat{\boldsymbol{k}})$ entwickeln. Wegen (1.210) gilt

$$\boldsymbol{\varepsilon}(\boldsymbol{k}, \lambda) e^{i\boldsymbol{k}\cdot\boldsymbol{x}} = \sum_{jm} D^j_{m\lambda}(\hat{\boldsymbol{k}}) \boldsymbol{f}^\lambda_{jm}(k, \boldsymbol{x}) \, . \tag{1.211}$$

Die Formel (1.211) löst unser Hauptproblem. Es bleibt die explizite Berechnung der $\boldsymbol{f}^\lambda_{jm}(k, \boldsymbol{x})$. Bevor wir diese durchführen, betrachten wir das Verhalten dieser Funktionen unter Raumspiegelung. Zunächst ist

$$\boldsymbol{f}^\lambda_{jm}(k, -\boldsymbol{x}) = \frac{2j+1}{4\pi} \int d\Omega_{\hat{\boldsymbol{k}}} \, D^j_{m\lambda}(-\hat{\boldsymbol{k}}) \boldsymbol{\varepsilon}(-\boldsymbol{k}, \lambda) e^{i\boldsymbol{k}\cdot\boldsymbol{x}} \, .$$

Aber

$$R(\varphi, \vartheta, \psi) = e^{\varphi I_3} e^{\vartheta I_2} e^{\psi I_3} \, .$$

Die Drehmatrizen $D^j_{mm'}(\varphi, \vartheta, \psi)$ können wie folgt geschrieben werden

$$D^j_{mm'}(\varphi, \vartheta, \psi) = \langle jm | e^{-i\varphi J_3} e^{-i\vartheta J_2} e^{-i\psi J_3} | jm' \rangle \, .$$

[6] Siehe dazu [1], Kap. B.3 des gruppentheoretischen Anhangs B.

$$\boldsymbol{\varepsilon}(-\boldsymbol{k},\lambda) = -\boldsymbol{\varepsilon}(\boldsymbol{k},-\lambda)\,, \qquad \lambda = 0, \pm 1 \tag{1.212}$$

und

$$D^j_{m\lambda}(-\hat{\boldsymbol{k}}) = D^j_{m\lambda}(\varphi+\pi, \pi-\vartheta, 0) = (-1)^j D^j_{m-\lambda}(\hat{\boldsymbol{k}})\,. \tag{1.213}$$

(Beweise diese beiden Beziehungen.)

Also gilt

$$\boldsymbol{f}^{\lambda}_{jm}(k,-\boldsymbol{x}) = -(-1)^j \boldsymbol{f}^{-\lambda}_{jm}(k,\boldsymbol{x})\,. \tag{1.214}$$

Die folgenden Linearkombinationen

$$\begin{aligned} \boldsymbol{f}^{el}_{jm} &= \frac{1}{\sqrt{2}}(\boldsymbol{f}^{\lambda=1}_{jm} + \boldsymbol{f}^{\lambda=-1}_{jm})\,, \\ \boldsymbol{f}^{mag}_{jm} &= \frac{1}{\sqrt{2}}(\boldsymbol{f}^{\lambda=1}_{jm} - \boldsymbol{f}^{\lambda=-1}_{jm})\,, \\ \boldsymbol{f}^{long}_{jm} &= \boldsymbol{f}^{\lambda=0}_{jm} \end{aligned} \tag{1.215}$$

sind deshalb Paritätseigenzustände

$$\begin{aligned} \boldsymbol{f}^{el}_{jm}(k,-\boldsymbol{x}) &= (-1)^{j+1}\boldsymbol{f}^{el}_{jm}(k,\boldsymbol{x})\,, \\ \boldsymbol{f}^{mag}_{jm}(k,-\boldsymbol{x}) &= (-1)^{j}\boldsymbol{f}^{mag}_{jm}(k,\boldsymbol{x})\,, \\ \boldsymbol{f}^{long}_{jm}(k,-\boldsymbol{x}) &= (-1)^{j+1}\boldsymbol{f}^{long}_{jm}(k,\boldsymbol{x})\,. \end{aligned} \tag{1.216}$$

Explizite Ausdrücke für $\boldsymbol{f}^{\lambda}_{jm}$

Das Integral (1.206) wird im Detail im Anhang B zu diesem Kapitel abgeleitet. Das Ergebnis lautet:

$$\begin{aligned} \boldsymbol{f}^{\lambda}_{JM}(k,\boldsymbol{x}) = \sqrt{2\pi}\sqrt{2J+1}(i)^J\{&-\lambda j_J(kr)\boldsymbol{Y}^M_{JJ}(\hat{\boldsymbol{x}}) \\ &+\frac{1}{k}\boldsymbol{\nabla}\wedge(j_J(kr)\boldsymbol{Y}^M_{JJ})\}\,, \quad \lambda=\pm1\,, \end{aligned} \tag{1.217}$$

$$\boldsymbol{f}^{\lambda=0}_{JM}(k,\boldsymbol{x}) = \sqrt{4\pi}\sqrt{2J+1}(i)^{J-1}\frac{1}{k}\boldsymbol{\nabla}(j_J(kr)Y_{JM})\,, \quad \lambda = 0\,. \tag{1.218}$$

Darin sind die $j_J(\rho)$ die sphärischen Bessel-Funktionen und $\boldsymbol{Y}^M_{JL}$ die Vektor-Kugelfunktionen. Beide werden im Anhang B ausführlich besprochen. Die beiden Terme in (1.217) sind die magnetischen und elektrischen Anteile. Sie haben nach (1.216) die Parität $\pm(-1)^j$. Aus (1.211) folgen für $\lambda = \pm 1$ die Entwicklungen:

$$\begin{aligned}\boldsymbol{\varepsilon}(\boldsymbol{k},\lambda)e^{i\boldsymbol{k}\cdot\boldsymbol{x}} &= \sqrt{2\pi}\sum_{J\geq 1,M}(i)^J\sqrt{2J+1}\cdot D^J_{M\lambda}(\hat{\boldsymbol{k}})\cdot\Big\{-\lambda j_J(kr)\boldsymbol{Y}^M_{JJ}(\hat{\boldsymbol{x}})\\ &\quad+\frac{1}{k}\boldsymbol{\nabla}\wedge(j_J(kr)\boldsymbol{Y}^M_{JJ})\Big\}\,, \qquad (1.219)\\ \boldsymbol{\varepsilon}(\boldsymbol{k},0)e^{i\boldsymbol{k}\cdot\boldsymbol{x}} &= \sqrt{4\pi}\sum_{J\geq 1,M}(i)^{J-1}\sqrt{2J+1}\\ &\quad\cdot D^J_{M\lambda}(\hat{\boldsymbol{k}})\frac{1}{k}\boldsymbol{\nabla}(j_J(kr)Y_{JM})\,. \qquad (1.220)\end{aligned}$$

Ersetzen wir $\boldsymbol{x}\to-\boldsymbol{x}$, so erhalten wir

$$\begin{aligned}\boldsymbol{\varepsilon}(\boldsymbol{k},\lambda)e^{-i\boldsymbol{k}\cdot\boldsymbol{x}} &= -\sqrt{2\pi}\sum_{J\geq 1,M}(-i)^J\sqrt{2J+1}\cdot D^J_{M\lambda}(\hat{\boldsymbol{k}})\cdot\Big\{\lambda j_J(kr)\boldsymbol{Y}^M_{JJ}(\hat{\boldsymbol{x}})\\ &\quad+\frac{1}{k}\boldsymbol{\nabla}\wedge(j_J(kr)\boldsymbol{Y}^M_{JJ})\Big\}\,,\quad \lambda=\pm 1\,, \qquad (1.221)\\ \boldsymbol{\varepsilon}(\boldsymbol{k},0)e^{-i\boldsymbol{k}\cdot\boldsymbol{x}} &= \sqrt{4\pi}\sum_{J\geq 1,M}(-i)^{J-1}\sqrt{2J+1}\\ &\quad\cdot D^J_{M\lambda}(\hat{\boldsymbol{k}})\frac{1}{k}\boldsymbol{\nabla}(j_J(kr)Y_{JM})\,. \qquad (1.222)\end{aligned}$$

Im Anhang B wird auch gezeigt, dass

$$j_J(kr)\boldsymbol{Y}^M_{JJ}=\frac{1}{\sqrt{J(J+1)}}\boldsymbol{L}(j_J(kr)Y_{JM})\,, \qquad (1.223)$$

wobei

$$\boldsymbol{L}=\frac{1}{i}\boldsymbol{x}\wedge\boldsymbol{\nabla}\,. \qquad (1.224)$$

Mit diesen Formeln können wir nun den Operator im Matrixelement

$$M=\langle\beta|\sum_j e^{-i\boldsymbol{k}\cdot\boldsymbol{x}_j}\boldsymbol{\varepsilon}(\boldsymbol{k},\lambda)^*(\boldsymbol{p}_j+i\boldsymbol{k}\wedge\boldsymbol{S}_j)|\,\alpha\rangle \qquad (1.225)$$

für spontane Emission als Summe von irreduziblen Tensoroperatoren darstellen. An Stelle von M betrachten wir $\overline{M}$ (die Summation über die Teilchen wird nicht geschrieben):

$$\overline{M}=\langle\alpha\,|\boldsymbol{\varepsilon}(\boldsymbol{k},\lambda)e^{i\boldsymbol{k}\cdot\boldsymbol{x}}(\boldsymbol{p}-i\boldsymbol{k}\wedge\boldsymbol{S})|\,\beta\rangle\,. \qquad (1.226)$$

(Dies ist zugleich das Matrixelement für die Absorption im Zustand β.)

Der erste Term des Operators in $\overline{M}$ ist nach (1.219)

$$\begin{aligned}\boldsymbol{\varepsilon}(\boldsymbol{k},\lambda)e^{i\boldsymbol{k}\cdot\boldsymbol{x}}\cdot\boldsymbol{p} &= \sqrt{2\pi}\sum_{J\geq 1,M}(i)^J\sqrt{2J+1}D^J_{M\lambda}(\hat{\boldsymbol{k}}) \qquad (1.227)\\ &\quad\cdot\Big\{\frac{1}{k}\nabla\wedge(j_J(kr)\boldsymbol{Y}^M_{JJ})-\lambda j_J(kr)\boldsymbol{Y}^M_{JJ}\Big\}\cdot\boldsymbol{p}\,.\end{aligned}$$

Den zweiten Term in (1.226) schreiben wir so:

$$\begin{aligned}\boldsymbol{\varepsilon}(\boldsymbol{k},\lambda)e^{i\boldsymbol{k}\cdot\boldsymbol{x}}(-i\boldsymbol{k}\wedge\boldsymbol{S}) &= -\boldsymbol{\varepsilon}\cdot(\nabla e^{i\boldsymbol{k}\cdot\boldsymbol{x}}\wedge\boldsymbol{S})\\ &= -\varepsilon_{ijk}\varepsilon_i\partial_j S_k e^{i\boldsymbol{k}\cdot\boldsymbol{x}}\\ &= -\sqrt{2\pi}\sum_{J\geq 1,M}(i)^J\sqrt{2J+1}D^J_{M\lambda}(\hat{\boldsymbol{k}})\varepsilon_{ijk}S_k\\ &\quad\cdot\partial_j\left\{-\lambda j_J(kr)[Y^M_{JJ}]_i+\frac{1}{k}\varepsilon_{irs}\partial_r j_J(kr)[Y^M_{JJ}]_s\right\}.\end{aligned}$$

Darin benutzen wir im 2. Term die nach Konstruktion geltenden Gleichungen

$$\nabla\cdot(j_J(kr)\boldsymbol{Y}^M_{JJ})=0\,,\qquad(\Delta+k^2)j_J(kr)\boldsymbol{Y}^M_{JJ}=0\,,$$

und erhalten dafür

$$\sqrt{2\pi}\sum_{J\geq 1,M}(i)^J\sqrt{2J+1}D^J_{M\lambda}(\hat{\boldsymbol{k}})\left\{-\lambda\nabla\wedge(j_J(kr)\boldsymbol{Y}^M_{JJ})+kj_J(kr)\boldsymbol{Y}^M_{JJ}\right\}\cdot\boldsymbol{S}\,.$$

Addieren wir dies zu (1.227), so kommt

$$\overline{M}=\sqrt{2\pi}\sum_{J\geq 1}(i)^J\sqrt{2J+1}D^J_{M\lambda}(\hat{\boldsymbol{k}})\cdot m\cdot\langle\alpha\,|T^{el}_{JM}-\lambda T^{mag}_{JM}|\,\beta\rangle\,,\tag{1.228}$$

wobei

$$T^{el}_{JM}(k)\;:=\frac{1}{k}\left\{\nabla\wedge(j_J(kr)\boldsymbol{Y}^M_{JJ})\cdot\frac{\boldsymbol{p}}{m}+k^2 j_J(kr)\boldsymbol{Y}^M_{JJ}\cdot\frac{\boldsymbol{S}}{m}\right\}\,,\tag{1.229}$$

$$T^{mag}_{JM}(k):=j_J(kr)\boldsymbol{Y}^M_{JJ}\cdot\frac{\boldsymbol{p}}{m}+\nabla\wedge\left(j_J(kr)\boldsymbol{Y}^M_{JJ}\right)\cdot\frac{\boldsymbol{S}}{m}\tag{1.230}$$

die sogenannten *elektrischen und magnetischen Multipol-Operatoren* sind, welche sich nach der Darstellung D^J transformieren. In (1.229) und (1.230) kann $\boldsymbol{p}$ (und natürlich $\boldsymbol{S}$) vor die Multipolfelder gestellt werden, da diese transversal sind.

Für die Zerfallsrate haben wir

$$\frac{d\Gamma}{d\Omega}=\alpha\omega\,|\sum_{J\geq 1,M}(i)^J\sqrt{2J+1}D^J_{M\lambda}(\hat{\boldsymbol{k}})\,\langle\alpha\,|T^{el}_{JM}(k)-\lambda T^{mag}_{JM}(k)|\,\beta\rangle\,|^2\,.\tag{1.231}$$

Im allgemeinen wird für einen bestimmten Übergang $\alpha\to\beta$ der tiefste nichtverschwindende Multipol stark dominieren (siehe unten). Dann ist (# = el, mag)

$$\frac{d\Gamma^{\#}_{\alpha\to\beta}}{d\Omega}(J)=\alpha\omega(2J+1)\,|D^J_{M-\lambda}(\hat{\boldsymbol{k}})|^2\,|\langle\beta\,|T^{\#}_{JM}(k)|\,\alpha\rangle|^2\,.\tag{1.232}$$

Dabei haben wir benutzt, dass $(T^{\#}_{JM})^*$, bis auf ein Vorzeichen, gleich $T^{\#}_{J-M}$ ist (beweise dies!) und dass $|D^J_{-M\lambda}(\hat{\boldsymbol{k}})|^2 = |D^J_{M-\lambda}(\hat{\boldsymbol{k}})|^2$. Aus (1.232) entnimmt man insbesondere die Winkelverteilung der Strahlung.

Nach Wigner-Eckart ist

$$\langle J_\alpha M_\alpha | T^{\#}_{JM} | J_\beta M_\beta \rangle = (-1)^{J_\alpha - M_\alpha} \begin{pmatrix} J_\alpha & J & J_\beta \\ -M_\alpha & M & M_\beta \end{pmatrix} \langle J_\alpha \| T^{\#}_J \| J_\beta \rangle \,. \tag{1.233}$$

Wir integrieren (1.231) über alle Richtungen $\hat{\boldsymbol{k}}$, summieren über λ und die magnetischen Quantenzahlen des Endzustandes und mitteln über die magnetischen Quantenzahlen des Anfangszustandes. Dies gibt

$$\begin{aligned} \Gamma_{\alpha\to\beta} = \alpha\omega \cdot 2 \cdot 4\pi \cdot \sum_{JM} \sum_{M_\alpha M_\beta} \frac{1}{2J_\alpha + 1} \begin{pmatrix} J_\alpha & J & J_\beta \\ -M_\alpha & M & M_\beta \end{pmatrix}^2 \cdot \\ \cdot \left[|\langle J_\beta \| T^{el}_J \| J_\alpha \rangle|^2 + |\langle J_\beta \| T^{mag}_J \| J_\alpha \rangle|^2 \right] \,. \end{aligned} \tag{1.234}$$

Dabei wurde benutzt, dass $|\langle J_\alpha \| T^{\#}_J \| J_\beta \rangle|^2 = |\langle J_\beta \| T^{\#}_J \| J_\alpha \rangle|^2$ ist (beweise dies!). Die Summe über die magnetischen Quantenzahlen kann mit den Orthogonalitätsrelationen der $3j$-Symbole leicht ausgeführt werden. Damit erhalten wir schliesslich

$$\Gamma_{\alpha\to\beta} = 8\pi\alpha\omega \sum_{J\geq 1} \frac{1}{2J_\alpha + 1} \left\{ |\langle J_\beta \| T^{el}_J \| J_\alpha \rangle|^2 + |\langle J_\beta \| T^{mag}_J \| J_\alpha \rangle|^2 \right\} \,. \tag{1.235}$$

Auswahlregeln. Da die $T^{\#}_{JM}$ Tensoroperatoren vom Typ D^J sind, gelten die Auswahlregeln

$$J_\beta \in \{ J + J_\alpha, J + J_\alpha - 1, \ldots, |J - J_\alpha| \} \,.$$

Natürlich trägt $T^{\#}_{JM}$ für gegebene J_α, J_β nur bei, wenn $J \geq |J_\alpha - J_\beta|$ ist.

Unter der Raumspiegelung P gilt nach (1.216), (1.229) und (1.230)

$$\begin{aligned} U_P T^{el}_{JM} U_P^{-1} &= (-1)^J T^{el}_{JM} \,, \\ U_P T^{mag}_{JM} U_P^{-1} &= (-1)^{J+1} T^{mag}_{JM} \,. \end{aligned} \tag{1.236}$$

Für elektrische (magnetische) Multipolübergänge ist also die Paritätsänderung $(-1)^J$ $((-1)^{J+1})$.

Langwellenapproximation

Sowohl für Atom- als auch für Kernübergänge kann man meistens $kr \ll 1$ annehmen. Wir wollen die Multipol-Operatoren (1.229) und (1.230) für diese

Situation vereinfachen. (Die Multipol-Operatoren (1.229) und (1.230) treten aber z.B. auch bei der Elektronenstreuung auf, und dort darf man meistens – bei genügend hoher Energie – keine Langwellenapproximation benutzen).

Für $kr \ll 1$ gilt für die sphärischen Bessel-Funktionen

$$j_J(kr) \simeq \frac{(kr)^l}{(2l+1)!!}\,, \qquad ((2l+1)!! = (2l+1)(2l-1)(2l-3)\ldots\cdot 1)\,. \tag{1.237}$$

Dies folgt sofort aus der Formel

$$j_l(\rho) = \rho^l(-1)^l \left(\frac{d}{\rho d\rho}\right)^l \frac{\sin\rho}{\rho}\,; \tag{1.238}$$

siehe Anhang B, Gleichung (1.443).

Vergleich von (1.453) und (1.454) gibt für $kr \ll 1$

$$\begin{aligned} \nabla \wedge (j_J(kr)\boldsymbol{Y}^M_{JJ}) &\simeq i\left(\frac{J+1}{J}\right)^{\frac{1}{2}} \nabla\,(j_J(kr)Y_{JM}) \\ &\simeq i\frac{k^J}{(2J+1)!!}\left(\frac{J+1}{J}\right)^{\frac{1}{2}} \nabla\left(r^J Y_{JM}\right)\,. \end{aligned} \tag{1.239}$$

Wir betrachten zuerst T^{mag}_{JM}. Darin ist der Spinterm

$$\frac{1}{m}\boldsymbol{S}\cdot(\nabla \wedge j_J \boldsymbol{Y}^M_{JJ}) \simeq \frac{i}{m}\frac{k^J}{(2J+1)!!}\left(\frac{J+1}{J}\right)^{\frac{1}{2}} \boldsymbol{S}\cdot(\nabla r^J Y_{JM})\,. \tag{1.240}$$

Der konvektive Term ist nach (1.223) und (1.237)

$$\begin{aligned} \frac{1}{m}\boldsymbol{p}\cdot(j_J\boldsymbol{Y}^M_{JJ}) &= \frac{1}{\sqrt{J(J+1)}}\frac{1}{m}\boldsymbol{p}\cdot \underbrace{\boldsymbol{L}(j_J Y_{JM})}_{\frac{1}{i}\boldsymbol{x}\wedge\nabla(j_J Y_{JM})} \\ &\simeq i\frac{k^J}{(2J+1)!!}\left(\frac{J+1}{J}\right)^{\frac{1}{2}} \frac{1}{J+1}\frac{1}{m}\boldsymbol{L}\cdot(\nabla r^J Y_{JM})\,. \end{aligned} \tag{1.241}$$

Zusammen gibt dies

$$T^{mag}_{JM}(k) \simeq i\frac{k^J}{(2J+1)!!}\left(\frac{J+1}{J}\right)^{\frac{1}{2}} \frac{1}{m}\left(\frac{1}{J+1}\boldsymbol{L}+\boldsymbol{S}\right)\cdot(\nabla r^J Y_{JM})\,. \tag{1.242}$$

Im elektrischen Multipol T^{el}_{JM} gibt der Spinterm analog zu (1.241) (mit $\boldsymbol{x}\wedge\boldsymbol{p} \to \boldsymbol{x}\wedge\boldsymbol{S}$):

$$\frac{1}{k}k^2 i \frac{k^J}{(2J+1)!!}\left(\frac{J+1}{J}\right)^{\frac{1}{2}} \frac{1}{J+1}\frac{1}{m}(\boldsymbol{x}\wedge \boldsymbol{S})\cdot(\boldsymbol{\nabla} r^J Y_{JM}) \, .$$

Für den konvektiven Anteil bekommen wir nach (1.239)

$$\frac{1}{k}\frac{\boldsymbol{p}}{m}\cdot \boldsymbol{\nabla}\wedge (j_J \boldsymbol{Y}^M_{JJ}) \simeq \frac{1}{k} i \frac{k^J}{(2J+1)!!}\left(\frac{J+1}{J}\right)^{\frac{1}{2}} \frac{1}{m}\boldsymbol{p}\cdot(\boldsymbol{\nabla} r^J Y_{JM}) \, . \tag{1.243}$$

Nun gilt für eine Funktion $f(\boldsymbol{x})$:

$$\begin{aligned} \boldsymbol{p}\cdot(\boldsymbol{\nabla} f(\boldsymbol{x})) &= im[\frac{\boldsymbol{p}^2}{2m}, f(\boldsymbol{x})] \\ &= im[H_0, f(\boldsymbol{x})] \quad \rightarrow \quad -imkf(\boldsymbol{x}) \, . \end{aligned}$$

Deshalb gibt (1.243)

$$\frac{1}{k}\frac{\boldsymbol{p}}{m}\cdot \boldsymbol{\nabla}\wedge (j_J \boldsymbol{Y}^M_{JJ}) \simeq \frac{k^J}{(2J+1)!!}\left(\frac{J+1}{J}\right)^{\frac{1}{2}} r^J Y_{JM} \, . \tag{1.244}$$

Zusammen erhalten wir

$$T^{el}_{JM}(k) \simeq \frac{k^J}{(2J+1)!!}\left(\frac{J+1}{J}\right)^{\frac{1}{2}} \left(r^J Y_{JM} - \frac{i\frac{k}{m}}{J+1}\boldsymbol{S}\cdot\left[\boldsymbol{x}\wedge(\boldsymbol{\nabla} r^J Y_{JM})\right]\right) \, . \tag{1.245}$$

Darin ist der zweite Term $\mathcal{O}(\frac{k}{m})$ mal kleiner als der erste Term und kann deshalb für Photonenübergänge vernachlässigt werden. Dann ist

$$T^{el}_{JM}(k) \simeq \frac{k^J}{(2J+1)!!}\left(\frac{J+1}{J}\right)^{\frac{1}{2}} Q_{JM} \, , \tag{1.246}$$

wobei Q_{JM} der Coulomb-Multipol-Operator

$$Q_{JM} = r^J Y_{JM} \tag{1.247}$$

ist. Aus (1.242) und (1.245) folgt

$$e\langle\beta\,|T^{el}|\,\alpha\rangle \quad \simeq \frac{k^J}{(2J+1)!!}\left(\frac{J+1}{J}\right)^{\frac{1}{2}} \langle\beta\,|\Omega^{el}_{JM}|\,\alpha\rangle \, , \tag{1.248}$$

$$e\langle\beta\,|T^{mag}|\,\alpha\rangle \simeq \frac{k^J}{(2J+1)!!}\left(\frac{J+1}{J}\right)^{\frac{1}{2}} \langle\beta\,|\Omega^{mag}_{JM}|\,\alpha\rangle \, , \tag{1.249}$$

wobei (wir schreiben die Summe über die Teilchensorten wieder aus, setzen c und $\hbar$ wieder explizit ein und schreiben das Resultat so, dass es auch für Kerne gilt; e_j, μ_j: Ladung, bzw. magnetisches Moment des j-ten Teilchens in Einheiten $e\hbar/2mc$):

$$\Omega^{el}_{JM} = \sum_j \left(e_j r_j^J Y_{JM}(\hat{\boldsymbol{x}}_j) - i\frac{e\hbar}{2mc}\mu_j \frac{k}{J+1}(\boldsymbol{\sigma}_j \wedge \boldsymbol{x}_j)\cdot\left(\boldsymbol{\nabla} r_j^J Y_{JM}(\hat{\boldsymbol{x}}_j)\right)\right) , \tag{1.250}$$

$$\Omega^{mag}_{JM} = i\sum_j \left(\left(\frac{e_j\hbar}{2mc}\frac{2}{J+1}\boldsymbol{L}_j + \frac{e\hbar}{2mc}\mu_j\boldsymbol{\sigma}_j\right)\cdot\left(\boldsymbol{\nabla}_j r_j^J Y_{JM}(\hat{\boldsymbol{x}}_j)\right)\right) . \tag{1.251}$$

Für Photoemission kann man, wie schon gesagt, den 2. Term in (1.250) weglassen. Bei magnetischen Übergängen sind aber die beiden Terme in (1.251) vergleichbar.

Setzen wir (1.248) und (1.250) in (1.232) ein, so ergibt sich das wichtige Resultat:

$$\frac{d\Gamma^{\#}}{d\Omega}(J) = \frac{(2J+1)(J+1)}{J((2J+1)!!)^2}\frac{k^{2J+1}}{\hbar}|\langle\beta|\Omega^{\#}_{JM}|\alpha\rangle|^2\cdot|D^J_{M-\lambda}(\hat{\boldsymbol{k}})|^2 . \tag{1.252}$$

Mit (1.235) erhalten wir für die totalen Übergangsraten:

$$\boxed{\begin{aligned}\Gamma_{\alpha\to\beta} = 8\pi\sum_{J\geq 1}\frac{J+1}{J((2J+1)!!)^2}\frac{k^{2J+1}}{\hbar}\frac{1}{2J_\alpha+1}\cdot \\ \left(|\langle J_\beta\,||\Omega^{el}_J||\,J_\alpha\rangle|^2 + |\langle J_\beta\,||\Omega^{mag}_J||\,J_\alpha\rangle|^2\right) .\end{aligned}} \tag{1.253}$$

Grössenordnungen

Die Grössenordnung der Ausdehnungen des Sytems (Atom oder Kern) sei a, dann ist die Grössenordnung der *elektrischen* Multipolmomente im allgemeinen $\Omega^{el}_{JM} \sim a^J$ und somit

$$\Gamma(EJ) \sim \alpha\cdot k(ka)^{2J} . \tag{1.254}$$

Geht man zu einem um 1 höheren Multipol über, so verringert sich die Emissionswahrscheinlichkeit um einen Faktor $\sim (ka)^2$. Letzteres gilt auch für die magnetischen Multipole. Die Energien der äusseren Elektronen eines Atoms (die an optischen Übergängen beteiligt sind) sind nach einer groben Abschätzung von der Grössenordnung $E \sim \frac{me^4}{\hbar^2}$, so dass die emittierten Wellenlängen $\lambda \sim \frac{\hbar c}{E} \sim \frac{\hbar^2}{\alpha me^2}$ sind. Die Atomdurchmesser sind anderseits $a \sim \frac{\hbar^2}{me^2}$. Deshalb ist für optische Atomspektren die Ungleichung $\frac{a}{\lambda} \sim \alpha \ll 1$ in der Regel erfüllt. Dieselbe Grössenordnung hat das Verhältnis $\frac{v}{c} \sim \alpha$, wenn v die Geschwindigkeit der optischen Elektronen ist.
Das magnetische Moment eines Atoms ist grössenordnungsmässig gleich einem Bohrschen Magneton $\mu_0 = \frac{e\hbar}{mc}$. Diese Abschätzung unterscheidet sich

um den Faktor α von der Grössenordnung des elektrischen Dipolmomentes $d \sim ea \sim \frac{\hbar^2}{me}$ $(\frac{\mu}{d} \sim \frac{e^2}{\hbar c} = \alpha \sim \frac{v}{c})$. MJ-Übergänge sind also etwa α^2 *mal* kleiner als EJ-Übergänge. Die magnetische Strahlung spielt deshalb nur eine Rolle, wenn sie auf Grund von Auswahlregeln in tieferer Multipolarität möglich ist als die elektrische. In diesem Fall ist aber

$$\frac{E(J+1)}{MJ} \sim (ka)^2 \left(\frac{d}{\mu}\right)^2 \sim k^2 \frac{a^2}{\alpha^2} \sim k^2 \frac{\hbar^4 \hbar^2 c^2}{m^2 e^4 \cdot e^4} \sim \left(\frac{\Delta E}{E}\right)^2 , \tag{1.255}$$

wobei ΔE die Energieänderung bei einem Übergang ist. Für mittlere Atomfrequenzen (d.h. für $\Delta E \sim E$) sind demzufolge $E(J+1)$ und MJ von der gleichen Grössenordnung (selbstverständlich unter der Bedingung, dass beide von den Auswahlregeln zugelassen sind). Dagegen ist für $\Delta E \ll E$ (z.B. für Übergänge zwischen Feinstrukturkomponenten eines Terms) die $M1$-Strahlung wahrscheinlicher als die $E2$-Strahlung.

Für die Verhältnisse in Atomkernen konsultiere man z.B. [26].

1.8 Streuung von Licht

In diesem Abschnitt studieren wir die Streuung eines Photons an einem Atom (in tiefster Ordnung der Störungstheorie).

Da beim Streuprozess die Energie erhalten bleibt, hat das S-Matrixelement die Form:

$$\begin{aligned}(\psi_\beta \otimes \varphi', (S - \mathbb{1})\psi_\alpha \otimes \varphi) = -2\pi i \int d^3k' d^3k\, \overline{\varphi'(\boldsymbol{k}', \lambda')} \delta(E_\beta + \hbar\omega' - E_\alpha - \hbar\omega) \cdot \\ \cdot \langle \beta; \boldsymbol{k}'\lambda' | T | \alpha; \boldsymbol{k}\lambda \rangle\, \varphi(\boldsymbol{k}, \lambda) \, .\end{aligned} \tag{1.256}$$

$\varphi(\boldsymbol{k}, \lambda)$ und $\varphi'(\boldsymbol{k}', \lambda')$ sind die Wellenpakete der beiden Photonen im Impulsraum mit Polarisationen λ, bzw. λ', und ψ_α, ψ_β bezeichnen die Anfangs- und Endzustände des Atoms.

Wir drücken zunächst den Wirkungsquerschnitt durch das „T-Matrixelement“ $\langle \beta; \boldsymbol{k}'\lambda' | T | \alpha; \boldsymbol{k}\lambda \rangle$ aus. Dieser Schritt ist allgemeiner Natur und gilt (mit geringfügigen Modifikationen) für jeden Streuprozess.

Die Wahrscheinlichkeit, bei gegebenem Anfangszustand $\psi_\alpha \otimes \varphi$, das Atom nach der Streuung im Zustand ψ_β und ein Photon im Gebiet Ω des Impulsraumes und mit der Polarisation λ' zu finden , ist gleich

$$\int_\Omega d^3k' \, |\langle \beta; \boldsymbol{k}'\lambda' | (S - \mathbb{1}) | \psi_\alpha \otimes \varphi \rangle|^2 \, , \tag{1.257}$$

wobei

$$\begin{aligned}&\langle\beta;\boldsymbol{k}'\lambda'|S-\mathbb{1}|\,\psi_\alpha\otimes\varphi\rangle \\ &= -2\pi i\int d^3k\,\delta(E_\beta+\hbar\omega'-E_\alpha-\hbar\omega)\langle\beta;\boldsymbol{k}'\lambda'|T|\,\alpha;\boldsymbol{k}\lambda\rangle\varphi(\boldsymbol{k})\,.\end{aligned} \tag{1.258}$$

Wieder betrachten wir die Stossparameterebene A senkrecht zu $\langle\boldsymbol{k}\rangle_\varphi$ und wählen (wie bei der Absorption auf Seite 45) als Anfangszustand ein statistisches Gemisch. Der Wirkungsquerschnitt zum Paket φ ist dann

$$\sigma_{\alpha\to\beta}(\Omega,\varphi)=\int_A d^2a\int_\Omega d^3k'\;|\langle\beta;\boldsymbol{k}'\lambda'|(S-\mathbb{1})|\,\psi_\alpha\otimes\varphi_{\boldsymbol{a}}\rangle|^2\;, \tag{1.259}$$

mit

$$\varphi_{\boldsymbol{a}}(\boldsymbol{k})=e^{-i\boldsymbol{k}\cdot\boldsymbol{a}}\varphi(\boldsymbol{k})\,.$$

In diesem Ausdruck setzen wir (1.258) ein:

$$\begin{aligned}\sigma_{\alpha\to\beta}(\Omega,\varphi) = &\int_A d^2a\int_\Omega d^3k'\int d^3k\,d^3q\,(2\pi)^2\delta\left(E_\beta+\hbar\omega(k')-E_\alpha-\hbar\omega(k)\right)\\ &\times\delta\left(E_\beta+\hbar\omega(k')-E_\alpha-\hbar\omega(q)\right)\\ &\cdot\overline{\langle\beta;\boldsymbol{k}'\lambda'|T|\,\alpha;\boldsymbol{k}\lambda\rangle}\langle\beta;\boldsymbol{k}'\lambda'|T|\,\alpha;\boldsymbol{q}\lambda\rangle e^{i\boldsymbol{a}\cdot(\boldsymbol{k}-\boldsymbol{q})}\overline{\varphi(\boldsymbol{k})}\varphi(\boldsymbol{q})\,.\end{aligned} \tag{1.260}$$

Die „Integration“ über $\boldsymbol{a}$ liefert

$$\int_A d^2a\,e^{i\boldsymbol{a}\cdot(\boldsymbol{k}-\boldsymbol{q})}=(2\pi)^2\delta^2(\boldsymbol{k}_\perp-\boldsymbol{q}_\perp)\,.$$

Für eine praktische Streusituation liegt der Träger des Integranden in (1.260) wieder auf $\boldsymbol{k}=\boldsymbol{q}$ (siehe die entsprechende Diskussion bei der Absorption, Seite 46). Damit haben wir

$$\begin{aligned}\sigma(\Omega,\varphi) = &\int_\Omega d^3k'\int d^3k(2\pi)^4\delta\left(E_\beta+\hbar\omega(k')-E_\alpha-\hbar\omega(k)\right)\\ &\cdot|\langle\beta;\boldsymbol{k}'\lambda'|T|\,\alpha;\boldsymbol{k}\lambda\rangle|^2\,|\varphi(\boldsymbol{k})|^2\\ &\cdot\int_{q_\parallel>0}d^3q\,\delta\left(E_\beta+\hbar\omega(k')-E_\alpha-\hbar\omega(q)\right)\delta^2(\boldsymbol{k}_\perp-\boldsymbol{q}_\perp)\,.\end{aligned} \tag{1.261}$$

Darin ist das letzte Integral gleich $\frac{|\boldsymbol{k}|/k_\parallel}{\hbar c}$. Also gilt

$$\begin{aligned}\sigma(\Omega,\varphi)=\frac{(2\pi)^4}{\hbar c}&\int_\Omega d^3k'\int\frac{d^3k}{k_\parallel/|\boldsymbol{k}|}\delta\left(E_\beta+\hbar\omega(k')-E_\alpha-\hbar\omega(k)\right)\\ &\times|\langle\beta;\boldsymbol{k}'\lambda'|T|\,\alpha;\boldsymbol{k}\lambda\rangle|^2\,|\varphi(\boldsymbol{k})|^2\,.\end{aligned} \tag{1.262}$$

Nun soll der Träger von $\varphi(\boldsymbol{k})$ scharf um $\boldsymbol{k}_0$ konzentriert sein (schmales Impulsband des einfallenden Strahls). Dann gilt im Limes $|\varphi(\boldsymbol{k})|^2 \longrightarrow \delta^3(\boldsymbol{k}-\boldsymbol{k}_0)$:

$$\sigma(\Omega, \varphi_{\boldsymbol{k}_0}) = \frac{(2\pi)^4}{\hbar c} \int_\Omega d^3k' \, \delta\left(E_\beta + \hbar\omega(k') - E_\alpha - \hbar\omega(k)\right) |\langle \beta; \boldsymbol{k}'\lambda' \, | T | \, \alpha; \boldsymbol{k}\lambda \rangle|^2 . \tag{1.263}$$

Ω sei jetzt der Kegel um $\boldsymbol{k}'$ mit dem räumlichen Öffnungswinkel $d\Omega$. Dann erhalten wir wegen $d^3k' = k'^2 dk' d\Omega$ für den differentiellen Querschnitt (für $\boldsymbol{k}_0$ schreiben wir wieder $\boldsymbol{k}$)

$$\boxed{\frac{d\sigma}{d\Omega} = \frac{(2\pi)^4 \omega'^2}{c^4 \hbar^2} |\langle \beta; \boldsymbol{k}'\lambda' \, | T | \, \alpha; \boldsymbol{k}\lambda \rangle|^2 .} \tag{1.264}$$

$$(E_\beta + \hbar\omega' = E_\alpha + \hbar\omega)$$

Bemerkung

Die obige Herleitung muss man nicht für jeden Streuprozess wiederholen. Man entnimmt aus ihr das folgende *Rezept*, welches auch für massive Teilchen (relativistisch und nichtrelativistisch) gilt:
Man schreibe das S-Matrixelement zwischen uneigentlichen Zuständen $|\boldsymbol{p}, \lambda\rangle$, welche gemäss $\langle \boldsymbol{p}', \lambda' \, | \, \boldsymbol{p}, \lambda \rangle = \delta_{\lambda\lambda'} \cdot \delta^3(\boldsymbol{p}' - \boldsymbol{p})$ normiert sind ($\boldsymbol{p}$: Wellenzahl), in der Form

$$\langle \beta; \boldsymbol{p}'\lambda' \boldsymbol{p}''\lambda'' \ldots \, | S - \mathbb{1} | \, \alpha; \boldsymbol{p}\lambda \rangle = -2\pi i \delta(\text{Energie}) \langle \beta; \boldsymbol{p}'\lambda' \ldots \, | T | \, \alpha; \boldsymbol{p}\lambda \rangle . \tag{1.265}$$

Dann ist der differentielle Querschnitt im Laborsystem

$$d\sigma = \frac{1}{v/(2\pi)^3} \frac{2\pi}{\hbar} |\langle \beta; \boldsymbol{p}', \lambda' \ldots \, | T | \, \alpha; \boldsymbol{p}, \lambda \rangle|^2 \delta(\text{Energie}) d^3\boldsymbol{p}' \, d^3\boldsymbol{p}'' \ldots . \tag{1.266}$$

Den Faktor $\frac{v}{(2\pi)^3}$ (v: Geschwindigkeit des einfallenden Teilchens) kann man als Flussfaktor interpretieren.

$\boldsymbol{T}$-Matrixelement

Nun berechnen wir das T-Matrixelement in tiefster, nichtverschwindender Ordnung Störungstheorie. In der Wechselwirkung (1.139) gibt der quadratische Term in $\boldsymbol{A}$ schon in 1. Ordnung einen Beitrag zur Streuung. Es ist (siehe (1.148)):

$$\begin{aligned}
&\langle \beta; \boldsymbol{k}', \lambda' \, | S^{(1)} | \, \alpha; \boldsymbol{k}, \lambda \rangle \\
&= -\frac{i}{\hbar} \int_{-\infty}^{+\infty} dt \, \langle \beta; \boldsymbol{k}', \lambda' \, | H'_w(t) | \, \alpha; \boldsymbol{k}, \lambda \rangle \\
&= -\frac{i}{\hbar} \langle \beta; \boldsymbol{k}', \lambda' \, | H' | \, \alpha; \boldsymbol{k}, \lambda \rangle \int_{-\infty}^{+\infty} e^{\frac{i}{\hbar}(E_\beta + \hbar\omega' - E_\alpha - \hbar\omega)t} \, dt \\
&= -2\pi i \delta(E_\beta + \hbar\omega' - E_\alpha - \hbar\omega) \langle \beta; \boldsymbol{k}', \lambda' \, | H' | \, \alpha; \boldsymbol{k}, \lambda \rangle ,
\end{aligned}$$

d.h.

$$\langle\beta;\boldsymbol{k}',\lambda'|T^{(1)}|\alpha;\boldsymbol{k},\lambda\rangle = \langle\beta;\boldsymbol{k}',\lambda'|H'|\alpha;\boldsymbol{k},\lambda\rangle \,. \tag{1.267}$$

Wegen

$$\langle 0|\boldsymbol{A}(\boldsymbol{x})|\,\boldsymbol{k},\lambda\rangle = (2\pi)^{-\frac{3}{2}}\left(\frac{2\pi\hbar c^2}{\omega}\right)^{\frac{1}{2}}\boldsymbol{\varepsilon}(\boldsymbol{k},\lambda)e^{i\boldsymbol{k}\cdot\boldsymbol{x}}$$

ist

$$\begin{aligned}\langle\beta;\boldsymbol{k}',\lambda'|H'|\,\alpha;\boldsymbol{k},\lambda\rangle &= \frac{e^2}{2mc^2}\langle\beta;\boldsymbol{k}',\lambda'|\sum_j \boldsymbol{A}(\boldsymbol{x}_j)\cdot\boldsymbol{A}(\boldsymbol{x}_j)|\,\alpha;\boldsymbol{k},\lambda\rangle\\ &= \frac{e^2}{2mc^2}\frac{2\pi\hbar c^2}{(2\pi)^3}\frac{1}{\sqrt{\omega\omega'}}\boldsymbol{\varepsilon}(\boldsymbol{k}',\lambda')\cdot\boldsymbol{\varepsilon}(\boldsymbol{k},\lambda)\\ &\quad\cdot 2\langle\beta|\sum_j e^{i(\boldsymbol{k}-\boldsymbol{k}')\cdot\boldsymbol{x}_j}|\,\alpha\rangle \,.\end{aligned} \tag{1.268}$$

Wir betrachten im folgenden zunächst die Approximation langer Wellen. Dann ist ($e^{i\boldsymbol{k}\cdot\boldsymbol{x}} \simeq 1$)

$$\langle\beta;\boldsymbol{k}',\lambda'|T^{(1)}|\,\alpha;\boldsymbol{k},\lambda\rangle = \frac{e^2}{2mc^2}\frac{2\pi\hbar c^2}{(2\pi)^3}\frac{1}{\sqrt{\omega\omega'}}2\boldsymbol{\varepsilon}(\boldsymbol{k}',\lambda')\cdot\boldsymbol{\varepsilon}(\boldsymbol{k},\lambda)\,\delta_{\alpha\beta} \,. \tag{1.269}$$

Die linearen Terme in $\boldsymbol{A}$ in der Wechselwirkung (1.139) geben in 2. Ordnung Störungstheorie einen Beitrag zur Streuung. Dieser Beitrag ist aber von derselben Ordnung in e wie in (1.269) und muss *kohärent* addiert werden.

Nach (1.148) ist

$$\langle\beta,\boldsymbol{k}',\lambda'|S^{(2)}|\,\alpha;\boldsymbol{k},\lambda\rangle = \left(\frac{-i}{\hbar}\right)^2\int_{-\infty}^{+\infty}\int_{-\infty}^{t}dt'\,\langle\beta;\boldsymbol{k}',\lambda'|H'_w(t)H'_w(t')|\,\alpha;\boldsymbol{k},\lambda\rangle.$$

Darin kann $H'_w(t')$ entweder das Photon $(\boldsymbol{k},\lambda)$ vernichten und $H_w(t')$ das Photon $(\boldsymbol{k}',\lambda')$ erzeugen, oder $H'_w(t')$ erzeugt das Photon $(\boldsymbol{k}',\lambda')$ und $H_w(t)$ vernichtet das Photon $(\boldsymbol{k},\lambda)$. Dabei kann das Atom in alle möglichen Zwischenzustände übergehen. Graphisch sind diese Möglichkeiten in (a) und (b) der Figur 1.5 dargestellt; (c) stellt den Beitrag (1.268) dar.

Mit diesen Bemerkungen folgt für das Matrixelement von $H'_w(t)H'_w(t')$ (wir lassen magnetische Wechselwirkungen weg und machen die Langwellenapproximation)

$$\begin{aligned}&\langle\beta;\boldsymbol{k}',\lambda'|H'_w(t)H'_w(t')|\,\alpha;\boldsymbol{k},\lambda\rangle\\ &= \left(-\frac{e}{mc}\right)^2\frac{2\pi\hbar c^2}{\sqrt{\omega\omega'}}\frac{1}{(2\pi)^3}\,\cdot\\ &\quad\cdot\langle\beta|\left\{(\boldsymbol{P}_w(t)\cdot\boldsymbol{\varepsilon}(\boldsymbol{k}',\lambda')(\boldsymbol{P}_w(t')\cdot\boldsymbol{\varepsilon}(\boldsymbol{k},\lambda))e^{i\omega' t}e^{-i\omega t'}\right\} +\\ &\quad+\left\{(\boldsymbol{P}_w(t)\cdot\boldsymbol{\varepsilon}(\boldsymbol{k},\lambda))(\boldsymbol{P}_w(t')\cdot\boldsymbol{\varepsilon}(\boldsymbol{k},\lambda))e^{-i\omega t}e^{i\omega' t'}\right\}|\,\alpha\rangle\,,\end{aligned} \tag{1.270}$$

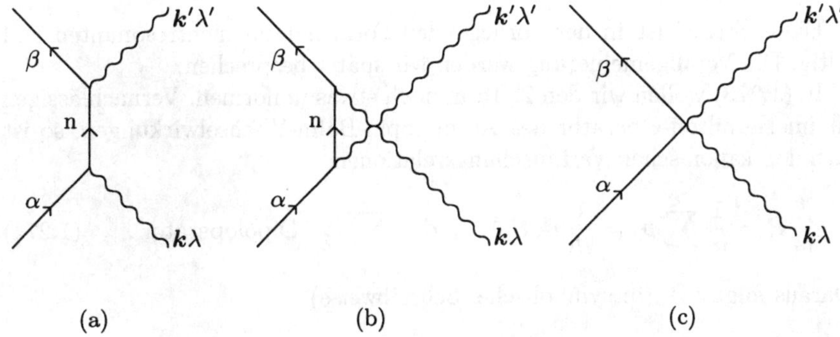

Abbildung 1.5. Feynman-Diagramme für Lichtstreuung

wobei $\boldsymbol{P}_w(t)$ der Gesamtimpuls der Elektronen im Wechselwirkungsbild ist. Bezeichnet F_{H_0} die Spektralschar zum Hamilton-Operator des ungestörten Atoms, so erhalten wir in bekannter Weise (siehe [1], Kap. 9.7):

$$
\begin{aligned}
&\langle \beta; \boldsymbol{k}', \lambda' \,| T^{(2)} |\, \alpha; \boldsymbol{k}, \lambda \rangle \qquad (1.271) \\
&= -\left(\frac{e}{mc}\right)^2 \frac{2\pi\hbar c^2}{\sqrt{\omega\omega'}} \frac{1}{(2\pi)^3} \cdot \\
&\int \left[\frac{\langle \beta \,| \boldsymbol{P}\cdot\boldsymbol{\varepsilon}'\, dF_{H_0}(E) \boldsymbol{P}\cdot\boldsymbol{\varepsilon} |\, \alpha \rangle}{E - E_\alpha - \hbar\omega} + \frac{\langle \beta \,| \boldsymbol{P}\cdot\boldsymbol{\varepsilon}\, dF_{H_0}(E) \boldsymbol{P}\cdot\boldsymbol{\varepsilon}' |\, \alpha \rangle}{E - E_\alpha + \hbar\omega'} \right].
\end{aligned}
$$

Dabei haben wir bei der Integration über t' den Beitrag von der unteren Grenze weggelassen. Dies ist dann richtig, wenn in (1.271) keine Resonanznenner auftreten. In der Definition (1.256) der T-Matrix sind nämlich Wellenpakete zu betrachten und nach dem Riemann-Lebesgue-Lemma gibt dann die untere Grenze für t' keinen Beitrag (vergleiche die Übungen 9.8.1 aus [1]).

Damit ergibt sich

$$
\begin{aligned}
&\langle \beta; \boldsymbol{k}', \lambda' \,| T^{(1)} |\, \alpha; \boldsymbol{k}, \lambda \rangle + \langle \beta; \boldsymbol{k}', \lambda' \,| T^{(2)} |\, \alpha; \boldsymbol{k}, \lambda \rangle \qquad (1.272) \\
&= \frac{e^2}{mc^2} \frac{1}{(2\pi)^3} \frac{2\pi\hbar c^2}{\sqrt{\omega\omega'}} \cdot \left\{ \delta_{\alpha\beta} \boldsymbol{\varepsilon}(\boldsymbol{k}', \lambda') \cdot \boldsymbol{\varepsilon}(\boldsymbol{k}, \lambda) - \frac{1}{m} \int [\ldots] \right\},
\end{aligned}
$$

wobei [...] die eckige Klammer in (1.271) bedeutet. Mit (1.264) erhalten wir für den Wirkungsquerschnitt die *Kramers-Heisenberg-Formel*

$$
\begin{aligned}
\frac{d\sigma}{d\Omega} = \left(\frac{e^2}{mc^2}\right)^2 \frac{\omega'}{\omega} \Bigg| \; \delta_{\alpha\beta} \boldsymbol{\varepsilon}' \cdot \boldsymbol{\varepsilon} - \frac{1}{m} \int \Bigg[&\frac{\langle \beta \,| \boldsymbol{P}\cdot\boldsymbol{\varepsilon}'\, dF_{H_0}(E) \boldsymbol{P}\cdot\boldsymbol{\varepsilon} |\, \alpha \rangle}{E - E_\alpha - \hbar\omega} + \\
&+ \frac{\langle \beta \,| \boldsymbol{P}\cdot\boldsymbol{\varepsilon}\, dF_{H_0}(E) \boldsymbol{P}\cdot\boldsymbol{\varepsilon}' |\, \alpha \rangle}{E - E_\alpha + \hbar\omega'} \Bigg] \Bigg|^2 . \qquad (1.273)
\end{aligned}
$$

Diese Formel ist in der vorliegenden Form nur im nichtresonanten Fall gültig. Die Verallgemeinerung werden wir später besprechen.

In (1.273) wollen wir den 2. Term noch etwas umformen. Vernachlässigen wir im Hamilton-Operator des Atoms Spin-Bahn-Wechselwirkungen, so ist nach den kanonischen Vertauschungsrelationen

$$\frac{1}{m}\boldsymbol{P} = \frac{1}{m}\sum \boldsymbol{p}_j = \frac{1}{i\hbar}[\boldsymbol{d}, H_0]\,, \qquad \boldsymbol{d} = \sum \boldsymbol{x}_j : \text{Dipoloperator}\,. \tag{1.274}$$

Daraus folgt z.B. (in symbolischer Schreibweise)

$$\begin{aligned}\frac{1}{m}dF_{H_0}(E)\sum \boldsymbol{p}_j|\,\alpha\rangle &= dF_{H_0}(E)\frac{1}{i\hbar}(\boldsymbol{d}H_0 - H_0\boldsymbol{d})|\,\alpha\rangle \\ &= \frac{E_\alpha - E}{i\hbar}dF_{H_0}(E)\boldsymbol{d}|\,\alpha\rangle\,.\end{aligned} \tag{1.275}$$

Damit ist

$$\begin{aligned}\frac{d\sigma}{d\Omega} = \left(\frac{e^2}{mc^2}\right)^2\frac{\omega'}{\omega}\cdot\Bigg|\ \delta_{\alpha\beta}\boldsymbol{\varepsilon}'\cdot\boldsymbol{\varepsilon} - \frac{1}{i\hbar}\int\Bigg[&\frac{\langle\beta\,|\boldsymbol{P}\cdot\boldsymbol{\varepsilon}'dF_{H_0}(E)\boldsymbol{d}\cdot\boldsymbol{\varepsilon}|\,\alpha\rangle(E_\alpha - E)}{E - E_\alpha - \hbar\omega} \\ &+ \frac{\langle\beta\,|\boldsymbol{d}\cdot\boldsymbol{\varepsilon}dF_{H_0}(E)\boldsymbol{P}\cdot\boldsymbol{\varepsilon}'|\,\alpha\rangle(E - E_\beta)}{E - E_\alpha + \hbar\omega'}\Bigg]\Bigg|^2.\end{aligned} \tag{1.276}$$

Im letzten Term benutzen wir den Energiesatz $E_\alpha + \hbar\omega = E_\beta + \hbar\omega'$ und formen die eckige Klammer wie folgt um:

$$\begin{aligned}[\ldots] = &-\langle\beta\,|\boldsymbol{P}\cdot\boldsymbol{\varepsilon}'\,dF(E)\boldsymbol{d}\cdot\boldsymbol{\varepsilon}|\,\alpha\rangle + \langle\beta\,|\boldsymbol{d}\cdot\boldsymbol{\varepsilon}\,dF(E)\boldsymbol{P}\cdot\boldsymbol{\varepsilon}'|\,\alpha\rangle \\ &-\hbar\omega\left[\frac{\langle\beta\,|\boldsymbol{P}\cdot\boldsymbol{\varepsilon}'\,dF(E)\boldsymbol{d}\cdot\boldsymbol{\varepsilon}|\,\alpha\rangle}{E - E_\alpha - \hbar\omega} + \frac{\langle\beta\,|\boldsymbol{d}\cdot\boldsymbol{\varepsilon}\,dF(E)\boldsymbol{P}\cdot\boldsymbol{\varepsilon}'|\,\alpha\rangle}{E - E_\beta + \hbar\omega}\right].\end{aligned}$$

Darin benutzen wir in der letzten Zeile nochmals (1.274) und (1.275) und erhalten dafür

$$\begin{aligned}&-\hbar\omega\frac{m}{i\hbar}\Bigg[\frac{\langle\beta\,|\boldsymbol{d}\cdot\boldsymbol{\varepsilon}'\,dF(E)\boldsymbol{d}\cdot\boldsymbol{\varepsilon}|\,\alpha\rangle(E - E_\beta)}{E - E_\alpha - \hbar\omega} \\ &\qquad + \frac{\langle\beta\,|\boldsymbol{d}\cdot\boldsymbol{\varepsilon}\,dF(E)\boldsymbol{d}\cdot\boldsymbol{\varepsilon}'|\,\alpha\rangle(E_\alpha - E)}{E - E_\beta + \hbar\omega}\Bigg] \\ &= -\hbar\omega\frac{m}{i\hbar}\left[\langle\beta\,|\boldsymbol{d}\cdot\boldsymbol{\varepsilon}'\,dF(E)\boldsymbol{d}\cdot\boldsymbol{\varepsilon}|\,\alpha\rangle - \langle\beta\,|\boldsymbol{d}\cdot\boldsymbol{\varepsilon}\,dF(E)\boldsymbol{d}\cdot\boldsymbol{\varepsilon}'|\,\alpha\rangle\right] \\ &\quad -\hbar\omega\frac{m}{i\hbar}\hbar\omega'\left[\frac{\langle\beta\,|\boldsymbol{d}\cdot\boldsymbol{\varepsilon}'\,dF(E)\boldsymbol{d}\cdot\boldsymbol{\varepsilon}|\,\alpha\rangle}{E - E_\alpha - \hbar\omega} + \frac{\langle\beta\,|\boldsymbol{d}\cdot\boldsymbol{\varepsilon}\,dF(E)\boldsymbol{d}\cdot\boldsymbol{\varepsilon}'|\,\alpha\rangle}{E - E_\beta + \hbar\omega}\right].\end{aligned}$$

Damit wird das Integral in (1.276)

$$\int [\dots] = \langle\beta\,|[\boldsymbol{d}\cdot\boldsymbol{\varepsilon},\boldsymbol{P}\cdot\boldsymbol{\varepsilon}']|\,\alpha\rangle + i\omega m\langle\beta\,|[\boldsymbol{d}\cdot\boldsymbol{\varepsilon}',\boldsymbol{d}\cdot\boldsymbol{\varepsilon}]|\,\alpha\rangle$$
$$+i\hbar m\omega\omega'\int\left[\frac{\langle\beta\,|\boldsymbol{d}\cdot\boldsymbol{\varepsilon}'\,dF(E)\boldsymbol{d}\cdot\boldsymbol{\varepsilon}|\,\alpha\rangle}{E-E_\alpha-\hbar\omega}+\frac{\langle\beta\,|\boldsymbol{d}\cdot\boldsymbol{\varepsilon}\,dF(E)\boldsymbol{d}\cdot\boldsymbol{\varepsilon}'|\,\alpha\rangle}{E-E_\beta+\hbar\omega}\right].$$

Darin verschwindet der zweite Term und der erste Term ist nach den kanonischen Vertauschungsrelationen

$$\langle\beta\,|[\boldsymbol{d}\cdot\boldsymbol{\varepsilon},\boldsymbol{P}\cdot\boldsymbol{\varepsilon}']|\,\alpha\rangle = i\hbar\boldsymbol{\varepsilon}'\cdot\boldsymbol{\varepsilon}\,\delta_{\beta\alpha}\,.$$

Dieser hebt gerade den Kontaktterm in (1.276) *auf.* Wir erhalten endgültig

$$\frac{d\sigma}{d\Omega}=\frac{e^4}{c^4}\omega\omega'^3\left|\int\left[\frac{\langle\beta\,|\boldsymbol{d}\cdot\boldsymbol{\varepsilon}'\,dF_{H_0}(E)\boldsymbol{d}\cdot\boldsymbol{\varepsilon}|\,\alpha\rangle}{E-E_\alpha-\hbar\omega}\right.\right.$$
$$\left.\left.+\frac{\langle\beta\,|\boldsymbol{d}\cdot\boldsymbol{\varepsilon}\,dF_{H_0}(E)\boldsymbol{d}\cdot\boldsymbol{\varepsilon}'|\,\alpha\rangle}{E-E_\alpha+\hbar\omega'}\right]\right|^2. \qquad (1.277)$$

Für elastische Streuung ist das Integral in (1.277) gleich $\alpha_{ij}(\omega)\varepsilon_i'\varepsilon_j$, wobei $\alpha_{ij}(\omega)$ die atomare Polarisierbarkeit ist (siehe Übung 9.8.1 aus [1]). Es gilt also

$$\left(\frac{d\sigma}{d\Omega}\right)_{\rm el}=\frac{e^4}{c^4}\omega^4\left|\alpha_{ij}(\omega)\varepsilon_i'\varepsilon_j\right|^2. \qquad (1.278)$$

Rayleigh-Streuung

Dieser Fall liegt für kleine ω (im Vergleich zu den typischen Atomfrequenzen) vor. Dann kann das Atom nicht angeregt werden und die Streuung ist elastisch. Für $\hbar\omega \ll \Delta E$ wird aus (1.278)

$$\frac{d\sigma}{d\Omega}=\frac{e^4}{c^4}\omega^4\left|\alpha_{ij}(0)\varepsilon_i'\varepsilon_j\right|^2. \qquad (1.279)$$

d.h. $\frac{d\sigma}{d\Omega}\propto\lambda^{-4}$. Dies ist das bekannte Rayleighsche Gesetz, das man aus der klassischen Optik kennt. Es erklärt, warum der Himmel blau und die untergehende Sonne rot ist.

Thomson-Streuung

Nun betrachten wir den entgegengesetzten Fall, bei welchem $\hbar\omega$ viel grösser ist als die Bindungsenergie des Atoms. Dann können wir in (1.273) die beiden letzten Terme gegenüber dem Kontaktterm vernachlässigen. Wir erhalten (leite dies auch aus (1.277) ab)

$$\left(\frac{d\sigma}{d\Omega}\right)_{\rm Th}=\left(\frac{e^2}{mc^2}\right)^2|\boldsymbol{\varepsilon}'\cdot\boldsymbol{\varepsilon}|^2\,. \qquad (1.280)$$

Dieses Resultat erhält man auch klassisch für die Streuung von elektromagnetischen Wellen an quasifreien Elektronen. Auf diese Weise wurde es zuerst von J.J. Thomson gefunden.

Der Raman-Effekt

Die Formel (1.277) ist auch zuständig für inelastische Lichtstreuung $\omega' \neq \omega$, $\alpha \neq \beta$. In der Atomphysik nennt man dieses Phänomen den Raman-Effekt, nach C.V. Raman, der als erster eine Frequenzverschiebung von in flüssigen Lösungen gestreutem Licht beobachtete. Ist der Anfangszustand α des Atoms der Grundzustand, dann ist nach dem Energiesatz $\omega' \leq \omega$. Dies erklärt das Auftreten einer sogenannten *Stokes-Linie* in Atomspektren, eine Linie, welche röter ist als die der einfallenden Strahlung (siehe Figur 1.6 links). Ist das Atom anderseits anfänglich in einem angeregten Zustand, so kann ω' grösser als ω sein (siehe Figur 1.6 rechts). Dies führt zu einer *anti-Stokes-Linie*, welche violetter ist als die Spektrallinie der einfallenden Strahlung.

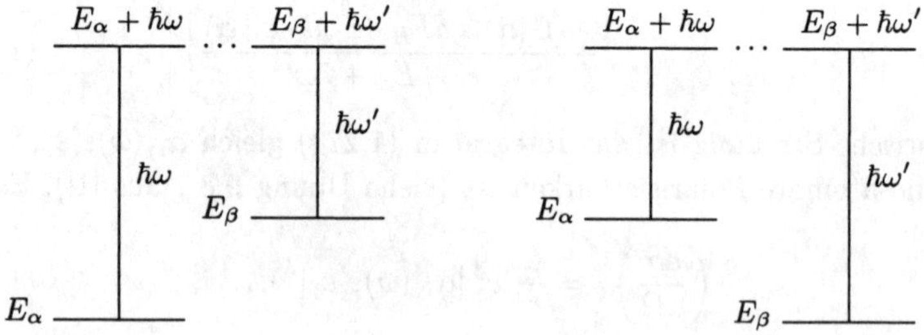

Abbildung 1.6. *Stokes Linie* (links) und *Anti-Stokes Linie* (rechts)

Brechungsindex. Die elastische Streuung ist nach (1.278)

$$\left(\frac{d\sigma}{d\Omega}\right)_{\text{el}} = |f|^2 \tag{1.281}$$

mit der Streuamplitude

$$f = e^2 \left(\frac{\omega}{c}\right)^2 \alpha_{ij}(\omega)\varepsilon'_i\varepsilon_j = e^2 \left(\frac{\omega}{c}\right)^2 \alpha(\omega)\boldsymbol{\varepsilon}' \cdot \boldsymbol{\varepsilon} , \tag{1.282}$$

wobei das 2. Gleichheitszeichen eine isotrope Situation mit $\alpha_{ij}(\omega) = \alpha(\omega)\delta_{ij}$ voraussetzt. Die Vorwärtsstreuamplitude ist dann

$$f(\omega) = \frac{e^2}{c^2}\omega^2\alpha(\omega) . \tag{1.283}$$

In der Elektrodynamik wird gezeigt, dass der Brechungsindex für verdünnte Medien wie folgt mit der atomaren Polarisierbarkeit zusammenhängt

$$n^2(\omega) = \varepsilon(\omega) \simeq 1 + 4\pi N\alpha(\omega) , \tag{1.284}$$

wobei N die Zahl der Streuzentren pro cm^3 ist. (Siehe z.B. [4], Kap. 5.5.4). Damit ergibt sich aus den beiden letzten Gleichungen

$$n(\omega) \simeq 1 + \frac{2\pi N}{(\omega/c)^2} f(\omega) \,. \tag{1.285}$$

Diese wichtige Beziehung zwischen Brechungsindex und Streuamplitude (H.A. Lorentz) lässt sich durch sehr allgemeine Betrachtungen gewinnen. (Siehe dazu [7], Kap. 10.11).

Kohärente und inkohärente Streuung

Wir betrachten wieder den Fall $\hbar\omega >>$ Bindungsenergie des Atoms, machen aber jetzt nicht mehr die Dipolnäherung. Der „Seemövengraph“ dominiert wieder und gibt (siehe Formel (1.268) sowie (1.273)):

$$\left(\frac{d\sigma}{d\Omega}\right)_{\alpha\to\beta} = \left(\frac{d\sigma}{d\Omega}\right)_{Th} \frac{\omega'}{\omega} |\langle\beta\,|\sum_j e^{i(\boldsymbol{k}-\boldsymbol{k}')\cdot\boldsymbol{x}_j}\,|\,\alpha\rangle|^2 \,. \tag{1.286}$$

Insbesondere ist der *elastische Querschnitt* ($\boldsymbol{q} := \boldsymbol{k} - \boldsymbol{k}'$)

$$\left(\frac{d\sigma}{d\Omega}\right)_{el} = \left(\frac{d\sigma}{d\Omega}\right)_{Th} |\langle\sum_j e^{-i\boldsymbol{q}\cdot\boldsymbol{x}_j}\rangle_{\text{Grundzustand}}|^2 \,. \tag{1.287}$$

Der *gesamte inklusive Querschnitt* (elastisch und inelastisch) ist in der Näherung $\omega' \simeq \omega$ auf Grund der Vollständigkeitsrelation

$$\left(\frac{d\sigma}{d\Omega}\right)_{inkl.} = \sum_\beta \left(\frac{d\sigma}{d\Omega}\right)_{\alpha\to\beta} \simeq \left(\frac{d\sigma}{d\Omega}\right)_{Th} \left\langle \sum_{j,k} e^{i\boldsymbol{q}\cdot(\boldsymbol{x}_j-\boldsymbol{x}_k)}\right\rangle_{\text{Grundzustand}} . \tag{1.288}$$

Für den elastischen Querschnitt schreiben wir

$$\left(\frac{d\sigma}{d\Omega}\right)_{el} = \left(\frac{d\sigma}{d\Omega}\right)_{Th} Z^2\,|F(q)|^2 \,, \tag{1.289}$$

wobei, wenn von jetzt an $|0\rangle$ den rotationssymmetrischen Grundzustand bezeichnet,

$$Z\,F(q) = \langle 0\,|\sum_{j=1}^{Z} e^{-i\boldsymbol{q}\cdot\boldsymbol{x}_j}\,|\,0\rangle \qquad (F(0)=1)\,. \tag{1.290}$$

der *elastische Formfaktor* ist. Diesen können wir wie folgt schreiben. Es sei

$$\rho_1(\boldsymbol{x}) = \langle 0\,|\sum_{j=1}^{Z} \delta^3(\boldsymbol{x}-\boldsymbol{x}_j)|\,0\rangle \tag{1.291}$$

die *1-Teilchendichte* ($\int \rho_1\, d^3x = Z$); dann ist

$$Z\,F(q) = \int e^{-i\boldsymbol{q}\cdot\boldsymbol{x}} \rho_1(\boldsymbol{x})\, d^3x \,, \tag{1.292}$$

d.h. $F(q)$ ist die *Fourier-Transformierte der normierten 1-Teilchendichte.* Nach dem Riemann-Lebesgue-Lemma ist $F(\infty) = 0$. In Vorwärtsrichtung ist die Streuung *kohärent*:

$$\left(\frac{d\sigma}{d\Omega}\right)_{el} (q=0) = Z^2 \left(\frac{d\sigma}{d\Omega}\right)_{Th} . \tag{1.293}$$

Für den inklusiven Streuquerschnitt schreiben wir

$$\left(\frac{d\sigma}{d\Omega}\right)_{inkl.} = \left(\frac{d\sigma}{d\Omega}\right)_{Th} R(q) \,, \tag{1.294}$$

mit

$$R(q) = \langle 0 \,|\sum_{k,j=1}^{Z} e^{i\boldsymbol{q}\cdot(\boldsymbol{x}_j - \boldsymbol{x}_k)} |\, 0\rangle \,. \tag{1.295}$$

Die Doppelsumme zerlegen wir in diagonale und nichtdiagonale Anteile

$$R(q) = Z + Z(Z-1)P(q) \,, \tag{1.296}$$

mit

$$\begin{aligned} P(q)Z(Z-1) &= \sum_{k\neq j} \langle 0\,| e^{i\boldsymbol{q}\cdot(\boldsymbol{x}_j - \boldsymbol{x}_k)} |\, 0\rangle \\ &= \int \rho_2(\boldsymbol{x}, \boldsymbol{x}') e^{i\boldsymbol{q}\cdot(\boldsymbol{x}-\boldsymbol{x}')}\, d^3x\, d^3x' \,. \end{aligned} \tag{1.297}$$

Hier ist

$$\rho_2(\boldsymbol{x}, \boldsymbol{x}') = \sum_{k\neq j} \langle 0\,|\delta^3(\boldsymbol{x} - \boldsymbol{x}_j)\delta^3(\boldsymbol{x}' - \boldsymbol{x}_k)|\, 0\rangle \tag{1.298}$$

die *2-Teilchendichte.* In $R(q)$ trennen wir den elastischen Teil explizit ab:

$$R(q) = Z^2\, |F(q)|^2 + ZC(q) \,, \tag{1.299}$$

wobei

$$\begin{aligned} C(q) &= 1 + (Z-1)[P(q) - |F(q)|^2] - |F(q)|^2 \\ &\equiv C^{\text{unkorr.}}(q) + (Z-1)c(q) \,. \end{aligned} \tag{1.300}$$

Darin ist

$$c(q) = P(q) - |F(q)|^2 \,, \tag{1.301}$$

$$C^{\text{unkorr.}}(q) = 1 - |F(q)|^2 \,. \tag{1.302}$$

Für unkorrelierte Elektronen wäre $P(q) = |F(q)|^2$, d.h. $c(q) \equiv 0$; $c(q)$ ist deshalb die *Korrelationsfunktion.*

Ohne Korrelationen ist

$$C(q) = C^{\text{unkorr.}}(q) = 1 - |F(q)|^2 \tag{1.303}$$

und

$$R^{\text{unkorr.}} = Z^2|F(q)|^2 + ZC^{\text{unkorr.}}(q) = Z^2|F(q)|^2 + Z(1 - |F(q)|^2)\,. \tag{1.304}$$

Deshalb nimmt $R^{\text{unkorr.}}$ von Z^2 (für $q = 0$) auf Z (für $q \to \infty$) ab.

Dasselbe qualitative Verhalten erhält man mit Korrelationen, da dann

$$R(q) = R^{\text{unkorr.}} + (Z - 1)C(q) \tag{1.305}$$

und $c(q) = 0$ für $q = 0$ und für $q \to \infty$ (Riemann-Lebesgue). Qualitativ erhält man für die Streuung an einem zusammen gesetzten System von Punktteilchen damit das die Abb. 1.7.

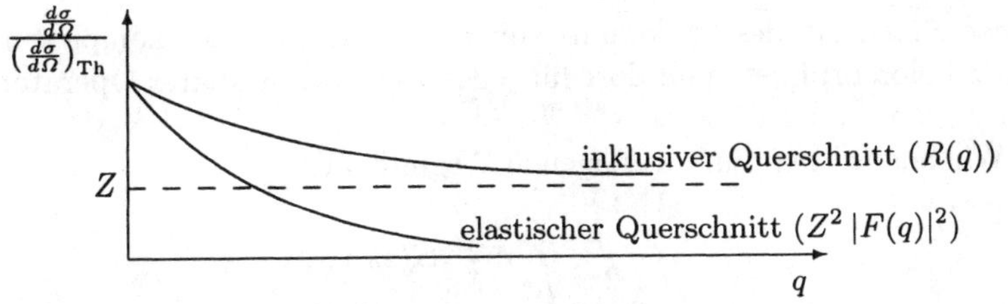

Abbildung 1.7. Qualitatives Verhalten für elastische und inklusive Streuung

Dieses qualitative Bild zeigt sich auch bei der tief inelastischen Streuung an Protonen, woraus man geschlossen hat, dass das Proton aus „punktartigen" Teilchen (Quarks, Gluonen) zusammengesetzt ist.

1.9 Zerfall eines unstabilen Zustandes

In diesem Abschnitt diskutieren wir die zeitliche Entwicklung eines unstabilen Zustandes. Wir werden sehen, in welchen Grenzen das exponentielle Zerfallsgesetz eine sehr gute Näherung ist. Ferner wird es uns anschliessend möglich sein, Resonanzstreuung korrekt zu behandeln (siehe Kap. *Resonanzfluoreszenz*, Seite 83).

Wir stellen uns vor, ein System werde durch einen „ungestörten" Hamilton-Operator H_0 und eine schwache Kopplung H' beschrieben (H_0 sei z.B. der Hamilton-Operator eines Atoms plus die Energie des freien Strahlungsfeldes und H' die Kopplung zwischen Teilchen und Strahlungsfeld.)

Zur Zeit $t = 0$ sei das Sytem in einem diskreten Eigenzustand von H_0 mit der Energie E_0; P_0 projiziere auf den Eigenraum $P_0\mathcal{H}$ von E_0. Die exakte zeitliche Evolution des (abgeschlossenen) Systems wird durch die unitäre Gruppe ($\hbar = 1$)

$$U(t) = e^{-iHt}, \qquad H = H_0 + H' \tag{1.306}$$

gegeben. Wir interessieren uns hauptsächlich für den Teil

$$\mathcal{U}(t) = P_0 U(t) P_0 , \tag{1.307}$$

für $t > 0$. $\mathcal{U}(t)$ beschreibt, wieviel vom Anfangszustand noch im Unterraum zu E_0 verbleibt. Wir benutzen die Resolvente

$$G(z) = \frac{1}{z - H} , \tag{1.308}$$

welche ausserhab des Spektrums von H als Funktion der komplexen Variablen z holomorph ist (und dort für jedes z ein beschränkter Operator ist).

Wir betrachten nun das folgende Wegintegral[7]

$$-\frac{1}{2\pi i}\int_C e^{-izt} G(z)\, dz ,$$

wobei der Weg das Spektrum von H wie in der Figur 1.8 umschliesst.

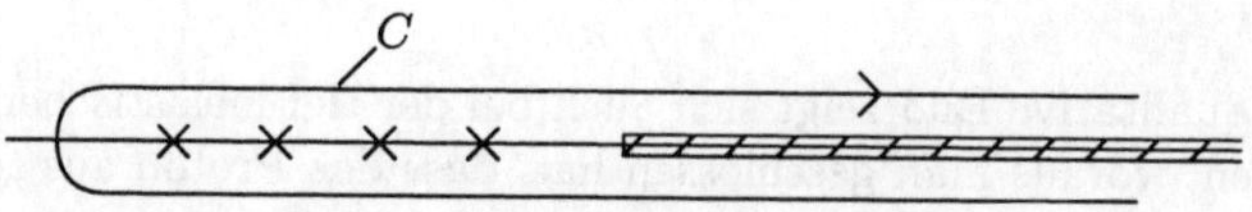

Abbildung 1.8. Weg der Integraldarstellungen 1.310 und 1.312

Nun gilt für $G(z)$ die Spektraldarstellung

[7] Die Integration von operatorwertigen Funktionen, allgemeiner von Funktionen mit Werten in einem Banachraum, kann man mit Hilfe von linearen Funktionalen auf die Integration von gewöhnlichen Funktionen zurückführen (siehe z.B. [8], Kap. 3.26ff, 10.22ff). Dabei zeigt sich, dass für die verallgemeinerten Integrale alles gilt, was man intuitiv erwartet.

$$G(z) = \int_{\sigma(H)} \frac{1}{z-\lambda}\, dE_H(\lambda) \,. \tag{1.309}$$

Dies setzen wir in das Wegintegral ein und vertauschen die Integrationsreihenfolge (was erlaubt ist, wenn der Abstand von C vom Spektrum $\geq \varepsilon$, $\varepsilon > 0$, bleibt). Wir erhalten

$$\int_{\sigma(H)} dE_H(\lambda) \left(-\frac{1}{2\pi i}\right) \int_C \frac{e^{-izt}}{z-\lambda}\, dz = \int_{\sigma(H)} e^{-i\lambda t}\, dE_H(\lambda) \,.$$

Folglich ist

$$U(t) = -\frac{1}{2\pi i} \int_C e^{-izt} G(z)\, dz \,. \tag{1.310}$$

Mit der Abkürzung

$$\mathcal{G} = P_0 G(z) P_0 \,, \tag{1.311}$$

folgt aus Gleichung (1.310)

$$\mathcal{U}(t) = -\frac{1}{2\pi i} \int_C e^{-izt} \mathcal{G}(z)\, dz \,. \tag{1.312}$$

Nun setzten wir (für unbeschränkte Operatoren ist das folgende etwas formal):

$$\begin{aligned} H_1 &:= P_0 H P_0 + P_0^\perp H P_0^\perp = H_0 + P_0^\perp H' P_0^\perp \,, \\ H'' &:= P_0 H P_0^\perp + P_0^\perp H P_0 = P_0 H' P_0^\perp + P_0^\perp H' P_0 \,. \end{aligned} \tag{1.313}$$

Dabei ist angenommen, dass $P_0 H' P_0 = 0$ ist, was man durch eine eventuelle Redefinition von H_0, H' immer erreichen kann. Man beachte

$$\begin{aligned} H_1 P_0 &= P_0 H_1 = E_0 P_0 \,, & [P_0^\perp, H_1] &= 0 \,, \\ P_0 H'' &= H'' P_0^\perp \,, & P_0^\perp H'' &= H'' P_0 \,. \end{aligned} \tag{1.314}$$

Benutzen wir diese Beziehung und die Operatoridentität

$$(A-B)^{-1} = A^{-1} + A^{-1} B (A-B)^{-1} \,,$$

so erhalten wir

$$\frac{1}{z-H} = \frac{1}{z-H_1} + \frac{1}{z-H_1} H'' \frac{1}{z-H} \tag{1.315}$$

$$= \frac{1}{z-H_1} + \frac{1}{z-H_1} H'' \frac{1}{z-H_1} + \frac{1}{z-H_1} H'' \frac{1}{z-H_1} H'' \frac{1}{z-H_1} \,. \tag{1.316}$$

Daraus folgt (unter Benutzung von Gleichung (1.314))

$$P_0 \frac{1}{z-H} P_0 = \frac{P_0}{z-E_0} + \frac{1}{z-E_0} \left(P_0 H'' \frac{1}{z-H_1} H'' P_0 \right) P_0 \frac{1}{z-H} P_0 \,. \quad (1.317)$$

Die letzte Gleichung ist eine Gleichung zwischen Operatoren in $P_0\mathcal{H}$

$$\mathcal{G}(z) = \frac{1}{z-E_0} [1 + \mathcal{W}(z)\mathcal{G}(z)] \,, \quad (1.318)$$

mit

$$\mathcal{W}(z) := P_0 H'' \frac{1}{z-H_1} H'' P_0 = P_0 H' P_0^\perp \frac{1}{z - P_0^\perp H P_0^\perp} P_0^\perp H' P_0 \,. \quad (1.319)$$

Aus Gleichung (1.318) erhalten wir

$$\mathcal{G} = \frac{1}{z - E_0 - \mathcal{W}(z)} \quad (1.320)$$

und daraus (siehe (1.312))

$$\mathcal{U}(t) = -\frac{1}{2\pi i} \int_C e^{-izt} \frac{1}{z - E_0 - \mathcal{W}(z)} \, dz \,. \quad (1.321)$$

Diese Gleichung sowie Gleichung (1.319) bilden den (exakten) Ausgangspunkt für die folgenden Überlegungen.

Wir zerlegen $\mathcal{W}(x \pm i0)$ in hermitesche und antihermitesche Anteile:

$$\mathcal{W}(x \pm i0) = \Delta(x) \mp \frac{1}{2} i \Gamma(x) \,. \quad (1.322)$$

Nach Gleichung (1.319) ist[8]

[8] Es sei A ein selbstadjungierter Operator mit Spektralmass E^A und $f(x)$ eine Testfunktion aus $\mathcal{S}(\mathbb{R})$. Dann ist

$$\begin{aligned} \langle \frac{1}{x \pm i0 - A}, f \rangle &:= \lim_{\varepsilon \to 0} \int \frac{1}{x \pm i\varepsilon - A} f(x)\, dx = \lim_{\varepsilon \to 0} \int dE^A(\lambda) \int \frac{f(x)}{x \pm i\varepsilon - \lambda} \, dx \\ &= \int dE^A(\lambda) \langle \mathcal{P} \frac{1}{x-\lambda} \mp i\pi\delta(x-\lambda), f \rangle \,, \qquad (*) \end{aligned}$$

wobei wir die folgende distributive *Formel von Sochozki*

$$\frac{1}{x \pm i0 - \lambda} = \mathcal{P} \frac{1}{x-\lambda} \mp i\pi\delta(x-\lambda)$$

benutzt haben ($\mathcal{P}$ bedeutet den Hauptwert). Für die rechte Seite von vorheriger Formel (*) schreiben wir $\langle \mathcal{P}\frac{1}{x-A} \mp i\pi\delta(x-A), f \rangle$. In diesem Sinne ist die Formel

$$\frac{1}{x \pm i0 - A} = \mathcal{P} \frac{1}{x-A} \mp i\pi\delta(x-A)$$

zu verstehen.

$$\Delta(x) = P_0 H' P_0^\perp \frac{P}{x - P_0^\perp H P_0^\perp} P_0^\perp H' P_0 \,, \tag{1.323}$$

$$\Gamma(x) = 2\pi P_0 H' \delta(x - P_0^\perp H P_0^\perp) H' P_0 \,. \tag{1.324}$$

In der Praxis sind $\Delta(x)$ und $\Gamma(x)$ gewöhnliche (stetige) Funktionen (siehe z.B. Gleichung (1.330) weiter unten). Ausserdem ist $\Gamma(x)$ nach (1.324) nichtnegativ.

Wir betrachten nun den Fall, dass eine mögliche Entartung von E_0 auf einer Symmetrie beruht, welche auch von der Wechselwirkung H' respektiert wird (z.B. Drehinvarianz). Dann ist (wenn wir von zufälliger Entartung absehen) $\mathcal{W}(z)$ nach dem Schurschen Lemma ein Vielfaches von $\mathbb{1}$. Wir können deshalb $\mathcal{W}(z)$, $\mathcal{G}(z)$ und $\mathcal{U}(t)$ als c-Zahlen behandeln. Für $\mathcal{U}(t)$ gilt nach Gleichung (1.321) die Darstellung

$$\begin{aligned}\mathcal{U}(t) &= -\frac{1}{2\pi i} \int_{-\infty}^{+\infty} dx\, e^{-ixt} \left[\frac{1}{x - E_0 - \mathcal{W}(x + i0)} - \frac{1}{x - E_0 - \mathcal{W}(x - i0)} \right] \\ &= \frac{1}{2\pi} \int_{-\infty}^{+\infty} dx\, e^{-ixt} \frac{\Gamma(x)}{(x - E_0 - \Delta(x))^2 + \frac{1}{4}\Gamma^2(x)} \,. \end{aligned} \tag{1.325}$$

Für schwache Kopplung sind Δ und Γ relativ klein verglichen mit E_0. Deshalb hat der Integrand in (1.325) ein *scharfes Maximum* für $x \simeq E_0$. Ersetzen wir die relativ langsam varierenden Funktionen $\Delta(x)$ und $\Gamma(x)$ durch ihre Werte bei $x = E_0$ so wird mit Hilfe des Residuensatzes

$$\mathcal{U}(t) \simeq e^{-i(E_0+\Delta_0)t}\, e^{-\frac{1}{2}\Gamma_0 t} \,, \tag{1.326}$$

wobei

$$\Delta_0 := \Delta(E_0) \,, \qquad \Gamma_0 := \Gamma(E_0) \,. \tag{1.327}$$

Ein Zustand $\psi \in P_0\mathcal{H}$ zum Eigenwert E_0 zerfällt also in guter Näherung exponentiell:

$$||\mathcal{U}(t)\psi||^2 \simeq e^{-\Gamma_0 t} \,. \tag{1.328}$$

Die Lebensdauer $\frac{1}{\Gamma_0}$ ist nach Gleichung (1.327) und (1.324) gegeben durch

$$\Gamma_0 = 2\pi(\psi, H'\delta(E_0 - P_0^\perp H P_0^\perp) H'\psi) \,. \tag{1.329}$$

In tiefster Ordnung Störungstheorie ($H \to H_0$ in Gleichung (1.329)) erhalten wir dafür

$$\Gamma_0^{(1)} = 2\pi(\psi, H'\delta(E_0 - H_0) H'\psi) \,,$$

wobei wir angenommen haben, dass H' keine diagonalen Matrixelemente bezüglich Eigenzuständen von H_0 hat. Dies trifft z.B. für die Kopplung zwischen Strahlung und Materie zu. Für diesen Fall können wir $\Gamma_0^{(1)}$ weiter auswerten:

$$\begin{aligned}\Gamma_0^{(1)} &= 2\pi \sum_n \int d^3k \sum_\lambda \langle\psi\,|H'|\,n;\boldsymbol{k},\lambda\rangle\delta(E_0 - E_n - \omega)\langle n;\boldsymbol{k},\lambda\,|H'|\,\psi\rangle \\ &= 2\pi \sum_n \int d^3k \sum_\lambda |\langle n;\boldsymbol{k},\lambda,|H'|\,\psi\rangle|^2\,\delta(E_0 - E_n - \omega)\,. \qquad (1.330)\end{aligned}$$

Das ist unsere frühere Formel (siehe Seite 41) für die spontane Emission (n bezeichnet den Endzustand des Atoms und $\boldsymbol{k}, \lambda$ Wellenzahlvektor bzw. Polarisation des Photons).

Das exponentielle Zerfallsgesetz gilt nicht für sehr kurze oder sehr lange Zeiten. Für ganz kurze Zeiten $t \leq \hbar/\Gamma_0$ hat man Einschwingvorgänge, während für $t >> 1/\Gamma_0$ noch kleine, nach einem Potenzgesetz (z.B. $t^{-\frac{3}{2}}$) abfallende Terme beitragen. Den Ursprung dieser Beiträge sieht man am besten wenn man in der Darstellung (1.321) den Weg C in Abb. 1.8 geeignet deformiert. Wir nehmen an, dass $P_0^\perp H P_0^\perp$ ein rein kontiunuerliches Spektrum hat. (Diese Annahme ist nicht wesentlich, aber in physikalisch interessanten Situationen meistens erfüllt.) Dann sind $\mathcal{G}(z)$ und $\mathcal{W}(z)$ in der geschnittenen z-Ebene analytisch[9] (siehe Figur 1.9).

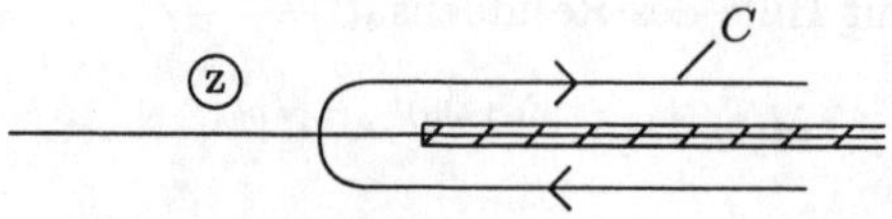

Abbildung 1.9. Integrationsweg

[9] Beachte dazu, dass nach Gleichung (1.319) Matrixelemente von $\mathcal{W}(z)$ eine Darstellung der folgenden Art haben

$$(\varphi, \mathcal{W}(z)\psi) = \int \frac{d\rho(\varepsilon)}{z - \varepsilon}\,.$$

Dabei ist das Mass $d\rho$ von der Form

$$d\rho(\varepsilon) = (\tilde{\varphi}, dE(\varepsilon)\tilde{\psi})\,,$$

wobei E das Spektralmass von $P_0^\perp H P_0^\perp$ ist. Nach der Annahme ist $d\rho$ deshalb absolut stetig.

Nun setzen wir $\mathcal{W}(z)$ auf das 2. Riemannsche Blatt fort: $\mathcal{W}^{II}(z)$ ist die analytische Fortsetzung von

$$\mathcal{W}^{II}(x+i0) = \mathcal{W}^{I}(x-i0) \qquad \left(\mathcal{W}^{I}(z) \equiv \mathcal{W}(z)\right) .$$

Auf dem zweiten Blatt hat

$$\mathcal{G}^{II}(z) = \frac{1}{z - E_0 - \mathcal{W}^{II}(z)}$$

gewisse Singularitäten. Z.B. erwarten wir (für schwache Kopplung) einen Pol bei

$$z_0 \simeq E_0 + \mathcal{W}(E_0 + i0) = E_0 + \Delta_0 - \frac{i}{2}\Gamma_0 .$$

Dies ist der sogenannte *Weisskopf-Wigner-Pol.* Er liegt nahe bei der reellen Achse.

Jetzt ziehen wir (für $t > 0$) den Weg C auf das 2. Blatt. Man sieht leicht, dass eine Deformation wie in Abb. 1.10 möglich ist:

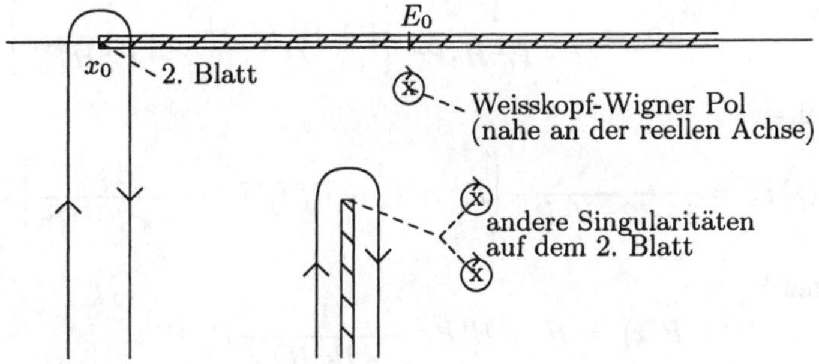

Abbildung 1.10. Deformation des Weges C von Abb 1.9

Die Beiträge (zu $\mathcal{U}(t)$) der Singularitäten mit grossen negativen Imaginäranteilen sterben mit wachsender Zeit sehr schnell aus. Diese entsprechen den Einschwingvorgängen. Der Beitrag des Weisskopf-Wigner-Pols gibt unser früheres Resultat (Gleichung (1.326)). Wir erwarten deshalb, dass das Schleifenintegral um den Verzweigungspunkt x_0 im allgemeinen klein ist. Da dieses aber Beiträge mit beliebig kleinen $Im(z)$ hat, ist zu erwarten, dass diese für grosse Zeiten schliesslich dominieren. Diese Verhältnisse kann man an Modellen genauer demonstrieren; siehe z.B. [9], Seite 448. (Das Kap. 8 in [9] gibt eine breitangelegte Diskussion von zerfallenden unstabilen Zuständen.)

Die Güte des exponentiellen Zerfallsgesetzes wird z.B. eindrücklich durch die Experimente mit neutralen K-Mesonen demonstriert.

* * *

Nun betrachten wir auch die Komponenten in $P_0^\perp\mathcal{H}$ von $\psi(t) = U(t)\psi$, $\psi \in P_0\mathcal{H}$, für den Fall schwacher Kopplung. Wir starten von

$$P_0^\perp U(t)P_0 = -\frac{1}{2\pi i}\int_C e^{-izt}P_0^\perp G(z)P_0\,dz\,. \tag{1.331}$$

Nach Gleichung (1.315) ist

$$\begin{aligned} P_0^\perp G(z)P_0 &= \underbrace{P_0^\perp\frac{1}{z-H_1}P_0}_{0} + P_0^\perp\frac{1}{z-H_1}\underbrace{H''}_{\to H'P_0}\frac{1}{z-H}P_0 \\ &= P_0^\perp\frac{1}{z-H_1}H'\mathcal{G}(z) = P_0^\perp\frac{1}{z-P_0^\perp HP_0^\perp}H'\mathcal{G}(z)\,. \end{aligned}$$

Darin benutzen wir die Identität

$$\begin{aligned} \frac{1}{z-P_0^\perp HP_0^\perp} &= \frac{1}{z-P_0^\perp H_0P_0^\perp - P_0^\perp H'P_0^\perp} \\ &= \frac{1}{z-P_0^\perp H_0P_0^\perp}\left[1+P_0^\perp H'P_0^\perp\frac{1}{z-P_0^\perp HP_0^\perp}\right] \end{aligned}$$

und erhalten

$$P_0^\perp G(z)P_0 = \frac{1}{z-P_0^\perp H_0P_0^\perp}\left[P_0^\perp H'P_0 + P_0^\perp H'P_0^\perp\frac{1}{z-P_0^\perp H'P_0}\right]\mathcal{G}(z)\,. \tag{1.332}$$

Wir setzen[10]

$$R(z) := H' + H'P_0^\perp\frac{1}{z-P_0^\perp HP_0^\perp}P_0^\perp H'\,. \tag{1.334}$$

Nach (1.319) ist

$$\mathcal{W}(z) = P_0R(z)P_0 \tag{1.335}$$

und nach (1.332)

$$P_0^\perp G(z)P_0 = \frac{1}{z-P_0^\perp H_0P_0^\perp}P_0^\perp R(z)\mathcal{G}(z)\,. \tag{1.336}$$

---

[10] Wegen

$$\frac{1}{z-P_0^\perp HP_0^\perp} = \frac{P_0^\perp}{z-H_0} + P_0^\perp\frac{1}{z-H_0}P_0^\perp H'P_0^\perp\frac{1}{z-P_0^\perp H_0P_0^\perp}$$

erfüllt R die Integralgleichung

$$R = H' + H'P_0^\perp\frac{1}{z-H_0}R\,. \tag{1.333}$$

Setzen wir dies in (1.331) ein, so kommt mit einer Spektralzerlegung

$$P_0^\perp U(t)P_0 = \int dE_{H_0}^\perp(\lambda)\left(-\frac{1}{2\pi i}\right)\int_C \frac{P_0^\perp R(z)P_0}{(z-\lambda)(z-E_0-\mathcal{W}(z))}\,dz\,.$$

Im Wegintegral ziehen wir den Weg C wie früher auf das 2. Blatt. Neben dem Weisskopf-Wigner-Pol gibt es nun auch einen *reellen* Pol bei $z = \lambda$. Dieser dominiert für grosse Zeiten, sodass

$$\begin{aligned} P_0^\perp U(t)P_0 &\simeq \int dE_{H_0}^\perp(\lambda)e^{-i\lambda t}\frac{P_0^\perp R(\lambda+i0)P_0}{\lambda-E_0-\Delta(\lambda)+\frac{i}{2}\Gamma(\lambda)} \\ &\simeq \int dE_{H_0}^\perp(\lambda)e^{-i\lambda t}\frac{P_0^\perp R(E_0+i0)P_0}{\lambda-E_0-\Delta_0+\frac{i}{2}\Gamma_0}\,. \end{aligned}$$

Für einen Anfangszustand $\psi \in P_0(H)$ ist deshalb die Wahrscheinlichkeit, dass im Zustand $P_0^\perp U(t)\psi$ die Energie im kontinuierlichen Teil des Spektrums von H_0 (mit Spektralmass $E_{H_0}^c(\cdot)$) innerhalb des Intervalls Δ liegt gleich

$$\|E_{H_0}^c(\Delta)P_0^\perp U(t)\psi\|^2 = \int_\Delta \frac{(R(E_0+i0)\psi, dE_{H_0}^c(\lambda)R(E_0+i0)\psi)}{(\lambda-E_0-\Delta_0)^2+\frac{1}{4}\Gamma_0^2}\,. \tag{1.337}$$

Dabei haben wir ähnliche Umformungen wie in [1], Seite 322 gemacht. Wie dort ist in einer praktisch oft vorkommenden Darstellung

$$(R(E_0+i0)\psi, dE_{H_0}^c(\lambda)R(E_0+i0)\psi) = |\langle k\,|R(E+i0)|\,\psi\rangle|^2\,\rho(\lambda)\,,$$

wo $\rho(\lambda)$ die Zustandsdichte ist. Für die Wahrscheinlichkeitsverteilung (1.337) erhalten wir also

$$P(E) \simeq \frac{|\langle k\,|R(E+i0)|\,\psi\rangle|^2\,\rho(E_0)}{(E-E_0-\Delta_0)^2+\frac{1}{4}\Gamma_0^2}\,. \tag{1.338}$$

Dies zeigt, dass die Energie nach dem *Lorentzschen Gesetz* verteilt ist; die Breite ist Γ_0 und der Mittelpunkt $E_0+\Delta_0$. Letzterer ist also gegenüber E_0 um Δ_0 verschoben. Dieses Resultat ist für die Praxis (Linienform) sehr wichtig. In tiefster Ordnung Störungstheorie ist nach (1.327) und (1.323)

$$\begin{aligned} \Delta_0 &= P_0H'P_0^\perp\frac{\mathcal{P}}{E_0-H}P_0^\perp H'P_0 \\ &\simeq P_0H'P_0^\perp\frac{\mathcal{P}}{E_0-H_0}P_0^\perp H'P_0\,. \end{aligned} \tag{1.339}$$

Resonanzfluoreszenz

Die bisherigen Ergebnisse dieses Abschnittes ermöglichen es uns jetzt, Resonanzstreuung korrekt zu behandeln. [Im Abschnitt 1.7 über Lichtstreuung hatten wir diesen Fall ausgeschlossen.] Zunächst benötigen wir einen geeigneten Ausdruck für die T-Matrix. Als Ausgangspunkt wählen wir die Lippmann-Schwinger-Gleichung ([1], Gleichung (7.107) Seite 283). Die Streuzustände $|\alpha; \boldsymbol{k}, \lambda\rangle^{\pm}$ der Photonen an einem Atom sind

$$|\alpha; \boldsymbol{k}, \lambda\rangle^{\pm} = \left(\mathbb{1} + \frac{1}{E_\alpha + \omega - H \mp i0} H'\right) |\alpha; \boldsymbol{k}, \lambda\rangle \,. \tag{1.340}$$

Die T-Matrix ist anderseits (siehe [1], Gl. (7.111))

$$\langle \beta; \boldsymbol{k}', \lambda' |T| \alpha; \boldsymbol{k}, \lambda\rangle = \langle \beta; \boldsymbol{k}', \lambda' |H'| \alpha; \boldsymbol{k}, \lambda\rangle^{(-)} \,. \tag{1.341}$$

Setzen wir (1.340) in (1.341) ein, so kommt

$$\langle \beta; \boldsymbol{k}', \lambda' |T| \alpha; \boldsymbol{k}, \lambda\rangle = \langle \beta; \boldsymbol{k}', \lambda' |H' + H' \frac{1}{E_\alpha + \omega - H + i0} H'| \alpha; \boldsymbol{k}, \lambda\rangle \,. \tag{1.342}$$

In der Störungstheorie wurde H im Nenner durch H_0 ersetzt. Ist nun die Energie $E_\alpha + \omega$ in der Nähe der Energie eines angeregten Atomzustandes n, so ist dies nicht mehr gestattet, da sonst der Nenner unendlich gross wird. Bei schwacher Kopplung ist diese Näherung aber für alle übrigen Zwischenzustände erlaubt und wir können für diesen Anteil Gleichung (1.271) verwenden, wenn dort im ersten Term F_{H_0} durch $F_{H_0}^{\perp} = F_{H_0} -$ (Projektion auf n) ersetzt wird. Diesen Anteil nennen wir $\langle|T|\rangle^{\mathrm{nr}}$. Der resonante Anteil ist anderseits

$$\begin{aligned} &\langle \beta; \boldsymbol{k}', \lambda' |T| \alpha; \boldsymbol{k}, \lambda\rangle^{\mathrm{res}} \\ &= \langle \beta; \boldsymbol{k}', \lambda' |H'| n\rangle \langle n | \frac{1}{E_\alpha + \omega - H + i0} | n\rangle \langle n| H' | \alpha; \boldsymbol{k}, \lambda\rangle \,. \end{aligned}$$

Nun ist nach (1.311), (1.320) und (1.322)

$$\begin{aligned} \langle n | \frac{1}{E_\alpha + \omega - H + i0} | n\rangle &= \frac{1}{E_\alpha + \omega - E_n - \Delta(E_\alpha + \omega) + \frac{i}{2}\Gamma(E_\alpha + \omega)} \\ &\simeq \frac{1}{E_\alpha + \omega - E_n - \Delta_n + \frac{i}{2}\Gamma_n} \,; \end{aligned}$$

mit

$$\Delta_n = \Delta(E_n) \,, \qquad \Gamma_n = \Gamma(E_n) \,. \tag{1.343}$$

Dies zeigt, dass man gegenüber der Bornschen Näherung lediglich die Ersetzung

$$\boxed{E_n \to E_n + \Delta_n - \frac{i}{2}\Gamma_n} \tag{1.344}$$

durchführen muss.

In der Nähe der Resonanz kann man den nichtresonanten Anteil vernachlässigen, und der Wirkungsquerschnitt lautet nach (1.273) und (1.344)

$$\frac{d\sigma^{\text{res}}}{d\Omega} = \left(\frac{e^2}{mc^2}\right)^2 \frac{\omega'}{\omega} \frac{1}{m^2} \cdot \frac{|\langle\beta\,|\boldsymbol{P}\cdot\boldsymbol{\varepsilon}'\,|\,n\rangle|^2 \cdot |\langle n\,|\boldsymbol{P}\cdot\boldsymbol{\varepsilon}'\,|\,\alpha\rangle|^2}{(E_n + \Delta_n - E_\alpha - \hbar\omega)^2 + \frac{1}{4}\Gamma_n^2} \,. \tag{1.345}$$

Wiederum ändert sich der Wirkungsquerschnitt in Abhängigkeit von der Energie gemäss dem Lorentzschen Gesetz.

Resonanzstreuung spielt in vielen Gebieten der Physik eine wichtige Rolle. Verallgemeinere das Dispersionsgesetz der molekularen Polarisierbarkeit in Aufgabe 9.8.1 von [1] auf den resonanten Fall.

1.10 Selbstenergie eines gebundenen Elektrons, Lamb-Shift

„Those years, when the Lamb shift was the central theme of physics, were golden years for all physicists of my generation. You were the first to see that that tiny shift, so elusive and hard to measure, would clarify in a fundamental way our thinking about particles and fields.“

F. Dyson, aus Gratulationsbrief zum 65. Geburtstag von W. Lamb (1978)

Wir studieren nun erstmals einen Effekt höherer Ordnung und werden dabei auf eine der berüchtigten Divergenzen stossen, welche die Physiker lange Zeit aufgehalten haben. Aus der klassischen Elektrodynamik ist wohlbekannt, dass ein beliebig bewegtes Elektron ein Eigenfeld erzeugt, das auf das Teilchen zurückwirkt. Dies führt neben einer Strahlungsdämpfung für Punktteilchen zu einer *divergenten Selbstenergie.* In der Diracschen Strahlungstheorie kann man sich diese Rückwirkung als Emission und Reabsorption von (virtuellen) Photonen vorstellen. Wie in der klassischen Theorie erwartet man, dass dies ebenfalls zu einer divergenten Selbstenergie führt.

Nun ist aber die Selbstenergie eines *freien* Teilchens unbeobachtbar. Beobachtbar sind aber Unterschiede der Selbstenergien zwischen gebundenen und freien Elektronen. Diese sind im Rahmen der Diracschen Strahlungstheorie erstmals von H.A. Bethe im Jahre 1947 in einer, für die weitere Entwicklung der Quantenelektrodynamik, entscheidenen Arbeit berechnet worden [10]. Zwar erhielt Bethe ein logarithmisch divergentes Resultat, es war aber bereits klar, dass bei relativistischer Behandlung der Elektronen im Rahmen der Diracschen Löchertheorie (vgl. Kap. 2.10), ein endlicher Wert herauskommen müsste. Mehr dazu später.

1.10.1 Die Bethesche Berechnung der Lamb-Shift

Ausgangspunkt ist die Formel (1.339) für die Energieverschiebung (siehe auch [1], Gl. (5.15), Seite 178). Diese wenden wir auf einen gebundenen 1-Elektronenzustand $|\alpha\rangle$ (etwa eines H-Atoms) mit ungestörter Energie E_α an:

$$\Delta_\alpha = \langle\alpha;0\,|H'\frac{\mathcal{P}}{E_\alpha - H_0}H'|\,\alpha;0\rangle\,. \tag{1.346}$$

Dabei ist H' die Wechselwirkungsenergie (1.139) mit dem quantisierten Strahlungsfeld und $|\alpha;0\rangle$ bezeichnet den Produktzustand von $|\alpha\rangle$ mit dem Photonenvakuum $|0\rangle$. Hier ist zu bemerken, dass der $\boldsymbol{A}^2$-Term von (1.139) zwar bereits in 1. Ordnung einen Beitrag liefert, dieser ist aber „universell" und gibt keine beobachtbare Energieverschiebung (Aufgabe 1.11.15). Deshalb können wir uns auf die in $\boldsymbol{A}$ linearen Terme von H' beschränken.

In (1.346) emittiert der Faktor H' rechts ein Photon, welches vom linken Faktor H' wieder absorbiert wird (Fig. 1.11). Schieben wir in (1.346) das vollständige System der ungestörten Zwischenzustände ein, so ergibt sich

$$\Delta_\alpha = \sum_n \int d^3k \sum_\lambda \frac{\langle\alpha;0\,|H'|\,n;\boldsymbol{k},\lambda\rangle\langle n;\boldsymbol{k},\lambda\,|H'|\,\alpha;0\rangle}{E_\alpha - E_n - \hbar\omega}\,. \tag{1.347}$$

Darin bezeichnet $|n\rangle$ die ungestörten Atomzustände. Eigentlich müssten wir anstelle der Summe über n ein Spektralintegral schreiben, da auch über das kontinuierliche Spektrum zu „summieren" ist. Ferner müssen wir bei der Integration den Hauptwert bilden.

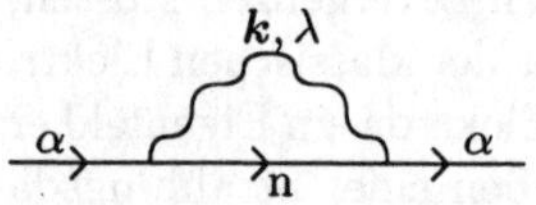

Abbildung 1.11. Selbstenergie

Die in (1.347) auftretenden Matrixelemente haben wir schon mehrfach benutzt. Vernachlässigen wir magnetische Terme, so ist nach (1.144)

$$\langle\alpha;0\,|H'|\,n;\boldsymbol{k},\lambda\rangle = -\frac{e}{mc}\frac{1}{(2\pi)^{\frac{3}{2}}}\sqrt{\frac{2\pi\hbar c^2}{\omega}}\,\langle\alpha\,|e^{i\boldsymbol{k}\cdot\boldsymbol{x}}\boldsymbol{p}\cdot\boldsymbol{\varepsilon}(\boldsymbol{k},\lambda)|\,n\rangle\,.$$

Wir werden gleich begründen, weshalb die Dipolnäherung ausreicht. In dieser ergibt sich

$$\Delta_\alpha = \left(\frac{e}{mc}\right)^2 \frac{2\pi\hbar c^2}{(2\pi)^3} \sum_n \int \frac{d^3k}{\omega} \sum_\lambda \frac{|\langle n\,|\boldsymbol{p}\cdot\boldsymbol{\varepsilon}(\boldsymbol{k},\lambda)|\,\alpha\rangle|^2}{E_\alpha - E_n - \hbar\omega} . \tag{1.348}$$

Präziser müssten wir schreiben, wenn $dP(E)$ das Spektralmass des ungestörten Atoms bezeichnet,

$$\Delta_\alpha = \left(\frac{e}{mc}\right)^2 \frac{2\pi\hbar c^2}{(2\pi)^3} \int \frac{d^3k}{\omega} \sum_\lambda \int \frac{\langle \alpha\,|\boldsymbol{p}\cdot\boldsymbol{\varepsilon}\,dP(E)\boldsymbol{p}\cdot\boldsymbol{\varepsilon}|\,\alpha\rangle}{E_\alpha - E - \hbar\omega} . \tag{1.349}$$

Das k-Integral in (1.348) divergiert linear. Deshalb schneiden wir die Beiträge von Photonen mit Frequenzen $\geq \omega_{max}$ (UV-cutoff) ab. (Zur Abschneidefrequenz ω_{max} wird später mehr zu sagen sein.)

Zur Rechtfertigung der Dipolnäherung bemerken wir, dass für einen gebundenen Zustand die Ungleichungen

$$|\boldsymbol{k}\cdot\boldsymbol{x}| \lesssim \frac{\omega_{max}}{c} a_0 \lesssim \frac{E_\gamma^{max}}{mc^2} Z\alpha \ll 1 \tag{1.350}$$

gelten, solange die maximale Photonenenergie $E_\gamma^{max} = \hbar\omega_{max}$ die Ruheenergie mc^2 der Elektronen nicht wesentlich überschreitet. Die Rechtfertigung dieser Annahme müssen wir verschieben.

Die Polarisationssumme und die Winkelintegration der Wellenzahlvektoren geben (wie bei der spontanen Emission) den Faktor $\frac{8\pi}{3}$, womit

$$\Delta_\alpha = \frac{2}{3\pi} \frac{e^2}{\hbar c} \frac{1}{(mc)^2} \sum_n \int_0^{E_\gamma^{max}} \frac{E_\gamma\, |\langle n\,|\boldsymbol{p}|\,\alpha\rangle\,|^2}{E_\alpha - E_n - E_\gamma} dE_\gamma . \tag{1.351}$$

(Dies ist die erste Formel in der Arbeit [10] von Bethe.)

Nun betrachten wir auch die Selbstenergie für *freie* Elektronen. Hier dürfen wir die Dipolnäherung nicht machen. In einem ersten Schritt erhalten wir, unter Verwendung der Abkürzung $Q = e^{-i\boldsymbol{k}\cdot\boldsymbol{x}}\boldsymbol{\varepsilon}\cdot\boldsymbol{p}$, anstelle von (1.348) für ein Elektron mit Impuls $\boldsymbol{p}$:

$$\Delta^{frei}(\boldsymbol{p}) = \left(\frac{e}{mc}\right)^2 \frac{2\pi\hbar c^2}{(2\pi)^3} \int \frac{d^3k}{\omega} \sum_\lambda \int d^3p' \frac{\langle \boldsymbol{p}\,|Q^*|\,\boldsymbol{p}'\rangle\langle \boldsymbol{p}'\,|Q|\,\boldsymbol{p}\rangle}{\frac{\boldsymbol{p}^2}{2m} - \frac{\boldsymbol{p}'^2}{2m} - E_\gamma} .$$

Da $\langle \boldsymbol{p}'\,|Q|\,\boldsymbol{p}\rangle = \boldsymbol{\varepsilon}\cdot\boldsymbol{p}\delta^3(\boldsymbol{p}-\boldsymbol{k}-\boldsymbol{p}')$, erhalten wir ($\alpha = \frac{e^2}{\hbar c}$)

$$\begin{aligned} \Delta^{frei}(\boldsymbol{p}) &= \frac{2}{3\pi}\alpha\frac{1}{(mc)^2}\boldsymbol{p}^2 \int_0^{E_\gamma^{max}} \frac{E_\gamma\, dE_\gamma}{\frac{\boldsymbol{p}^2}{2m} - \frac{(\boldsymbol{p}-\boldsymbol{k})^2}{2m} - E_\gamma} \\ &\simeq -\frac{2}{3\pi}\alpha\frac{1}{(mc)^2}\boldsymbol{p}^2 \int_0^{E_\gamma^{max}} dE_\gamma , \end{aligned} \tag{1.352}$$

wenn wir den Nenner in guter Näherung durch $-E_\gamma$ ersetzen.

Massenrenormierung

Aus (1.252) schliessen wir, dass der Parameter m der Theorie gar nicht die beobachtbare Masse des Elektrons ist, da die Kopplung an das quantisierte Strahlungsfeld zu einer zusätzlichen Energie proportional zu $\boldsymbol{p}^2$ führt die nicht von der ursprünglichen Energie $\frac{\boldsymbol{p}^2}{2m}$ getrennt werden kann.

In dieser Situation ist es zweckmässig, die Störungstheorie neu aufzuziehen. Wir schreiben den gesamten Hamilton-Operator von Strahlung und Elektron identisch folgendermassen um:

$$\begin{aligned} H &= \left[\left(\frac{1}{2m}\boldsymbol{p}^2 - \frac{Ze^2}{r}\right) + H_0^\gamma\right] + H' \qquad (1.353)\\ &= \left[\left(\frac{1}{2m_{\text{phys}}}\boldsymbol{p}^2 - \frac{Ze^2}{r}\right) + H_0^\gamma\right] + \left[H' + \left(\frac{1}{2m} - \frac{1}{2m_{\text{phys}}}\right)\boldsymbol{p}^2\right], \end{aligned}$$

wo m_{phys} die in einem Experiment gemessene (physikalische) Masse bezeichnet. Hier beachte man, dass der Faktor $\left(\frac{1}{2m} - \frac{1}{2m_{\text{phys}}}\right)$ im letzten Term von der Ordnung α ist. Die erste eckige Klammer in der zweiten Zeile betrachten wir jetzt als neues ungestörtes Problem, und die zweite beschreibt die neue Störung H'_{neu}. Dabei ist m_{phys} durch die Forderung festgelegt, dass die Selbstenergie von freien Elektronen aufgrund von H'_{neu} verschwindet. Dies bedeutet:

$$\mathcal{O}(\alpha)\text{in}H' + 1.\text{Ordnung von}\left(\frac{1}{2m} - \frac{1}{2m_{\text{phys}}}\right)\boldsymbol{p}^2 = 0\,,$$

also

$$-\frac{2}{3\pi}\alpha\frac{1}{(mc)^2}E_\gamma^{\max} + \left(\frac{1}{2m} - \frac{1}{2m_{\text{phys}}}\right) = 0\,. \qquad (1.354)$$

Die neue Störung ist also

$$H'_{\text{neu}} = H' + \frac{2}{3\pi}\alpha\frac{1}{(mc)^2}E_\gamma^{\max}\boldsymbol{p}^2\,. \qquad (1.355)$$

Für ein gebundenes Elektron im Zustand $|\alpha\rangle$ ist dann die *beobachtbare* Energieverschiebung

$$\begin{aligned} \Delta_\alpha^{\text{beob}} &= \Delta_\alpha + \frac{2}{3\pi}\alpha\frac{1}{(mc)^2}E_\gamma^{\max}\langle\alpha\,|\boldsymbol{p}^2|\,\alpha\rangle \\ &= \frac{2}{3\pi}\alpha\frac{1}{(mc)^2}\int_0^{E_\gamma^{\max}}\left[\sum_n \frac{E_\gamma|\langle n\,|\boldsymbol{p}|\,\alpha\rangle|^2}{E_\alpha - E_n - E_\gamma} + \langle\alpha\,|\boldsymbol{p}^2|\,\alpha\rangle\right]\,dE_\gamma\,. \end{aligned}$$

Da die rechte Seite von der Ordnung α ist, dürfen wir im Sinne der Störungstheorie überall m durch die physikalische Masse ersetzen, die ab jetzt mit m bezeichnet wird.

Im Integranden kann man mit Hilfe der Vollständigkeitsrelation die beiden Terme kombinieren: Benutzen wir

$$\langle\alpha\,|\boldsymbol{p}^2|\,\alpha\rangle = \sum_n \langle\alpha\,|\boldsymbol{p}|\,n\rangle \cdot \langle n\,|\boldsymbol{p}|\,\alpha\rangle \ ,$$

so ergibt sich

$$\begin{aligned} \Delta_\alpha^{\mathrm{beob}} &= \frac{2\alpha}{3\pi}\frac{1}{(mc)^2}\sum_n \int_0^{E_\gamma^{\max}} \frac{|\langle n\,|\boldsymbol{p}|\,\alpha\rangle|^2(E_\alpha - E_n)}{E_\alpha - E_n - E_\gamma}\, dE_\gamma \\ &= \frac{2\alpha}{3\pi}\frac{1}{(mc)^2}\sum_n |\langle n\,|\boldsymbol{p}|\,\alpha\rangle|^2 (E_n - E_\alpha)\ln\left(\frac{E_\gamma^{\max}}{|E_n - E_\alpha|}\right) \ . \end{aligned} \tag{1.356}$$

(Der Absolutwert im Logarithums entspricht dem Hauptwertintegral.)

Diese beobachtbare Verschiebung divergiert für $E_\gamma^{\max} \to \infty$ *„nur noch logarithmisch“* . Der Grad der Divergenz wird für die Differenz von gebundenen und freien Elektronen deshalb gemildert, weil sich für hohe Frequenzen die Beiträge für die beiden Fälle annähern.

Aus früheren Arbeiten von Weisskopf (1934,1939) wusste Bethe, dass die Selbstenergie eines Elektrons im Rahmen der Diracschen Löchertheorie nur noch logarithmisch (statt linear) divergent ist. Deshalb war nach dem bisher Ausgeführten ziemlich klar, dass in dieser Theorie ein konvergentes Resultat für die beobachtbare Energieverschiebung herauskommen sollte. Dies hat sich etwas später auch bestätigt (French und Weisskopf, Feymann, und andere[11]). Bethe nahm deshalb an, dass die relativistische Rechnung eine effektive Abscheidefrequenz $\omega_{\max} \simeq \frac{mc^2}{\hbar}$ liefern wird und seine Rechnung den Löwenanteil zur Lamb-Shift geben müsste.

Für die numerische Auswertung von (1.356) führen wir mit Bethe noch einige Umformungen durch. Es ist zweckmässig, die folgende mittlere Anregungsenergie $\bar{E}_\alpha$ einzuführen:

$$\ln \bar{E}_\alpha := \frac{\sum_n |\langle n\,|\boldsymbol{p}|\,\alpha\rangle|^2\,(E_n - E_\alpha)\ln|E_n - E_\alpha|}{\sum_n |\langle n\,|\boldsymbol{p}|\,\alpha\rangle|^2\,(E_n - E_\alpha)} \ . \tag{1.357}$$

Damit können wir $\Delta_\alpha^{\mathrm{beob}}$ so schreiben:

[11] Für eine detaillierte historische Darstellung, siehe Kap. 5 in [11].

$$\Delta_\alpha^{\text{beob}} = \frac{2\alpha}{3\pi} \frac{1}{(mc)^2} \ln\left(\frac{E_\gamma^{\max}}{\bar{E}_\alpha}\right) \sum_n |\langle n|\boldsymbol{p}|\alpha\rangle|^2 (E_n - E_\alpha) . \tag{1.358}$$

Nun ist für ein 1-Elektronenproblem zu $H_0 = \frac{\boldsymbol{p}^2}{2m} + V(r)$ (Vernachlässigung von Spin-Bahn-Kopplung) die Summe in (1.358):

$$\begin{aligned}\sum_n |\langle n|\boldsymbol{p}|\alpha\rangle|^2 (E_n - E_\alpha) &= \langle\alpha|\boldsymbol{p}(H_0 - E_\alpha)\boldsymbol{p}|\alpha\rangle \\ &= -\frac{1}{2}\langle\alpha|[\boldsymbol{p},[\boldsymbol{p},H_0]]|\alpha\rangle \\ &= -\frac{\hbar^2}{2}\langle\alpha|\Delta V|\alpha\rangle \\ &= 2\pi Z e^2 \hbar^2 |\psi_\alpha(0)|^2 \quad \text{für } V = -\frac{Ze^2}{r} .\end{aligned} \tag{1.359}$$

Für H-ähnliche Atome erhalten wir damit nur für s-Zustände einen von Null verschiedenen Beitrag:

$$\Delta_{ns}^{\text{beob}} = \frac{4}{3\pi} Z^4 mc^2 \alpha^5 \frac{1}{n^3} \ln\left(\frac{E_\gamma^{\max}}{\bar{E}_\alpha}\right) \tag{1.360}$$

(H.A. Bethe, 1947).

Die mittlere Anregungsenergie für den $2s$-Zustand erhielt Bethe von Miss Steward und Dr. Stehn. Diese stellt sich als erstaunlich hoch heraus: $\bar{E}_{2s} = 17.8Ry$. Damit und $E_\gamma^{\max} = mc^2$ erhielt Bethe den numerischen Wert

$$\Delta_{2s}^{\text{beob}} \simeq 1040 \text{ MHz} \tag{1.361}$$

„in excellent agreement with the observed value of 1000 megacycles" (Bethe, 1947). Bei dieser Übereinstimmung handelt es sich um folgendes.

In der Schrödingerschen Theorie hängen bekanntlich die Energien der gebundenen Zustände des H-Atoms nur von der Hauptquantenzahl n ab. Im nächsten Kapitel werden wir sehen, dass diese „zufällige" Entartung in der relativistischen Elektronentheorie von Dirac zum Teil aufgehoben wird, aber Zustände mit gleichen n *und* Gesamtdrehimpuls bleiben immer noch entartet. Dies gilt insbesondere für die Zustände $2s_{\frac{1}{2}}$ und $2p_{\frac{1}{2}}$. Mit Hilfe der im 2. Weltkrieg entwickelten Mikrowellentechnik gelang es 1947 W.E.Lamb und R.C.Retherford nachzuweisen, dass der $2s_{\frac{1}{2}}$-Zustand um 1057 MHz höher liegt als der $2p_{\frac{1}{2}}$-Zustand. Das Bethesche (nichtrelativistische) Resultat (1.361) ist damit in überraschend guter Übereinstimmung. Die volle quantenelektrodynamische Rechnung ist, wie bereits erwähnt, konvergent und stimmt perfekt mit den heutigen Präzisionsmessungen überein (mehr dazu später). Auch in dieser spielt die Massenrenormierung, neben einer Ladungsrenormierung (Kap. 4) eine entscheidende Rolle.

Zum klassischen Experiment von Lamb und Retherford können wir nur ein paar schematische Bemerkungen machen. In diesem wird benutzt, dass der $2s_{\frac{1}{2}}$-Zustand eine lange Lebensdauer hat, weil der Übergang in den Grundzustand $1s_{\frac{1}{2}}$ für $E1$-Strahlung strikte und für $M1$-Übergänge praktisch verboten ist. Letzteres ist deshalb der Fall, weil für $l = 0$ das Übergangsmatrixelement (1.195) proportional zu $\langle 1s_{\frac{1}{2}} |\sigma| 2s_{\frac{1}{2}} \rangle$ ist und dieses bei Vernachlässigung der Spin-Bahn-Kopplung verschwindet (dann sind die Bahnfunktioneen zu verschiedenen Hauptquantenzahlen zueinander orthogonal). Tatsächlich ist die Lebensdauer des $2s_{\frac{1}{2}}$-Niveaus durch die Emission *zweier* Photonen bestimmt und beträgt $\simeq 7s$. Auf der anderen Seite zerfällt der $2p_{\frac{1}{2}}$-Zustand über $E1$-Strahlung in $\simeq 10^{-9}s$.

Nun lässt sich die Lebensdauer des $2s_{\frac{1}{2}}$-Zustandes durch Anlegen eines elektrischen oder magnetischen Feldes drastisch verkürzen. Das äussere Feld bewirkt, dass die Zustände $2p_{\frac{1}{2}}$ und $2s_{\frac{1}{2}}$ mischen (zur Stark-Mischung siehe [1], Aufgabe 5.7.1) Im Lamb-Retherford-Experiment wird ein Strahl angeregter H-Atome präpariert, der nach kurzer Distanz keine angeregten Atome im $2p_{\frac{1}{2}}$-Zustand enthält. Anschliessend wird der Strahl durch ein Feld geschickt, welches die Lebensdauer der angeregten Atome wesentlich verkürzt (siehe Figur 1.12). Der dahinter stehende Detektor ist nur sensitiv auf angeregte Atome. Durch Messung der Abnahme der $2s_{\frac{1}{2}}$-Atome als Funktion des durchlaufenden Feldes konnten Lamb und Retherford die $2s_{\frac{1}{2}} - 2p_{\frac{1}{2}}$ Aufspaltung bestimmen.

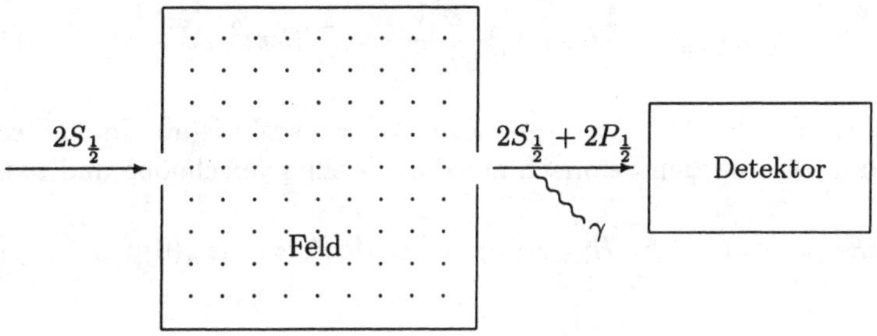

Abbildung 1.12. Schematisches zum Lamb-Retherford-Experiment

Zum Schluss zitiere ich noch eine längere Passage aus Bethes berühmter Arbeit, in welcher die obigen Ausführungen zusammengefasst werden:

„Schwinger and Weisskopf, and Oppenheimer have suggested that a possible explanation might be the shift of energy levels by the interaction of the electron with the radiation field. This shift comes out infinite in all existing theories, and has therefore always been ignored. However, it is possible to identify the most strongly (linearly) divergent term in the level shift with an electromagnetic mass *effect which must exist for a bound as well as for a free electron. This effect should properly be regarded as already included in the observed mass of the electron, and we must therefore subtract from the theoretical expression, the corresponding expression for a free electron of the same average kinetic energy. The result then diverges only logarithmically (instead of linearly) in non-relativistic theory: Accordingly, it may be expected that in the hole theory, in which the* main *term (self-energy of the electron) diverges only logarithmically, the result will be* convergent *after subtraction of the free electron espression. This would set an effective upper limit of the order of mc^2 to the frequencies of light which effectively contribute to the shift of the level of a bound electron. I have not carried out the relativistic calculations, but I shall assume that such an effective relativistic limit exists.“* ([10], Bethe 1947.)

1.10.2 Das Welton-Argument

Eine instruktive qualitative Interpretation der Lamb-Shift geht auf T.A. Welton [12] zurück. Diese beruht auf semiklassischen Betrachtungen.

Die Elektronen wechselwirken mit den Quantenfluktuationen des Strahlungsfeldes und dies führt zu Schwankungen für die Position der Elektronen und damit zu einem Zusatz des Hamilton-Operators der Form

$$H_{\text{Lamb}} = \frac{1}{2}\langle \delta x_i \delta x_j \rangle \frac{\partial^2 V}{\partial x_i \partial x_j} = \frac{1}{6}\langle (\delta \boldsymbol{x})^2 \rangle \Delta V \, . \tag{1.362}$$

Nun ist ($\hbar = c = 1$) $V = \frac{-Z\alpha}{r}$, also $\Delta V = 4\pi Z\alpha \delta^3(\boldsymbol{x})$. In 1. Ordnung Störungstheorie werden demnach nur die s-Wellen verschoben und zwar um

$$\Delta E_{\text{Lamb}}(ns) = (\psi_n, H_{\text{Lamb}} \psi_n) = \frac{1}{6} 4\pi Z\alpha \langle (\delta \boldsymbol{x})^2 \rangle \, |\psi_n(0)|^2 \, . \tag{1.363}$$

Es bleibt die Aufgabe, $\langle (\delta \boldsymbol{x})^2 \rangle$ abzuschätzen. Dazu benutzen wir eine klassische Beschreibung der Elektronenbewegung im fluktuierenden Feld: Das Elektron oszilliert gemäss

$$m \delta \ddot{\boldsymbol{x}} = e \boldsymbol{E}$$

und deshalb gilt für die Fourier-Komponenten

$$m \delta x_\omega = -\frac{e}{\omega^2} \boldsymbol{E}_\omega \, .$$

Für unkorrelierte Moden ergibt sich daraus mit der Parseval-Gleichung

$$\langle(\delta \boldsymbol{x})^2\rangle = \frac{e^2}{m^2}\int_0^\infty \frac{d\omega}{\omega^4}\langle \boldsymbol{E}_\omega^2\rangle \, . \tag{1.364}$$

Nun ist die Fourier-Komponente $\boldsymbol{E}_{\boldsymbol{k},\lambda}$ des elektrischen Feldoperators

$$\boldsymbol{E}_{\boldsymbol{k},\lambda} = \frac{i}{\sqrt{V}}\omega_k\sqrt{\frac{2\pi}{\omega_k}}\, a_{\boldsymbol{k},\lambda}\boldsymbol{\varepsilon}(\boldsymbol{k},\lambda)e^{i(\boldsymbol{k}\cdot\boldsymbol{x}-\omega t)} + h.c. \, . \tag{1.365}$$

Die Vakuumfluktuation dieser Komponente ist

$$\langle \boldsymbol{E}_{\boldsymbol{k},\lambda}^2\rangle_0 = \frac{1}{V}\omega^2\frac{2\pi}{\omega} = \frac{1}{V}4\pi\frac{\omega}{2} \, . \tag{1.366}$$

Wir interessieren uns für $\langle \boldsymbol{E}_\omega^2\rangle_0$, was sich wie folgt ergibt: Es ist

$$\begin{aligned}\sum_{\lambda,|\boldsymbol{k}|\le\Lambda}\langle \boldsymbol{E}_{\boldsymbol{k},\lambda}^2\rangle_0 &\simeq \frac{V}{(2\pi)^3}\sum_\lambda\int_{|\boldsymbol{k}|\le\Lambda} d^3k\,\langle \boldsymbol{E}_{\boldsymbol{k},\lambda}^2\rangle \\ &= 2\cdot\frac{1}{(2\pi)^3}4\pi V\int_0^\Lambda dk\,k^2\langle \boldsymbol{E}_{\boldsymbol{k},\lambda}^2\rangle \\ &= \frac{2}{\pi}\hbar\int_0^\Lambda d\omega\,\omega^3 \\ &\equiv \int_0^\Lambda d\omega\,\langle \boldsymbol{E}_\omega^2\rangle \, ,\end{aligned}$$

also

$$\langle \boldsymbol{E}_\omega^2\rangle = \frac{2}{\pi}\hbar\omega^3 \, . \tag{1.367}$$

Durch Einsetzen von (1.367) in (1.364) erhalten wir

$$\langle(\delta \boldsymbol{x})^2\rangle = \frac{2\alpha}{\pi}\frac{1}{m^2}\int\frac{d\omega}{\omega} \, . \tag{1.368}$$

Das Integral rechts ist sowohl infrarot als auch ultraviolett divergent. Die Infrarotdivergenz ist „harmlos“ . Sie dürfte verschwinden, wenn die Modifikation des Strahlungsfeldes durch die vorhandenen Ladungen berücksichtigt würde. Dies legt eine Abschneidefrezuenz im Infraroten der Grössenordnung

$$\omega_{\min} \sim \alpha m \tag{1.369}$$

nahe. Die hohen Frequenzen schneiden wir wie in der Betheschen Rechnung bei

$$\omega_{\max} \sim m \tag{1.370}$$

ab, und erhalten so

$$\langle(\delta \boldsymbol{x})^2\rangle \sim \frac{2\alpha}{\pi}\frac{1}{m^2}\ln\left(\frac{1}{\alpha}\right) . \tag{1.371}$$

Damit wird aus (1.363) für s-Wellen mit der Hauptquantenzahl n

$$\Delta E_{\text{Lamb}}^{(\text{Welton})}(ns) \sim \frac{4}{3\pi}\alpha(Z\alpha)^4 m \frac{1}{n^3}\ln\left(\frac{1}{\alpha}\right) , \tag{1.372}$$

während die Niveaus mit $l > 0$ unverschoben bleiben. Wir vergleichen dies mit dem Resultat von Bethe, welches wir so schreiben:

$$\Delta E_{\text{Lamb}}^{(\text{Bethe})}(ns) = \frac{4}{3\pi}\alpha(Z\alpha)^4 m \frac{1}{n^3}\left[\ln\left(\frac{2\omega_{\text{max}}}{m}\right) + \ln\left(\frac{1}{\alpha^2}\right) + \ln\left(\frac{\alpha^2 m}{2\bar{E}_{ns}}\right)\right] . \tag{1.373}$$

Die Ähnlichkeit der beiden Ergebnisse ist offensichtlich.

Setzt man in (1.372) Zahlen ein, so ergibt sich für die $2s_{\frac{1}{2}} - 2p_{\frac{1}{2}}$ Aufspaltung

$$\Delta E_{\text{Lamb}} \simeq 660\text{MHz} , \tag{1.374}$$

also ungefähr die Hälfte der beobachteten Verschiebung. (Wir werden zur Weltonschen Argumentation in der Aufgabe 1.11.16 zurückkommen.)

Vergleich mit der vollen QED

In der QED liefert die erste Strahlungskorrektur für die Energieverschiebung der ns-Zustände

$$\Delta E^{\text{QED}}(ns) = \frac{4}{3\pi}\alpha(Z\alpha)^4 m \frac{1}{n^3}\left[\ln\left(\frac{1}{(Z\alpha)^2}\right) + \ln\left(\frac{(Z\alpha)^2 m}{2\bar{E}_{ns}}\right) + \frac{19}{30}\right] . \tag{1.375}$$

Hier hat man an Stelle von E^{γ}_{max} in $\ln(2E^{\gamma}_{\text{max}}/m)$ in (1.373), wie Bethe erwartet hat, einen effektiven cutoff der Grössenordung $E^{\gamma}_{\text{max}} \sim m$. Dies zeigt, dass die Lamb-Shift hauptsächlich ein nichtrelativistischr Effekt ist.

In der QED gibt es auch für die höheren l-Wellen kleine Beiträge. Die besten Rechnungen der Lamb-Shift im Rahmen der QED, plus zusätzlichen sehr kleinen Korrekturen von anderen Effekten (wie z.B. der Ausdehnung des Protons) geben

$$\Delta\nu^{\text{QED}} = 1057.91 \pm 0.16\text{MHz} . \tag{1.376}$$

Als Beispiel sei erwähnt, dass die Berücksichtigung der endlichen Ausdehnung des Protons (des Proton-Formfaktors) eine geringere Verschiebung $\simeq -1{,}04$MHz nach sich zieht.

Experimentell wurden mit verschiedenen Methoden die folgenden Werte gefunden:

$$\Delta\nu^{\text{exp}} = \begin{cases} 1057.77 \pm 0.1\text{MHz} \;\; \text{(Triebwasser et al.)}\,, \\ 1057.90 \pm 0.06\text{MHz} \;\; \text{(Robiscoe \& Skyn)}\,. \end{cases} \tag{1.377}$$

Diese phänomenale Übereinstimmung gehört zu den grossen Triumphen der QED. Freilich gibt es noch präzisere Tests, wie wir in Kap. 7 sehen werden.

* * *

Wir beschliessen dieses lange wichtige Kapitel mit der Wiedergabe der Anfangssätze aus der ersten Diracschen Arbeit über Strahlungstheorie ([14]) sowie einigen Bemerkungen aus einem Aufsatz von G. Wentzel [13], welche die Bedeutung von Diracs Beiträgen zur Quantentheorie der Strahlung würdigen.

„P.A.M. Dirac: Introduction and Summary
The new quantum theory, based on the assumption that the dynamical variables do not obey the commutative law of multiplication, has by now been developed sufficiently to form a fairly complete theory of dynamics. One can treat mathematically the problem of any dynamical system composed of a number of particles with instantaneous forces acting between them, provided it is describable by a Hamiltonian function, and one can interpret the mathematics physically by a quite definite general method. On the other hand, hardly anything has been done up to the present on quantum electrodynamics. The questions of the correct treatment of a system in which the forces are propageted with the velocity of light instead of instantaneously, of the production of an electromagnetic field by a moving electron, and of the reaction of this field on the electron have not yet been touched. In addition, there is a serious difficulty in making the theory satisfy all the requirements of the restricted principle of relativity, since a Hamiltonian function can no longer be used. This relativity question is, of course, connected with the previous ones, and it will be impossible to answer any one question completely without at the same time answering them all. However, it appears to be possible to build up a fairly satisfactory theory of the emission of radiation and of the reaction of the radiation field on the emitting system on the basis of a kinematics and dynamics which are not strictly relativistic. This is the main object of the present paper. The theory is non-relativistic only on account of the time (...)“

„G. Wentzel:
Today, the novelty and boldness of Dirac's approach to the radiation problem may be hard to appreciate. During the preceding decade it had become a tradition to think of Bohr's correspondence principle as the supreme guide in such questions, and, indeed, the efforts to formulate this principle in a quantitative fashion had led to the essential ideas preparing the eventual discovery of

matrix mechanics by Heisenberg. A new aspect of the problem appeared when it became possible, by quantummechanical perturbation theory, to treat atomic transitions induced by given external wave fields, e.g. the photoelectric effect. The transitions so calculated could be interpreted as being caused by absorptive processes, but the „reaction on the field“ , namely the disappearance of a photon, was not described by this theory, nor was there any possibility, in this framework, of understanding the process of spontaneous emission. Here, the correspondence principle still seemed indispensable, a rather foreign element (a „magic wand“ as Sommerfeld called it) in this otherwise very coherent theory. At this point, Dirac's explanation in terms of the q matrix came as a revelation. Known results were rederived, but in a completely unified way. The new theory stimulated further thinking about the application of quantum mechanics to electromagnetic and other fields.
In a consecutive paper, Dirac applied second-order (...)“

1.11 Aufgaben

1.11.1 Impuls und Drehimpuls des Strahlungsfeldes

Man setze die Entwicklung des Vektorpotentials in der Coulomb-Eichung (1.30) in den klassischen Ausdruck

$$\boldsymbol{P} = \frac{1}{4\pi c}\int_V \boldsymbol{E} \wedge \boldsymbol{B}\, d^3x$$

ein und zeige, dass

$$\boldsymbol{P} = \sum_{\boldsymbol{k},\lambda} \hbar \boldsymbol{k} a^*_{\boldsymbol{k},\lambda} a_{\boldsymbol{k},\lambda} \,.$$

Leite die Gleichung (1.60) für den Drehimpuls her.

1.11.2 Der Casimir-Effekt

Benutze in (1.70) die Abschneidefunktion

$$\chi\left(\frac{\omega}{\omega_c}\right) = e^{-\omega/\omega_c}\,, \qquad \text{mit } \omega_c = \frac{c\pi}{\alpha}\,.$$

Lasse den Beitrag von $l = 0$ weg, da dieser nicht zur Casimir-Kraft beiträgt, und bringe das Resultat nach einer naheliegenden Substitution in die Form ($\alpha := c\pi/\omega_c$)

$$\mathcal{E}_0(d;\alpha) = -A\frac{\pi^2\hbar c}{4}\frac{\partial^3}{\partial\alpha^3}\sum_{l=1}^{\infty}\int_0^{\infty}\frac{dz}{1+z}\, e^{-\left(\frac{l}{d}\alpha\sqrt{1+z}\right)}\,.$$

Führe nun zunächst die Summe über l aus und danach eine der Ableitungen nach α, mit dem Ergebnis

$$\mathcal{E}_0(d;\alpha) = -A\frac{\pi^2 \hbar c}{4}\frac{\partial^3}{\partial \alpha^3}\frac{\frac{d}{\alpha}}{e^{\frac{\alpha}{d}}-1} \, .$$

Benutze nun die Reihenentwicklung

$$\frac{y}{e^y - 1} = \sum_{n=0}^{\infty} \frac{B_n}{n!} y^n$$

(die B_n sind die sogenannten *Bernoulli-Zahlen*; siehe das Zitat in [22]). Für die zu $\mathcal{E}_0(d;\alpha)$ gehörige Kraft zeige man, dass nach Renormierung für $\alpha \longrightarrow 0$ die Casimir-Kraft (1.78) resultiert.

1.11.3 Vakuumschwankungen

Bei der Quantisierung eines kräftefreien neutralen masselosen Skalarfeldes $\Phi(x)$ erhält man an Stelle der Gleichungen (1.112) des Textes:

$$\Phi(f,t) = a^*\left(\mu(k)e^{i\omega(k)t} f\right) + a\left(\mu(k)e^{i\omega(k)t} \check{f}\right) \, ,$$

wobei

$$\check{f}(\boldsymbol{k}) = \overline{f(-\boldsymbol{k})} \, , \qquad \mu(k) = \sqrt{\frac{\hbar c^2}{2\omega(k)}} \, .$$

Berechne die Vakuumschwankung $\langle \varphi(f)^2 \rangle_0$ für ein Gausspaket

$$\hat{f}(\boldsymbol{x}) = \frac{1}{(2\pi\sigma)^{\frac{3}{2}}} \exp\left(-\frac{|\boldsymbol{x}|^2}{2\sigma^2}\right) \, .$$

1.11.4 Kohärente Zustände

i) Betrachte ein Paar von Erzeugungs- und Vernichtungsoperatoren a, a^*, und konstruierte Superpositionen von Fock-Zuständen $|\alpha\rangle$ für die

$$a|\alpha\rangle = \alpha|\alpha\rangle \, , \qquad \alpha \in \mathbb{C} \, . \tag{1.378}$$

Berechne für diese *kohärenten Zustände* die Erwartungswerte und Schwankungsquadrate der Operatoren $N = a^* a$,

$$a_P = \frac{1}{2}(a + a^*) \, , \qquad a_Q = \frac{1}{2i}(a - a^*) \, . \tag{1.379}$$

Für die beiden letzten gebe man auch eine Unschärferelation an.

ii) Für einen einzigen Modus des quantisierten Strahlungsfeldes zeige man, dass der elektrische Feldoperator folgendermassen geschrieben werden kann:

$$\boldsymbol{E}(\boldsymbol{x},t) = -2\mathcal{E}_\omega \boldsymbol{\varepsilon}\left[a_P \sin(\boldsymbol{k}\cdot\boldsymbol{x} - \omega t) + a_Q \cos(\boldsymbol{k}\cdot\boldsymbol{x} - \omega t)\right] . \qquad (1.380)$$

Man bestimme die Schwankungen der Operatoren a_P, a_Q für die „gequetschten Zustände“ , wo

$$|c\rangle = T^* |\alpha\rangle , \qquad (1.381)$$

$$T = e^B , \qquad B = \frac{r}{2}(a^2 - a^{*2}) , \quad r \in \mathbb{R} .$$

Das Resultat lautet

$$\Delta a_P = \frac{1}{2}e^r , \qquad \Delta a_Q = \frac{1}{2}e^{-r} . \qquad (1.382)$$

Die Dispersionen der beiden Anteile in (1.380) sind demnach ungleich, ihr Produkt ist aber gleich dem Minimum in der Unschärferelation.

1.11.5 Lorentz-invariantes Mass auf dem Massenhyperboloid

Zeige, dass auf dem positiven Massenhyperboloid

$$H_m = \{p \mid p^2 = m^2, \, p^0 > 0\}$$

der Minkowski-Raum-Zeit das Mass

$$d\mu_m(p) = \frac{d^3 p}{\sqrt{\boldsymbol{p}^2 + m^2}}$$

Lorentz-invariant ist. (Versuche verschiedene Begründungen.)

1.11.6 VR für die elektrischen und magnetischen Feldstärken

Leite die folgenden gleichzeitigen Vertauschungsrelationen für die elektrischen und magnetischen Feldstärken her:

$$[E_i(\boldsymbol{x}), B_{jk}(\boldsymbol{x}')] = i\left(\delta_{ij}\frac{\partial}{\partial x_k} - \delta_{ik}\frac{\partial}{\partial x_j}\right)\delta^{(3)}(\boldsymbol{x} - \boldsymbol{x}')$$

(Jordan und Pauli). Dabei ist $B_{12} = B_3$, und zyklisch.

1.11.7 Vakuum-Rabi-Aufspaltung einzelner Atome

Betrachte ein einzelnes Atom in einem Resonator mit zwei Energieeigenzuständen $|\uparrow\rangle$ (oben), $|\downarrow\rangle$ (unten), welches in Dipolnäherung an nur einen, fast resonanten Modus des quantisierten Strahlungsfeldes ankoppelt. Der Hamilton-Operator hat dann die Form ($\omega \simeq \omega_0$):

$$H = \underbrace{\hbar\omega_0 \frac{1}{2}(1+\sigma_z)}_{\text{Atom}} + \underbrace{\hbar\omega a^* a}_{\text{Strahlung}} + \underbrace{\hbar g(\sigma_+ a + \sigma_- a^*)}_{\text{Wechselwirkung}} . \tag{1.383}$$

Die Pauli-Matrizen wirken dabei auf die zwei Zustände des Atoms.

i) Zeige, dass

$$g = \left(\frac{2\pi\omega}{\hbar V}\right)^{\frac{1}{2}} \boldsymbol{d}\cdot\boldsymbol{\varepsilon} , \tag{1.384}$$

wo V das Volumen des Resonators ist, $\boldsymbol{d}$ das elektrische Dipolmoment des Atoms und $\boldsymbol{\varepsilon}$ den Polarisationsvektor bezeichnen.

ii) Für $\omega = \omega_0$ sind die Produktzustände $|\uparrow\rangle \otimes |n-1\rangle$, $|\downarrow\rangle \otimes |n\rangle$ bei Vernachlässigung der Wechselwirkung entartet. Berechne die Aufspaltung auf Grund der Kopplung des Atoms mit dem quantisierten Strahlungsfeld.

iii) Wie lautet die Aufspaltung des ersten angeregten Zustandes, wenn N Atome in der Kavität sind?

Hintergrundlektüre: [20].

1.11.8 Lebensdauer *H*-Atom

Berechne die Lebensdauer des $2p$-Zustandes des H-Atoms.

1.11.9 Übergangsraten

Berechne die Übergangsrate zwischen den Hyperfeinstrukturkomponenten des Grundzustandes des H-Atoms ($21cm$ Linie). Setze Zahlen ein!

1.11.10 Winkelverteilung

Bestimme die Winkelverteilung für einen elektrischen oder magnetischen Dipolübergang $1^{\mp} \longrightarrow 0^+ + \gamma$, wenn der Anfangszustand die magnetischen Quantenzahlen $\pm 1, 0$ hat und die Polarisation des Photons nicht beobachtet wird.

Verifiziere, dass das Resultat auch aus dem allgemeinen Formalismus der Multipolstrahlung folgt.

1.11.11 Quadrupolübergang

i) Werte die Formel (1.101) für den Übergang $3d \longrightarrow 1s$ eines H-Atoms aus. (*Hinweis*: Man erpare sich die Berechnung von unnötig vielen Matrixelementen; eines genügt.)

ii) Multipliziere

$$\Gamma(E2) = \frac{e^2}{10c^5\hbar}\omega^5 \sum_{k,l} |\langle\beta\,|Q_{kl}|\,\alpha\rangle|^2 \,,$$

$$Q_{kl} = x_k x_l - \frac{1}{3}\delta_{kl}\boldsymbol{x}^2$$

mit $\hbar\omega$ und vergleiche das Resultat mit der klassischen Formel für die abgestrahlte Leistung der Quadrupolstrahlung. Vergleicht man letztere mit der klassischen gravitativen Quadrupolstrahlung (Einsteinsche Quadrupolformel), so sieht man, dass die beiden durch die Substitution $e^2 \longrightarrow 4Gm_e^2$ auseinander hervorgehen.

Benutze dies für eine naive Abschätzung der Übergangsrate für $3d \longrightarrow 1s$ + Graviton.

Bemerkung: Vor den detaillierten Lösungen dieser Aufgaben versuche man, die Grössenordnungen abzuschätzen.

1.11.12 Wirkungsquerschnitt für den photoelektrischen Effekt

Beim photoelektrischen Effekt wird ein Atom durch Absorption von Strahlung ionisiert. Man betrachte ein H-ähnliches Atom und berechne den Wirkungsquerschnitt für den Photoeffekt unter der Annahme, dass der Endzustand des Elektrons durch eine ebene Welle approximiert werden kann. Diese Bornsche Näherung ist gut für $\frac{Ze^2}{\hbar v} << 1$ (v = Geschwindigkeit des Elektrons).

Anleitung: Zunächst zeige man, dass der Wirkungsquerschnitt folgende Form hat ($\boldsymbol{p}$ = Elektronenimpuls, $\boldsymbol{k}$ = Wellenzahlvektor des absorbierten Photons, $\omega = c\,|\boldsymbol{k}|$):

$$\frac{d\sigma}{d\Omega} = \frac{e^2}{2\pi\hbar mc}\frac{p}{\omega}|\boldsymbol{\varepsilon}(\boldsymbol{k},\lambda)\cdot\boldsymbol{M}|^2 \,, \tag{1.385}$$

wo

$$\boldsymbol{M} = -i\int e^{i(\boldsymbol{k}-\boldsymbol{p})\cdot\boldsymbol{x}}\,\boldsymbol{\nabla}\psi_0(\boldsymbol{x})\,d^3x \qquad (\hbar = 1)\,. \tag{1.386}$$

Darin beschreibt $\psi_0(\boldsymbol{x}) = (\pi a^3)^{-\frac{1}{2}}e^{-\frac{r}{a}}$ (mit $a = a_0/Z$) der Grundzustand des Atoms. Danach führe man die notwendigen Integrationen aus und bringe den Querschnitt in die Form

$$\frac{d\sigma}{d\Omega} = \frac{e^2}{2\pi\hbar mc}\frac{p}{\omega}64\pi(\boldsymbol{p}\cdot\boldsymbol{\varepsilon})^2\,\frac{a^3}{1+|\boldsymbol{k}-\boldsymbol{p}|^2a^2}\,. \tag{1.387}$$

Diesen Ausdruck vereinfache man für $\frac{Ze^2}{\hbar v} << 1$ zu (φ, ϑ: Polarwinkel von $\boldsymbol{p}$ bezüglich $\boldsymbol{k}$ als Polarachse und $\varphi = 0$ in Richtung $\boldsymbol{\varepsilon}$):

$$\frac{d\sigma}{d\Omega} \simeq \frac{32e^2}{mc} \cdot \frac{1}{\omega(pa)^5} \frac{\sin^2\vartheta\cos^2\varphi}{\left(1-\frac{v}{c}\cos\vartheta\right)^4} . \tag{1.388}$$

In welcher Richtung werden die meisten Elektronen emittiert? Die Winkelintegration gibt (für $\frac{v}{c} << 1$)

$$\sigma \simeq \frac{128\pi}{3} \frac{e^2}{mc} \frac{1}{\omega(pa)^5} . \tag{1.389}$$

1.11.13 Einstein-Milne-Beziehung

Der inverse Prozess der Photoionisation, die Strahlungsrekombination, spielt insbesondere in der Astrophysik eine wichige Rolle. In diesem Prozess wird ein Elektron aus dem Kontinuum eines Ions in einem gebundenen Zustand eingefangen, unter gleichzeitiger Emission eines Photons. Auf Grund der Zeitumkehrinvarianz besteht zwischen den Querschnitten der beiden Reaktionen eine einfache Beziehung:

$$\frac{\sigma(\text{Ion.})}{\sigma(\text{Rek.})} = \frac{p^2}{\omega^2} \frac{g_+}{g_n} \qquad (\hbar = c = 1) . \tag{1.390}$$

Dabei ist

p : Impulsbetrag des Elektrons

ω : Energie des Photons

g_n : Entartungsgrad des gebundenen Zustandes $|n\rangle$

g_+ : Entartungsgrad des gebundenen Ions.

Leite diese Einstein-Milne-Beziehung her. Benutze dabei, dass die Operation der Zeitumkehr antiunitär dargestellt ist, und dass für einen Streuzustand gilt $T\,|\boldsymbol{p}\rangle_{\text{in}} = |\boldsymbol{p}\rangle_{\text{out}}$.

1.11.14 Thomson-Querschnitt

Leite den Thomson-Querschnitt auch als „Hochenergienäherung" des folgenden allgemeinen Ausdrucks (vgl. Gl. (1.277)) her:

$$\frac{d\sigma}{d\Omega} = \frac{e^4}{c^4}\omega\omega' \left| \int \left[\frac{\langle\beta\,|\,\boldsymbol{d}\cdot\boldsymbol{\varepsilon}' dF_{H^0}(E)\boldsymbol{d}\cdot\boldsymbol{\varepsilon}\,|\,\alpha\rangle}{E - E_\alpha - \hbar\omega} + \frac{\langle\beta\,|\,\boldsymbol{d}\cdot\boldsymbol{\varepsilon} dF_{H^0}(E)\boldsymbol{d}\cdot\boldsymbol{\varepsilon}'\,|\,\alpha\rangle}{E - E_\alpha + \hbar\omega'} \right] \right|^2 .$$

1.11.15 Zur Lamb-Shift

Zeige, das der $\boldsymbol{A}^2$-Term in der Wechselwirkung (1.139) keinen Beitrag zur Lamb-Shift liefert.

1.11.16 Argument von Welton

Adaptiere das Argument von Welton, um den Beitrag einer pionischen Wolke zur Lamb-Shift abzuschätzen. Spielt dieser Beitrag bei der heutigen Messgenauigkeit bereits eine Rolle?
Hinweis: Benutze für die Fluktuationen zur pionischen Wolke die Compton-Wellenlänge der Pionen:

$$\langle (\delta \boldsymbol{x})^2 \rangle^{\frac{1}{2}} \sim \frac{1}{m_\pi} \, .$$

Anhang zu Kapitel 1

1.A Hamiltonsche Formulierung des klassischen gekoppelten Systems

Wir betrachten eine Anzahl geladener Punktteilchen der Masse m_a und Ladung e_a $(a = 1, \ldots, N)$. Ihre Bahnen bezeichnen wir mit $z_a^\mu(\tau_a)$, τ_a: Eigenzeit des a^{ten} Teilchens. Ableitungen nach der Eigenzeit deuten wir durch einen Punkt an. Die Strom- und Ladungsdichten der Teilchen lauten

$$\begin{aligned} \boldsymbol{J}(\boldsymbol{x}, t) &= \sum_a e_a \frac{d\boldsymbol{z}_a}{dt} \delta^3(\boldsymbol{x} - \boldsymbol{z}_a(t)) \, , \\ \rho(\boldsymbol{x}, t) &= \sum_a e_a \delta^3(\boldsymbol{x} - \boldsymbol{z}_a(t)) \, . \end{aligned} \tag{1.391}$$

Die Viererstromdichte ist deshalb

$$j^\mu(x) = \sum_a e_a \frac{dz_a^\mu}{dt} \delta^3(\boldsymbol{x} - \boldsymbol{z}_a(t)) \, . \tag{1.392}$$

Wir wollen diese Stromdichte manifest kovariant schreiben. Dazu betrachten wir das Integral

$$\int \frac{dz^\mu}{d\lambda} \delta^4(x - z(\lambda)) d\lambda \, ,$$

wobei λ irgendein Kurvenparameter der zeitartigen Weltlinie $z^\mu(\lambda)$ ist. Dieses Integral ist unabhängig von der Wahl von λ. Für $\lambda = \frac{z^0}{c}$ (Teilchenzeit) lässt sich die λ-Integration trivial ausführen und wir erhalten

$$\frac{dz^\mu}{dt}\delta^3(\boldsymbol{x}-\boldsymbol{z}(t))\,.$$

Wählen wir anderseits für λ die Eigenzeit, so sehen wir, dass

$$j^\mu(x)=\sum_a e_a\int \dot{z}_a^\mu\delta^4(x-z_a(\tau_a))d\tau_a\,. \tag{1.393}$$

Die rechte Seite ist offensichtlich ein Vierervektorfeld. Verifiziere die Kontinuitätsgleichung $j^\mu_{,\mu}=0$.

Die Lorentzsche Bewegungsgleichung für das a^{te} Teilchen lautet

$$\ddot{z}_a^\mu=\frac{e_a}{m_a c}F^\mu{}_\nu(z_a)\dot{z}_a^\nu\,. \tag{1.394}$$

Die Maxwellschen Gleichungen für den Feldtensor $F_{\mu\nu}$ lauten

$$F_{\mu\nu,\lambda}+F_{\nu\lambda,\mu}+F_{\lambda\mu,\nu}=0\,, \tag{1.395}$$

$$F^{\mu\nu}{}_{,\nu}=-\frac{4\pi}{c}j^\mu\,. \tag{1.396}$$

Die Gleichungen (1.394) bis (1.396) beschreiben in Lorentz-invarianter Weise das gekoppelte System Teilchen & Feld. Mathematisch ist dieses Gleichungssystem nicht wohldefiniert: j^μ ist eine Distribution und damit nach (1.396) auch $F_{\mu\nu}$; in (1.394) muss aber $F_{\mu\nu}$ am Teilchenort genommen werden und diese Grösse ist nicht wohldefiniert. Physikalisch äussert sich dies u.a. so: Auf das a^{te} Teilchen wirkt auch sein Eigenfeld, das zu einer divergenten Selbstenergie führt. Da auch in der Quantentheorie des Systems ähnliche Schwierigkeiten auftreten (vgl. Abschnitt 1.6), sind die folgenden Überlegungen trotzdem instruktiv.

1.A.1 Energie-Impuls-Tensor

Die Impulsdichte der Teilchen ist, bis auf einen Faktor c,

$$T^{\mu 0}(\boldsymbol{x},t):=\sum_a c p_a^\mu(t)\delta^3(\boldsymbol{x}-\boldsymbol{z}_a(t))\,, \tag{1.397}$$

und die zugehörige Stromdichte lautet (bis auf den Faktor c)

$$T^{\mu i}(\boldsymbol{x},t):=\sum_a p_a^\mu\frac{dz_a^i}{dt}\delta^3(\boldsymbol{x}-\boldsymbol{z}_a(t))\,. \tag{1.398}$$

Wieder können wir die beiden Ausdrücke zusammenziehen in

$$T^{\mu\nu}=\sum_a p_a^\mu\frac{dz^\nu}{dt}\delta^3(\boldsymbol{x}-\boldsymbol{z}(t))\,. \tag{1.399}$$

Nun ist für ein Teilchen der Viererimpuls

$$p^\mu = \left(\frac{E}{c}, \boldsymbol{p}\right) = \left(\gamma mc, \gamma m\frac{dz}{dt}\right) = \gamma m \frac{dz^\mu}{dt} = \frac{E}{c^2}\frac{dz^\mu}{dt} . \tag{1.400}$$

Damit kann (1.399) auch so geschrieben werden:

$$T^{\mu\nu} = \sum_a \frac{c^2}{E_a} p_a^\mu p_a^\nu \delta^3(\boldsymbol{x} - \boldsymbol{z}_a(t)) . \tag{1.401}$$

Folglich ist $T^{\mu\nu}$ *symmetrisch.* Wir können (1.401) auch manifest kovariant schreiben

$$\begin{aligned} T^{\mu\nu} &= \sum_a \int p_a^\mu \dot{z}_a^\nu \delta^4(x - z_a(\tau_a)) d\tau_a \\ &= \sum_a m_a \int \dot{z}_a^\mu \dot{z}_a^\nu \delta^4(x - z_a(\tau_a)) d\tau_a . \end{aligned} \tag{1.402}$$

Die Divergenz von (1.402) ist (wir lassen den Index a weg):

$$\begin{aligned} T^{\mu\nu}{}_{,\nu} &= -m \int \dot{z}^\mu \dot{z}^\nu \frac{\partial}{\partial z^\nu} \delta^4(x - z(\tau)) d\tau \\ &= -m \int \dot{z}^\mu \frac{d}{d\tau} \delta^4(x - z(\tau)) d\tau \\ &= m \int \ddot{z}^\mu \delta^4(x - z(\tau)) d\tau . \end{aligned}$$

(Verifiziere dies in strenger Weise.) Mit den Bewegungsgleichungen (1.394) folgt

$$T^{\mu\nu}{}_{,\nu} = \frac{e}{c} F^\mu_\nu \int \dot{z}^\nu \delta^4(x - z(\tau)) d\tau .$$

Benutzt man hier den Ausdruck (1.393) für die Viererstromdichte, so erhält man

$$T^{\mu\nu}{}_{,\nu} = \frac{1}{c} F^{\mu\nu} j_\nu . \tag{1.403}$$

Anderseits gilt für den Energie-Impuls-Tensor des elektromagnetischen Feldes (siehe z.B. [7], oder [6])

$$T^{\mu\nu}_{\text{elm.}} = -\frac{1}{4\pi}\left[F^{\mu\lambda} F^\nu{}_\lambda - \frac{1}{4} g^{\mu\nu} F_{\alpha\beta} F^{\alpha\beta}\right] , \tag{1.404}$$

als Folge der Maxwellschen Gleichungen, die Beziehung

$$T^{\mu\nu}_{\text{elm.},\nu} = -\frac{1}{c} F^{\mu\nu} j_\nu . \tag{1.405}$$

Für den totalen Energie-Impuls-Tensor

$$T^{\mu\nu} = T^{\mu\nu}_{\text{elm.}} + T^{\mu\nu}_{\text{Mat.}} ,$$

wo $T^{\mu\nu}_{\text{Mat.}}$ den Materieanteil (1.402) bezeichnet, folgt erwartungsgemäss der Erhaltungssatz

$$T^{\mu\nu}{}_{,\nu} = 0 . \tag{1.406}$$

Dies hat zur Folge, dass

$$P^{\mu} := \frac{1}{c} \int_{t=\text{konst}} T^{\mu 0} d^3x \tag{1.407}$$

ein zeitunabhängiger Vierervektor ist. Der Materieanteil $P^{\mu}_{\text{Mat.}}$ ist nach (1.399)

$$P^{\nu}_{\text{Mat.}} = \sum_a p^{\mu}_a = \sum_a m_a \dot{z}^{\mu}_a . \tag{1.408}$$

Die Komponenten von $T^{\mu\nu}_{\text{elm.}}$ sind die bekannten Ausdrücke

$$(T^{\mu\nu}_{\text{elm}}) = \begin{pmatrix} \frac{1}{8\pi}(\boldsymbol{E}^2 + \boldsymbol{B}^2) & \vdots & \frac{1}{4\pi}\boldsymbol{E} \wedge \boldsymbol{B} \\ \cdots & \cdots & \cdots \\ \frac{1}{4\pi}\boldsymbol{E} \wedge \boldsymbol{B} & \vdots & \frac{1}{4\pi}\left(\frac{1}{2}\boldsymbol{E}^2\delta_{ik} - E_i E_k \right. \\ & \vdots & \left. + \frac{1}{2}\boldsymbol{B}^2\delta_{ik} - B_i B_k\right) \end{pmatrix} . \tag{1.409}$$

1.A.2 Elimination des longitudinalen Feldes

In der Coulomb-Eichung ist

$$\Delta\varphi = -4\pi\rho = -4\pi \sum_a e_a \delta^3(\boldsymbol{x} - \boldsymbol{z}_a(t)) ,$$

also

$$\varphi(\boldsymbol{x}, t) = \sum_a \frac{e_a}{|\boldsymbol{x} - \boldsymbol{z}_a(t)|} , \tag{1.410}$$

und die Bewegungsgleichung für $\boldsymbol{A}$ lautet[12] nach (1.15)

[12] Die Fourier-Transformation von $\boldsymbol{J}(\boldsymbol{x}, t)$ bezüglich $\boldsymbol{x}$ ist nach (1.391)

$$\tilde{\boldsymbol{J}}(\boldsymbol{k}, t) = \sum_a e_a \frac{d\boldsymbol{z}_a}{dt} e^{-i\boldsymbol{k}\cdot\boldsymbol{z}_a} .$$

Der transversale Anteil davon ist

$$\tilde{\boldsymbol{J}}_{\perp}(\boldsymbol{k}, t) = \sum_a e_a \frac{\boldsymbol{k} \wedge (\boldsymbol{k} \wedge \boldsymbol{v}_a)}{\boldsymbol{k}^2} e^{-i\boldsymbol{k}\cdot\boldsymbol{z}_a} ; \qquad \boldsymbol{v}_a := \frac{d\boldsymbol{z}_a}{dt} .$$

$$\left(\Delta - \frac{1}{c^2} \frac{\partial^2}{\partial t^2} \right) \boldsymbol{A} = -\frac{4\pi}{c} \boldsymbol{J}_\perp \, . \tag{1.411}$$

In den Lorentzschen Bewegungsgleichungen (1.394):

$$\begin{aligned} \frac{d}{dt} m_a \dot{\boldsymbol{z}}_a &= \boldsymbol{F}_a \, , \\ \boldsymbol{F}_a &= e_a \left[\boldsymbol{E}(\boldsymbol{z}_a) + \frac{1}{c} \boldsymbol{v}_a \wedge \boldsymbol{B}(\boldsymbol{z}_a) \right] \end{aligned} \tag{1.412}$$

zerlegen wir die Kräfte $\boldsymbol{F}_a$ ebenfalls in longitudinale und transversale Anteile. Wegen

$$\boldsymbol{E} = -\boldsymbol{\nabla}\varphi - \frac{1}{c}\dot{\boldsymbol{A}}$$

und $\boldsymbol{\nabla} \cdot \boldsymbol{A} = 0$ gilt

$$\boldsymbol{E}_\parallel = -\boldsymbol{\nabla}\varphi \, , \qquad \boldsymbol{E}_\perp = -\frac{1}{c}\dot{\boldsymbol{A}} \tag{1.413}$$

und folglich

$$\begin{aligned} \boldsymbol{F}_{a\perp} &= e_a \left(\boldsymbol{E}_\perp(a) + \frac{1}{c} \boldsymbol{v}_a \wedge \boldsymbol{B}(a) \right) \\ &= e_a \left[-\frac{1}{c} \dot{\boldsymbol{A}}(a) + \frac{1}{c} \boldsymbol{v}_a \wedge (\boldsymbol{\nabla} \wedge \boldsymbol{A}(a)) \right] \, , \end{aligned} \tag{1.414}$$

$$\boldsymbol{F}_{a\parallel} = e_a \boldsymbol{E}_\parallel = -e_a \boldsymbol{\nabla}\varphi(a) \, . \tag{1.415}$$

Dabei ist $\boldsymbol{B}(a) := \boldsymbol{B}(\boldsymbol{z}_a)$, etc. Der Beitrag von $\boldsymbol{F}_{a\parallel}$ führt aber zu einer Schwierigkeit, denn er enthält auch die Coulomb-Kraft des Eigenfeldes von a. Diesen Beitrag lassen wir im folgenden vernünftigerweise einfach weg. Wir setzen

$$\begin{aligned} \boldsymbol{F}_a &= \boldsymbol{F}_{a\perp} + \boldsymbol{F}_a^{\text{Coul.}} \, , \\ \boldsymbol{F}_a^{\text{Coul.}} &= \sum_{b \neq a} e_a e_b \frac{\boldsymbol{z}_a - \boldsymbol{z}_b}{|\boldsymbol{z}_a - \boldsymbol{z}_b|^3} \, . \end{aligned} \tag{1.416}$$

Nach dieser Umformung kommen in den dynamischen Gleichungen (1.411) und (1.412) (mit (1.414) und (1.416)) nur noch die Variablen $\boldsymbol{A}(\boldsymbol{x}, t)$ und $\boldsymbol{z}_a(t)$ vor.

1.A.3 Energie und Impuls

Der elektromagnetische Anteil des Energie-Impuls-Vektors

$$P^\mu_{\text{elm}} = \frac{1}{c} \int T^{\mu 0}_{\text{elm}} \, d^3x$$

gibt für den Impuls

$$\boldsymbol{P}^{\text{elm}} = \frac{1}{c}\frac{1}{4\pi}\int \boldsymbol{E}\wedge\boldsymbol{B}\,d^3x = \boldsymbol{P}_{\perp}^{\text{elm}} + \boldsymbol{P}_{\parallel}^{\text{elm}}\,, \tag{1.417}$$

mit

$$\boldsymbol{P}_{\perp}^{\text{elm}} := \frac{1}{4\pi c}\int \boldsymbol{E}_{\perp}\wedge\boldsymbol{B}\,d^3x\,, \tag{1.418}$$

und

$$\begin{aligned}
\boldsymbol{P}_{\parallel}^{\text{elm}} &:= \frac{1}{4\pi c}\int \boldsymbol{E}_{\parallel}\wedge\boldsymbol{B}\,d^3x \\
&= -\frac{1}{4\pi c}\int \underbrace{\boldsymbol{\nabla}\varphi\wedge\boldsymbol{B}}_{-\varphi\boldsymbol{\nabla}\wedge\boldsymbol{B}+\boldsymbol{\nabla}\wedge(\varphi\boldsymbol{B})}\;d^3x \\
&= -\frac{1}{4\pi c}\int \varphi\Delta\boldsymbol{A}\,d^3x \\
&= -\frac{1}{4\pi c}\int \boldsymbol{A}\cdot\Delta\varphi\,d^3x\,,
\end{aligned}$$

also

$$\boldsymbol{P}_{\parallel}^{\text{elm}} = \frac{1}{c}\sum_a e_a\boldsymbol{A}(a)\,. \tag{1.419}$$

Den Gesamtimpuls können wir also wie folgt schreiben

$$\boldsymbol{P} = \boldsymbol{P}_{\perp}^{\text{elm}} + \sum_a\left(m_a\dot{\boldsymbol{z}}_a + \frac{e_a}{c}\boldsymbol{A}(a)\right)\,.$$

Führen wir den *kanonischen* Impuls

$$\boldsymbol{\Pi}_a = m_a\dot{\boldsymbol{z}}_a + \frac{e_a}{c}\boldsymbol{A}(a) \tag{1.420}$$

der Teilchen ein (die Berechtigung des Adjektivs „kanonisch" wird sich später zeigen), so erhalten wir

$$\boldsymbol{P} = \boldsymbol{P}_{\perp}^{\text{elm}} + \sum_a \boldsymbol{\Pi}_a\,. \tag{1.421}$$

Die Energie cP^0_{elm} haben wir schon früher in einen transversalen und einen longitudinalen Teil zerlegt (siehe (1.17):

$$cP^0_{\text{elm}} = U_{\perp} + \text{Coulomb-Energie}\,,$$

mit

$$U_{\perp} = \frac{1}{8\pi}\int\left[\frac{1}{c^2}|\dot{\boldsymbol{A}}^2 + |\boldsymbol{\nabla}\wedge\boldsymbol{A}|^2\right]d^3x\,. \tag{1.422}$$

In der Coulomb-Energie müssen wir wieder die Selbstwechselwirkung weglassen (Massenrenormierung!). Für die Gesamtenergie $E = cP^0$ erhalten wir damit

$$E = \sum_a c \cdot \sqrt{(m_a \dot{\boldsymbol{z}}_a)^2 + m_a^2 c^2} + U_\perp + \text{Coulomb-Energie}\,.$$

Substituieren wir darin den kanonischen Impuls (1.420), so kommt

$$E = \sum_a c \cdot \sqrt{\left(\boldsymbol{\Pi}_a - \frac{e_a}{c}\boldsymbol{A}(a)\right)^2 + m_a^2 c^2} + U_\perp + H_{\text{Coul}}\,, \tag{1.423}$$

mit

$$\boxed{H_{\text{Coul.}} = \sum_{a<b} \frac{e_a e_b}{|\boldsymbol{z}_a - \boldsymbol{z}_b|}}\,. \tag{1.424}$$

1.A.4 Kanonische Bewegungsgleichungen

Wir denken uns das System wieder in einen grossen Kasten $V = L^3$ mit periodischen Randbedingungen eingesperrt. $\boldsymbol{t}^{(\alpha)}$ sei eine orthonormierte vollständige Basis von transversalen Feldern, mit den Eigenschaften

$$\boldsymbol{t}^{(\alpha)*} = \boldsymbol{t}^{(\alpha)}\,,$$

$$\left(\Delta + \frac{\omega_\alpha^2}{c^2}\right)\boldsymbol{t}^{(\alpha)} = 0\,. \tag{1.425}$$

Wir setzen

$$\boldsymbol{A} = \sqrt{4\pi}\, c \sum_\alpha q_\alpha \boldsymbol{t}^{(\alpha)}\,. \tag{1.426}$$

Die Fourier-Koeffizienten q_α sind

$$q_\alpha = \frac{1}{\sqrt{4\pi}}\frac{1}{c}\int (\boldsymbol{A}\cdot\boldsymbol{t}^{(\alpha)})\, d^3x\,. \tag{1.427}$$

Ferner sei $p_\alpha := \dot{q}_\alpha$, wobei ein Punkt von nun an die Ableitung nach der Koordinatenzeit bedeutet. Folglich gilt

$$\dot{\boldsymbol{A}} = \sqrt{4\pi}\, c \sum_\alpha p_\alpha \boldsymbol{t}^{(\alpha)}\,,$$

$$p_\alpha = \frac{1}{\sqrt{4\pi}}\frac{1}{c}\int (\dot{\boldsymbol{A}}\cdot\boldsymbol{t}^{(\alpha)})\, d^3x\,. \tag{1.428}$$

Nach (1.413) ist

$$\boldsymbol{E}_\perp = -\sqrt{4\pi}\sum_\alpha p_\alpha \boldsymbol{t}^{(\alpha)}\,. \tag{1.429}$$

Damit gilt

$$\frac{1}{8\pi}\int \boldsymbol{E}_\perp^2 \, d^3x = \frac{1}{2}\sum_\alpha p_\alpha^2 ,$$

und (siehe Abschnitt 1.1)

$$\begin{aligned}\frac{1}{8\pi}\int |\boldsymbol{\nabla}\wedge\boldsymbol{A}|^2 \, d^3x &= -\frac{1}{8\pi}\int (\boldsymbol{A}\cdot\Delta\boldsymbol{A})\, d^3x \\ &= \frac{1}{2}\sum_\alpha \omega_\alpha^2 q_\alpha^2 .\end{aligned}$$

Die „transversale" Energie $U_\perp$ ist also in den Variablen (p_α, q_α) gleich

$$\boxed{H_{\text{Strahlung}}(p_\alpha, q_\alpha) = \frac{1}{2}\sum_\alpha (p_\alpha^2 + \omega_\alpha^2 q_\alpha^2) .} \tag{1.430}$$

Wir drücken nun die dynamischen Gleichungen (1.411) und (1.412) durch die Variablen $(p_\alpha, q_\alpha, \boldsymbol{\Pi}_a, \boldsymbol{z}_a)$ aus. Dazu multiplizieren wir zuerst (1.411) mit $\boldsymbol{t}^{(\alpha)}$ und integrieren über V. Es kommt

$$\begin{aligned}\ddot{q}_\alpha + \omega_\alpha^2 q_\alpha &= \sqrt{4\pi}\, c \int \boldsymbol{J}_\perp \cdot \boldsymbol{t}^{(\alpha)} \, d^3x \\ &= \sqrt{4\pi}\, c \int \boldsymbol{J}\cdot\boldsymbol{t}^{(\alpha)}\, d^3x \\ &= \sqrt{4\pi}\, c \sum_a \int d^3x \, e_a \frac{d\boldsymbol{z}_a}{dt} \delta^3(\boldsymbol{x} - \boldsymbol{z}_a(t)) \cdot \boldsymbol{t}^{(\alpha)} \\ &= \sqrt{4\pi}\, c \sum_a e_a \boldsymbol{v}_a \cdot \boldsymbol{t}^{(\alpha)}(a) ,\end{aligned}$$

also haben wir

$$\ddot{q}_\alpha + \omega_\alpha^2 q_\alpha = \sqrt{4\pi}\, c \sum_a e_a \boldsymbol{v}_a \cdot \boldsymbol{t}^{(\alpha)}(a) . \tag{1.431}$$

Die Bewegungsgleichungen (1.412) lauten mit (1.414) und (1.416):

$$\frac{d}{dt} m_a \dot{\boldsymbol{z}}_a = e_a \left[-\frac{1}{c}\partial_t \boldsymbol{A}(a) + \frac{1}{c}\boldsymbol{v}_a \wedge (\boldsymbol{\nabla}\wedge\boldsymbol{A}(a)) \right] + \sum_b \frac{e_a e_b (\boldsymbol{z}_a - \boldsymbol{z}_b)}{|\boldsymbol{z}_a - \boldsymbol{z}_b|^3} . \tag{1.432}$$

Darin denke man sich die Entwicklungen (1.426) und (1.428) eingesetzt. Nun gilt:

Die Bewegungsgleichungen (1.431) und (1.432) sind äquivalent zu den kanonischen Gleichungen, welche zur Hamilton-Funktion

$$\boxed{H(p_\alpha, q_\alpha; \boldsymbol{\Pi}_a, z_a) = H_{\text{Strahlung}}(p_\alpha, q_\alpha) + H_{\text{Coul}} + \sum_a H_a} \tag{1.433}$$

gehören, wobei die beiden ersten Terme durch (1.430) und(1.424) gegeben sind und

$$\boxed{H_a = c\sqrt{\left(\boldsymbol{\Pi}_a - \frac{e_a}{c}\boldsymbol{A}(a)\right)^2 + m_a^2c^2}} \tag{1.434}$$

$$\left(\boldsymbol{A}(a) = \sqrt{4\pi}\,c\sum_\alpha q_\alpha \boldsymbol{t}^{(\alpha)}(a)\right) .$$

Beweis: Dass die kanonischen Gleichungen zu (1.433) für die Variablen $(\boldsymbol{\Pi}_a, \boldsymbol{z}_a)$ zu (1.432) äquivalent sind, ist aus der Elektrodynamik (Speziellen Relativitätstheorie) bekannt. Die kanonischen Gleichungen für die Variablen (p_α, q_α) geben

$$\dot{q}_\alpha = \frac{\partial H}{\partial p_\alpha} = p_\alpha \, ,$$
$$\dot{p}_\alpha = -\frac{\partial H}{\partial q_\alpha} = -\omega_\alpha^2 q_\alpha - \sum_a \frac{\partial H_a}{\partial q_\alpha} \, .$$

Daraus folgt

$$\begin{aligned}\ddot{q}_\alpha + \omega_\alpha^2 q_\alpha &= -\sum_a \frac{\partial H_a}{\partial q_\alpha} \\ &= \sum_a \frac{e_a}{c}\frac{\boldsymbol{\Pi}_a - \frac{e_a}{c}\boldsymbol{A}(a)}{\sqrt{\cdots\cdots}} \cdot \frac{\partial \boldsymbol{A}(a)}{\partial q_\alpha} \\ &= \sqrt{4\pi}\sum_a e_a \frac{\boldsymbol{\Pi}_a - \frac{e_a}{c}\boldsymbol{A}(a)\cdot \boldsymbol{t}^{(a)}(a)}{\sqrt{\left(\boldsymbol{\Pi}_a - \frac{e_a}{c}\boldsymbol{A}(a)\right)^2 + m_a^2c^2}} \, .\end{aligned}$$

Nun ist aber

$$\boldsymbol{v}_a = \frac{d\boldsymbol{z}_a}{dt} = \frac{\partial H_a}{\partial \boldsymbol{\Pi}_a} = c\,\frac{\boldsymbol{\Pi}_a - \frac{e_a}{c}\boldsymbol{A}(a)}{\sqrt{\cdots\cdots}} \, .$$

Also gelten in der Tat die Gleichungen (1.431).

Damit haben wir unser Ziel einer kanonischen Formulierung der klassischen Theorie erreicht. In der nichtrelativistischen Näherung für die Teilchen ist

$$H_a = \frac{1}{2m_a}\left(\boldsymbol{\Pi}_a - \frac{E_a}{c}\boldsymbol{A}(a)\right)^2 \, . \tag{1.435}$$

Der Hamilton-Operator (1.136) von Seite 38 mit den Gleichungen (1.137), (1.138) und (1.139) ist damit konsequenter begründet.

1.B Berechnung der Multipolfelder, Vektorkugelfunktionen

In diesem Anhang berechnen wir die Multipolfelder

$$\boldsymbol{f}_{jm}^{\lambda}(k,\boldsymbol{x}) = \frac{2j+1}{4\pi} \int d\Omega\, \overline{D_{m\lambda}^{j}(\hat{\boldsymbol{k}})}\, \boldsymbol{\varepsilon}(\boldsymbol{k},\lambda) e^{i\boldsymbol{k}\cdot\boldsymbol{x}} \,, \tag{1.436}$$

welche in (1.206) eingeführt wurden.

Zunächst benötigen wir die Entwicklung einer ebenen Welle nach Kugelfunktionen.

1.B.1 Entwicklung einer ebenen Welle nach Kugelfunktionen

Da die Legendre-Polynome ein vollständiges System bilden (siehe [1], Anhang zu Kap. 1) können wir folgende Entwicklung ansetzen

$$e^{i\boldsymbol{k}\cdot\boldsymbol{x}} = \sum_l f_l(\rho) P_l(\cos\vartheta) \,, \qquad \rho := kr \,, \qquad \vartheta = \sphericalangle(\boldsymbol{x},\boldsymbol{k}) \,. \tag{1.437}$$

Mit den bekannten Beziehungen für die P_l:

$$\begin{aligned} P_l(x) &= \frac{(-1)^l}{2^l l!}\left(\frac{d}{dx}\right)^l (1-x^2)^l \,; \\ \int_{-1}^{+1} P_l(x) P_{l'}(x)\, dx &= \frac{2}{2l+1}\delta_{ll'} \,, \qquad P_l(1) = 1 \,, \end{aligned} \tag{1.438}$$

folgt aus (1.436) sofort

$$\begin{aligned} \frac{2}{2l+1} f_l(\rho) &= \int_{-1}^{+1} e^{i\rho x}\, P_l(x)\, dx \\ &= \frac{1}{2^l l!}(i\rho)^l \int_{-1}^{+1} e^{i\rho x}(1-x^2)^l\, dx \,, \end{aligned} \tag{1.439}$$

wobei der letzte Ausdruck durch l-malige partielle Integration erhalten wurde. Für $l = 0$ kommt

$$f_0(\rho) = \frac{1}{2}\int_{-1}^{+1} e^{i\rho x}\, dx = \frac{\sin\rho}{\rho} \,. \tag{1.440}$$

Anderseits erfüllt f_l wegen $(\Delta + k^2)e^{i\boldsymbol{k}\cdot\boldsymbol{x}} = 0$ die Differentialgleichung

$$\frac{1}{\rho}\frac{d^2}{d\rho^2}(\rho f_l) + \left(1 - \frac{l(l+1)}{\rho^2}\right) f_l = 0 \,. \tag{1.441}$$

Nun zeigt man leicht: Ist v_l eine Lösung der Differentialgleichung (1.441), so ist

$$v_{l+1} := -\frac{dv_l}{d\rho} + \frac{l}{\rho} v_l = -\rho^l \frac{d}{d\rho}(\rho^l v_l) \tag{1.442}$$

wieder eine Lösung von (1.441) mit $l \longrightarrow l+1$. Damit können wir die Lösung von (1.441) wie folgt darstellen:

$$v_l = \rho^l (-1)^l \left(\frac{d}{\rho d\rho}\right)^l v_{l=0}\,. \tag{1.443}$$

Für $l = 0$ gibt es zwei linear unabhängige Lösungen:

$$v_{l=0} = h_0^{\pm} := \frac{e^{\pm i\rho}}{\rho} \tag{1.444}$$

oder

$$v_{l=0} = j_0, n_0\,; \quad j_0 = \frac{\sin\rho}{\rho}\,, \quad n_0 = \frac{\cos\rho}{\rho}\,. \tag{1.445}$$

Die gemäss (1.443) gebildeten Funktionen bezeichnet man entsprechend mit $h_l^{\pm}, j_l, n_l$.

Bezeichnungen: $h_l^{\pm}$: sphärische Hankel-Funktionen,
j_l: sphärische Bessel-Funktionen,
n_l : sphärische Neumann-Funktionen.

Nach (1.440) ist $f_0 = j_0$. Wir zeigen jetzt, dass auch f_l proportional zu j_l ist. Dazu beweisen wir, dass die in (1.439) vorkommenden Integrale

$$S_l := \frac{1}{l!}\left(\frac{\rho}{2}\right)^l \frac{1}{2}\int_{-1}^{+1} e^{i\rho x}(1-x^2)^l\, dx$$

die Rekursion (1.442) erfüllen. Mit (1.439) folgt dann ($S_0 = f_0 = j_0$)

$$i^l \cdot 2 \cdot j_l = \frac{2}{2l+1} f_l$$

und folglich

$$\boxed{e^{i\boldsymbol{k}\cdot\boldsymbol{x}} = \sum_{l=0}^{\infty}(2l+1)i^l\, j_l(kr)\, P_l(\cos\theta)\,.} \tag{1.446}$$

Mit dem Additionstheorem für Kugelfunktionen (siehe Anhang 1.B.3 in [1] auf Seite 61) können wir dies auch so schreiben

$$\boxed{e^{i\boldsymbol{k}\cdot\boldsymbol{x}} = 4\pi \sum_{l,m} i^l\, j_l(kr)\, \overline{Y_{lm}(\hat{\boldsymbol{k}})}\, Y_{lm}(\hat{\boldsymbol{x}})\,.} \tag{1.447}$$

Nun ist

$$
\begin{aligned}
S_{l+1} &= \frac{1}{(l+1)!}\left(\frac{\rho}{2}\right)^{l+1}\frac{1}{2}\int_{-1}^{+1} e^{i\rho x}(1-x^2)^{l+1}\,dx \\
&= -\frac{1}{(l+1)!}\left(\frac{\rho}{2}\right)^{l+1}\frac{1}{2}\int_{-1}^{+1}\frac{e^{i\rho x}}{i\rho}(1-x^2)^{l}(l+1)(-2x)\,dx \\
&= -\frac{1}{l!}\left(\frac{\rho}{2}\right)^{l}\frac{d}{d\rho}\frac{1}{2}\int_{-1}^{+1} e^{i\rho x}(1-x^2)^{l}\,dx \\
&= -\rho^l\frac{d}{d\rho}(\rho^{-l}S_l) \\
&= -\frac{d}{d\rho}S_l + S_l\frac{l}{\rho}\,,
\end{aligned}
$$

d.h. die Rekursion (1.442) ist erfüllt.

Das Resultat (1.447) sowie (1.209),

$$\boldsymbol{\varepsilon}(\boldsymbol{k},\lambda) = \sum_{\nu} \boldsymbol{e}_\nu D^1_{\nu\lambda}(\hat{\boldsymbol{k}})\,,$$

setzen wir in (1.436) ein:

$$
\begin{aligned}
\boldsymbol{f}^\lambda_{jm} = \frac{2j+1}{4\pi}\sum_{L,M}\sum_{\nu} 4\pi i^L\, j_L(kr)\,Y_{LM}(\hat{\boldsymbol{x}})\,\boldsymbol{e}_\nu \\
\cdot \int d\Omega_{\hat{\boldsymbol{k}}}\overline{D^j_{m\lambda}(\hat{\boldsymbol{k}})}\,D^1_{\nu\lambda}(\hat{\boldsymbol{k}})\,\overline{Y_{LM}(\hat{\boldsymbol{k}})}\,.
\end{aligned}
$$

In diesem Integral benutzen wir wieder (siehe Seite 51)

$$D^L_{M0}(\hat{\boldsymbol{k}}) = \sqrt{\frac{4\pi}{2LM}}\,\overline{Y_{LM}(\hat{\boldsymbol{k}})}$$

und

$$\int d\Omega_{\hat{\boldsymbol{k}}}\overline{D^j_{m\lambda}(\hat{\boldsymbol{k}})}\,D^1_{\nu\lambda}(\hat{\boldsymbol{k}})\,D^L_{M0}(\hat{\boldsymbol{k}}) = \frac{4\pi}{2j+1}(LM1\nu|jm)(L01\lambda|j\lambda)\,.$$

Dies gibt

$$\boldsymbol{f}^\lambda_{jm} = \sum_L \sqrt{4\pi(2L+1)}i^L\, j_L(kr)\,(L01\lambda|j\lambda)\sum_{m,\nu}(LM1\nu|jm)Y_{LM}(\hat{\boldsymbol{x}})\boldsymbol{e}_\nu\,. \tag{1.448}$$

Die letzte Summe definiert die sogenannten *Vektorkugelfunktionen*

$$\boldsymbol{Y}^m_{jL} := \sum_{M,\nu}(LM1\nu|jm)\,Y_{LM}(\hat{\boldsymbol{x}})\boldsymbol{e}_\nu\,. \tag{1.449}$$

Damit ist

$$\boxed{\boldsymbol{f}_{jm}^{\lambda} = \sum_L \sqrt{4\pi(2L+1)}\, i^L j_L(kr)\,(L01\lambda|j\lambda)\boldsymbol{Y}_{jL}^m(\hat{\boldsymbol{x}})\,.} \tag{1.450}$$

Darin läuft die Summe über L effektiv nur über die Werte $L = j, j \pm 1$. Nun findet man in [30] für $\lambda = \pm 1$:

$$\begin{aligned}
L = j: &\quad (j\,0\,1\,\lambda \mid j\lambda) = -\frac{\lambda}{\sqrt{2}}\,,\\
L = j-1: &\quad (j{-}1\,0\,1\,\lambda \mid j\lambda) = \frac{1}{\sqrt{2}}\sqrt{\frac{j+1}{2j-1}}\,,\\
L = j+1: &\quad (j{+}1\,0\,1\,\lambda \mid j\lambda) = \frac{1}{\sqrt{2}}\sqrt{\frac{j}{2j+3}}\,.
\end{aligned}$$

Für $\lambda = 0$ findet man:

$$(L\,0\,1\,0 \mid j\,0) = \begin{cases} 0\,, & L = j\,;\\ \sqrt{\frac{j}{2j-1}}\,, & L = j-1\,;\\ -\sqrt{\frac{j+1}{2j+3}}\,, & L = j+1\,. \end{cases}$$

Dies in (1.450) eingesetzt gibt für $\lambda = \pm 1$:

$$\begin{aligned}
\boldsymbol{f}_{jm}^{\lambda} = \sqrt{2\pi}\,\sqrt{2j+1}(i)^j \Bigg\{ & -\lambda j_j(kr)\boldsymbol{Y}_{jj}^m + i j_{j-1}\sqrt{\frac{j+1}{2j+1}}\boldsymbol{Y}_{jj-1}^m\\
& - i j_{j+1}\sqrt{\frac{j}{2j+1}}\boldsymbol{Y}_{jj+1}^m \Bigg\}\,,
\end{aligned} \tag{1.451}$$

und für $\lambda = 0$:

$$\boldsymbol{f}_{jm}^{\lambda=0} = \sqrt{4\pi}\,\sqrt{2j+1}(i)^{j-1}\left\{\sqrt{\frac{j}{2j+1}} j_{j-1}\,\boldsymbol{Y}_{jj-1}^m + \sqrt{\frac{j+1}{2j+1}} j_{j+1}\boldsymbol{Y}_{jj+1}^m\right\}. \tag{1.452}$$

Weiter unten werden wir die folgenden Formeln herleiten

$$\begin{aligned}
\frac{1}{k}\boldsymbol{\nabla} \wedge \left(j_J(kr)\boldsymbol{Y}_{JJ}^M\right) = & \; i\sqrt{\frac{J+1}{2J+1}}\, j_{J-1}(kr)\,\boldsymbol{Y}_{JJ-1}^M\\
& - i\sqrt{\frac{J}{2J+1}}\, j_{J+1}(kr)\,\boldsymbol{Y}_{JJ+1}^M\,,
\end{aligned} \tag{1.453}$$

$$\frac{1}{k}\boldsymbol{\nabla}\left(j_J(kr)Y_{JM}\right) = \sqrt{\frac{J}{2J+1}}\, j_{J-1}\,\boldsymbol{Y}_{JJ-1}^M + \sqrt{\frac{J+1}{2J+1}}\, j_{J+1}\,\boldsymbol{Y}_{JJ+1}^M\,. \tag{1.454}$$

Damit wird aus (1.451)

$$\boxed{\boldsymbol{f}^{\lambda}_{JM}(k,\boldsymbol{x}) = \sqrt{2\pi}\sqrt{2J+1}(i)^J \left\{-\lambda j_J(kr)\,\boldsymbol{Y}^M_{JJ} + \frac{1}{k}\boldsymbol{\nabla}\wedge\left(j_J(kr)\,\boldsymbol{Y}^M_{JJ}\right)\right\}} \tag{1.455}$$

und aus (1.452)

$$\boxed{\boldsymbol{f}^{\lambda=0}_{JM}(k,\boldsymbol{x}) = \sqrt{4\pi}\sqrt{2J+1}(i)^{J-1}\,\frac{1}{k}\boldsymbol{\nabla}(j_J(kr)\,Y_{JM})\,.} \tag{1.456}$$

1.B.2 Vektorkugelfunktionen

Wir leiten nun einige Formeln für Vektorkugelfunktionen her. Insbesondere wollen wir (1.453) und (1.454) beweisen. Zunächst zeigen wir die folgende Beziehung: Sei

$$\boldsymbol{L} = \frac{1}{i}\,\boldsymbol{x}\wedge\boldsymbol{\nabla}\,, \tag{1.457}$$

dann ist

$$\boldsymbol{Y}^m_{ll} = \frac{1}{\sqrt{l(l+1)}}\,\boldsymbol{L}Y_{lm}\,. \tag{1.458}$$

Beweis. Da $\boldsymbol{L}$ ein Vektoroperator ist, gilt nach dem Wigner-Eckart-Theorem für die sphärischen Komponenten L_ν von $\boldsymbol{L}$:

$$\begin{aligned}\langle l'm'\,|\,L_\nu\,|\,lm\rangle &= \delta_{l'l}(lm1\nu\,|\,lm')\langle l\,||\,L\,||\,l\rangle\\ &= \delta_{l'l}(lm1\nu\,|\,lm')\,(l110\,|\,l1)^{-1}\underbrace{\langle l1\,|\,L_0\,|\,l1\rangle}_{1}\,.\end{aligned}$$

Das letzte Gleichheitszeichen gilt für $l \geq 1$. Da (siehe Clebsch-Gordan-Tabelle)

$$(l110)\,|\,l1)^{-1} = \sqrt{l(l+1)}\,,$$

folgt

$$\boxed{\langle l'm'\,|\,L_\nu\,|\,lm\rangle = \delta_{l'l}\sqrt{l(l+1)}(lm1\nu\,|\,lm')\,.} \tag{1.459}$$

Diese Gleichung stimmt offensichtlich auch für $l = 0$. Aus (1.459) erhalten wir

$$\begin{aligned}\boldsymbol{L}Y_{lm} &= \sum_\nu L_\nu \boldsymbol{e}^*_\nu Y_{lm} = \sum L_\nu(-1)^\nu \boldsymbol{e}_{-\nu}Y_{lm}\\ &= \sum_{m',\nu}(-1)^\nu\,\langle lm'\,|\,L_\nu\,|\,lm\rangle Y_{lm'}\boldsymbol{e}_{-\nu}\\ &= \sqrt{l(l+1)}\sum_{m',\nu}(-1)^\nu(lm1\nu\,|\,lm')Y_{lm'}\boldsymbol{e}_{-\nu}\,.\end{aligned}$$

Mit bekannten Symmetrieeigenschaften der Clebsch-Gordan-Koeffizienten folgt daraus die Behauptung.

Folgerung: Da $\boldsymbol{L}$ mit Funktionen von $r = |\boldsymbol{x}|$ kommutiert, gilt insbesondere auch

$$\boxed{j_J(kr)\,\boldsymbol{Y}^M_{JJ} = \frac{1}{\sqrt{J(J+1)}}\,\boldsymbol{L}(j_J(kr)Y_{JM})\,.} \tag{1.460}$$

Als nächstes beweisen wir die sogenannte *Gradientenformel*:

$$\begin{aligned}\boldsymbol{\nabla}(f(r)Y_{lm}) &= \left(\frac{l}{2l+1}\right)^{\frac{1}{2}}\left(\frac{df}{dr}+\frac{l+1}{r}f\right)\boldsymbol{Y}^m_{ll-1}\\ &\quad-\left(\frac{l+1}{2l+1}\right)^{\frac{1}{2}}\left(\frac{df}{dr}-\frac{l}{r}f\right)\boldsymbol{Y}^m_{ll+1}\,.\end{aligned} \tag{1.461}$$

Beweis. Wir entwickeln die linke Seite von (1.461) gemäss

$$\boldsymbol{\nabla} f(r)\,Y_{lm}(\hat{\boldsymbol{x}}) = \sum_{LM}\sum_{\nu} \boldsymbol{e}^*_\nu\,Y_{LM}(\hat{\boldsymbol{x}})\cdot c_{LM,\nu}\,. \tag{1.462}$$

Durch Multiplikation mit $\boldsymbol{e}_\mu\overline{Y_{LM}(\hat{\boldsymbol{x}})}$ und Integration über $d\Omega$ ergibt sich für die Entwicklungskoeffizienten

$$c_{LM,\mu} = \int \overline{Y_{LM}(\hat{\boldsymbol{x}})}\,\underbrace{\boldsymbol{e}_\mu\cdot\boldsymbol{\nabla}}_{\equiv\nabla_\mu} f(r)\,Y_{lm}\,d\Omega\,.$$

Da ∇_μ ($\mu = \pm1, 0$) ein Vektoroperator ist, gilt nach dem Wigner-Eckart-Theorem

$$\begin{aligned}c_{LM,\mu} &= (lm1\mu\,|\,LM)\langle L\,||\nabla f(r)\,||\,l\rangle \\ &= (lm1\mu\,|\,LM)(l010\,|\,L0)^{-1}\int\overline{Y_{L0}(\hat{\boldsymbol{x}})}\,\nabla_0 f(r)\,Y_{l0}(\hat{\boldsymbol{x}})\,d\Omega\,.\end{aligned} \tag{1.463}$$

Wir müssen verifizieren, dass in den relevanten Fällen $(l010\,|\,L0)$ nicht verschwindet (siehe unten). Das Integral in (1.463) lässt sich leicht auswerten. Dazu benutzen wir

$$\nabla_0 = \cos\vartheta\frac{\partial}{\partial r} + \frac{\sin^2\vartheta}{r}\,\frac{\partial}{\partial(\cos\vartheta)}\,, \tag{1.464}$$

sowie

$$Y_{l0}(\hat{\boldsymbol{x}}) = \left(\frac{2l+1}{4\pi}\right)^{\frac{1}{2}} P_l(\cos\vartheta)\,, \tag{1.465}$$

und die folgenden Rekursionsbeziehungen der Legendre-Polynome

$$(l+1)P_{l+1}(x) - (2l+1)xP_l(x) + lP_{l-1}(x) = 0\,, \tag{1.466}$$

$$(1-x^2)P_l'(x) = l\,[P_{l-1}(x) - xP_l(x)] = \frac{l(l+1)}{2l+1}\,[P_{l-1}(x) - P_{l+1}(x)]\ . \tag{1.467}$$

Dies gibt

$$\nabla_0 f(r)Y_{l0} = l\,[(2l+1)(2l-1)]^{-\frac{1}{2}}\left(\frac{df}{dr}+\frac{l+1}{r}f\right)Y_{l-1\,0}(\hat{\boldsymbol{x}}) + (l+1)\,[(2l+1)(2l+3)]^{-\frac{1}{2}}\left(\frac{df}{dr}-\frac{l}{r}f\right)Y_{l+1\,0}(\hat{\boldsymbol{x}})\ . \tag{1.468}$$

Der Clebsch-Gordan-Koeffizient (CGC) im Nenner von (1.463) ist

$$(L\,0\,1\,0\mid L\,0) = \begin{cases} \left[\frac{l+1}{2l+1}\right]^{\frac{1}{2}}\ , & L=l+1\ ;\\ 0\ , & L=l\ ;\\ -\left[\frac{l}{2l+1}\right]^{\frac{1}{2}}\ , & L=l-1\ . \end{cases} \tag{1.469}$$

Setzen wir (1.468) und (1.469) in (1.464) ein, so kommt $L=l$ nicht vor und wir erhalten für (1.463)

$$\boldsymbol{\nabla} f(r)Y_{lm}(\hat{\boldsymbol{x}}) = \sum \underbrace{\boldsymbol{e}_\mu^*}_{(-1)^\mu \boldsymbol{e}_{-\mu}} \left[-\left(\frac{l}{2l-1}\right)^{\frac{1}{2}}(lm1\mu\,|\,l-1\,m+\mu) \cdot Y_{l-1m}(\hat{\boldsymbol{x}})\left(\frac{df}{dr}+\frac{l+1}{r}f\right) + \left(\frac{l+1}{2l+3}\right)^{\frac{1}{2}}(lm1\mu\,|\,l+1\,m+\mu)Y_{l+1\,m+\mu}(\hat{\boldsymbol{x}})\left(\frac{df}{dr}-\frac{l}{r}f\right)\right].$$

Mit den bekannten Symmetrieeigenschaften der CGC folgt

$$\boldsymbol{\nabla} f(r)Y_{lm}(\hat{\boldsymbol{x}}) = \sum_{\mu=-1}^{+1} \boldsymbol{e}_{-\mu}\left[\left(\frac{l}{2l+1}\right)^{\frac{1}{2}}(l-1\;m+\mu\;1-\mu\;\mid l\,m)Y_{l-1\;m+\mu} \times\left(\frac{df}{dr}+\frac{l+1}{r}f\right) - \left(\frac{l+1}{2l+1}\right)^{\frac{1}{2}}(l+1\;m+\mu\;1-\mu\mid l\,m)Y_{l+1\;m+\mu}\left(\frac{df}{dr}-\frac{l}{r}f\right)\right].$$

Nach der Definition der Vektorkugelfunktionen stimmt dies mit der Gradientenformel (1.461) überein.

Folgerung: Wir wenden (1.461) auf $f = j_l(kr)$ an und benutzen die Rekursionsrelationen (siehe (1.442))

$$\frac{d}{dr}j_l(kr) = kj_{l-1}(kr) - \frac{l+1}{r}j_l(kr)\,,$$
$$\frac{d}{dr}j_l(kr) = -kj_{l+1}(kr) + \frac{l}{r}j_l(kr)\,. \tag{1.470}$$

Damit erhalten wir die früher benutzte Formel (1.454).

Schliesslich beweisen wir (1.453). Die linke Seite dieser Gleichung ist nach (1.454)

$$\begin{aligned}\frac{1}{k}\boldsymbol{\nabla}\wedge(j_l(kr)\boldsymbol{Y}_{ll}^m(\hat{\boldsymbol{x}})) &= -\frac{1}{k}\sum_\mu(l\;m-\mu\;1\;\mu\mid l\;m)\boldsymbol{e}_\mu\wedge\boldsymbol{\nabla}(j_lY_{lm-\mu})\\ &= -\sum_\mu(l\;m-\mu\;1\;\mu\mid l\;m)\boldsymbol{e}_\mu \qquad (1.471)\\ &\wedge\left[\left(\frac{l}{2l+1}\right)^{\frac{1}{2}}j_{l-1}\boldsymbol{Y}_{ll-1}^{m-\mu}+\left(\frac{l+1}{2l+1}\right)^{\frac{1}{2}}j_{l+1}\boldsymbol{Y}_{ll+1}^{m-\mu}\right].\end{aligned}$$

Nun verifiziert man leicht, dass

$$\boldsymbol{e}_\mu\wedge\boldsymbol{e}_\nu = i\sqrt{2}(1\;\mu\;1\;\nu\mid 1\;\mu+\nu)\boldsymbol{e}_{\mu+\nu}\,, \tag{1.472}$$

sodass

$$\begin{aligned}&-\sum_\mu(l\;m-\mu\;1\;\mu\mid l\;m)\boldsymbol{e}_\mu\wedge\boldsymbol{Y}_{l\lambda}^{m-\mu}\\ &= -i\sqrt{2}\sum_{\mu,\nu}(l\;m-\mu\;1\;\mu\mid l\;m)(\lambda\;m-\mu-\nu\;1\;\nu\mid l\;m-\mu)(1\;\mu\;1\;\nu\mid 1\;\mu+\nu)\\ &\cdot Y_{\lambda\;m-\mu-\nu}\boldsymbol{e}_{\mu+\nu}\,.\end{aligned}$$

Diese letzte Summe lässt sich mit Hilfe von sogenannten *Racah-Koeffizienten* ausführen. Wir geben nur das Ergebnis:

$$i\frac{1}{2}\,\frac{l(l+1)+2-\lambda(\lambda+1)}{\sqrt{l(l+1)}}\boldsymbol{Y}_{l\lambda}^m = \mp i\left(\frac{l}{l+1}\right)^{\pm\frac{1}{2}}\boldsymbol{Y}_{l\,l\pm1}^m \quad \text{für}\lambda = l\pm1\,.$$

Setzt man dies in (1.471) ein, so folgt (1.453).

2. Diracsche Wellengleichung des Elektrons

In diesem Kapitel behandeln wir die relativistische Wellengleichung von Dirac[1] für Spin-$\frac{1}{2}$-Teilchen. Sie beschreibt das Verhalten eines Elektrons oder Müons in einem gegebenen äusseren elektromagnetischen Feld. Im nichtrelativistischen Limes geht die Dirac-Gleichung in die Pauli-Gleichung (siehe Kap. 4, Gleichung (4.108) in [1]) über, wobei das magnetische Moment richtig herauskommt.

Wir werden sehen, dass die ursprüngliche Interpretation der Diracschen Wellengleichung im Rahmen eines Einkörperproblems zu Schwierigkeiten führt, welche nur durch eine Reinterpretation der Diracschen Wellenfunktion als Quantenfeld behoben werden können. Damit wird aus der Einteilchentheorie eine Vielteilchentheorie. (Diesen Schritt hat im wesentlichen schon Dirac in seiner „Löchertheorie" vollzogen.) Diese Reinterpretation zieht wichtige beobachtbare Konsequenzen (z.B. Vakuumpolarisation) nach sich. Damit werden wir uns später befassen, aber anfänglich werden wir von den Schwierigkeiten der Einteilchentheorie absehen.

Die Argumente, die Dirac benutzte, um zu seiner berühmten Gleichung zu kommen, sind von heute aus gesehen verfehlt. Wir werden einen gruppentheoretischen Zugang zur Dirac-Gleichung benutzen. Deshalb müssen wir zu Beginn einige gruppentheoretische Hilfsmittel entwickeln.

In diesem Kapitel benützen wir, bis auf wenige Ausnahmen, Einheiten mit $\hbar = c = 1$.

2.1 Erinnerungen an die Lorentz-Gruppe

In diesem Abschnitt stellen wir einige Eigenschaften der homogenen Lorentz-Gruppe zusammen. Für detailierte Beweise verweisen wir auf Bücher über Spezielle Relativitittätstheorie.

Für den metrischen Tensor $g = (g_{\mu\nu})$ wählen wir die folgende Konvention

$$g = \mathrm{diag}(1, -1, -1, -1)\ . \tag{2.1}$$

Die homogene Lorentz-Gruppe L ist durch

[1] Originalarbeiten: P.A.M. Dirac Proc. Roy. Soc. London **117**, 610; **118**, 341 (1928)

$$L = \{\Lambda = \text{reelle } 4 \times 4 \text{ Matrix} : \Lambda^T g \Lambda = g\} \tag{2.2}$$

gegeben. Daraus folgt $\det \Lambda = \pm 1$ für $\Lambda \in L$. Es bezeichne P die Raumspiegelung

$$P = \operatorname{diag}(1, -1, -1, -1), \tag{2.3}$$

und T die Zeitumkehr

$$T = \operatorname{diag}(-1, 1, 1, 1). \tag{2.4}$$

Die *eigentliche orthochrone Lorentz-Gruppe* $L_+^\uparrow$ besteht aus den Lorentz-Transformationen, welche den Vorwärtskegel in den Vorwärtskegel überführen und Determinante $+1$ haben. Diese Untergruppe (Normalteiler) von L ist zusammenhängend (aber nicht einfach zusammenhängend) und bildet die Einskomponente von L. Wir können L in vier unzusammenhängende Stücke zerlegen:

$$L = L_+^\uparrow \cup PL_+^\uparrow \cup TL_+^\uparrow \cup PTL_+^\uparrow. \tag{2.5}$$

Die folgenden Teilmengen von L sind Untergruppen:

$$L_+^\uparrow, \; L_+^\uparrow \cup PL_+^\uparrow, \; L_+^\uparrow \cup TL_+^\uparrow, \; L_+^\uparrow \cup PTL_+^\uparrow.$$

Die eigentliche Drehgruppe $SO(3)$ ist in $L_+^\uparrow$ wie folgt eingebettet:

$$R \in SO(3) \mapsto \Lambda(R) = \begin{pmatrix} 1 & 0 & 0 & 0 \\ 0 & & & \\ 0 & & R & \\ 0 & & & \end{pmatrix}. \tag{2.6}$$

Spezielle Lorentz-Transformationen in der x^1-Richtung haben die Form

$$\Lambda(\chi) = \begin{pmatrix} \begin{matrix} \cosh\chi & -\sinh\chi \\ -\sinh\chi & \cosh\chi \end{matrix} & \mathbf{0} \\ \mathbf{0} & \mathbb{1} \end{pmatrix} \tag{2.7}$$

und bilden eine einparametrige Untergruppe mit der Erzeugenden

$$\left.\frac{d\Lambda(\chi)}{d\chi}\right|_{\chi=0} = \begin{pmatrix} \begin{matrix} 0 & -1 \\ -1 & 0 \end{matrix} & \mathbf{0} \\ \mathbf{0} & \mathbf{0} \end{pmatrix}.$$

Die zu (2.8) gehörende Geschwindigkeit ist $v = c \tanh\chi$.

Drehungen und spezielle Lorentz-Transformationen in der x^1-Richtung erzeugen die ganze Gruppe $L_+^\uparrow$. Es gilt der folgende

Satz 1 *Jedes $\Lambda \in L_+^\uparrow$ kann in folgender Weise dargestellt werden:*

$$\Lambda = \Lambda(R_1)\Lambda(\chi)\Lambda(R_2). \tag{2.8}$$

Die Lie-Algebra von $L_+^\uparrow$ ist nach (2.2)

$$\{M = \text{reelle } 4 \times 4 \text{ Matrix} : \; gM + M^T g = 0\} =: so(1,3)\,. \tag{2.9}$$

Eine geeignete Basis von $so(1,3)$ ist

$$L_j = \begin{pmatrix} \mathbf{0} & \mathbf{0} \\ \mathbf{0} & I_j \end{pmatrix}, \quad j = 1 \ldots 3,$$

$$K_1 = \begin{pmatrix} 0\,1\,0\,0 & \\ 1 & \\ 0 & \mathbf{0} \\ 0 & \end{pmatrix}, K_2 = \begin{pmatrix} 0\,0\,1\,0 & \\ 0 & \\ 1 & \mathbf{0} \\ 0 & \end{pmatrix}, K_3 = \begin{pmatrix} 0\,0\,0\,1 & \\ 0 & \\ 0 & \mathbf{0} \\ 1 & \end{pmatrix}, \tag{2.10}$$

wobei die I_j die üblichen infinitesimalen Drehungen sind. Man verifiziert leicht die folgenden Vertauschungsrelationen:

$$[L_j, L_k] = \varepsilon_{jkl} L_l\,, \; [K_j, K_k] = -\varepsilon_{jkl} L_l\,, \; [K_j, L_k] = \varepsilon_{jkl} K_l\,. \tag{2.11}$$

2.2 Die quantenmechanische Lorentz-Gruppe

Für die QM ist es wichtig, die universelle Überlagerungsgruppe von $L_+^\uparrow$ zu bestimmen, da in der QM alle *projektiven* Darstellungen von $L_+^\uparrow$ zugelassen sind (Spiegelungen lassen wir vorläufig weg). Letztere stehen aber in eineindeutiger Beziehung mit den gewöhnlichen Darstellungen der universellen Überlagerungsgruppe von $L_+^\uparrow$. (Dies wird in [1], Kap. 4 allgemein diskutiert.)

Wir zeigen im folgenden, dass $SL(2,\mathbb{C})$ die universelle Überlagerungsgruppe von $L_+^\uparrow$ ist.[2] Es sei $\sigma_0 = \mathbb{1}$, und σ_k seien die Pauli-Matrizen:

$$\sigma_1 = \begin{pmatrix} 0 & 1 \\ 1 & 0 \end{pmatrix}, \quad \sigma_2 = \begin{pmatrix} 0 & -i \\ i & 0 \end{pmatrix}, \quad \sigma_3 = \begin{pmatrix} 1 & 0 \\ 0 & -1 \end{pmatrix}.$$

Jedem $x = (x^0, x^1, x^2, x^3) \in \mathbb{R}^4$ ordnen wir die Matrix

$$\underline{x} = x^\mu \sigma_\mu = \begin{pmatrix} x^0 + x^3 & x^1 - ix^2 \\ x^1 + ix^2 & x^0 - x^3 \end{pmatrix} \tag{2.12}$$

zu. Es ist

$$\det \underline{x} = \langle x, x \rangle := g_{\mu\nu} x^\mu x^\nu\,, \; \underline{x}^* = \underline{x}\,, \; \operatorname{tr} \underline{x} = 2x^0\,. \tag{2.13}$$

Jede hermitesche 2×2 Matrix X lässt sich in der Form $X = \underline{x}$, $x \in \mathbb{R}^4$, darstellen. Nun sei $A \in SL(2,\mathbb{C})$ (= Gruppe der komplexen 2×2 Matrizen mit

[2] Vergleiche dazu auch die entsprechenden Diskussionen für $SO(3)$ und $SU(2)$ in [1], Kap. 4.3 im Kap. 4.

Determinante gleich 1). Wir bilden $X' = A\underline{x}A^*$. Offenbar ist X' hermitesch, deshalb existiert ein $x' \in \mathbb{R}^4$ mit

$$X' = \underline{x}' = A\underline{x}A^* .$$

Durch $x \mapsto x'$ wird eine lineare Transformation $\Lambda(A)$ auf $\mathbb{R}^4$ definiert. Da $\det \underline{x}' = \langle x', x' \rangle = \det \underline{x} = \langle x, x \rangle$, ist $\Lambda(A)$ eine Lorentz-Transformation; $\Lambda(A)$ ist sogar aus $L_+^\uparrow$. Dies folgt aus Stetigkeitsgründen: A kann stetig in $\mathbb{1}$ übergeführt werden, andrerseits ist die Abbildung $A \mapsto \Lambda(A)$ ein stetiger Homomorphismus von $SL(2,\mathbb{C})$ in die Lorentz-Gruppe und folglich liegt das Bild in der Einskomponente $L_+^\uparrow$.

Durch

$$\boxed{\underline{\Lambda(A)x} = A\underline{x}A^*} \tag{2.14}$$

wird also ein (stetiger) Homomorphismus $\pi : SL(2,\mathbb{C}) \to L_+^\uparrow$, $A \mapsto \Lambda(A)$ definiert. Wir zeigen, dass dieser surjektiv ist. Dazu beachten wir zunächst, dass die Restriktion $\pi|_{SU(2)}$ sich auf die bekannte Überlagerungsabbildung von $SU(2)$ auf $SO(3)$ reduziert (vgl. [1], Kap. 4), denn für $A \in SU(2)$ ist $2x^0 = \operatorname{tr} \underline{x} = \operatorname{tr} A\underline{x}A^* = \operatorname{tr} \underline{\Lambda(A)x} = 2x'^0$. Ferner ist das Bild von

$$\begin{pmatrix} e^{-\frac{\chi}{2}} & 0 \\ 0 & e^{\frac{\chi}{2}} \end{pmatrix} \tag{2.15}$$

die spezielle Lorentz-Transformation in der z-Richtung

$$\begin{pmatrix} \cosh\chi & 0 & 0 & -\sinh\chi \\ 0 & 1 & 0 & 0 \\ 0 & 0 & 1 & 0 \\ -\sinh\chi & 0 & 0 & \cosh\chi \end{pmatrix} . \tag{2.16}$$

Da sich jede Lorentz-Transformation gemäss (2.8) faktorisieren lässt, folgt die Behauptung.

Der Kern der Abbildung π ist

$$\operatorname{Ker}\pi = \left\{ A \in SL(2,\mathbb{C}) \,\middle|\, A\underline{x}A^* = \underline{x},\ \forall x \in \mathbb{R}^4 \right\} .$$

Speziell für $\underline{x} = \mathbb{1}$ ist $AA^* = \mathbb{1}$, d.h. A ist unitär. Der Kern der unitären Matrizen mit Determinante 1 ist aber nach Kap. 4.3 von [1] gleich $(\mathbb{1}, -\mathbb{1})$. Damit ist

$$L_+^\uparrow \cong SL(2,\mathbb{C})/\{\mathbb{1}, -\mathbb{1}\} . \tag{2.17}$$

Zum Beweis, dass $SL(2,\mathbb{C})$ einfach zusammenhängend ist, benutzen wir den

Hilfssatz 1 (Polarzerlegung) *Sei A eine nichtsinguläre komplexe Matrix, dann lässt sich A eindeutig darstellen gemäss*

$$A = UH ,$$

wobei U unitär und H positiv hermitesch sind.

Beweis. Wir zeigen zuerst die Eindeutigkeit. Sei $A = UH$, dann gilt $A^* = HU^* \Rightarrow A^*A = H^2$, also ist H notwendig gleich $\sqrt{A^*A}$ und $U = AH^{-1}$. Setzen wir umgekehrt $H = \sqrt{A^*A}$ (positiv hermitesch !) und $U = AH^{-1}$, so gilt $A = UH$ und U ist unitär:

$$U^*U = H^{-1}\underbrace{A^*A}_{H^2}H^{-1} = \mathbb{1}.$$

Bemerkungen

i) H und U hängen nach Konstruktion stetig von A ab.
ii) Aus $A = UH$ folgt

$$\Lambda(A) = \Lambda(U)\Lambda(H). \tag{2.18}$$

$\Lambda(U)$ ist aus $SO(3)$ und $\Lambda(H)$ ist eine spezielle Lorentz-Transformation, denn es existiert eine unitäre Transformation V, welche H diagonalisiert:

$$H = V\begin{pmatrix} e^{\chi/2} & 0 \\ 0 & e^{-\chi/2} \end{pmatrix}V^{-1}.$$

Dies zeigt, dass sich jede Lorentz-Transformation als Produkt einer eigentlichen Drehung und einer speziellen Lorentz-Transformation (in allgemeiner Richtung) darstellen lässt.

Die Menge der positiven hermiteschen Matrizen mit Determinante gleich 1 lässt sich wie folgt parametrisieren:

$$H = h_0\mathbb{1} + \boldsymbol{h}\cdot\boldsymbol{\sigma}, \quad h_0^2 - \boldsymbol{h}^2 = 1, \quad h_0 = +\sqrt{1+\boldsymbol{h}^2}, \quad h_0, \boldsymbol{h} : \text{reell}.$$

Diese Menge ist also homöomorph zu $\mathbb{R}^3$. Der Hilfssatz zeigt damit, dass $SL(2,\mathbb{C})$ homöomorph zu $SU(2) \times \mathbb{R}^3$ ist. $SU(2)$ und $\mathbb{R}^3$ sind aber einfach zusammenhängend. Damit ist gezeigt, dass $SL(2,\mathbb{C})$ die universelle Überlagerungsgruppe von $L_+^\uparrow$ ist.

Die folgenden Matrizen bilden eine Basis der Lie-Algebra

$$sl(2,\mathbb{C}) = \{A \mid \operatorname{tr} A = 0\}$$

von $SL(2,\mathbb{C})$:

$$I_j = \frac{1}{2i}\sigma_j, \quad K_j = \frac{1}{2}\sigma_j. \tag{2.19}$$

π_* sei der durch π induzierte Isomorphismus der Lie-Algebren $\pi_* : sl(2,\mathbb{C}) \to so(1,3)$. Wir interessieren uns für $\pi_*(I_j)$ und $\pi_*(K_j)$. Nach Kap.4.3 von [1] ist $\pi_*(I_j)$ die infinitesimale Drehung um die j-te (räumliche) Achse. K_3 ist die infinitesimale Erzeugende von

$$H(\chi) = \begin{pmatrix} e^{\chi/2} & 0 \\ 0 & e^{-\chi/2} \end{pmatrix}$$

und $\pi(H(\chi))$ ist die spezielle Lorentz-Transformation (2.16), in z-Richtung. Deshalb ist $\pi_*(K_3)$ eine infinitesimale spezielle Lorentz-Transformation in der z-Richtung und entsprechend $\pi_*(K_j)$ eine solche in der j-ten Richtung, z.B.

$$\pi_*(K_3) = \begin{pmatrix} 0\,0\,0\,1 \\ 0 & & \\ 0 & \mathbf{0} & \\ 1 & & \end{pmatrix}.$$

Die $\pi_*(I_j)$ und $\pi_*(K_j)$ bilden also die in (2.10) eingeführte Basis der Lie-Algebra von $L_+^\uparrow$.

Projektive Darstellungen von $L_+^\uparrow$

Die projektiven Darstellungen von $L_+^\uparrow$ stehen in eineindeutiger Beziehung zu den gewöhnlichen Darstellungen von $SL(2,\mathbb{C})$ Siehe dazu den Satz 4.2.2 in [1], der auch die orthochrone Lorentz-Gruppe einschliesst, da diese einfach ist. Eine Darstellung $D(A)$ von $SL(2,\mathbb{C})$ induziert genau dann eine gewöhliche Darstellung von $L_+^\uparrow$, wenn $D(-\mathbb{1}) = D(\mathbb{1})$ ist.

2.3 Endlichdimensionale Darstellungen von SL(2,ℂ), Spinorkalkül

Nun wollen wir die irreduziblen, endlichdimensionalen Darstellungen von $SL(2,\mathbb{C})$ bestimmen[3]. Dazu konstruieren wir zuerst spezielle Darstellungen und zeigen anschliessend, dass damit (bis auf Isomorphie) alle endlichdimensionalen irreduziblen Darstellungen erhalten werden.

In einem zweidimensionalen komplexen Vektorraum V mit Elementen $u = \binom{u_1}{u_2}$ kann $SL(2,\mathbb{C})$ wie folgt dargestellt werden

$$u \mapsto Au\,, \ (u \in V,\ A \in SL(2,\mathbb{C}))\,. \tag{2.20}$$

Neben V betrachten wir einen zweiten komplexen zweidimensionalen Raum $\dot{V}$ mit Elementen $v = \binom{v_{\dot{1}}}{v_{\dot{2}}}$ und darin die konjugiert-komplexe Darstellung

$$v \mapsto \bar{A}v\,, \ (v \in \dot{V},\ A \in SL(2,\mathbb{C}))\,. \tag{2.21}$$

Da für $A \in SL(2,\mathbb{C})$ die Determinante gleich 1 ist, tragen die Darstellungsräume ($SL(2,\mathbb{C})$-Moduln) V und $\dot{V}$ je eine natürliche *symplektische Struktur:*

[3] Allgemeines über Liegruppen, Liealgebren und deren Darstellungen wird in [1] entwickelt (siehe insbesondere die gruppentheoretischen Anhänge S.333.)

$$
\begin{aligned}
< u, u' > &= \varepsilon^{\alpha\beta} u_\alpha u'_\beta \,, \; (u, u' \in V) \,, \\
< v, v' > &= \varepsilon^{\dot\alpha\dot\beta} v_{\dot\alpha} v'_{\dot\beta} \,, \; (v, v' \in \dot V) \,.
\end{aligned} \tag{2.22}
$$

Dabei ist

$$
\left(\varepsilon^{\alpha\beta}\right) = \left(\varepsilon^{\dot\alpha\dot\beta}\right) = \begin{pmatrix} 0 & 1 \\ -1 & 0 \end{pmatrix} \equiv -\varepsilon \,. \tag{2.23}
$$

Die schiefen Formen $< u, u' >$ und $< v, v' >$ sind invariant unter $SL(2, \mathbb{C})$:

$$
\begin{aligned}
< Au, Au' > &= < u, u' > \,, \\
< \bar A v, \bar A v' > &= < v, v' > \,.
\end{aligned} \tag{2.24}
$$

Mit Hilfe von $\varepsilon^{\alpha\beta}$ können wir deshalb kontravariante Komponenten eines „Spinors“ $u \in V$ definieren:

$$
u^\alpha := \varepsilon^{\alpha\beta} u_\beta \,, \; \begin{pmatrix} u_1 \\ u_2 \end{pmatrix} \in V \,. \tag{2.25}
$$

Diese kontravarianten Komponenten transformieren sich kontragredient zu u_α, d.h. mit $(A^T)^{-1}$. Die Darstellung $A \mapsto (A^T)^{-1}$ ist äquivalent zur Darstellung (2.20), denn die Invarianz des Skalarproduktes $< u, u' >$ bedeutet: $A^T \varepsilon A = \varepsilon$, daher gilt

$$
(A^T)^{-1} = \varepsilon A \varepsilon^{-1} \,. \tag{2.26}
$$

Die Umkehrung von (2.25) lautet

$$
u_\alpha = \varepsilon_{\alpha\beta} u^\beta \,, \; (\varepsilon_{\alpha\beta}) = \begin{pmatrix} 0 & -1 \\ 1 & 0 \end{pmatrix} \,. \tag{2.27}
$$

Beachte, dass

$$
(\varepsilon_{\alpha\beta}) = -\left(\varepsilon^{\alpha\beta}\right) = \varepsilon \,. \tag{2.28}
$$

Entsprechend definiert man kontravariante Komponenten für die „punktierten“ Spinoren:

$$
v^{\dot\alpha} := \varepsilon^{\dot\alpha\dot\beta} v_{\dot\beta} \Rightarrow v_{\dot\alpha} = \varepsilon_{\dot\alpha\dot\beta} v^{\dot\beta} \,, \quad \left(\varepsilon^{\dot\alpha\dot\beta}\right) = \varepsilon \,; \tag{2.29}
$$

$v^{\dot\alpha}$ transformiert sich nach $\left(\bar A^T\right)^{-1} = (A^*)^{-1}$.

Die Darstellungen (2.20) und (2.21) von $SL(2, \mathbb{C})$ bezeichnen wir mit $D^{(\frac12, 0)}(A)$ bzw. $D^{(0, \frac12)}(A)$. Mit diesen konstruieren wir jetzt die Tensorproduktdarstellungen in $V^{\otimes n} \otimes \dot V^{\otimes m}$. Die Elemente dieses Raumes sind *Spinoren vom Rang* (n, m). Die Komponenten eines Elementes bezüglich der natürlichen Tensorproduktbasis bezeichnen wir mit $u_{\alpha_1 \cdots \alpha_n, \dot\beta_1 \cdots \dot\beta_m}$. Diese transformieren sich gemäss $\left(D^{(\frac12, 0)}\right)^{\otimes n} \otimes \left(D^{(0, \frac12)}\right)^{\otimes m}$: Zu $A = (A_\alpha^\beta)$ gehören die Transformationen

$$u_{\alpha_1\cdots\alpha_n,\dot\beta_1\cdots\dot\beta_m} \mapsto A_{\alpha_1}^{\alpha_1'}\cdots A_{\alpha_n}^{\alpha_n'}\bar A_{\dot\beta_1\dot\beta_1'}\cdots \bar A_{\dot\beta_m}^{\dot\beta_m'} u_{\alpha_1'\cdots\alpha_n',\dot\beta_1'\cdots\dot\beta_m'} . \tag{2.30}$$

Natürlich ist der $SL(2,\mathbb{C})$-Modul $V^{\otimes n}\otimes \dot V^{\otimes m}$ nicht irreduzibel (ausser für $(n,m)=(\frac{1}{2},0),(0,\frac{1}{2})$). Z.B. können wir $V^{\otimes 2}$ in den symmetrischen und den antisymmetrischen Teil zerlegen. Beide Unterräume sind unter $SL(2,\mathbb{C})$ invariant.[4]

Im folgenden bezeichne $V_{n,m}$ den invarianten Unterraum von $V^{\otimes n}\otimes \dot V^{\otimes m}$, welcher aus allen Spinoren $u_{\alpha_1\cdots\alpha_n,\dot\beta_1\cdots\dot\beta_m}$ besteht, die in den unpunktierten und in den punktierten Indizes *symmetrisch* sind:

$$V_{n,m} := V^{\otimes_s n}\otimes \dot V^{\otimes_s m} .$$

Die Darstellung in diesem Raum bezeichnen wir mit $D^{(\frac{n}{2},\frac{m}{2})}$. Die Dimension von $V_{n,m}$ ist $(n+1)(m+1)$. Wir werden sehen, dass $D^{(\frac{n}{2},\frac{m}{2})}$ irreduzibel ist und dass die Gesamtheit $\{D^{(\frac{n}{2},\frac{m}{2})}|n,m\in\mathbb{N}\}$ (bis auf Isomorphie) alle irreduziblen, *endlichdimensionalen Darstellungen* von $SL(2,\mathbb{C})$ gibt.

Restringieren wir die Darstellung $D^{(\frac{n}{2},\frac{m}{2})}$ auf $SU(2)$, so ist

$$\boxed{D^{(\frac{n}{2},\frac{m}{2})}\Big|_{SU(2)} \cong D^{\frac{n}{2}}\otimes D^{\frac{m}{2}} = \bigoplus_{j=|\frac{n-m}{2}|}^{\frac{n+m}{2}} D^j .} \tag{2.31}$$

Dies sieht man so: Der Vektor $u_\uparrow\otimes\cdots\otimes u_\uparrow$ in $V^{\otimes_s n}$, mit $u_\uparrow = \binom{1}{0}$, hat die maximale magnetische Quantenzahl $n/2$ und deshalb enthält $V^{\otimes_s n}$ die Darstellung $D^{\frac{n}{2}}$. Letztere hat aber die Dimension $(n+1)$ und dies ist gleich der Dimension von $V^{\otimes_s n}$. Analog trägt $\dot V^{\otimes_s m}$ die Darstellung $D^{\frac{m}{2}}$ von $SU(2)$, da für $A\in SU(2)$ $\bar A = \varepsilon A\varepsilon^{-1}$ gilt (nach (2.26) ist $\varepsilon A\varepsilon^{-1} = (A^T)^{-1} = (A^T)^* = \bar A$).

Irreduzibilität und Vollständigkeit der Darstellungen $D^{(\frac{n}{2},\frac{m}{2})}$

Um diese Eigenschaften zu beweisen, betrachten wir neben $SL(2,\mathbb{C})$ auch die Gruppe $SU(2)\times SU(2)$. In den Lie-Algebren $sl(2,\mathbb{C})$ und $su(2)\oplus su(2)$ dieser beiden Gruppen wählen wir die Basen (siehe auch (2.19))

$$\begin{aligned} su(2)\oplus su(2): &\quad M_j := \tfrac{1}{2i}\sigma_j\oplus 0\,,\ \ N_j := 0\oplus\tfrac{1}{2i}\sigma_j\,,\\ sl(2,\mathbb{C}): &\quad I_j := \tfrac{1}{2i}\sigma_j\,,\qquad K_j := \tfrac{1}{2}\sigma_j\,. \end{aligned} \tag{2.32}$$

Diese erfüllen die Vertauschungsrelationen (da $[\sigma_j,\sigma_k] = 2i\varepsilon_{jkl}\sigma_l$)

$$[M_j,M_k] = \varepsilon_{jkl}M_l\,,\quad [N_j,N_k] = \varepsilon_{jkl}N_l\,,\quad [M_j,N_k]=0\,, \tag{2.33}$$
$$[I_j,I_k] = \varepsilon_{jkl}I_l\,,\quad [K_j,I_k] = \varepsilon_{jkl}K_l\,,\quad [K_j,K_k] = -\varepsilon_{jkl}I_l \tag{2.34}$$

[4] Speziell ist $\varepsilon_{\alpha\beta}$ ein antisymmetrischer invarianter Spinor, wie aus (2.26) folgt.

(vergleiche (2.34) mit (2.11)).

Nun betrachten wir eine beliebige (endlichdimensionale) Darstellung D von $SL(2,\mathbb{C})$ in einem komplexen Raum $\mathcal{E}$. Die induzierte Darstellung der Lie-Algebra $sl(2,\mathbb{C})$ bezeichnen wir mit D_*. Durch

$$\begin{aligned}\tilde{D}_*(M_j) &:= \tfrac{1}{2}\left[D_*(I_j) - iD_*(K_j)\right] ,\\ \tilde{D}_*(N_j) &:= \tfrac{1}{2}\left[D_*(I_j) + iD_*(K_j)\right]\end{aligned} \tag{2.35}$$

wird, wie man leicht nachrechnet, eine Darstellung $\widetilde{D_*}$ von $su(2) \oplus su(2)$ definiert. Aufgrund des einfachen Zusammenhangs von $SU(2) \times SU(2)$ lässt sie sich eindeutig zu einer Darstellung $\tilde{D}$ dieser Gruppe integrieren. Umgekehrt gehört zu jeder Darstellung $\tilde{D}$ von $SU(2) \times SU(2)$ eine Darstellung D von $SL(2,\mathbb{C})$ mit

$$\begin{aligned}D_*(I_j) &= \tilde{D}_*(M_j) + \tilde{D}_*(N_j) ,\\ D_*(K_j) &= i\left[\tilde{D}_*(M_j) - \tilde{D}_*(N_j)\right] .\end{aligned}$$

Zwischen den komplexen Darstellungen von $SU(2) \times SU(2)$ und denjenigen von $SL(2,\mathbb{C})$ besteht also eine eineindeutige Beziehung[5]. Eine Darstellung D von $SL(2,\mathbb{C})$ ist genau dann irreduzibel, wenn die zugehörige Darstellung $\tilde{D}$ von $SU(2) \times SU(2)$ irreduzibel ist. Die Gesamtheit aller irreduziblen Darstellungen der kompakten Gruppe $SU(2) \times SU(2)$ ist uns aber bekannt (siehe [1], Seite 223). Diese sind gegeben durch[6] $D^{j_1} \times D^{j_2}$, $j_1, j_2 = 0, \frac{1}{2}, 1, \ldots$. Nun gilt:

Satz 2 *Die zur Darstellung* $D^{j_1} \times D^{j_2}$ *von* $SU(2) \times SU(2)$ *assoziierte Darstellung von* $SL(2,\mathbb{C})$ *ist isomorph zur Darstellung* $D^{(j_1,j_2)}$ *von* $SL(2,\mathbb{C})$ *im Raum der symmetrischen Spinoren.*

Beweis. Wegen

$$\begin{aligned}D_*^{(\frac{1}{2},0)}(I_j) &= \tfrac{1}{2i}\sigma_j \quad , \quad D_*^{(\frac{1}{2},0)}(K_j) = \tfrac{1}{2}\sigma_j ,\\ D_*^{(0,\frac{1}{2})}(I_j) &= -\tfrac{1}{2i}\bar{\sigma}_j , \quad D_*^{(0,\frac{1}{2})}(K_j) = \tfrac{1}{2}\bar{\sigma}_j ,\end{aligned}$$

gilt

$$\begin{aligned}\tilde{D}_*^{(\frac{1}{2},0)}(M_j) &= \tfrac{1}{2i}\sigma_j , \quad \tilde{D}_*^{(\frac{1}{2},0)}(N_j) = 0 ,\\ \tilde{D}_*^{(0,\frac{1}{2})}(M_j) &= 0 \quad , \quad \tilde{D}_*^{(0,\frac{1}{2})}(N_j) = -\tfrac{1}{2i}\bar{\sigma}_j .\end{aligned}$$

Daraus folgt, unter Berücksichtigung von $\varepsilon\sigma_j\varepsilon^{-1} = -\bar{\sigma}_j$, sofort, dass in der zu $D^{(j_1,j_2)}$ gehörenden Darstellung $\tilde{D}^{(j_1,j_2)}$ von $SU(2) \times SU(2)$ in $V_{2j_1,2j_2}$

[5] Dies beruht darauf, dass die zugehörigen Lie-Algebren verschiedene reelle Formen derselben komplexen Erweiterung sind.

[6] Wir erinnern an die Definition $(D^{j_1} \times D^{j_2})(A,B) = D^{j_1}(A) \otimes D^{j_2}(B)$.

die Untergruppe $SU(2) \times \mathbb{1}$ gemäss $D^{j_1} \otimes \mathbb{1}$ und die Untergruppe $\mathbb{1} \times SU(2)$ gemäss $\mathbb{1} \otimes D^{j_2}$ dargestellt wird, also ist $\widetilde{D}^{(j_1,j_2)} = D^{j_1} \times D^{j_2}$.

Folgerungen

i) Die Darstellungen $\{D^{(j_1,j_2)} \,|\, j_1, j_2 = 0, \frac{1}{2}, 1, \ldots\}$ bilden das vollständige System aller irreduziblen, endlichdimensionalen Darstellungen von $SL(2,\mathbb{C})$.

ii) Die Clebsch-Gordan Reihe für $SU(2) \times SU(2)$:

$$\left(D^{j_1} \times D^{j_2}\right) \otimes \left(D^{j_1'} \times D^{j_2'}\right) = \bigoplus_{k=|j_1-j_1'|}^{j_1+j_1'} \bigoplus_{l=|j_2-j_2'|}^{j_2+j_2'} D^k \times D^l$$

übersetzt sich in

$$\boxed{D^{(j_1,j_2)} \otimes D^{(j_1',j_2')} = \bigoplus_{k=|j_1-j_1'|}^{j_1+j_1'} \bigoplus_{l=|j_2-j_2'|}^{j_2+j_2'} D^{(k,l)}\,.} \tag{2.36}$$

iii) Jede endlichdimensionale komplexe Darstellung von $SL(2,\mathbb{C})$ ist *vollreduzibel*, da dies für die zugehörige Darstellung von $SU(2) \times SU(2)$ der Fall ist.

Wir notieren auch

$$D^{(j_1,j_2)}(-\mathbb{1}) = (-1)^{2j_1+2j_2}\,, \tag{2.37}$$

d.h. $D^{(j_1,j_2)}$ ist *eindeutig*, falls j_1 und j_2 beide ganz oder beide halbganz sind, und *zweideutig*, falls ein $j_{1,2}$ ganz und das andere halbganz ist.

Die Formel (2.14) zeigt auch, dass sich die Komponenten von $\underline{x}$ wie $D^{(\frac{1}{2},\frac{1}{2})}$ transformieren. Wir bezeichnen diese deshalb mit $x_{\alpha\dot{\beta}}$.

Wir benützen im Raum der 2×2 Matrizen die Operation

$$A \mapsto \hat{A} := \varepsilon \bar{A} \varepsilon^{-1}\,. \tag{2.38}$$

Aus (2.26) folgt

$$\hat{A} = (A^*)^{-1}\,, \forall A \in SL(2,\mathbb{C})\,. \tag{2.39}$$

Ein Spinor $\chi^{\dot{\beta}}$ tranformiert sich deshalb mit $\hat{A}$. Ferner entnimmt man daraus: Bezüglich der Untergruppe $SU(2)$ ist ein oberer punktierter Index äquivalent zu einem unteren unpunktierten Index; ebenso ist ein unterer punktierter Index äquivalent mit einem oberen unpunktierten Index.

Wir notieren auch

$$\hat{\sigma}_\mu = \sigma^\mu := g^{\mu\nu}\sigma_\nu = (\mathbb{1}, -\boldsymbol{\sigma})\,. \tag{2.40}$$

Deshalb gilt

$$\underline{\widehat{x}} = \underline{Px}\,, \tag{2.41}$$

wobei P für die Raumspiegelung (2.3) steht. Mit (2.14) folgt

$$\underline{P\Lambda(A)x} = \widehat{\left(\underline{\Lambda(A)x}\right)} = \widehat{A\underline{x}A^*} = \hat{A}\underline{\widehat{x}}\widehat{A^*} = \hat{A}\underline{\widehat{x}}\hat{A}^* = \underline{\Lambda(\hat{A})Px}\,,$$

d.h.

$$P\Lambda(\hat{A}) = \Lambda(A)P\,. \tag{2.42}$$

Wichtig sind die Relationen

$$\sigma^\mu\sigma_\nu + \sigma^\nu\sigma_\mu = \sigma^\mu\hat{\sigma}^\nu + \sigma^\nu\hat{\sigma}^\mu = 2g^{\mu\nu}\mathbb{1}\,, \tag{2.43}$$

welche direkt aus

$$\sigma_j\sigma_k = \delta_{jk} + i\varepsilon_{jkl}\sigma_l \tag{2.44}$$

folgen.

Nun definieren wir die *Differentialoperatoren*

$$\left(\partial_{\alpha\dot{\beta}}\right) := \underline{\partial} = \sigma^\mu\partial_\mu = \mathbb{1}\partial_0 - \boldsymbol{\sigma}\cdot\boldsymbol{\nabla}\,, \tag{2.45}$$

welche sich wie durch die Indizes angedeutet transformieren. Ziehen wir in $\partial_{\alpha\dot{\beta}}$ die Indizes herauf, so gilt

$$\left(\partial^{\alpha\dot{\beta}}\right) = \varepsilon\underline{\partial}\varepsilon^T = \varepsilon\underline{\partial}\varepsilon^{-1} = \left(\varepsilon\underline{\partial}^T\varepsilon^{-1}\right)^T = \left(\varepsilon\bar{\underline{\partial}}\varepsilon^{-1}\right)^T = \left(\underline{\widehat{\partial}}\right)^T,$$

d.h.

$$\left(\partial^{\alpha\dot{\beta}}\right) = \left(\underline{\widehat{\partial}}\right)^T. \tag{2.46}$$

Deshalb ist

$$\partial_{\alpha\dot{\beta}}\partial^{\alpha\dot{\gamma}} = \left(\underline{\widehat{\partial}}\,\underline{\partial}\right)^{\dot{\gamma}}_{\ \dot{\beta}} = \left(\hat{\sigma}^\mu\sigma^\nu\right)^{\dot{\gamma}}_{\ \dot{\beta}}\partial_\mu\partial_\nu = \frac{1}{2}\left(\hat{\sigma}^\mu\sigma^\nu + \hat{\sigma}^\nu\sigma^\mu\right)^{\dot{\gamma}}_{\ \dot{\beta}}\partial_\mu\partial_\nu\,,$$

oder mit (2.43)

$$\partial_{\alpha\dot{\beta}}\partial^{\alpha\dot{\gamma}} = \delta^{\dot{\gamma}}_{\dot{\beta}}\Box\,; \tag{2.47}$$

ebenso ist

$$\partial_{\alpha\dot{\gamma}}\partial^{\beta\dot{\gamma}} = \delta^\beta_\alpha\Box\,. \tag{2.48}$$

Daraus folgt

$$\frac{1}{2}\partial_{\alpha\dot{\beta}}\partial^{\alpha\dot{\beta}} = \Box\,. \tag{2.49}$$

Analog gilt für ein Vektorfeld A_μ mit zugehörigen Spinorfeld $(A_{\alpha\dot{\beta}}) = \underline{A}$:

$$\begin{aligned}\frac{1}{2}\partial_{\alpha\dot{\beta}}A^{\alpha\dot{\beta}} &= \frac{1}{2}\,\mathrm{tr}\left(\underline{\partial}\,\underline{\widehat{A}}\right) = \partial^\mu A^\nu\frac{1}{2}\,\mathrm{tr}\left(\sigma_\mu\hat{\sigma}_\nu\right)\\ &= \partial^\mu A^\nu\tfrac{1}{4}\,\mathrm{tr}(\sigma_\mu\hat{\sigma}_\nu + \sigma_\nu\hat{\sigma}_\mu) = \partial_\nu A^\nu\,,\end{aligned}$$

d.h.

$$\boxed{\frac{1}{2}\partial_{\alpha\dot{\beta}}A^{\alpha\dot{\beta}} = \partial_\nu A^\nu\,.} \tag{2.50}$$

Darstellungen von $L^\uparrow$

Da die Raumspiegelung im Bereich der elektromagnetischen und starken Wechselwirkungen eine Symmetrieoperation ist, benötigen wir auch die projektiven Darstellungen von $L^\uparrow = L_+^\uparrow \cup PL_+^\uparrow$, oder was auf dasselbe hinausläuft, die Darstellung von

$$L_{qm}^\uparrow = SL(2,\mathbb{C}) \times (\mathbb{1}, P). \tag{2.51}$$

Dies ist ein semidirektes Produkt, wobei P auf $SL(2,\mathbb{C})$ wie folgt operiert: $P \cdot A = \hat{A}$. Z.B. ist

$$(\mathbb{1}, P) \cdot (A, \mathbb{1}) = (\hat{A}, P) \tag{2.52}$$

und folglich gilt

$$(\mathbb{1}, P)(A, \mathbb{1})(\mathbb{1}, P) = (\hat{A}, P)(\mathbb{1}, P) = (\hat{A}, \mathbb{1}). \tag{2.53}$$

Die Überlagerungsabbildung $\pi : L_{qm}^\uparrow \to L^\uparrow$ ist definiert durch $\pi((A, 1\!\!1)) = \Lambda(A)$ und $\pi((A, P)) = \Lambda(A)P$. Dies ist, wie man leicht sieht, ein Homomorphismus, z.B. gilt wegen (2.42)

$$\pi((\mathbb{1}, P))\pi((A, \mathbb{1})) = \pi((\hat{A}, P)),$$

wie es nach (2.52) sein muss.

Nun betrachten wir eine irreduzible Darstellung T von $L_{qm}^\uparrow$ im Vektorraum $\mathcal{E}$ über $\mathbb{C}$:

$$(A, \mathbb{1}) \mapsto T(A), \ (\mathbb{1}, P) \mapsto T_s.$$

Es gilt (siehe (2.53)):

$$T_s^2 = \mathbb{1}, \ T_s T(A) T_s^{-1} = T(\hat{A}). \tag{2.54}$$

Dies zeigt, dass die beiden Darstellungen $A \mapsto T(A)$ und $A \mapsto T(\hat{A})$ von $SL(2,\mathbb{C})$ äquivalent sind.

Wir wollen nun untersuchen, wie $\mathcal{E}$ als $SL(2,\mathbb{C})$-Modul aussieht. Sei $\mathcal{E}_{p,q}$ ein irreduzibler $SL(2,\mathbb{C})$-Untermodul von $\mathcal{E}$ zur Darstellung $D^{(p,q)}$. Das Bild von $\mathcal{E}_{p,q}$ unter T_s bezeichnen wir mit $\dot{\mathcal{E}}_{p,q}$. Es sei $\xi \in \mathcal{E}_{p,q}$, dann gilt wegen (2.54)

$$T(A)(T_s\xi) = T_s \underbrace{(T(\hat{A})\xi)}_{\in \mathcal{E}_{p,q}} \in \dot{\mathcal{E}}_{p,q}; \tag{2.55}$$

also ist $\dot{\mathcal{E}}_{p,q}$ ebenfalls ein $SL(2,\mathbb{C})$-Untermodul, welcher, wie man leicht sieht, irreduzibel ist. Nun gibt es zwei Fälle:

(1) $\mathcal{E}_{p,q} = \dot{\mathcal{E}}_{p,q} = \mathcal{E}$, oder
(2) $\mathcal{E}_{p,q} \cap \dot{\mathcal{E}}_{p,q} = \{0\}$.

Im ersten Fall ist die Restriktion von T auf $SL(2,\mathbb{C})$ irreduzibel. Gleichung (2.54) zeigt, dass A und $\hat{A}$ äquivalent operieren. Dies ist nur möglich, wenn $p = q$ ist (selbst-konjugierte Darstellung).

Im Fall (1) ist also $T|_{SL(2,\mathbb{C})} = D^{(p,p)}$. Die Raumspiegelung erhöht die Dimension der Darstellung nicht und operiert gemäss

$$T_s D^{(p,p)}(A) T_s^{-1} = D^{(p,p)}(\hat{A}) . \tag{2.56}$$

Im Fall (2) sei $T(A)|_{\dot{\mathcal{E}}_{p,q}} = \dot{D}^{(p,q)}(A)$. Gleichung (2.55) zeigt, dass $A \mapsto \dot{D}^{(p,q)}(A)$ und $A \mapsto D^{(p,q)}(\hat{A})$ äquivalent sind. Dies bedeutet, dass die Darstellung $A \mapsto \dot{D}^{(p,q)}(A)$ isomorph zur Darstellung $D^{(q,p)}$ ist. Wir zeigen, dass $p \neq q$ sein muss. Sonst wären die Darstellungen in $\mathcal{E}_{p,q}$ und $\dot{\mathcal{E}}_{p,q}$ äquivalent und wir könnten isomorphe Basen einführen. In diesen wäre

$$T(A)\Big|_{\mathcal{E}_{p,p}\oplus\dot{\mathcal{E}}_{p,p}} = \begin{pmatrix} D^{(p,p)}(A) & 0 \\ 0 & D^{(p,p)}(A) \end{pmatrix}, \quad T_s = \begin{pmatrix} 0 & \sigma \\ \tilde{\sigma} & 0 \end{pmatrix},$$

mit einer 2×2 Matrix σ. Da $T_s^2 = \mathbb{1}$ muss $\tilde{\sigma} = \sigma^{-1}$ sein und (2.54) impliziert

$$\sigma D^{(p,p)}(A) \sigma^{-1} = D^{(p,p)}(\hat{A}) .$$

Setzen wir $S = \begin{pmatrix} \sigma & 0 \\ 0 & \sigma \end{pmatrix}$, so gilt also auch

$$S T(A) S^{-1} = T(\hat{A}) .$$

Deshalb vertauscht $L := S T_s = \begin{pmatrix} 0 & \sigma^2 \\ 1 & 0 \end{pmatrix}$ mit $T(A)$ und T_s; also wäre T nach dem Schurschen Lemma keine irreduzible Darstellung von $L_{qm}^{\uparrow}$.

Im Fall (2) zerfällt also $T|_{SL(2,\mathbb{C})}$ in die direkte Summe

$$D^{(p,q)} \oplus D^{(q,p)} , \quad p \neq q ,$$

und T_s vertauscht die beiden Summanden

$$T_s = \begin{pmatrix} 0 & \sigma \\ \sigma^{-1} & 0 \end{pmatrix}; \quad \sigma D^{(q,p)}(A) \sigma^{-1} = D^{(p,q)}(\hat{A}) . \tag{2.56'}$$

Die Raumspiegelung verdoppelt also die Dimension der irreduziblen Darstellungen.

2.4 Spinorfelder und Lorentz-invariante Feldgleichungen

Der einfachste Feldtyp ist ein *komplexes (reelles) Skalarfeld* $\varphi(x)$, welches sich unter Lorentz-Transformationen gemäss

$$\varphi'(x') = \varphi(x)\,, \quad x' = \Lambda x \tag{2.57}$$

transformiert. Die kräftefreie Wellengleichung für dieses Feld ergibt sich aus der folgenden Überlegung (wir setzen für einen Moment $\hbar$ und c nicht gleich 1). Die fundamentale de Broglie-Einstein-Verknüpfung zwischen Energie und Impuls einerseits, Frequenz und Wellenzahlvektor anderseits

$$E = \hbar\omega\,, \quad \boldsymbol{p} = \hbar\boldsymbol{k}$$

besitzt relativistische Invarianz. Es bilden nämlich $p = (\frac{E}{c}, \boldsymbol{p})$, $k = (\frac{\omega}{c}, \boldsymbol{k})$ beide einen 4-er Vektor. Es ist deshalb natürlich, die de Broglie-Einstein-Relationen als Grundlage in einer relativistischen Quantentheorie beizubehalten. Andrerseits gilt für E und $\boldsymbol{p}$ die Einstein-Beziehung:

$$p^2 = m^2c^2\,, \text{ d.h. } \frac{E^2}{c^2} = m^2c^2 + \boldsymbol{p}^2$$

(m ist die Ruhemasse), woraus für die Wellengrössen

$$k^2 = \frac{m^2c^2}{\hbar^2}\,, \quad \frac{\omega^2}{c^2} = \frac{m^2c^2}{\hbar^2} + \boldsymbol{k}^2$$

folgt. Die allgemeinste Superposition von ebenen Wellen

$$\varphi(x) = \int A(\boldsymbol{k}) e^{-i\langle k,x\rangle}\, d^3k$$

mit $k^2 = \frac{m^2c^2}{\hbar^2}$ genügt der Differentialgleichung

$$\boxed{(\Box + \kappa^2)\,\varphi = 0\,,} \tag{2.58}$$

wobei $\kappa = mc/\hbar$ die reziproke *Compton-Wellenlänge* ist. Diese Wellengleichung für ein skalares Feld ist die sogenannte *Klein-Gordon-Gleichung.*[7]

Der nächst einfachste Fall ist ein *Spinorfeld vom Typ* $D^{(\frac{1}{2},0)}$, d.h. ein $\mathbb{C}^2$-wertiges Feld $\varphi(x) = \binom{\varphi_1(x)}{\varphi_2(x)}$, welches sich unter Lorentz-Transformationen wie folgt transformiert:

$$\varphi'(x') = A\varphi(x)\,, \; A \in SL(2,\mathbb{C})\,, \; x' = \Lambda(A)x\,. \tag{2.59}$$

Die einfachste Lorentz-invariante lineare Feldgleichung für dieses Feld ist die sogenannte *Weyl-Gleichung:*

$$\boxed{\partial^{\alpha\dot\beta}\varphi_\alpha = 0\,, \quad d.h. \quad \underline{\widehat{\partial}}\varphi = 0} \tag{2.60}$$

[7] Die Gleichung (2.58) hat viele Autoren. Tatsächlich wurde sie zuerst von Schrödinger *vor* seiner nichtrelativistischen Wellengleichung aufgestellt. Auch Pauli fand diese sehr früh (Brief an P. Jordan). Weitere Autoren waren O. Klein, V. Fock, J. Kudar und W. Gordon. In diesen Arbeiten wurde auch die Wechselwirkung mit dem elektromagnetischen Feld (wie in Kap. 2.6) betrachtet.

oder

$$\boxed{(\partial_0 + \boldsymbol{\sigma} \cdot \boldsymbol{\nabla})\, \varphi = 0 .} \tag{2.60'}$$

Aus (2.48), d.h. $\partial_{\alpha\dot{\beta}}\partial^{\gamma\dot{\beta}} = \delta_\alpha^\gamma \Box$, folgt sofort die Wellengleichung für jede Komponente φ_α:

$$\Box\varphi_\alpha = 0 . \tag{2.61}$$

Dieses Feld propagiert deshalb mit Lichtgeschwindigkeit. Es beschreibt masselose Teilchen vom Spin 1/2, d.h. Neutrinos. Die Gleichung (2.60) ist im folgenden Sinne nicht spiegelinvariant: Zu einer Raumspiegelung P gibt es keine lineare Transformation

$$\varphi'(x') = S\varphi(x) , \quad x' = Px = (x^0, -\boldsymbol{x}) ,$$

derart, dass die Weyl-Gleichung invariant bleibt; denn setzen wir diesen Ansatz $\varphi(x) = S^{-1}\varphi'(x')$ in (2.60′) ein, so erhalten wir

$$\partial_0 S^{-1}\varphi'(x') + \boldsymbol{\sigma} \cdot \boldsymbol{\nabla} S^{-1}\varphi'(x') = 0 ,$$

oder

$$\partial_0'\varphi'(x') - S\boldsymbol{\sigma}S^{-1} \cdot \boldsymbol{\nabla}'\varphi'(x') = 0 .$$

Damit diese Gleichung dieselbe Form wie (2.60’) hat, muss

$$S\boldsymbol{\sigma}S^{-1} = -\boldsymbol{\sigma}$$

sein. Ein solches S existiert aber nicht, da die Matrizen $\boldsymbol{\sigma}$ und $-\boldsymbol{\sigma}$ inäquivalent sind. Dies sieht man z.B. daran, dass

$$[\sigma_j, \sigma_k] = 2i\varepsilon_{jkl}\sigma_l , \text{ aber } [-\sigma_j, -\sigma_k] = -2i\varepsilon_{jkl}(-\sigma_l) .$$

(Dies steht im Einklang mit der allgemeinen Darstellungstheorie von $L^\uparrow$, denn für $D^{(\frac{1}{2},0)}$ verdoppelt P die Dimension des Darstellungsraumes.)

Aus diesem Grund hat Pauli ursprünglich die Weyl-Gleichung verworfen. Seither hat sich die Situation aber geändert, da in der schwachen Wechselwirkung die Parität nicht erhalten ist. Tatsächlich beschreibt das Weylsche Feld, wie wir sehen werden, die Neutrinos.

Betrachten wir jetzt ein Spinorfeld $\chi(x) = \binom{\chi_{\dot 1}(x)}{\chi_{\dot 2}(x)}$ vom Typ $D^{(0,\frac{1}{2})}$:

$$\chi'(x') = \bar{A}\chi(x) , \quad x' = \Lambda(A)x , \tag{2.62}$$

so lautet die zugehörige Weyl-Gleichung

$$\boxed{\partial_{\alpha\dot{\beta}}\chi^{\dot{\beta}} = 0 , \quad \text{d.h.} \quad \underline{\partial}\chi = 0} \tag{2.63}$$

oder

$$\boxed{(\partial_0 - \boldsymbol{\sigma} \cdot \boldsymbol{\nabla})\, \chi = 0 .} \tag{2.63'}$$

Wegen $\hat{\underline{\partial}}\,\underline{\partial} = \Box \cdot \mathbb{1}$ folgt aus dieser ebenfalls die Wellengleichung

$$\Box \chi^{\dot{\beta}} = 0\,.$$

Natürlich ist auch (2.63), im gleichen Sinne wie (2.60), nicht P-invariant. Spinorfelder des Typs $D^{(\frac{1}{2},0)}$ oder $D^{(0,\frac{1}{2})}$ nennt man oft *Weylsche Spinoren.*

Nun möchten wir die Elektronen durch eine „relativistische Schrödinger-Gleichung" beschreiben. Da diese Spin 1/2 und Masse $m \neq 0$ haben, und wir eine P-invariante Wellengleichung suchen (im Hinblick auf die elektromagnetische Wechselwirkung), so müssen wir nach den Resultaten von Kap. 2.3 für das Feld die Darstellung $D^{(\frac{1}{2},0)} \oplus D^{(0,\frac{1}{2})}$ wählen. (Die Parität vertauscht die beiden Summanden.) Wir wählen deshalb einen *4-komponentige Dirac-Spinor*

$$\psi = \begin{pmatrix} \varphi_\alpha \\ \chi^{\dot{\beta}} \end{pmatrix}, \tag{2.64}$$

welcher sich gemäss

$$\psi'(x') = S(A)\psi(x)\,, \quad x' = \Lambda(A)x\,, \tag{2.65}$$

mit

$$S(A) = \begin{pmatrix} A & 0 \\ 0 & \hat{A} \end{pmatrix}, \tag{2.66}$$

transformiert. Für die Komponenten von ψ soll die Klein-Gordon-Gleichung gelten (als Folge der de Broglie-Einstein-Relationen und des Superpositionsprinzips). Die einfachsten Feldgleichungen, welche diese Forderung erfüllen, lauten:

$$\boxed{\begin{aligned} i\,\partial^{\alpha\dot{\beta}}\varphi_\alpha &= m\chi^{\dot{\beta}}\,, \\ i\,\partial_{\alpha\dot{\beta}}\chi^{\dot{\beta}} &= m\varphi_\alpha\,. \end{aligned}} \tag{2.67}$$

In Matrixschreibweise lauten diese Gleichungen mit $\varphi = \binom{\varphi_1}{\varphi_2}$, $\chi = \binom{\chi^{\dot{1}}}{\chi^{\dot{2}}}$

$$\boxed{\begin{aligned} i\hat{\underline{\partial}}\varphi &= m\chi\,, \\ i\underline{\partial}\chi &= m\varphi \end{aligned}} \tag{2.67'}$$

oder

$$\boxed{\begin{aligned} i(\partial_0 - \boldsymbol{\sigma}\cdot\boldsymbol{\nabla})\chi &= m\varphi\,, \\ i(\partial_0 + \boldsymbol{\sigma}\cdot\boldsymbol{\nabla})\varphi &= m\chi \end{aligned}}$$

und folglich gilt

$$i^2\underline{\partial}\,\hat{\underline{\partial}}\varphi = mi\underline{\partial}\chi = m^2\varphi\,,$$

also in der Tat

$$(\Box + m^2)\varphi = 0\,,$$

und ebenso

$$(\Box + m^2)\chi = 0\,;$$

somit ist auch

$$\boxed{(\Box + m^2)\psi = 0\,.} \tag{2.68}$$

Wir schreiben (2.67′) noch in einer 4-komponentigen Matrixform. Es sei

$$\gamma^\mu = \begin{pmatrix} 0 & \sigma^\mu \\ \hat{\sigma}^\mu & 0 \end{pmatrix}, \tag{2.69}$$

dann ist (2.67′) äquivalent zu

$$\boxed{(-i\gamma^\mu\partial_\mu + m)\,\psi = 0\,.} \tag{2.70}$$

Dies ist die berühmte *Dirac-Gleichung* und die γ^μ sind die sogenannten Diracschen γ-Matrizen. Sie genügen den Antikommutationsrelationen[8]:

$$\boxed{\{\gamma^\mu, \gamma^\nu\} = 2g^{\mu\nu}\mathbb{1}\,.} \tag{2.71}$$

Die Dirac-Gleichung interpretieren wir zunächst als eine relativistische Verallgemeinerung der Schrödinger-Gleichung. Inwiefern diese Interpretation möglich ist, werden wir später ausführlich diskutieren. Wie aber schon in der Einleitung erwähnt wurde, ist eine konsistente Interpretation in diesem Sinne nicht möglich und das Dirac-Feld muss, analog zum Strahlungsfeld, quantisiert werden.

Bevor wir die Dirac-Gleichung weiter diskutieren, wollen wir auch noch Gleichungen zu höherem Spin aufstellen. Wir illustrieren die allgemeine Methode am Beispiel $s = \frac{3}{2}$. Zur Beschreibung von Teilchen mit $s = \frac{3}{2}$ wählen wir Spinorfelder $\varphi^{\dot\sigma}_{\alpha\rho}$, $\chi^{\dot\beta\dot\sigma}_{\rho}$ zu den Darstellungen $D^{(1,\frac{1}{2})}$ und $D^{(\frac{1}{2},1)}$ und verlangen als Feldgleichungen die sogenannten *Pauli-Fierz-Gleichungen* ($p_\mu = i\partial_\mu \longrightarrow p_{\alpha\dot\beta}$):

$$\boxed{\begin{aligned} p^{\alpha\dot\beta}\varphi^{\dot\sigma}_{\alpha\rho} &= m\chi^{\dot\beta\dot\sigma}_{\rho}\,, \\ p_{\alpha\dot\beta}\chi^{\dot\beta\dot\sigma}_{\rho} &= m\varphi^{\dot\sigma}_{\alpha\rho}\,. \end{aligned}} \tag{2.72}$$

Da nach (2.31) $D^{(1,\frac{1}{2})}\big|_{SU(2)} = D^{\frac{3}{2}} \oplus D^{\frac{1}{2}}$, beschreibt das φ-Feld neben Spin 3/2 auch Spin 1/2. Aufgrund der Symmetrie von $\chi^{\dot\beta\dot\sigma}_{\rho}$ in den punktierten Indizes folgt aber aus der ersten Feldgleichung $p^{\alpha\dot\beta}\varphi_{\alpha\rho\dot\beta} = m\chi^{\dot\beta}_{\ \rho\dot\beta} = 0$, d.h.

$$p^{\rho\dot\sigma}\varphi_{\alpha\rho\dot\sigma} = 0\,, \text{ und ebenso:} \quad p_{\rho\dot\sigma}\chi^{\dot\beta\rho\dot\sigma} = 0\,. \tag{2.73}$$

[8] Für zwei Operatoren A, B ist $\{A, B\} := AB + BA$.

Die Bedeutung dieser Bedingungen wird am klarsten im Ruhesystem, wo bezüglich $SU(2)$:

$$p_{\rho\dot{\sigma}} \longrightarrow p^0\delta_\rho^\sigma = m\delta_\rho^\sigma \,.$$

Aus (2.73) wird dann bezüglich $SU(2)$:

$$\delta_\sigma^\rho \varphi_{\alpha\rho}^\sigma = 0\,, \quad \delta_\rho^\sigma \chi_{\beta\rho}^\rho = 0\,,$$

und dies bedeutet, dass $\varphi_{\alpha rs}$ und $\chi^{\beta rs}$ bezüglich $SU(2)$ total symmetrische Spinoren sind. Die aus den Feldgleichungen entspringenden Nebenbedingungen (2.73) projizieren also den Spin 3/2 heraus.

Wir wollen die Feldgleichungen noch in eine andere Form bringen. Dazu setzen wir

$$\varphi_{\alpha,\mu} = \sigma_\mu^{;\rho\dot{\sigma}} \varphi_{\alpha\rho\dot{\sigma}}\,, \quad \chi_{,\mu}^{\dot{\beta}} = \sigma_{\mu,\rho\dot{\sigma}} \chi^{\dot{\beta}\rho\dot{\sigma}} \,. \tag{2.74}$$

Dabei ist $\sigma_\mu = (\sigma_{\mu,\rho\dot{\sigma}})$ und $\sigma_\mu^{;\rho\dot{\sigma}}$ erhält man daraus durch Heben der Indizes: $(\sigma_\mu^{;\rho\dot{\sigma}}) = \varepsilon\sigma_\mu\varepsilon^T$. Nun definieren wir einen vektorwertigen Dirac-Spinor durch

$$\psi_\mu = \begin{pmatrix} \varphi_{\alpha,\mu} \\ \chi_{,\mu}^{\dot{\beta}} \end{pmatrix} \equiv \begin{pmatrix} \varphi_\mu \\ \chi_\mu \end{pmatrix} . \tag{2.75}$$

Aus (2.72) folgen die Gleichungen

$$\boxed{(\gamma^\mu p_\mu - m)\,\psi_\nu = 0\,.} \tag{2.76}$$

Daneben gelten die Nebenbedingungen

$$\boxed{\gamma^\mu \psi_\mu = 0\,.} \tag{2.77}$$

Beweis von (2.77). Diese Gleichungen bedeuten $\hat{\sigma}^\mu \varphi_\mu = 0$ und $\sigma^\mu \chi_\mu = 0$. Nach Definition ist

$$(\sigma^\mu \chi_\mu)_\alpha = \sigma^\mu{}_{,\alpha\dot{\beta}} \sigma_{\mu,\rho\dot{\sigma}} \chi^{\dot{\beta}\rho\dot{\sigma}} \,.$$

Man verifiziert unschwer die Identität

$$\sigma^\mu{}_{,\alpha\dot{\beta}} \sigma_{\mu,\rho\dot{\sigma}} = 2\varepsilon_{\alpha\rho}\varepsilon_{\dot{\beta}\dot{\sigma}} \,. \tag{2.78}$$

Da χ in den punktierten Indizes symmetrisch ist, erhalten wir in der Tat $\sigma^\mu \chi_\mu = 0$. Analog beweist man $\hat{\sigma}^\mu \varphi_\mu = 0$.

Die Gleichungen (2.76) und (2.77) sind die *Rarita-Schwinger-Gleichungen.* Als Folge dieser Gleichungen erhält man auch die Nebenbedingung

$$p^\mu \psi_\mu = 0\,, \tag{2.79}$$

denn

$$0 = (\gamma^\nu p_\nu + m)\,\gamma^\mu \psi_\mu = [\gamma^\mu (-\gamma^\nu p_\nu + m) + 2p^\mu]\,\psi_\mu = 2p^\mu \psi_\mu \,.$$

Umgekehrt kann man aus der Rarita-Schwinger-Formulierung die Pauli-Fierz-Gleichungen bekommen. Mit (2.78) leiten wir die Umkehrformel von (2.74) her:

$$\varphi_{\alpha\rho\dot{\sigma}} = \frac{1}{2}\sigma^{\mu}{}_{,\rho\dot{\sigma}}\varphi_{\alpha,\mu}\,, \tag{2.80}$$

$$\chi^{\dot{\beta}\dot{\sigma}\rho} = \frac{1}{2}\sigma^{\mu,\rho\dot{\sigma}}\chi^{\dot{\beta}}_{,\mu} \tag{2.81}$$

Die Feldgleichungen (2.72) sind dann trivialerweise erfüllt. Es bleiben die Symmetrieeigenschaften der Spinorfelder $\varphi_{\alpha\rho\dot{\sigma}}$ und $\chi^{\dot{\beta}\dot{\sigma}\rho}$ zu verfizieren. Nun ist $\varphi_{\alpha\rho\dot{\sigma}}$ symmetrisch in α und ρ, was gleichbedeutend mit $\varphi^{\alpha}_{\alpha\dot{\sigma}} = 0$ ist. Aber

$$\varphi^{\alpha\dot{\sigma}}_{\alpha} = \frac{1}{2}\sigma^{\mu,\alpha\dot{\sigma}}\varphi_{\alpha,\mu} = \frac{1}{2}\left(\hat{\sigma}^{\mu}\right)^{\dot{\sigma}\alpha}\varphi_{\alpha,\mu} = 0\,,$$

wobei das letzte Gleichheitszeichen aus der Nebenbedingung (2.77) folgt.

2.5 Die Dirac-Clifford-Algebra, bilineare Kovarianten

In diesem Abschnitt untersuchen wir die assoziative Algebra, welche durch die γ-Matrizen erzeugt wird.

Aus der Definition (2.69)

$$\gamma^{\mu} = \begin{pmatrix} 0 & \sigma^{\mu} \\ \hat{\sigma}^{\mu} & 0 \end{pmatrix} \tag{2.82}$$

und

$$S(A) = \begin{pmatrix} A & 0 \\ 0 & \hat{A} \end{pmatrix} \tag{2.83}$$

folgt mit (2.14)

$$\boxed{S(A)^{-1}\gamma^{\mu}S(A) = \Lambda(A)^{\mu}{}_{\nu}\gamma^{\nu}\,.} \tag{2.84}$$

(Wir überlassen die Verifikation dem Leser.)

Wir notieren auch die Realitätseigenschaften (* bezeichnet das hermitesch konjugierte)

$$\gamma^{0}\left(\gamma^{\mu}\right)^{*}\gamma^{0} = \gamma^{\mu}\,. \tag{2.85}$$

Eine vielgebrauchte Matrix ist

$$\gamma^{5} := \gamma_{5} := i\gamma^{0}\gamma^{1}\gamma^{2}\gamma^{3} \tag{2.86}$$

welche in der Darstellung (2.82), der sogenannten *Weyl-Darstellung,* die folgende Form hat

$$\gamma_{5} = \begin{pmatrix} \mathbb{1} & 0 \\ 0 & -\mathbb{1} \end{pmatrix}.$$

Beachte, dass

$$[S(A), \gamma_5] = 0 \,. \tag{2.87}$$

Die Weyl-Darstellung hat unter anderem den Vorteil, dass in ihr die Darstellung $S(A)$ gemäss (2.83) zerfällt. Nun gehen wir durch eine Ähnlichkeitstransformation in die sogenannte *Dirac-Pauli-Darstellung*

$$(\gamma^\mu)_{\text{D-P}} := T\,(\gamma^\mu)_{\text{W}}\,T^{-1}\,, \quad T = \frac{1}{\sqrt{2}}\begin{pmatrix} \mathbb{1} & \mathbb{1} \\ \mathbb{1} & -\mathbb{1} \end{pmatrix} . \tag{2.88}$$

In dieser Darstellung ist

$$\gamma^0 = \begin{pmatrix} \mathbb{1} & 0 \\ 0 & -\mathbb{1} \end{pmatrix}, \; \gamma^k = \begin{pmatrix} 0 & \sigma_k \\ -\sigma_k & 0 \end{pmatrix}, \; \gamma^5 = \begin{pmatrix} 0 & \mathbb{1} \\ \mathbb{1} & 0 \end{pmatrix} . \tag{2.89}$$

(2.82) und (2.89) kann man als äquivalente Darstellungen einer abstrakten Algebra betrachten, welche wir jetzt definieren wollen.

Definition 1 *Die* Clifford-Algebra $\mathbb{C}(n, g)$ *ist die freie assoziative* $\mathbb{C}$*-Algebra über der Menge* $\{\gamma_1, \gamma_2 \ldots, \gamma_n\}$, *modulo die Relationen*

$$\{\gamma_\mu, \gamma_\nu\} = 2 g_{\mu\nu} \mathbb{1}, \tag{2.90}$$

wobei $(g_{\mu\nu})$ *eine symmetrische, nicht singuläre Matrix ist.*

Wir geben noch eine andere (aber äquivalente) Definition einer Clifford-Algebra: Es sei $(E,\, g)$ ein komplexer Vektorraum über $\mathbb{C}$ mit einer nichtentarteten symmetrischen Bilinearform g. $T(E)$ sei die Tensoralgebra über E:

$$T(E) = \mathbb{C} \oplus E \oplus (E \otimes E) \oplus \ldots .$$

Ferner sei J das Ideal von $T(E)$, welches durch alle Elemente der Form

$$x \otimes x - g(x,\, x)\mathbb{1}, \quad x \in E\,,$$

erzeugt wird. Die Clifford-Algebra $\mathbb{C}(E,\, g)$ ist definitionsgemäss

$$\mathbb{C}(E,\, g) = T(E)/J\,. \tag{2.91}$$

J enthält die folgenden Elemente:

$$\begin{aligned} x \otimes y + y \otimes x - 2g(x,\, y)\mathbb{1} &= (x + y) \otimes (x + y) - g(x + y,\, x + y) \cdot \mathbb{1} \\ &\quad - x \otimes x + g(x,\, x) \cdot \mathbb{1} \\ &\quad - y \otimes y + g(y,\, y) \cdot \mathbb{1}\,. \end{aligned} \tag{2.92}$$

Die kanonische Abbildung von E in $\mathbb{C}(E,\, g)$ ist, wie man zeigen kann, ein Isomorphismus und deshalb kann man das Bild von E mit E identifizieren. Da die Elemente (2.92) in J liegen, gilt damit die „Jordan-Relation"

$$xy + yx = 2g(x, y) \cdot \mathbb{1} . \tag{2.93}$$

Wählen wir eine Basis γ_μ in E, so gilt dafür

$$\{\gamma_\mu, \gamma_\nu\} = 2g_{\mu\nu} \cdot \mathbb{1} , \quad g_{\mu\nu} := g(\gamma_\mu, \gamma_\nu) .$$

Die folgenden 2^n Elemente γ_A bilden eine Basis von $\mathbb{C}(n, g)$:

$$\mathbb{1} , \gamma_\mu , \gamma_\mu\gamma_\nu \ (\mu < \nu) , \gamma_\mu\gamma_\nu\gamma_\lambda \ (\mu < \nu < \lambda) , \ldots , \gamma_1\gamma_2 \ldots \gamma_n . \tag{2.94}$$

Wir werden im Anhang 2.A zu diesem Kapitel zeigen, dass $\mathbb{C}(2m, g)$, *bis auf Äquivalenz, genau eine irreduzible Darstellung hat.* Diese Darstellung ist (nach der allgemeinen Theorie) treu und hat die Dimension 2^m. Im Spezialfall $n = 2m = 4$, $g =$ Lorentz-Metrik, liegt die Dirac-Clifford-Algebra vor und jede irreduzible Darstellung ist äquivalent zu den Darstellungen (2.82) und (2.89). Diese letzte Aussage bildet den Inhalt des sogenannten *fundamentalen Theorems von Pauli.* Es besagt in anderen Worten: Gegeben seien 4×4 Matrizen $\{\gamma_\mu\}$ und $\{\gamma'_\mu\}$, für welche

$$\{\gamma_\mu, \gamma_\nu\} = 2g_{\mu\nu} , \ \{\gamma'_\mu, \gamma'_\nu\} = 2g_{\mu\nu}$$

gilt. Dann existiert eine nicht singuläre 4×4 Matrix S, so dass

$$\gamma'_\mu = S\gamma_\mu S^{-1} .$$

Ein Beispiel dafür ist die Gleichung (2.84). $S(A)$ vermittelt die Ähnlichkeitstransformation zwischen den γ_μ und $\gamma^{\mu\prime} = \Lambda(A)^\mu{}_\nu\gamma^\nu$, welche aufgrund von $\Lambda(A)^T g\Lambda(A) = g$ ebenfalls $\{\gamma'_\mu, \gamma'_\nu\} = 2g_{\mu\nu}$ erfüllen[9].

Viel gebrauchte Elemente der Dirac-Clifford-Algebra sind

$$\sigma^{\mu\nu} = \frac{i}{2} [\gamma^\mu, \gamma^\nu] . \tag{2.95}$$

Diese haben eine einfache gruppentheoretische Bedeutung: In der Weyl-Darstellung ist (für i, j, k zyklisch)

$$\sigma^{ij} = \begin{pmatrix} \sigma_k & 0 \\ 0 & \sigma_k \end{pmatrix} , \ \text{und } \sigma^{0k} = i \begin{pmatrix} \sigma_k & 0 \\ 0 & -\sigma_k \end{pmatrix} .$$

Nach den Ergebnissen von Kap. 2.1 sind also $\frac{1}{2i}\sigma^{ij}$ die infinitesimalen Drehungen um die k-te Achse und $\frac{1}{2i}\sigma^{0k}$ die infinitesimalen Lorentz-Transformationen in der k-ten Richtung (beachte dabei: $\hat{\sigma}_k = -\sigma_k$, $\widehat{i\sigma_k} = i\sigma_k$) für die Darstellung $S(A)$.

[9] Allgemeiner kann man für die pseudoorthogonale Gruppe $O(2m, g)$ zur Bilinearform g in $2m$ Dimensionen die sogenannte *Spindarstellung* wie folgt konstruieren: Zu jedem $\Lambda \in O(2m, g)$ existiert ein $S(\Lambda)$ mit

$$S^{-1}(\Lambda)\gamma^\mu S(\Lambda) = \Lambda^\mu{}_\nu\gamma^\nu .$$

$S(\Lambda)$ ist bis auf einen Zahlenfaktor eindeutig, da die Darstellung der Clifford-Algebra irreduzibel ist. Deshalb ist $\Lambda \mapsto S(\Lambda)$ eine projektive Darstellung von $O(2m, g)$.

Bilineare Kovarianten

Mit einem Dirac-Feld und seinem adjungierten kann man $4 \times 4 = 16$ bilineare Kombinationen bilden. Die folgenden bilinearen Bildungen haben ein einfaches Transformationsverhalten:

$$\boxed{\begin{aligned} S &= \bar{\psi}\psi\,, & P &= \bar{\psi}\gamma^5\psi\,, \\ V^\mu &= \bar{\psi}\gamma^\mu\psi\,, & A^\mu &= \bar{\psi}\gamma^\mu\gamma^5\psi\,, \\ T^{\mu\nu} &= \bar{\psi}\sigma^{\mu\nu}\psi\,. \end{aligned}} \tag{2.96}$$

Darin ist

$$\boxed{\bar{\psi} := \psi^*\gamma^0\,.} \tag{2.97}$$

Aus $\psi'(x') = S(A)\psi(x)$ folgt

$$\bar{\psi}'(x') = \psi^*(x)S^*(A)\gamma^0 = \bar{\psi}(x)\gamma^0 S^*(A)\gamma^0\,.$$

In der Weyl-Darstellung ist (siehe (2.82) und (2.83))

$$\gamma^0 S^*(A)\gamma^0 = S(A)^{-1}\,, \tag{2.98}$$

also gilt

$$\boxed{\bar{\psi}(x') = \bar{\psi}(x)S(A)^{-1}.} \tag{2.99}$$

Folglich hat z.B. V^μ nach (2.84) folgendes Transformationsverhalten

$$V'^\mu(x') = \bar{\psi}(x)S(A)^{-1}\gamma^\mu S(A)\psi(x) = \Lambda(A)^\mu{}_\nu V^\nu(x)\,. \tag{2.100}$$

Die Raumspiegelung P wird im Raum der Dirac-Spinoren nach (2.56′) wie folgt dargestellt

$$S_P = \begin{pmatrix} 0 & \sigma \\ \sigma^{-1} & 0 \end{pmatrix},$$

wobei nach (2.56′)

$$\sigma A \sigma^{-1} = \hat{A}$$

für alle $A \in SL(2,\mathbb{C})$. Die folgende Lösung

$$S_P = \pm\begin{pmatrix} 0 & \mathbb{1} \\ \mathbb{1} & 0 \end{pmatrix} = \pm\gamma^0 \tag{2.101}$$

lässt, wie man leicht nachprüft, die Dirac-Gleichung invariant. Daraus bekommt man, unter Beachtung von

$$\{\gamma^\mu, \gamma^5\} = 0 \tag{2.102}$$

das folgende Transformationsverhalten der bilinearen Ausdrücke (2.96):

$$\boxed{\begin{array}{ll} S \ = \text{Skalar}\,, & P \ = \text{Pseudoskalar}\,, \\ V^\mu \ = \text{Vektor}\,, & A^\mu = \text{Axialvektor}\,, \\ T^{\mu\nu} = \text{Tensor}\,. & \end{array}}$$

Diese Kovarianten spielen eine wichtige Rolle (insbesondere auch in der Theorie der schwachen Wechselwirkung).

Ergänzung: Die möglichen bilinearen Kovarianten ergeben sich aus der Ausreduktion des Tensorproduktes:

$$\begin{aligned}&\left(D^{(\frac{1}{2},0)} \oplus D^{(0,\frac{1}{2})}\right) \otimes \left(D^{(\frac{1}{2},0)} \oplus D^{(0,\frac{1}{2})}\right) \\ &= \underbrace{2D^{(0,0)}}_{S,P} \oplus \underbrace{2D^{(\frac{1}{2},\frac{1}{2})}}_{V^\mu,A^\mu} \oplus D^{(1,0)} \oplus D^{(0,1)}\,.\end{aligned} \tag{2.103}$$

Die zwei letzten Terme stehen für den selbstdualen und den antiselbstdualen Anteil von $T^{\mu\nu}$. Die Zerlegung eines Tensors in einen selbstdualen und einen antiselbstdualen Anteil geschieht wie folgt: Die $*$-Operation ist erklärt durch

$$*T^{\mu\nu} = \frac{1}{2}\varepsilon^{\mu\nu\alpha\beta}T_{\alpha\beta}\,. \tag{2.104}$$

Beachte

$$*(*T^{\mu\nu}) = T^{\mu\nu}\,.$$

$S^{\mu\nu}$ ist selbstdual, wenn $*S^{\mu\nu} = S^{\mu\nu}$ und antiselbstdual, wenn $*S^{\mu\nu} = -S^{\mu\nu}$. Für einen beliebigen Tensor gilt

$$T^{\mu\nu} = \underbrace{\frac{1}{2}(T^{\mu\nu} + *T^{\mu\nu})}_{\text{selbstdual}} + \underbrace{\frac{1}{2}(T^{\mu\nu} - *T^{\mu\nu})}_{\text{antiselbstdual}}\,.$$

Die beiden Anteile rechts transformieren sich für einen schiefen Tensor nach den Darstellungen $D^{(1,0)}$ bzw. $D^{(0,1)}$. Die Raumspiegelung vertauscht diese miteinander.

2.6 Die Dirac-Gleichung in Anwesenheit äusserer Felder

In der klassischen relativistischen Punktmechanik erhält man die Hamilton-Funktion eines Teilchens mit Ladung e unter dem Einfluss eines äusseren elektromagnetischen Feldes, indem man die Energie E durch $E - e\Phi$ und die räumlichen Impulse $\boldsymbol{p}$ durch $\boldsymbol{p} - \frac{e}{c}\boldsymbol{A}$ ersetzt ($(\Phi, \boldsymbol{A}) = A^\mu$ ist das 4-er Potential). Für den 4-er Impuls p_μ bedeutet dies die Substitution

$$p_\mu \to p_\mu - \frac{e}{[c]}A_\mu\,.$$

Dirac hat diesen Ansatz in der Quantentheorie beibehalten. Da in dieser p_μ in den Operator $i\hbar\partial_\mu$ übergeht, bedeutet das, dass die gewöhnliche Ableitung ∂_μ durch die „kovariante Ableitung" ersetzt wird:

$$\partial_\mu \to D_\mu = \partial_\mu + \frac{ie}{[\hbar c]} A_\mu = \left(\frac{\partial}{\partial x^0} + \frac{ie}{\hbar c}\Phi, \nabla - \frac{ie}{\hbar c}\boldsymbol{A} \right). \tag{2.105}$$

Aus (2.70) wird dann (mit $\hbar = c = 1$)

$$\boxed{(-i\gamma^\mu D_\mu + m)\psi = 0\,.} \tag{2.106}$$

Für den adjungierten Spinor $\bar{\psi}$ gilt (mit (2.85))

$$(i\partial_\mu + eA_\mu)\bar{\psi}\gamma^\mu + m\bar{\psi} = 0\,. \tag{2.107}$$

Multiplizieren wir (2.106) von links mit $\bar{\psi}$ und (2.107) von rechts mit ψ, so erhalten wir durch Subtraktion der resultierenden Gleichungen

$$\partial_\mu j^\mu = 0\,, \tag{2.108}$$

wobei

$$j^\mu = \bar{\psi}\gamma^\mu\psi \tag{2.109}$$

der „Strom" des Dirac-Feldes ist.

Aus (2.108) folgt, dass die Norm

$$\|\psi\|^2 := \int\limits_{x^0 = \,const.} \psi^*(x)\psi(x)\, d^3x = \int\limits_{x^0 = \,const.} j^0(x)\, d^3x$$

erhalten bleibt. Dies erlaubt uns, $\psi^*(x)\psi(x)$ als Wahrscheinlichkeitsdichte für den Ort $\boldsymbol{x}$ zu interpretieren. Diese wellenmechanische Auffassung werden wir freilich nicht aufrecht erhalten können.

Eichinvarianz

Ersetzen wir

$$A_\mu \mapsto A_\mu + \partial_\mu \Lambda\,, \tag{2.110}$$

so bleibt der Feldtensor[10] $F_{\mu\nu} = \partial_\mu A_\nu - \partial_\nu A_\mu$ ungeändert. Auch die Dirac-Gleichung (2.106) bleibt invariant, wenn das Dirac-Feld wie folgt transformiert wird

$$\psi \mapsto e^{-ie\Lambda}\psi\,,$$

denn dann gilt

$$D_\mu\psi \mapsto e^{-ie\Lambda} D_\mu\psi\,.$$

[10] Der Zusammenhang mit den elektromagnetischen Feldern $\boldsymbol{E}$ und $\boldsymbol{B}$ ist $F_{0i} = E_i$, $F_{12} = -B_3$ und zyklische.

Wie im kräftefreien Fall wollen wir eine Wellengleichung zweiter Ordnung ableiten. Dazu wenden wir auf (2.106) den Operator $(i\gamma^\mu D_\mu + m)$ an:

$$(\gamma^\mu \gamma^\nu D_\mu D_\nu + m^2)\psi = 0\,. \tag{2.111}$$

Nun ist

$$\gamma^\mu \gamma^\nu = g^{\mu\nu} + \frac{1}{2}[\gamma^\mu, \gamma^\nu] \tag{2.112}$$

und ferner

$$\begin{aligned}[\gamma^\mu, \gamma^\nu] D_\mu D_\nu = [\gamma^\nu, \gamma^\mu] D_\nu D_\mu &= -[\gamma^\mu, \gamma^\nu] D_\nu D_\mu \\ &= \frac{1}{2}[\gamma^\mu, \gamma^\nu][D_\mu, D_\nu]\end{aligned} \tag{2.113}$$

Aber

$$\begin{aligned}[D_\mu, D_\nu] &= ie[\partial_\mu, A_\nu] + ie[A_\mu, \partial_\nu] \\ &= -ie(A_{\mu,\nu} - A_{\nu,\mu}) = ieF_{\mu\nu}\,.\end{aligned} \tag{2.114}$$

Aus (2.112) bis (2.114) erhalten wir mit (2.95)

$$\gamma^\mu \gamma^\nu D_\mu D_\nu = D^\mu D_\mu + \frac{1}{2} e\sigma^{\mu\nu} F_{\mu\nu} \tag{2.115}$$

und damit aus (2.111)

$$\boxed{(D^\mu D_\mu + m^2)\psi + \tfrac{1}{2} e\sigma^{\mu\nu} F_{\mu\nu}\psi = 0\,.} \tag{2.116}$$

Im letzten Glied dieser Gleichung ist die Spinwechselwirkungsenergie mit dem äusseren Feld enthalten. Dies wird aus dem Studium des nicht-relativistischen Grenzfalls im folgenden Abschnitt hervorgehen. Dabei wird sich zeigen, dass die Dirac-Gleichung in die nicht-relativistische Pauli-Gleichung übergeht.

Wir bemerken noch, dass vom Standpunkt der Lorentz- und Eichinvarianz die Dirac-Gleichung (2.106) noch durch einen sogenannten *Pauli-Term*

$$\mu \frac{e}{2m} \sigma^{\mu\nu} F_{\mu\nu} \psi \tag{2.117}$$

ergänzt werden könnte. Es wird sich aber zeigen, dass man für Elektronen und Müonen ohne einen solchen Term auskommt, da die magnetischen Momente dieser Teilchen richtig zu $\frac{e\hbar}{2mc} \cdot 2$ herauskommen. (Kleine Abweichungen davon kann die QED als Strahlungskorrekturen erklären.)

2.7 Nichtrelelativistische Näherung der Dirac-Gleichung, Magnetisches Moment, Spin-Bahn Kopplung

Wir schreiben zuerst die Dirac-Gleichung in der Form einer Schrödinger-Gleichung

$$i\hbar\frac{\partial\psi}{\partial t} = H\psi\,. \tag{2.118}$$

Dabei ist

$$\boxed{H = c\boldsymbol{\alpha}\cdot\left(\boldsymbol{p} - \frac{e}{c}\boldsymbol{A}\right) + \beta mc^2 + e\Phi\,,} \tag{2.119}$$

worin wir die folgenden Bezeichnungen eingeführt haben:

$$\alpha_k = \gamma^0\gamma^k\,, \quad \beta = \gamma^0\,. \tag{2.120}$$

Diese Matrizen erfüllen

$$\alpha_i\alpha_k + \alpha_k\alpha_i = 2\delta_{ik}\,, \quad \beta\alpha_k + \alpha_k\beta = 0\,, \quad \beta^2 = \mathbb{1}\,. \tag{2.121}$$

In einer Darstellung, welche die Realitätseigenschaften (2.85) erfüllt, sind die Matrizen α_k und β hermitesch. In der Weyl-Darstellung ist

$$\boldsymbol{\alpha} = \begin{pmatrix} \boldsymbol{\sigma} & 0 \\ 0 & -\boldsymbol{\sigma} \end{pmatrix}, \quad \beta = \begin{pmatrix} 0 & \mathbb{1} \\ \mathbb{1} & 0 \end{pmatrix} \tag{2.122}$$

und in der Dirac-Pauli-Darstellung gilt

$$\boldsymbol{\alpha} = \begin{pmatrix} 0 & \boldsymbol{\sigma} \\ \boldsymbol{\sigma} & 0 \end{pmatrix}, \quad \beta = \begin{pmatrix} \mathbb{1} & 0 \\ 0 & -\mathbb{1} \end{pmatrix}. \tag{2.123}$$

Diese letzte Darstellung ist besonders geeignet zur Untersuchung des nichtrelativistischen Grenzfalls. Dazu setzen wir

$$\psi = \begin{pmatrix} \varphi \\ \chi \end{pmatrix} e^{(-i/\hbar)mc^2 t} \tag{2.124}$$

in (2.118) und (2.119) ein und erhalten folgendes Gleichungssystem

$$\left(i\hbar\frac{\partial}{\partial t} - e\Phi\right)\varphi = c\boldsymbol{\sigma}\cdot\left(\boldsymbol{p} - \tfrac{e}{c}\boldsymbol{A}\right)\chi\,, \tag{2.125}$$

$$\left(i\hbar\frac{\partial}{\partial t} - e\Phi + 2mc^2\right)\chi = c\boldsymbol{\sigma}\cdot\left(\boldsymbol{p} - \tfrac{e}{c}\boldsymbol{A}\right)\varphi\,. \tag{2.126}$$

In einer Entwicklung nach $1/c$ muss man in erster Näherung links in (2.126) nur das Glied mit $2mc^2\chi$ mitnehmen, und wir erhalten

$$\chi = \frac{1}{2mc}\boldsymbol{\sigma}\cdot\left(\boldsymbol{p} - \frac{e}{c}\boldsymbol{A}\right)\varphi \tag{2.127}$$

(d.h. $\chi = O(\frac{1}{c})\varphi$). Dies in (2.125) eingesetzt gibt

$$\left(i\hbar\frac{\partial}{\partial t} - e\Phi\right)\varphi = \frac{1}{2m}\left[\boldsymbol{\sigma}\cdot\left(\boldsymbol{p} - \frac{e}{c}\boldsymbol{A}\right)\right]^2\varphi\,. \tag{2.128}$$

Wir benutzen die folgenden Relationen für die Pauli-Matrizen

$$(\boldsymbol{\sigma} \cdot \boldsymbol{a})(\boldsymbol{\sigma} \cdot \boldsymbol{b}) = \boldsymbol{a} \cdot \boldsymbol{b} + i\boldsymbol{\sigma} \cdot (\boldsymbol{a} \wedge \boldsymbol{b}) . \tag{2.129}$$

In unserem Fall ist $\boldsymbol{a} = \boldsymbol{b} = \boldsymbol{p} - \frac{e}{c}\boldsymbol{A}$, aber das Vektorprodukt $\boldsymbol{a} \wedge \boldsymbol{b}$ verschwindet nicht, weil $\boldsymbol{p}$ und $\boldsymbol{A}$ nicht miteinander kommutieren:

$$\begin{aligned}\left(\boldsymbol{p} - \frac{e}{c}\boldsymbol{A}\right) \wedge \left(\boldsymbol{p} - \frac{e}{c}\boldsymbol{A}\right) \varphi &= \frac{ie\hbar}{c} \{\boldsymbol{A} \wedge \boldsymbol{\nabla} + \boldsymbol{\nabla} \wedge \boldsymbol{A}\} \varphi \\ &= \frac{ie\hbar}{c} (\boldsymbol{\nabla} \wedge \boldsymbol{A}) \cdot \varphi = \frac{ie\hbar}{c} \boldsymbol{B}\varphi .\end{aligned}$$

Auf diese Weise erhalten wir

$$\left[\boldsymbol{\sigma} \cdot \left(\boldsymbol{p} - \frac{e}{c}\boldsymbol{A}\right)\right]^2 = \left(\boldsymbol{p} - \frac{e}{c}\boldsymbol{A}\right)^2 - \frac{e\hbar}{c}\boldsymbol{\sigma} \cdot \boldsymbol{B} , \tag{2.130}$$

und für φ ergibt sich aus (2.128) die *Pauli-Gleichung*:

$$\boxed{i\hbar \frac{\partial \varphi}{\partial t} = H\varphi , \; H = \frac{1}{2m} \left(\boldsymbol{p} - \frac{e}{c}\boldsymbol{A}\right)^2 + e\Phi - \frac{e\hbar}{2mc}\boldsymbol{\sigma} \cdot \boldsymbol{B} .} \tag{2.131}$$

Im Gegensatz zur nicht-relativistischen Theorie kommt hier das magnetische Moment

$$\boldsymbol{\mu} = \frac{e\hbar}{2mc}\boldsymbol{\sigma} = \frac{e}{mc}\boldsymbol{S} , \quad \boldsymbol{S} = \frac{1}{2}\hbar\boldsymbol{\sigma} \quad (g = 2\,!) , \tag{2.132}$$

automatisch heraus. Dies ist einer der wichtigsten Erfolge der Dirac-Theorie. In der Wahrscheinlichkeitsdichte $\psi^*\psi = \varphi^*\varphi + \chi^*\chi$ können wir in erster Näherung den zweiten Summanden weglassen. Die Stromdichte ist

$$\boldsymbol{j} = c\psi^* \boldsymbol{\alpha} \psi = c(\varphi^* \boldsymbol{\sigma} \chi + \chi^* \boldsymbol{\sigma} \varphi) .$$

Gemäss (2.127) setzen wir hier

$$\chi = \frac{1}{2mc}\boldsymbol{\sigma} \cdot \left(-i\hbar\boldsymbol{\nabla} - \frac{e}{c}\boldsymbol{A}\right) \varphi , \quad \chi^* = \frac{1}{2mc}\left(i\hbar\boldsymbol{\nabla} - \frac{e}{c}\boldsymbol{A}\right) \varphi^* \boldsymbol{\sigma}$$

ein und benutzen die aus (2.129) folgenden Formeln

$$(\boldsymbol{\sigma} \cdot \boldsymbol{a})\boldsymbol{\sigma} = \boldsymbol{a} + i\boldsymbol{\sigma} \wedge \boldsymbol{a} , \quad \boldsymbol{\sigma}(\boldsymbol{\sigma} \cdot \boldsymbol{a}) = \boldsymbol{a} + i\boldsymbol{a} \wedge \boldsymbol{\sigma} . \tag{2.133}$$

Als Resultat dieser Näherung findet man die aus der Paulischen Spintheorie bekannte Formel

$$\boxed{\boldsymbol{j} = \frac{i\hbar}{2m} ((\boldsymbol{\nabla}\varphi)^* \varphi - \varphi^* \boldsymbol{\nabla}\varphi) - \frac{e}{mc}\boldsymbol{A}\varphi^*\varphi + \frac{\hbar}{2m}\boldsymbol{\nabla} \wedge (\varphi^* \boldsymbol{\sigma} \varphi) .} \tag{2.134}$$

Nun gehen wir zur zweiten Näherung über, indem wir die Glieder $O(1/c^2)$ noch mitnehmen. Dabei setzen wir voraus, dass $\boldsymbol{A} = 0$ ist, d.h. nur ein $\boldsymbol{E}$-Feld vorhanden ist. Für die Wahrscheinlichkeitsdichte $\psi^*\psi$ erhalten wir bei Berücksichtigung der Glieder $O(1/c^2)$

$$\psi^*\psi = |\varphi|^2 + \frac{\hbar^2}{4m^2c^2}|\boldsymbol{\sigma}\cdot\boldsymbol{\nabla}\varphi|^2 \,. \tag{2.135}$$

Wenn wir (in zweiter Näherung) eine der Schrödinger-Gleichung analoge Wellengleichung finden wollen, dann müssen wie statt φ eine andere (zweikomponentige) Funktion Ψ einführen, für die das zeitlich erhaltene Integral die Gestalt $\int|\Psi|^2d^3x$ hat, d.h. es muss

$$\int|\Psi|^2d^3x = \int\left\{\varphi^*\varphi + \frac{\hbar^2}{4m^2c^2}(\boldsymbol{\nabla}\varphi^*\cdot\boldsymbol{\sigma})(\boldsymbol{\sigma}\cdot\boldsymbol{\nabla}\varphi)\right\}d^3x$$

gelten oder, da mit einer partiellen Integration

$$\int(\boldsymbol{\nabla}\varphi^*\cdot\boldsymbol{\sigma})(\boldsymbol{\sigma}\cdot\boldsymbol{\nabla}\varphi)d^3x = -\int\varphi^*(\boldsymbol{\sigma}\cdot\boldsymbol{\nabla})(\boldsymbol{\sigma}\cdot\boldsymbol{\nabla})\varphi d^3x = -\int\varphi^*\Delta\varphi d^3x \,,$$

$$\int|\Psi|^2d^3x = \int\left\{\varphi^*\varphi - \frac{\hbar^2}{8m^2c^2}(\varphi^*\Delta\varphi + \varphi\Delta\varphi^*)\right\}d^3x \,.$$

Daraus entnehmen wir

$$\Psi = \left(1 + \frac{\boldsymbol{p}^2}{8m^2c^2}\right)\varphi \,, \quad \varphi = \left(1 - \frac{\boldsymbol{p}^2}{8m^2c^2}\right)\Psi \,. \tag{2.136}$$

Zur Vereinfachung der Schreibweise betrachten wir einen stationären Zustand, d.h. wir ersetzen $i\hbar\frac{\partial}{\partial t} \longrightarrow \varepsilon =$ Energie − (Ruhenergie). In nächster Näherung (nach (2.127)) bekommen wir aus (2.126)

$$\chi = \frac{1}{2mc}\left[1 - \frac{\varepsilon - e\Phi}{2mc^2}\right](\boldsymbol{\sigma}\cdot\boldsymbol{p})\varphi \,.$$

Dies müssen wir in (2.125) einsetzen und in der resultierenden Gleichung ist φ nach (2.136) durch Ψ zu ersetzen (bei konsequenter Vernachlässigung von Gliedern höherer Ordnung als $1/c^2$). Eine einfache Rechnung gibt

$$H\Psi = \varepsilon\Psi$$

mit

$$H = \frac{\boldsymbol{p}^2}{2m} + e\Phi - \frac{\boldsymbol{p}^4}{8m^3c^2} + \frac{e}{4m^2c^2}\left\{(\boldsymbol{\sigma}\cdot\boldsymbol{p})\Phi(\boldsymbol{\sigma}\cdot\boldsymbol{p}) - \frac{1}{2}(\boldsymbol{p}^2\Phi + \Phi\boldsymbol{p}^2)\right\} .$$

Den Ausdruck in der geschweiften Klammer formen wir wie folgt um:

$$(\boldsymbol{\sigma}\cdot\boldsymbol{p})\Phi(\boldsymbol{\sigma}\cdot\boldsymbol{p}) = \Phi\boldsymbol{p}^2 + \underbrace{(\boldsymbol{\sigma}\cdot\boldsymbol{p}\Phi)}_{\boldsymbol{\sigma}\cdot\frac{\hbar}{i}\boldsymbol{\nabla}\Phi = i\hbar\boldsymbol{\sigma}\cdot\boldsymbol{E}}(\boldsymbol{\sigma}\cdot\boldsymbol{p}) = \Phi\boldsymbol{p}^2 + i\hbar(\boldsymbol{\sigma}\cdot\boldsymbol{E})(\boldsymbol{\sigma}\cdot\boldsymbol{p}) \,,$$

$$\boldsymbol{p}^2\Phi - \Phi\boldsymbol{p}^2 = -\hbar^2\underbrace{\Delta\Phi}_{-\boldsymbol{\nabla}\cdot\boldsymbol{E}} + 2i\hbar\boldsymbol{E}\cdot\boldsymbol{p} = \hbar^2\boldsymbol{\nabla}\cdot\boldsymbol{E} + 2i\hbar\boldsymbol{E}\cdot\boldsymbol{p} \,.$$

Damit wird

$$H = \frac{p^2}{2m} + e\Phi - \frac{p^4}{8m^3c^2} + \frac{e}{4m^2c^2}\Big\{i\hbar\underbrace{(\sigma\cdot E)(\sigma\cdot p)}_{E\cdot p + i\sigma\cdot(E\wedge p)} - \frac{1}{2}\hbar^2\nabla\cdot E - i\hbar E\cdot p\Big\},$$

oder endgültig

$$\boxed{H = \left(\frac{p^2}{2m} + e\Phi\right) - \frac{p^4}{8m^3c^2} - \frac{e\hbar}{4m^2c^2}\sigma\cdot(E\wedge p) - \frac{e\hbar^2}{8m^2c^2}\nabla\cdot E\,.} \tag{2.137}$$

Die letzten drei Glieder sind die gesuchten Korrekturen der Ordnung $1/c^2$. Das erste davon rührt von der Entwicklung von $E - mc^2 = c\sqrt{p^2 + m^2c^2} - mc^2 = \frac{p^2}{2m} - \frac{1}{8m^3c^2}p^4 + \ldots$ her. Der zweite Term ist die sogenannte *Spin-Bahn-Wechselwirkung*; sie stellt die Wechselwirkungsenergie eines bewegten magnetischen Moments in einem elektrischen Feld dar, mit dem *richtigen Thomas Faktor* $1/2$[11]. Der eigentümliche letzte Term wurde zuerst von Darwin (1928) angegeben; er ist nur innerhalb der Quellen für das äussere Feld von Null verschieden. Für ein kugelsymmetrisches Feld ist $E = -\frac{x}{r}\frac{d\varphi}{dr}\Phi$ und der Operator der Spin-Bahn Wechselwirkung hat die Form

$$\boxed{H_{\text{S-B}} = \frac{e\hbar}{4m^2c^2}\frac{1}{r}\sigma\cdot(x\wedge p)\frac{d\Phi}{dr} = \frac{1}{2m^2c^2}\frac{1}{r}\frac{dU}{dr}(L\cdot S)\,,} \tag{2.138}$$

wobei $U := e\Phi$. Hier ist L der Bahndrehimpulsoperator und $S = \frac{\hbar}{2}\sigma$.

2.8 Feinstrukturniveaus des H-Atoms

Die drei letzten Terme in (2.137) geben Anlass zu einer Verschiebung der Niveaus in einem Atom (gegenüber der nicht-relativistischen Theorie). Wir betrachten ein H-ähnliches Atom mit festgehaltenem Kern (Korrekturen die von der Kernbewegung herrühren sind höherer Ordnung). Wir zerlegen (2.137) in $H = H_0 + V$, wobei $H_0 = \frac{p^2}{2m} - \frac{Ze^2}{r}$ der Hamilton-Operator der Schrödinger-Theorie ist und ($\hbar = c = 1$):

$$\boxed{V = -\frac{1}{8m^3}p^4 + \frac{\alpha Z}{2r^3m^2}L\cdot S + \frac{\alpha Z\pi}{2m^2}\delta^3(x)\,.} \tag{2.139}$$

---

[11] Naiv würde man folgendes erwarten: Das Elektron „sieht" in seinem Ruhesystem nach der Speziellen Relativitätstheorie das B-Feld $B = E \wedge v/c$ (bis auf $O(v^2/c^2)$) und deshalb sollte die Spin-Bahn-Wechselwirkung gleich $-\frac{e\hbar}{2mc}\sigma\cdot(E\wedge v/c)$ sein. Dies ist gerade das *doppelte* des dritten Terms in (2.137). Thomas bemerkte schon zwei Jahre vor der Dirac-Theorie, dass dieses Argument nicht richtig ist, weil das momentane Ruhesystem des Teilchens rotiert (Thomas Präzession). Für eine ausführliche Diskussion verweise ich auf das Skript über Spezielle Relativitätstheorie (Kap. 3, Abschnitt 3).

In einem H-Atom ist $\frac{v}{c} \sim \alpha \ll 1$. Deshalb können wir V als Störung behandeln. In 1. Ordnung Störungstheorie ist die Niveauverschiebung

$$\begin{aligned}\Delta\varepsilon = (\psi, V\psi) = &-\frac{1}{8m^3}\left\langle \boldsymbol{p}^4 \right\rangle_\psi \\ &+\frac{\alpha Z}{2m^2}\begin{Bmatrix} \frac{1}{2}\left[j(j+1)-l(l+1)-\frac{3}{4}\right], & l \neq 0 \\ 0, & l = 0 \end{Bmatrix}\left\langle \frac{1}{r^3} \right\rangle_\psi \\ &+\frac{\alpha Z\pi}{2m^2}\left|\psi(0)\right|^2 . \end{aligned} \tag{2.140}$$

Nun gilt für den ungestörten Zustand ψ

$$\boldsymbol{p}^2\psi = 2m\left(\varepsilon_0 + \frac{Z\alpha}{r}\right)\psi \qquad \left(\varepsilon_0 = -\frac{\alpha^2 Z^2 m}{2n^2}\right) .$$

Also ist

$$\left\langle \boldsymbol{p}^4 \right\rangle = 4m^2\left\langle \left(\varepsilon_0 + \frac{Z\alpha}{r}\right)^2 \right\rangle . \tag{2.141}$$

Die auftretenden Mittelwerte kann man wieder mit Hilfe der erzeugenden Funktion für die Laguerre-Polynome berechnen. Wir geben nur das Resultat:

$$\begin{aligned}&\left\langle \frac{1}{r} \right\rangle = \frac{\alpha Z m}{n^2} , \quad \left\langle \frac{1}{r^2} \right\rangle = \frac{(\alpha Z m)^2}{n^3(l+\frac{1}{2})} , \\ &\left\langle \frac{1}{r^3} \right\rangle = \frac{(\alpha Z m)^3}{n^3 l(l+\frac{1}{2})(l+1)} . \end{aligned} \tag{2.142}$$

Benutzt man noch

$$|\psi(0)|^2 = \begin{cases} \frac{1}{\pi}\frac{(\alpha Z m)^3}{n^3} & \text{für } l = 0 \\ 0 & \text{für } l \neq 0 , \end{cases}$$

so erhält man in allen Fällen nach einer einfachen Rechnung für die *Feinstrukturenergie*:

$$\boxed{\Delta\varepsilon = -\frac{(\alpha Z)^4 m}{2n^3}\left(\frac{1}{j+\frac{1}{2}} - \frac{3}{4n}\right) .} \tag{2.143}$$

Diese Energie hebt die „zufällige" Entartung in der nicht-relativistischen Theorie teilweise auf. Niveaus mit gleichen n und j aber verschiedenen $l = j \pm \frac{1}{2}$ bleiben entartet. Bei Berücksichtigung der Feinstruktur ergibt sich deshalb folgende Reihenfolge der Wasserstoffniveaus:

Ein Niveau mit der Hauptquantenzahl n *spaltet in n Feinstrukturkomponenten auf.* Wir haben bereits gesehen (Kap. 1), dass die verbleibende Entartung durch die Kopplung an das quantisierte Strahlungsfeld (Lamb Shift) aufgehoben wird. Die exakten Lösungen der Dirac-Gleichung in einem Coulomb-Feld werden wir weiter unten behandeln.

Tabelle 2.1.

$$\begin{array}{llll}
1s_{\frac{1}{2}}, & & & \\
\underbrace{2s_{\frac{1}{2}},\ 2p_{\frac{1}{2}},} & 2p_{\frac{3}{2}}, & & \\
\underbrace{3s_{\frac{1}{2}},\ 3p_{\frac{1}{2}},} & \underbrace{3p_{\frac{3}{2}},\ 3d_{\frac{3}{2}},} & 3d_{\frac{5}{2}} & \\
\cdots & \cdots & \cdots & \cdots\ \cdots \\
\vdots & & &
\end{array}$$

Abschweifung: Es wurde schon oft die Frage gestellt, ob sich fundamentale Naturkonstanten wie α über kosmische Zeiten geändert haben könnten. Eine der besten Schranken einer allfälligen Variation ergibt sich aus Präzisionsdaten von Absorptionslinien von Quasaren mit grossen Rotverschiebungen. Dabei konzentriert man sich auf das Dublett ${}^2S_{\frac{1}{2}} \rightarrow {}^2P_{\frac{1}{2}}, {}^2P_{\frac{3}{2}}$ von Alkali-Ionen (z.B. Si IV, C IV). Eine Änderung $\delta\alpha$ von α würde zu einer Änderung der Dublettaufspaltung $\Delta\lambda$ führen, wobei $\delta(\Delta\lambda)/\Delta\lambda = \delta(\alpha^2)/\alpha^2 = 2\delta\alpha/\alpha$. Beobachtungen an Grossteleskopen haben gezeigt, dass eine zeitliche Variation $\dot{\alpha}/\alpha$ weniger als 10^{-6} pro Hubble-Zeit beträgt.

Berücksichtigen wir die Feinstruktur, die Hyperfeinstruktur und die Lambshift, so sehen die $n = 2$ Zustände des H-Atoms wie in Abb. (2.1) aus:

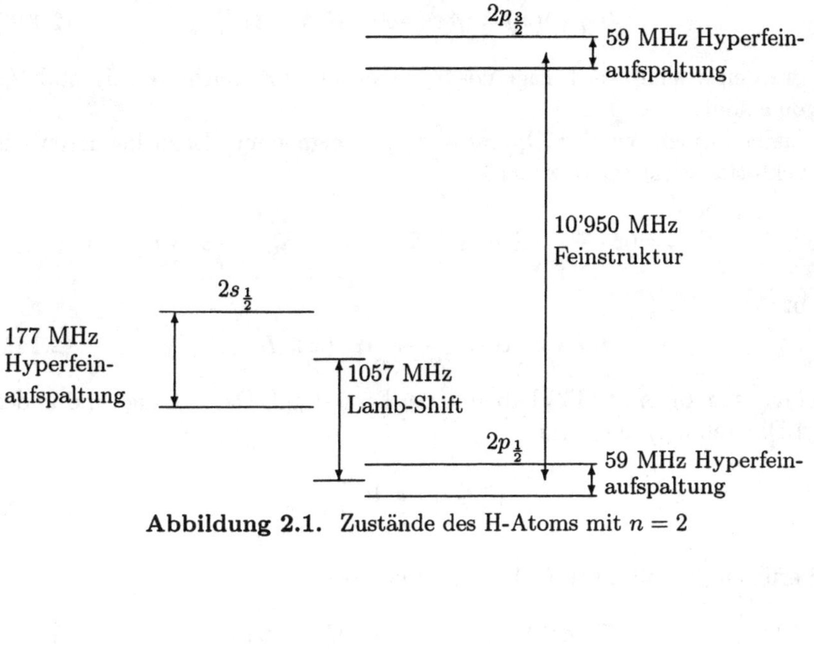

Abbildung 2.1. Zustände des H-Atoms mit $n = 2$

Die 21 cm Hyperfein-Aufspaltung des $1s_{\frac{1}{2}}$-Zustands entspricht 1420 MHz ($\lambda \cdot \nu = c$).

2.9 Zentralfeld-Lösungen

Wir suchen jetzt die stationären Lösungen der Dirac-Gleichung in einem statischen zentralen Potential $V(r)$. Das zugehörige Eigenwertproblem lautet nach (2.118) und (2.119)

$$H\psi = E\psi\,, \quad H = \boldsymbol{\alpha}\cdot\boldsymbol{p} + \beta m + V(r)\,. \tag{2.144}$$

Der Hamilton-Operator H vertauscht mit den Operatoren, welche die Drehungen im Raum der Dirac-Spinoren induzieren. Letztere sind definiert durch

$$(U(A)\psi)\,(\boldsymbol{x}) = S(A)\psi(\Lambda(A^{-1})\boldsymbol{x})\,, \quad A \in SU(2)\,.$$

Die infinitesimalen Erzeugenden der $U(A)$ sind (siehe Seite 139) die Operatoren

$$\boldsymbol{J} = \boldsymbol{L} + \boldsymbol{S}\,, \tag{2.145}$$

wobei

$$\boldsymbol{L} = \boldsymbol{x}\wedge\boldsymbol{p}\,, \quad \boldsymbol{S} = \frac{1}{2}\boldsymbol{\Sigma}\,, \quad \sigma_{ij} =: \Sigma_k \ (i,j,k \text{ zyklisch})\,. \tag{2.145'}$$

Ferner vertauscht H mit dem Paritätsoperator U_P:

$$(U_P\psi)(\boldsymbol{x}) = \gamma^0\psi(-\boldsymbol{x}) \quad (U_P^2 = \mathbb{1})\,. \tag{2.146}$$

Wir werden deshalb nach Eigenlösungen suchen, für welche $\boldsymbol{J}^2$, J_z und U_P diagonal sind.

Zuerst formen wir den Operator $\boldsymbol{\alpha}\cdot\boldsymbol{p}$ geeignet um. Dazu benutzen wir die Vektoridentität ($\hat{\boldsymbol{x}} := \boldsymbol{x}/|\boldsymbol{x}|$)

$$\boldsymbol{\nabla} = \hat{\boldsymbol{x}}(\hat{\boldsymbol{x}}\cdot\boldsymbol{\nabla}) - \hat{\boldsymbol{x}}\wedge(\hat{\boldsymbol{x}}\wedge\boldsymbol{\nabla}) = \hat{\boldsymbol{x}}(\hat{\boldsymbol{x}}\cdot\boldsymbol{\nabla}) - \frac{i}{r}\hat{\boldsymbol{x}}\wedge\boldsymbol{L}\,,$$

womit

$$\boldsymbol{\alpha}\cdot\boldsymbol{\nabla} = \boldsymbol{\alpha}\cdot\hat{\boldsymbol{x}}\frac{\partial}{\partial r} - \frac{i}{r}\boldsymbol{\alpha}\cdot(\hat{\boldsymbol{x}}\wedge\boldsymbol{L})\,. \tag{2.147}$$

Die Matrizen Σ_k in (2.145') haben in der Dirac-Pauli-Darstellung (und in der Weyl-Darstellung) die Form

$$\Sigma_k = \begin{pmatrix} \sigma_k & 0 \\ 0 & \sigma_k \end{pmatrix} \tag{2.148}$$

und erfüllen deshalb nach (2.129) die Relationen

$$(\boldsymbol{\Sigma}\cdot\boldsymbol{a})(\boldsymbol{\Sigma}\cdot\boldsymbol{b}) = \boldsymbol{a}\cdot\boldsymbol{b} + i\boldsymbol{\Sigma}\cdot(\boldsymbol{a}\wedge\boldsymbol{b})\,. \tag{2.149}$$

In der Dirac-Pauli-Darstellung ist nach (2.89)

$$\gamma^5 = \begin{pmatrix} 0 & \mathbb{1} \\ \mathbb{1} & 0 \end{pmatrix}$$

und folglich gilt mit (2.123)

$$\boldsymbol{\alpha} = \begin{pmatrix} 0 & \boldsymbol{\sigma} \\ \boldsymbol{\sigma} & 0 \end{pmatrix} = \gamma^5 \boldsymbol{\Sigma} . \tag{2.150}$$

Aus (2.149) folgt insbesondere

$$(\boldsymbol{\Sigma} \cdot \hat{\boldsymbol{x}})(\boldsymbol{\Sigma} \cdot \boldsymbol{L}) = i \boldsymbol{\Sigma} \cdot (\hat{\boldsymbol{x}} \wedge \boldsymbol{L}) ,$$

oder nach Multiplikation mit γ^5

$$(\boldsymbol{\alpha} \cdot \hat{\boldsymbol{x}})(\boldsymbol{\Sigma} \cdot \boldsymbol{L}) = i \boldsymbol{\alpha} \cdot (\hat{\boldsymbol{x}} \wedge \boldsymbol{L}) . \tag{2.151}$$

Benutzen wir dies in (2.147), so erhalten wir

$$\begin{aligned} \boldsymbol{\alpha} \cdot \boldsymbol{\nabla} &= (\boldsymbol{\alpha} \hat{\boldsymbol{x}}) \left(\frac{\partial}{\partial r} - \frac{1}{r} \boldsymbol{\Sigma} \cdot \boldsymbol{L} \right) \\ &= \gamma^5 (\boldsymbol{\Sigma} \cdot \hat{\boldsymbol{x}}) \left(\frac{\partial}{\partial r} - \frac{1}{r} \boldsymbol{\Sigma} \cdot \boldsymbol{L} \right) . \end{aligned} \tag{2.152}$$

Damit lautet der Hamilton-Operator (2.144)

$$\boxed{H = -i \gamma^5 (\boldsymbol{\Sigma} \cdot \hat{\boldsymbol{x}}) \left[\frac{\partial}{\partial r} + \frac{1}{r} - \frac{1}{r} (1 + \boldsymbol{\Sigma} \cdot \boldsymbol{L}) \right] + \beta m + V(r) .} \tag{2.153}$$

Für den Operator $1 + \boldsymbol{\Sigma} \cdot \boldsymbol{L}$ in (2.153) gilt nach (2.145)

$$\boxed{1 + \boldsymbol{\Sigma} \cdot \boldsymbol{L} = \boldsymbol{J}^2 + \tfrac{1}{4} - \boldsymbol{L}^2 .} \tag{2.154}$$

Winkelabhängigkeit

Wir zerlegen den Dirac-Spinor gemäss

$$\psi = \begin{pmatrix} \varphi \\ \chi \end{pmatrix} . \tag{2.155}$$

Die Projektionen auf die Unterräume mit den Eigenwerten ± 1 von β in der Dirac-Pauli-Darstellung sind

$$\frac{1}{2}(\mathbb{1} + \beta)\psi = \begin{pmatrix} \varphi \\ 0 \end{pmatrix} , \quad \frac{1}{2}(\mathbb{1} - \beta)\psi = \begin{pmatrix} 0 \\ \chi \end{pmatrix} . \tag{2.156}$$

Nun sei ψ simultan Eigenfunktion von $\boldsymbol{J}^2$, J_z und U_P:

$$\boldsymbol{J}^2\psi = j(j+1)\psi\,, \quad J_z\psi = m\psi\,, \quad U_P\psi = (-1)^{j+\frac{\pi}{2}}\psi\,. \tag{2.157}$$

Dabei sei

$$\pi = \begin{cases} +1 & \text{falls die Parität gleich } (-1)^{j+\frac{1}{2}} \text{ ist}\,; \\ -1 & \text{falls die Parität gleich } (-1)^{j-\frac{1}{2}} \text{ ist}\,. \end{cases} \tag{2.158}$$

Aus (2.146) folgt

$$\varphi(-\boldsymbol{x}) = (-1)^{j+\pi/2}\varphi(\boldsymbol{x})\,, \tag{2.159}$$

$$\chi(-\boldsymbol{x}) = -(-1)^{j+\pi/2}\chi(\boldsymbol{x})\,. \tag{2.160}$$

Die Restriktion der Drehimpulsoperatoren auf den Raum der φ's, bzw. der χ's stimmt nach (2.145) und (2.148) mit den Drehimpulsoperatoren der Paulischen Spintheorie überein.

Nun seien Ω_{lj}^m die *Spinorkugelfunktionen*:

$$\Omega_{lj}^m := \sum_{m_l, m_s} (lm_l, \tfrac{1}{2}m_s|jm) Y_{lm_l}\chi_{m_s}\,, \tag{2.161}$$

wobei $\chi_{\frac{1}{2}} = \binom{1}{0}$, $\chi_{-\frac{1}{2}} = \binom{0}{1}$ die übliche Basis der Pauli-Spinoren ist. Ω_{lj}^m hat die Parität $(-1)^l$. Der Bahndrehimpuls l nimmt natürlich nur die Werte $j \pm \frac{1}{2}$ an und die zugehörigen Spinorkugelfunktionen haben entgegengesetzte Parität. Deshalb muss nach (2.159) ψ die folgende Form haben:

$$\boxed{\psi_{jm}^\pi = \frac{1}{r}\begin{pmatrix} G(r)\Omega_{lj}^m \\ iF(r)\Omega_{l'j}^m \end{pmatrix}}\,, \tag{2.162}$$

wobei

$$l = j + \tfrac{1}{2}\pi\,, \quad l' = j - \tfrac{1}{2}\pi\,. \tag{2.163}$$

Nun benötigen wir die Wirkung von $1 + \boldsymbol{\Sigma}\cdot\boldsymbol{L}$ auf ψ_{jm}^π. Dazu benutzen wir (2.154) und notieren, dass die Wirkung von $\boldsymbol{L}^2$ auf ψ_{jm}^π dieselbe ist wie die des Operators (siehe (2.163))

$$\left(j + \tfrac{1}{2}\pi\beta\right)\left(j + \tfrac{1}{2}\pi\beta + 1\right) = j(j+1) + \tfrac{1}{4} + \tfrac{1}{2}\pi(2j+1)\beta\,.$$

Deshalb ist nach (2.154)[12]

$$\boxed{(1 + \boldsymbol{\Sigma}\cdot\boldsymbol{L})\,\psi_{jm}^\pi = -\tfrac{1}{2}\pi(2j+1)\beta\psi_{jm}^\pi\,.} \tag{2.164}$$

[12] Dies zeigt, dass der Operator

$$\boxed{K := \beta\,(1 + \boldsymbol{\Sigma}\cdot\boldsymbol{L})}$$

diagonal ist: $K\psi_{jm}^\pi = -\pi(j+\frac{1}{2})\psi_{jm}^\pi$. Durch direkte Rechnung kann man zeigen, dass K und H vertauschen (Aufgabe 2.11.10).

Nach (2.153) lautet jetzt die Eigenwertgleichung

$$\left\{-i\gamma^5\,(\boldsymbol{\Sigma}\cdot\hat{\boldsymbol{x}})\left[\frac{\partial}{\partial r}+\frac{1}{r}+\frac{\pi(j+\frac{1}{2})}{r}\beta\right]+m\beta+V(r)\right\}\psi^{\pi}_{jm}=E\psi^{\pi}_{jm}\,. \tag{2.165}$$

Da $\boldsymbol{\sigma}\cdot\hat{\boldsymbol{x}}$ ein Pseudoskalar ist, muss $\boldsymbol{\sigma}\cdot\hat{\boldsymbol{x}}\Omega^m_{lj}$ zum selben Drehimpuls j, aber zu verschiedener Parität gehören. Deshalb ist $\boldsymbol{\sigma}\cdot\hat{\boldsymbol{x}}\Omega^m_{lj}$ proportional zu $\Omega^m_{l'j}$. Der Proportionalitätsfaktor ist wegen $(\boldsymbol{\sigma}\cdot\hat{\boldsymbol{x}})^2=\mathbb{1}$ eine Phase:

$$(\boldsymbol{\sigma}\cdot\hat{\boldsymbol{x}})\Omega^m_{lj}=e^{i\delta}\Omega^m_{l'j}\,.$$

Um die Phase zu bestimmen, wählen wir $\hat{\boldsymbol{x}}$ speziell in der z-Richtung. Da

$$Y_{lm}(\hat{\mathbf{e}}_3)=\sqrt{\frac{2l+1}{4\pi}}\delta_{m0}\,,$$

ist

$$\Omega^m_{lj}(\hat{\mathbf{e}}_3)=\sqrt{\frac{2l+1}{4\pi}}(l,0;\tfrac{1}{2},m|j,m)\chi_m\,.$$

Mit

$$(\boldsymbol{\sigma}\cdot\hat{\mathbf{e}}_3)\Omega^m_{lj}=\sigma_3\Omega^m_{lj}(\hat{\boldsymbol{z}})=2m\Omega^m_{lj}(\hat{\mathbf{e}}_3)=e^{i\delta}\Omega^m_{l'j}(\hat{\boldsymbol{z}})$$

erhalten wir die folgende Gleichung für δ:

$$2m\sqrt{2l+1}(l,0;\tfrac{1}{2},m|j,m)=e^{i\delta}\sqrt{2l'+1}(l',0;\tfrac{1}{2},m|j,m)\,,$$

mit $l'=l\pm 1$. Nun benutze man die folgende Tabelle von Clebsch-Gordan-Koeffizienten:

Tabelle 2.2.

j \ m_s	$\frac{1}{2}$	$-\frac{1}{2}$
$l+\frac{1}{2}$	$\left[\frac{l+\frac{1}{2}+m}{2l+1}\right]^{\frac{1}{2}}$	$\left[\frac{l+\frac{1}{2}-m}{2l+1}\right]^{\frac{1}{2}}$
$l-\frac{1}{2}$	$-\left[\frac{l+\frac{1}{2}-m}{2l+1}\right]^{\frac{1}{2}}$	$\left[\frac{l+\frac{1}{2}+m}{2l+1}\right]^{\frac{1}{2}}$

In allen Fällen $j=l\pm\frac{1}{2}$, $m=\pm\frac{1}{2}$ stellt man fest, dass $e^{i\delta}=-1$ ist. Damit erhalten wir

$$\begin{aligned}\boldsymbol{\sigma}\cdot\hat{\boldsymbol{x}}\Omega^m_{lj}&=-\Omega^m_{l'j}\,,\\ \boldsymbol{\sigma}\cdot\hat{\boldsymbol{x}}\Omega^m_{l'j}&=-\Omega^m_{lj}\,.\end{aligned} \tag{2.166}$$

Aus der obigen Tabelle 2.2 entnimmt man auch

$$\Omega^m_{l,j=l+\frac{1}{2}}(e_3) = \begin{pmatrix} \left(\frac{j+m}{2j}\right)^{\frac{1}{2}} Y_{l,m-\frac{1}{2}} \\ \left(\frac{j-m}{2j}\right)^{\frac{1}{2}} Y_{l,m+\frac{1}{2}} \end{pmatrix},$$

$$\Omega^m_{l,j=l-\frac{1}{2}}(e_3) = \begin{pmatrix} -\left(\frac{j-m+1}{2j+2}\right)^{\frac{1}{2}} Y_{l,m-\frac{1}{2}} \\ \left(\frac{j+m+1}{2j+2}\right)^{\frac{1}{2}} Y_{l,m+\frac{1}{2}} \end{pmatrix}.$$

Mit Hilfe der Formeln (2.166) erhalten wir durch Einsetzen von (2.162) und (2.148) in (2.165) das folgende Paar von Differentialgleichungen für die radialen Funktionen $F(r)$ und $G(r)$:

$$\boxed{\begin{aligned} \frac{dF}{dr} - \frac{\kappa}{r}F &= -(E - V - mc^2)G\,, \\ \frac{dG}{dr} + \frac{\kappa}{r}G &= (E - V + mc^2)F\,, \end{aligned}} \tag{2.167}$$

wobei wir

$$\kappa = \pi\left(j + \tfrac{1}{2}\right) = \pm 1, \pm 2, \pm 3, \ldots \tag{2.168}$$

gesetzt haben. (Nach der Fussnote 12 ist $-\kappa$ der Eigenwert von K im Zustand ψ^{π}_{jm}.) Aus (2.163) folgt

$$\boxed{\begin{aligned} &\kappa > 0 \Rightarrow l = \kappa\,; \\ &\kappa < 0 \Rightarrow l = -\kappa - 1\,. \end{aligned}} \tag{2.169}$$

Nach (2.168) ist stets

$$j = |\kappa| - \tfrac{1}{2}\,.$$

κ bestimmt also die Werte von j, l und l' gemäss der folgenden Tabelle:

Tabelle 2.3.

	l	l'
$\kappa = j + \frac{1}{2}$	$j + \frac{1}{2}$	$j - \frac{1}{2}$
$\kappa = -(j + \frac{1}{2})$	$j - \frac{1}{2}$	$j + \frac{1}{2}$

Kugelwellen

Wir betrachten zuerst kräftefreie ($V = 0$) Lösungen von (2.167). Aus (2.167) erhält man für G leicht die folgende Differentialgleichung 2. Ordnung

$$G'' + \left(p^2 - \frac{\kappa(\kappa + 1)}{r^2}\right)G = 0\,, \quad p^2 = E^2 - m^2\,. \tag{2.170}$$

Nach (2.169) ist $\kappa(\kappa+1) = l(l+1)$, d.h. $\frac{\kappa(\kappa+1)}{r^2}$ ist der übliche Zentrifugalterm. Die bei $r = 0$ reguläre Lösung lautet nach (1.441)

$$G = N \cdot r j_l(pr) \qquad (N = \text{Normierungskonstante})\,.$$

F berechnet man daraus nach der ersten Gleichung von (2.167):

$$F = \frac{1}{E+m}\left(\frac{d}{dr} + \frac{\kappa}{r}\right) G\,.$$

Mit der Beziehung $j_l'(x) = \frac{l}{x} j_l(x) - j_{l+1}(x)$, (siehe (1.470)) folgt

$$F = N \frac{\kappa}{|\kappa|} \frac{pr}{E+m} j_{l'}(pr)\,.$$

Also lautet die Lösung für $V = 0$

$$\boxed{\psi_{\kappa m} = N \begin{pmatrix} j_l(pr)\Omega_{lj}^m \\ \frac{ip\kappa}{|\kappa|(E+m)} j_{l'}\Omega_{l'j}^m \end{pmatrix}\,.} \tag{2.171}$$

Gebundene Zustände des H-Atoms

Für gebundene Zustände haben wir die Normierungsbedingung

$$\int \psi^*\psi\, d^3x = 1\,,$$

was auf

$$\int_0^\infty [F^2(r) + G^2(r)]\, dr = 1 \tag{2.172}$$

führt. Für ein Coulomb-Potential ist ($\hbar = c = 1$): $V(r) = -\frac{Z\alpha}{r}$. Wir setzen:

$$\begin{aligned} G(r) &= e^{-\lambda r}\sqrt{m+E}(\varphi_1 + \varphi_2)\,, \\ F(r) &= e^{-\lambda r}\sqrt{m-E}(\varphi_1 - \varphi_2)\,, \end{aligned} \tag{2.173}$$

wobei $\lambda := \sqrt{m^2 - E^2}$. Ausserdem benutzen wir die Variable $x = 2\lambda r$. Die Funktionen $\varphi_{1,2}(x)$ erfüllen dann die folgenden Differentialgleichungen:

$$\begin{aligned} \frac{d\varphi_1}{dx} &= \left(1 - \frac{Z\alpha E}{\lambda x}\right)\varphi_1 - \left(\frac{\kappa}{x} + \frac{mZ\alpha}{\lambda x}\right)\varphi_2\,, \\ \frac{d\varphi_2}{dx} &= \left(-\frac{\kappa}{x} + \frac{mZ\alpha}{\lambda x}\right)\varphi_1 + \frac{Z\alpha E}{\lambda x}\varphi_2\,. \end{aligned} \tag{2.174}$$

Nun machen wir den Lösungsansatz:

$$\varphi_1(x) = x^\gamma \sum_{n=0}^{\infty} a_n x^n \,, \tag{2.175}$$

$$\varphi_2(x) = x^\gamma \sum_{n=0}^{\infty} b_n x^n \,, \tag{2.176}$$

wobei γ so gewählt ist, dass $(a_0, b_0) \neq (0,0)$. Dies setzen wir in (2.174) ein. Koeffizientenvergleich gibt

$$\begin{aligned} a_n(n+\gamma) &= a_{n-1} - \frac{Z\alpha E}{\lambda} a_n - \left(\kappa + \frac{mZ\alpha}{\lambda}\right) b_n \,, \\ b_n(n+\gamma) &= \left(-\kappa + \frac{mZ\alpha}{\lambda}\right) a_n + \frac{Z\alpha E}{\lambda} b_n \,. \end{aligned} \tag{2.177}$$

Für $n = 0$ ergibt die Lösbarkeitsbedingung

$$\det \begin{pmatrix} \gamma + \frac{Z\alpha E}{\lambda} & \kappa + \frac{mZ\alpha}{\lambda} \\ \kappa - \frac{mZ\alpha}{\lambda} & \gamma - \frac{Z\alpha E}{\lambda} \end{pmatrix} = 0$$

die folgende Gleichung für γ

$$\gamma^2 - \left(\frac{Z\alpha E}{\lambda}\right)^2 - \kappa^2 + \left(\frac{Z\alpha m}{\lambda}\right)^2 = 0 \,,$$

oder mit $\lambda^2 = m^2 - E^2$

$$\gamma^2 = \kappa^2 - (Z\alpha)^2 \,.$$

Für die bei $r = 0$ regulären Lösungen muss also

$$\boxed{\gamma = \sqrt{\kappa^2 - (Z\alpha)^2}} \tag{2.178}$$

sein. Die relativistischen Coulomb-Lösungen verhalten sich somit am Ursprung nicht mehr wie r^l. Dies ist jedoch eine Besonderheit des bei $r = 0$ singulären Coulomb-Potentials. Mit dem Wert (2.178) für γ folgt:

$$\frac{b_n}{a_n} = \frac{-\kappa + mZ\alpha/\lambda}{n + \gamma - EZ\alpha/\lambda} = \frac{\kappa - mZ\alpha/\lambda}{\rho(E,\kappa) - n} \,,$$

wobei

$$\boxed{\rho(E,\kappa) := \frac{Z\alpha E}{\lambda} - \gamma .} \tag{2.179}$$

Damit findet man allgemein:

$$\begin{aligned} a_n &= -\frac{\rho - n}{n(n+2\gamma)} a_{n-1} = \frac{(1-\rho)(2-\rho)\dots(n-\rho)}{n!(2\gamma+1)(2\gamma+2)\dots(2\gamma+n)} a_0 \,, \\ b_n &= \frac{n-1-\rho}{n(n+2\gamma)} b_{n-1} = \frac{(-\rho)(-\rho+1)\dots(-\rho+n-1)}{n!(2\gamma+1)\dots(2\gamma+n)} b_0 \,, \end{aligned}$$

oder

$$a_n = \frac{\Gamma(1-\rho+n)}{\Gamma(1-\rho)} \frac{\Gamma(2\gamma+1)}{\Gamma(2\gamma+n+1)} \frac{1}{n!} a_0 \,,$$
$$b_n = \frac{\Gamma(-\rho+n)}{\Gamma(-\rho)} \frac{\Gamma(2\gamma+1)}{\Gamma(2\gamma+n+1)} \frac{1}{n!} b_0 \,.$$

Nun lautet die konfluente hypergeometrische Reihe (vergleiche Abschnitt 1.C in [1], Seite 62)

$$F(\alpha,\gamma;z) = \sum_{k=0}^{\infty} \frac{\Gamma(\alpha+k)\Gamma(\gamma)}{k!\Gamma(\alpha)\Gamma(\gamma+k)} z^k \,. \tag{2.180}$$

Also ist

$$\varphi_1(x) = a_0 x^\gamma F(1-\rho, 2\gamma+1; x) \,, \tag{2.181}$$
$$\varphi_2(x) = b_0 x^\gamma F(-\rho, 2\gamma+1; x) \,,$$

wobei nach (2.177)

$$b_0 = \frac{\kappa - Z\alpha m/\lambda}{\rho(E,\kappa)} a_0 \,.$$

Nun gilt für $z \to \infty$ (vgl. [1], Abschnitt 1.C):

$$F(\alpha,\gamma;z) = \frac{\Gamma(\gamma)}{\Gamma(\gamma-\alpha)}(-z)^{-\alpha}\left[1 + O\left(\frac{1}{|z|}\right)\right]$$
$$+ \frac{\Gamma(\gamma)}{\Gamma(\alpha)} e^z z^{\alpha-\gamma}\left[1 + O\left(\frac{1}{|z|}\right)\right] . \tag{2.182}$$

Deshalb muss der zweite, exponentiell anwachsende Term zum Verschwinden gebracht werden, was $\alpha = 0, -1, -2, \ldots$ erfordert. Für $\rho = 1, 2, 3, \ldots$ werden beide hypergeometrischen Funktionen in (2.181) und (2.182) zu Polynomen, aber für $\rho = 0$ wird nur eine davon ein Polynom, nämlich φ_2. Die Gleichung $\rho = 0$ besagt aber $\gamma = \frac{Z\alpha E}{\lambda}$. Aus (2.178), $\gamma = \sqrt{\kappa^2 - (Z\alpha)^2}$, folgt dann

$$\kappa^2 = \gamma^2 + (Z\alpha)^2 = (Z\alpha)^2 \frac{\lambda^2 + E^2}{\lambda^2} = \left(\frac{Z\alpha m}{\lambda}\right)^2 ,$$

d.h. $|\kappa| = Z\alpha M/\lambda$. Für $\kappa < 0$ folgt aus (2.177) (für $n = 0$) $a_0 = 0$, während b_0 beliebig sein kann. In diesem Fall ist also $\varphi_1 = 0$ und φ_2 bricht ab. Dagegen ist für $\kappa > 0$, $\frac{a_0}{b_0} = -\frac{\kappa}{\gamma} \neq 0$ und φ_1 wächst exponentiell an. Wir erhalten damit die Quantisierung

$$\rho(E,\kappa) = n_r = \begin{cases} 0, 1, 2, \ldots & \text{für } \kappa < 0 \,; \\ 1, 2, 3, \ldots & \text{für } \kappa > 0 \,. \end{cases} \tag{2.183}$$

Aus (2.179), (2.178) und $\lambda = \sqrt{m^2 - E^2}$ folgt

$$\frac{E}{m} = \left[1 + \frac{(Z\alpha)^2}{\left(\sqrt{\kappa^2 - (Z\alpha)^2} + n_r\right)^2}\right]^{-\frac{1}{2}} . \tag{2.184}$$

Für $Z\alpha \ll 1$ ergeben die ersten Glieder in der Entwicklung dieser Formel

$$\frac{E}{m} - 1 = -\frac{(Z\alpha)^2}{2(|\kappa| + n_r)^2}\left\{1 + \frac{(Z\alpha)^2}{|\kappa| + n_r}\left[\frac{1}{|\kappa|} - \frac{3}{4(|\kappa| + n_r)}\right]\right\} . \tag{2.185}$$

Mit der Bezeichnung $n_r + |\kappa| = n$ $(= 1, 2, \ldots)$ und unter Beachtung von $|\kappa| = j + \frac{1}{2}$ erhalten wir wieder die störungstheoretische Formel (2.143). Da in die Formel (2.184) nur $|\kappa|$ eingeht, fallen die Niveaus mit verschiedenen l bei gleichem j nach wie vor zusammen. Die Eigenfunktionen zu den Eigenwerten (2.184) sind nach (2.173) und (2.181)

$$\begin{aligned} g_{n,\kappa}(r) &:= \frac{1}{r}G_{n,\kappa}(r) = 2\lambda N(n,\kappa)\sqrt{m+E}\, x^{\gamma-1}e^{-\frac{x}{2}} \\ &\times\Bigg[-(n-|\kappa|)F(-n+|\kappa|+1, 2\gamma+1; x) + \\ &+\left(\frac{Z\alpha m}{\lambda} - \kappa\right) F(-n+|\kappa|, 2\gamma+1; x)\Bigg] \end{aligned} \tag{2.186}$$

und

$$\begin{aligned} f_{n,\kappa}(r) &:= \frac{1}{r}F_{n,\kappa}(r) = -2\lambda N(n,\kappa)\sqrt{m-E}\, x^{\gamma-1}e^{-\frac{x}{2}} \\ &\times\Bigg[(n-|\kappa|)F(-n+|\kappa|+1, 2\gamma+1; x) + \\ &+\left(\frac{Z\alpha m}{\lambda} - \kappa\right) F(-n+|\kappa|, 2\gamma+1; x)\Bigg] . \end{aligned}$$

Dabei ist

$$\begin{aligned} &\lambda = \sqrt{m^2 - E^2},\ n = 1, 2, 3, \ldots\ (n \geq \kappa); \\ &x = 2\lambda r; \\ &\gamma = \sqrt{\kappa^2 - (Z\alpha)^2} . \end{aligned} \tag{2.187}$$

Die Normierung $N(n, \kappa)$ wird Z.B. in [3], Abschnitt 36, abgeleitet. Man erhält

$$N(n,\kappa) = \frac{\lambda}{m}\frac{1}{\Gamma(2\gamma+1)}\left[\frac{\Gamma(2\gamma+n-|\kappa|+1)}{2Z\alpha\left(\frac{Z\alpha m}{\lambda} - \kappa\right)\Gamma(n-|\kappa|+1)}\right]^{\frac{1}{2}} . \tag{2.188}$$

Die tiefsten Zustände und ihre spektroskopische Bezeichnung sind in der folgenden Tabelle 2.4 angegeben. (Der „Bahndrehimpuls“ l ist das l in Ω_{lj}^m der beiden grossen Komponenten.)

Tabelle 2.4.

$n = 1$	$j = \frac{1}{2}$	$1s_{\frac{1}{2}}$			$(n_r = 0)$
$n = 2$	$j = \frac{1}{2}$	$2s_{\frac{1}{2}}$	$2p_{\frac{1}{2}}$		$(n_r = 1)$
	$j = \frac{3}{2}$		$2p_{\frac{3}{2}}$		$(n_r = 0)$
$n = 3$	$j = \frac{1}{2}$	$3s_{\frac{1}{2}}$	$3p_{\frac{1}{2}}$		$(n_r = 2)$
	$j = \frac{3}{2}$		$3p_{\frac{3}{2}}$,	$3d_{\frac{3}{2}}$	$(n_r = 1)$
	$j = \frac{5}{2}$			$3d_{\frac{5}{2}}$	$(n_r = 0)$

Bemerkung. Die relative relativistische Korrektur zur Bindungsenergie in (2.185) ist *unabhängig von der Masse*, d.h. sie ist für elektrische und müonische Atome gleich. Für $Z = 82$ und $n = |\kappa| = 1$ beträgt sie z.B.

$$\frac{(Z\alpha)^2}{n^2}\left(\frac{n}{|\kappa|} - \frac{3}{4}\right) = \frac{1}{4}(Z\alpha)^2 \simeq 0.09\,.$$

2.10 Das Problem der Lösungen mit negativer Energie

In diesem Abschnitt werden wir zeigen, dass die Dirac-Theorie keine konsistente Interpretation im Rahmen eines Einteilchenproblems zulässt. Dies beruht darauf, dass der Hamilton-Operator (2.119) *nach unten unbeschränkt* ist.

Um dies zu sehen, betrachten wir zunächst den kräftefreien Fall und setzen als Lösung der Dirac-Gleichung eine ebene Welle an:

$$\psi(x) = u(p)e^{-i\langle p,x\rangle}\,. \tag{2.189}$$

Die Dirac-Gleichung gibt

$$(\gamma^\mu p_\mu - m)\,u(p) = 0\,. \tag{2.190}$$

Multiplizieren wir diese Gleichung von links mit $(\gamma^\nu p_\nu + m)$, so erhalten wir die Bedingung $p^2 = m^2$. Diese Gleichung hat zwei Lösungen

$$p^0 = \pm\sqrt{\boldsymbol{p}^2 + m^2}\,.$$

Für beide Vorzeichen hat (2.190) je zwei linear unabhängige Lösungen. Das Spektrum von H im kräftefreien Fall ist also $(-\infty, -m] \cup [m, \infty)$.

Nun betrachten wir den Fall mit Wechselwirkung. Im Hilbert-Raum der Zustände, bestehend aus den Dirac-Spinoren in $L^2(\boldsymbol{R}^3) \otimes \boldsymbol{C}^4$ mit dem Skalarprodukt

$$(\psi, \chi) = \int\limits_{x^0=const.} \psi^*(x)\chi(x)\,d^3x\,, \tag{2.191}$$

betrachten wir die Transformation (Ladungskonjugation)

$$U_C : \quad \psi \mapsto \psi_C := C\bar{\psi}^T . \tag{2.192}$$

Dabei ist C eine Matrix, welche folgende Eigenschaften hat

$$C^{-1}\gamma^\mu C = -\gamma^{\mu T}, \quad C^T = -C, \quad C^* C = \mathbb{1}. \tag{2.193}$$

Eine solche Matrix existiert. In der Weyl-Darstellung erfüllt z.B.

$$C = \begin{pmatrix} \varepsilon & 0 \\ 0 & -\varepsilon , \end{pmatrix}$$

wo ε die Matrix (2.23) ist, alle diese Eigenschaften. Die Transformation U_C ist antiunitär und involutiv: U_C ist sicher antilinear und es gilt

$$(U_C\psi, U_C\chi) = \int (C\bar{\chi}^T)^* C\bar{\psi}^T d^3x = \int \chi^* \psi d^3x = \overline{(\psi, \chi)},$$

da

$$(C\bar{\psi}^T)^* C\bar{\psi}^T = \bar{\psi}^{T*} \underbrace{C^* C}_{1} \bar{\chi}^T = \bar{\chi}\bar{\psi}^* = \bar{\chi}(\gamma^0)^*\psi = \chi^*\psi .$$

Ferner ist

$$U_C\psi_C = C\bar{\psi}_C^T = C\overline{(C\bar{\psi}^T)}^T = C[\underbrace{(C\bar{\psi}^T)^*\gamma^0}_{\bar{\psi}^{T*}C^{-1}\gamma^0}]^T \tag{2.194}$$

$$= \underbrace{C(\gamma^0)^T(C^{-1})^T}_{-C(\gamma^0)^T C^{-1} = \gamma^0} \bar{\psi}^* = \gamma^0(\psi^*\gamma^0)^* = \psi . \tag{2.195}$$

Wir vergleichen jetzt die Erwartungswerte von

$$H(\pm e) = \boldsymbol{\alpha} \cdot (\boldsymbol{p} \mp e\boldsymbol{A}) + \beta m \pm e\varphi$$

für die Zustände ψ und ψ_C. Es ist

$$(\psi_C, H(-e)\psi_C) = \int d^3x (C\bar{\psi}^T)^* H(-e) C\bar{\psi}^T = \int (\bar{\psi}^*)^T C^{-1} H(-e) C\bar{\psi}^T d^3x .$$

Wegen

$$\alpha_k = \gamma^0\gamma^k, \quad C^{-1}\alpha_k C = (\gamma^0)^T(\gamma^k)^T = (\gamma^k\gamma^0)^T = -\left(\gamma^0\gamma^k\right)^T = -\alpha_k^T$$

ist

$$C^{-1}H(-e)C = -\boldsymbol{\alpha}^T \cdot (\boldsymbol{p} + e\boldsymbol{A}) - \beta^T m - e\varphi$$

und folglich ist mit einer partiellen Integration

$$(\psi_C, H(-e)\psi_C) = \int \bar{\psi}[-\boldsymbol{\alpha}\cdot(-\boldsymbol{p}+e\boldsymbol{A}) - \beta m - e\varphi]\bar{\psi}^* d^3x$$
$$= \int \psi^* \left[-\boldsymbol{\alpha}\cdot(\boldsymbol{p}-e\boldsymbol{A}) - \beta m - e\varphi\right]\psi d^3x = -(\psi, H(+e)\psi)\,,$$

d.h.

$$\boxed{(\psi_C, H(-e)\psi_C) = -\,(\psi, H(+e)\psi)\,.}$$

Daraus entnimmt man, dass $H(\pm e)$ nach unten unbeschränkt ist, (da die Energie sicher nach oben unbeschränkt ist).

Man könnte nun die Möglichkeit ins Auge fassen, die negativen Energielösungen einfach wegzulassen. Dies ist im kräftefreien Fall möglich, hätte aber merkwürdige Konsequenzen. Z.B. enthält ein Gaußsches Wellenpaket im Ortsraum sowohl negative als auch positive Energielösungen. Ferner ist zu beachten, dass die Multiplikation mit $\boldsymbol{x}$ den Raum der positiven Energielösungen nicht invariant lässt.

Wirklich schwerwiegend ist aber die Tatsache, dass zeitabhängige äussere Felder Übergänge von positiven in negative Energiezustände induzieren.[13]

Koppeln wir das Dirac-Elektron an das quantisierte Strahlungsfeld, dann könnte das Elektron spontane Übergänge von positiven in negative Energiezustände machen. Deshalb wäre z.B. ein isoliertes H-Atom nicht stabil. Ein Elektron könnte seine Energie uferlos in Strahlungsenergie verwandeln.

Man kann die negativen Energiezustände nicht in konsistenter Weise amputieren, um solche Übergänge zu verhindern. Mit dieser Schwierigkeit sind alle relativistischen Wellengleichungen behaftet, insbesondere auch die Klein-Gordon-Gleichung für das skalare Feld.

Diracs Ausweg aus dieser Schwierigkeit war seine *Löchertheorie* von 1930. Er dachte sich den leeren Raum so beschrieben, dass alle Elektronenzustände negativer Energie durch je ein Elektron besetzt sind. Infolge des Ausschliessungsprinzips ist dieser *Vakuumzustand stabil.* Ferner führte Dirac die Zusatzannahme ein, dass die unendliche Ladung dieser Elektronen keine Felder erzeugt, sondern dass nur dasjenige elektrostatische Feld existiert, das von Abweichungen der Besetzung der Zustände von dieser Normalbesetzung des physikalischen Vakuums herrührt. Mit dieser Interpretation verhält sich ein Loch im See der negativen Energiezustände wie ein Teilchen mit der umgekehrten Ladung und positiver Masse, welche gleich der Elektronenmasse ist. Ein Elektron mit negativer Energie kann Strahlung absorbieren und in einen positiven Energiezustand angeregt werden, wobei ein Loch im negativen See zurückbleibt. Dies ist die Erklärung der Paarerzeugung durch die Löchertheorie.

[13] Im nächsten Kapitel werden wir die Wahrscheinlichkeit für die Paarerzeugung in schwachen zeitabhängigen äusseren Feldern berechnen. Diese Rechnung lässt sich in einer Einteilcheninterpretation gerade als Übergangswahrscheinlichkeit von positiven in negative Energiezustände auffassen.

Diese Reinterpretation der Dirac-Theorie bedeutet den Übergang zu einer Theorie unendlich vieler Freiheitsgrade, die Teilchen mit beiden Vorzeichen der Ladung beschreibt. Die Wellenfunktion hat nicht mehr die einfache Wahrscheinlichkeitsinterpretation der Einteilchen-Theorie, da sie jetzt auch die Erzeugung und Vernichtung von Elektron-Positron-Paaren beschreibt.

Die Feldquantisierung erlaubt eine elegantere Formulierung der Löchertheorie, in welcher die exakte Symmetrie der Theorie in bezug auf das Vorzeichen der elektrischen Ladung von vornherein zum Ausdruck gebracht ist. Die Quantisierung des Dirac-Feldes wird im nächsten Kapitel durchgeführt. Wir beschliessen diesen Abschnitt mit ein paar *historischen Bemerkungen:*

Die Diracschen Ideen müssen auf die Zeitgenossen eine schockartige Wirkung gehabt haben. Noch vor der Entdeckung des Positrons schrieb Pauli in seinem berühmten Handbuchartikel [27]:

„*...Neuerdings versuchte Dirac ...den bereits von Oppenheimer diskutierten Ausweg, die Löcher mit Anti-Elektronen, Teilchen der Ladung* $+e$ *und der Elektronenmasse, zu identifizieren. Ebenso müsste es dann neben den Protonen noch Anti-Protonen geben. Das tatsächliche Fehlen solcher Teilchen wird dann auf einen speziellen Aufangszustand zurückgeführt, bei dem eben nur eine Teilchensorte vorhanden ist. Dies scheint schon deshalb unbefriedigend, weil die Naturgesetze in dieser Theorie in bezug auf Elektronen und Antielektronen exakt symmetrisch sind. Sodann müssten jedoch (um die Erhaltungssätze von Energie und Impuls zu befriedigen mindestens zwei)* γ*-Strahl-Photonen sich von selbst in ein Elektron und Antielektron umsetzen können. Wir glauben also* nicht, *dass dieser Ausweg ernstlich in Betracht gezogen werden kann.*“

Ursprünglich identifizierte Dirac die Löcher mit den Protonen. Dies wurde von Oppenheimer und Weyl kritisiert, indem sie darauf hinwiesen, dass die Theorie in Teilchen und Löchern vermöge der Ladungskonjugation völlig symmetrisch ist. Überdies müsste sich ein H-Atom in kurzer Zeit ($\sim 10^{-10}$ s) in zwei Photonen annihilieren (genau wie dies für das Positronium der Fall ist).

Dirac akzeptierte diesen Einwand und führte in einer kurzen Arbeit (Proc. Roy. Soc. (London) A183, 69-72 (1931)) folgendes aus:

„*It thus appears that we must abandon the identification of the holes with protons and we must find some other interpretation for them. Following Oppenheimer, we can assume that in the world as we know it, all, and not nearly all, of the negative energy states are filled. A hole, if there were one, would be a new kind of particle, unknown to experimental physics, having the same mass and opposite charge to the electron. We may call such a particle an anti-electron. We should not expect to find any of them in nature, on account of their rapid rate of recombination with electrons, but if they could be produced experimentally in high vacuum, they would be quite stable and amenable to observation.*“

Als Paulis Handbuchartikel im Druck erschien, hatte C. D. Anderson bereits das Positron entdeckt. Viel später bemerkte Pauli über Dirac: „*... with his fine instinct for physical reality he started his argument without knowing the end of it.*“

2.11 Aufgaben

2.11.1 Lorentz-Transformation

Verifiziere, dass das Bild von (2.15) unter dem Homomorphismus $\pi : SL(2,\mathbb{C}) \to L_+^\uparrow$ die spezielle Lorentz-Transformation (2.16) ist.

2.11.2 Induzierter Homomorphismus

Leite aus (2.14) eine allgemeine Formel für den induzierten Homomorphismus $\pi_* : \ sl(2,\mathbb{C}) \ \to \ so(1,3)$ her. Berechne speziell die Bilder von (2.19) und zeige, dass diese mit (2.10) übereinstimmen.

2.11.3 Unsichtbarkeit der Lorentz-Kontraktion

Ein Beobachter im Ursprungsereignis ($x = 0$) hat nur Kunde von Ereignissen $x^0 < 0$ und $(x, x) \geq 0$. Dabei identifiziert er Ereignisse mit gleichen Verhältnissen $x^0 : x^1 : x^2 : x^3$, d.h. für ihn bilden die Ereignisse eine Teilmenge des projektiven Raumes $P_3(\mathbb{R})$ (welche im Kartenbereich zu $x^0 \neq 0$ liegen).

Bezeichnet $\pi : \mathbb{R}^4 \to P_3(\mathbb{R})$ die kanonische Projektion, so ist das Bild $\pi(N_-)$ der Ereignisse

$$N_- = \{x | (x, x) = 0, \ x^0 < 0\}$$

von denen ihn Lichtsignale erreichen die „Seh-Kugel“ (Richtungskugel)

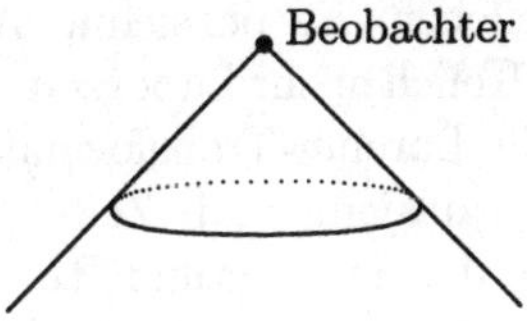

Abbildung 2.2. Seh-Kugel

$$S^2 = \left\{ \left(\frac{x^1}{x^0}, \frac{x^2}{x^0}, \frac{x^3}{x^0} \right) \middle| \sum_1^3 \left(\frac{x^i}{x^0} \right)^2 = 1 \right\} .$$

Zeige zunächst, dass Vektoren aus N_- wie folgt (mehrdeutig) dargestellt werden können:

$$x^\mu = \frac{1}{2}(\xi, \hat{\sigma}^\mu \xi), \qquad \xi \in \mathbb{R}^2 \tag{2.196}$$

Bei der Abbildung $A : \mathbb{R}^2 \to \mathbb{R}^2$, $A \in SL(2,\mathbb{R})$, wird x^μ mit $\Lambda(A)$ transformiert. Es ergibt sich folgendes kommutative Diagramm:

$$\begin{array}{ccccc} \mathbb{C}^2 & \xrightarrow{(1)} & N_- & \xrightarrow{\pi} & S^2 \\ A\downarrow & & \downarrow\Lambda(A) & & \downarrow\varphi(?) \\ \mathbb{C}^2 & \xrightarrow{(1)} & N_- & \xrightarrow{\pi} & S^2 \end{array}$$

Folgere aus (2.196) dass sich die Elemente der Richtungskugel folgendermassen durch $z := \xi_1/\xi_2$ ausdrücken lassen:

$$\frac{x^1}{x^0} = \frac{z+\bar{z}}{|z|^2+1}, \qquad \frac{x^2}{x^0} = \frac{1}{i}\frac{\bar{z}-z}{|z|^2+1}, \qquad \frac{x^3}{x^0} = \frac{|z|^2-1}{|z|^2+1}. \tag{2.197}$$

Dies sind gerade die Formeln für die stereographische Projektion (siehe z.B. [28], S. 157).

Da z unter $A = \begin{pmatrix} a & b \\ c & d \end{pmatrix} \in SL(2,\mathbb{C})$ einer *Möbiustransformation*

$$z \mapsto \frac{az+b}{cz+d}$$

unterworfen wird, ist die gesuchte Transformation φ von S^2 im obigen Diagramm gerade ein Automorphismus der Riemannschen Zahlenkugel (siehe [28], S. 157). Deshalb gehen Kreise auf S^2 in Kreise über und *man kann die Lorentz-Kontraktion nicht sehen.* (Möbius-Transformationen sind „Kreisverwandtschaften".)

2.11.4 Berechnung der Thomas-Präzession mit $SL(2,\mathbb{C})$

Betrachte ein bewegtes Teilchen. Es bezeichne $\Lambda(t)$ die spezielle Lorentz-Transformation, welche das Teilchen zur Laborzeit t auf Ruhe bringt. Natürlich ist dann $\Lambda(t+\Delta t)\Lambda^{-1}(t)$ die Lorentz-Transformation, welche das momentane Ruhesystem zur Zeit t in dasjenige zur Zeit $t+\Delta t$ überführt. Die Winkelgeschwindigkeit, mit der das momentane Ruhesystem rotiert (Thomas-Präzession), ergibt sich aus der Untersuchung der infinitesimalen Lorentz-Transformation $\dot{\Lambda}(t)\Lambda^{-1}(t)$. Anstelle der üblichen Rechnung (siehe, z.B., [6], S. 153) bestimme man diese Präzession mit Hilfe der universellen Überlagerungsgruppe $SL(2,\mathbb{C})$ von $L_+^\uparrow$.

Anleitung: Benutze die infinitesimale Version der Polarzerlegung für Elemente von $SL(2,\mathbb{C})$.

2.11.5 Herleitung

Leite die Gleichung (2.84) her.

2.11.6 Gordon-Zerlegung des Dirac-Stromes

Benutze Eigenschaften der γ-Algebra sowie die kräftefreie Dirac-Gleichung zur Herleitung der folgenden Zerlegung in konvektive und Spinanteile des Dirac-Stromes

$$\overline{\psi}\gamma^\mu\psi = \frac{i}{2m}\left[\overline{\psi}\partial^\mu\psi - \overline{\partial^\mu\psi}\psi\right] + \frac{1}{2m}\partial_\nu(\overline{\psi}\sigma^{\mu\nu}\psi)\ .$$

Wie verallgemeinert sich diese Beziehung bei Anwesenheit von äusseren elektromagnetischen Feldern?

2.11.7 Zitterbewegung und Darwin-Term

Betrachte zunächst eine Superposition von positiven Frequenzlösungen der Dirac-Gleichung,

$$\psi(x) = (2\pi)^{-3/2}\int d\Omega(p)\sum_{\lambda=\pm\frac{1}{2}}\hat{\psi}(p,\lambda)u(p,\lambda)e^{-ip\cdot x}\ ,$$

welche gemäss $\int_{x^0=\mathrm{const}} d^3x j^0(x) = 1\ ,\ j^\mu = \overline{\psi}\gamma^\mu\psi$, normiert ist. Bestimme sodann den räumlichen Strom $\boldsymbol{J} = \int d^3\ \overline{\psi}\boldsymbol{\gamma}\psi$ und zeige, dass

$$\boldsymbol{J} = \left\langle\frac{\boldsymbol{p}}{E}\right\rangle\ , \qquad \left\langle\frac{\boldsymbol{p}}{E}\right\rangle = \int d\Omega(p)\sum_\gamma\left(\frac{\boldsymbol{p}}{E}\right)\,|\hat{\psi}(p,\lambda)|^2\,\frac{1}{\mathrm{Norm}}$$

gilt. Nun stelle man sich eine Superposition von Lösungen mit positiven und negativen Frequenzen vor und überzeuge sich, dass dies zu zeitlich rasch oszillierenden Interferenztermen für $\boldsymbol{J}$ führt (mit Frequenzen $> \frac{2mc^2}{\hbar} = 2\times 10^{21} sec^{-1}$).

Zeige, dass die zugehörige Zitterbewegung, mit $\langle(\delta\boldsymbol{x})^2\rangle >\sim 1/m^2$, zu einer Zusatzenergie von der Form des Darwin-Terms führt.

2.11.8 Feinstruktur für die Klein-Gordon-Gleichung

Betrachte die gebundenen Zustände der Klein-Gordon-Gleichung

$$(D_\mu D^\mu + m^2)\Phi = 0\ , \qquad D_\mu = \partial_\mu + ieA_\mu$$

im Coulomb-Feld

$$eA_\mu = -\frac{Z\alpha}{r}\delta_{\mu 0}$$

und zeige, dass die diskreten Energien durch die folgende Formel gegeben sind

$$E = m\left[1 + \frac{(Z\alpha)^2}{n'^2}\right]^{-\frac{1}{2}} .$$

Dabei ist

$$\begin{aligned} n' &= n - \left(l + \frac{1}{2}\right) + \left[\left(l + \frac{1}{2}\right)^2 - (Z\alpha)^2\right]^{\frac{1}{2}} , \\ n &= 1, 2, \dots , \\ l &= 0, 1, 2, \dots , n-1 . \end{aligned}$$

Diskutiere die Feinstruktur-Aufspaltung, besonders auch für $Z\alpha << 1$. Was passiert für $Z > \frac{137}{2}$?

Anleitung: Führe die Eigenwertgleichung durch passende Substitutionen auf die nichtrelativistische Schrödinger-Gleichung zurück und benutze das Balmer-Spektrum.

2.11.9 Wasserstoff-Spektrum in der Dirac-Theorie

Anstelle der detaillierten Diskussion der Zentralfeldlösungen leiten wir in dieser Aufgabe lediglich die diskreten Eigenwerte her. Ausgangspunkt ist die Gleichung 2. Ordnung:

$$(i\not{D} + m)(-i\not{D} + m)\psi = 0 . \tag{2.198}$$

In unserem Problem ist

$$i\not{D} = i\gamma^0(\underbrace{\partial_0}_{-iE} + \underbrace{ieA_0}_{V}) + \underbrace{i\gamma^j\partial_j}_{i\gamma^0\boldsymbol{\alpha}\cdot\boldsymbol{\nabla}} = \beta[E - V + i\boldsymbol{\alpha}\cdot\boldsymbol{\nabla}] .$$

Somit wird aus (2.198), wegen $\{\beta, \boldsymbol{\alpha}\} = 0$,

$$[(E-V) - i\boldsymbol{\alpha}\cdot\boldsymbol{\nabla} + \beta m]\,[-(E-V) - i\boldsymbol{\alpha}\cdot\boldsymbol{\nabla} + \beta m]\,\psi = 0$$

oder

$$[-(E-V)^2 - i\boldsymbol{\alpha}\cdot\boldsymbol{\nabla} + \underbrace{(-i\boldsymbol{\alpha}\cdot\boldsymbol{\nabla} + \beta m)^2}_{-\Delta+m^2}]\psi = 0 ,$$

d.h.

$$[(E-V)^2 + \Delta - m^2 + i\boldsymbol{\alpha}\cdot\boldsymbol{\nabla}V]\psi = 0 . \tag{2.199}$$

Sind $P_\pm = \frac{1}{2}(1 \pm \gamma_s)$ die Projektoren auf die Chiralitätszustände und $\Phi := P_+\psi$, so gilt aufgrund der Dirac-Gleichung

$$\frac{1}{m}(i\not{D} + m)\psi = P_+\psi + P_-\frac{1}{m}i\not{D}\psi = P_+\psi + P_-\psi = \psi ,$$

also

$$\psi = m^{-1}(i\not{D} + m)\varphi = m^{-1}[\gamma^0(E - V) + i\boldsymbol{\gamma}\cdot\boldsymbol{\nabla} + m]\varphi\,. \tag{2.200}$$

In der Dirac-Pauli-Darstellung ist

$$\gamma_5 = \begin{pmatrix} 0 & 1 \\ 1 & 0 \end{pmatrix}, \qquad P_+ = \frac{1}{2}(1+\gamma_5) = \frac{1}{2}\begin{pmatrix} 1 & 1 \\ 1 & 1 \end{pmatrix},$$
$$\boldsymbol{\alpha} = \begin{pmatrix} 0 & \boldsymbol{\sigma} \\ \boldsymbol{\sigma} & 0 \end{pmatrix}, \qquad \beta = \begin{pmatrix} 1 & 0 \\ 0 & -1 \end{pmatrix}.$$

Folglich hat φ die Form

$$\varphi = P_+\psi = \begin{pmatrix} \varphi \\ \varphi \end{pmatrix}. \tag{2.201}$$

Wenden wir auf (2.199) den Projektor P_+ an, so sehen wir, dass auch Φ dieselbe Gleichung erfüllt. Mit (2.201) erhalten wir deshalb eine zweikomponentige Gleichung

$$\left[(E-V)^2 - m^2 + \frac{1}{r}\frac{\partial^2}{\partial r^2}r - \frac{\boldsymbol{L}^2}{r^2} + i\boldsymbol{\sigma}\cdot\hat{\boldsymbol{x}}\,\frac{dV}{dr}\right]\varphi = 0\,. \tag{2.202}$$

(Bis auf den letzten Term ist dies dieselbe Gleichung wie für die skalare Klein-Gordon-Gleichung.) Aus φ gewinnen wir mit (2.201) die vierkomponentige Grösse Φ und daraus mit (2.200) den ursprünglichen Dirac-Spinor ψ. Ferner folgt aus (2.200), dass ψ die Dirac-Gleichung erfüllt.

In (2.202) setzen wir

$$V(r) = -\frac{Z\alpha}{r}\,, \qquad \frac{dV}{dr} = \frac{Z\alpha}{r^2}$$

und benutzen

$$(\boldsymbol{\sigma}\cdot\boldsymbol{a})(\boldsymbol{\sigma}\cdot\boldsymbol{b}) = \boldsymbol{a}\cdot\boldsymbol{b} + i\boldsymbol{\sigma}\cdot(\boldsymbol{a}\wedge\boldsymbol{b})\,,$$

woraus $(\boldsymbol{\sigma}\cdot\boldsymbol{L})^2 = \boldsymbol{L}^2 + i\boldsymbol{\sigma}\cdot(\boldsymbol{L}\wedge\boldsymbol{L}) = \boldsymbol{L}^2 - \boldsymbol{\sigma}\cdot\boldsymbol{L}$ folgt und somit

$$\boldsymbol{L}^2 = \boldsymbol{\sigma}\cdot\boldsymbol{L}(1+\boldsymbol{\sigma}\cdot\boldsymbol{L}) = (1+\boldsymbol{\sigma}\cdot\boldsymbol{L})^2 - (1+\boldsymbol{\sigma}\cdot\boldsymbol{L})\,. \tag{2.203}$$

Ferner sei

$$-\Lambda = (1+\boldsymbol{\sigma}\cdot\boldsymbol{L}) + Z\alpha i\boldsymbol{\sigma}\cdot\hat{\boldsymbol{x}}\,. \tag{2.204}$$

Leite für das Quadrat dieses Operators die folgende Formel her:

$$-\Lambda^2 = (1+\boldsymbol{\sigma}\cdot\boldsymbol{L})^2 - (Z\alpha)^2\,. \tag{2.205}$$

Der Koeffizient aller Terme proportional zu $-\frac{1}{r^2}$ in (2.202) ist mit (2.203)

$$\boldsymbol{L}^2 - (Z\alpha)i\boldsymbol{\sigma}\cdot\hat{\boldsymbol{x}} - (Z\alpha)^2 = \Lambda^2 + \Lambda = \Lambda(\Lambda+1)\,. \tag{2.206}$$

Setzen wir

$$J = L + \frac{1}{2}\sigma\,, \qquad j_\pm = l \pm \frac{1}{2}\,,$$

dann gilt für die Restriktionen auf die Unterräume zu $j_\pm$

$$\langle \sigma \cdot L \rangle_{j_\pm} = \left\langle J^2 - L^2 - \frac{3}{4} \right\rangle_{j_\pm} = \begin{Bmatrix} l \\ -(l+1) \end{Bmatrix}\,, \tag{2.207}$$

$$\langle 1 + \sigma \cdot L \rangle_{j_\pm} = \begin{Bmatrix} l+1 \\ -l \end{Bmatrix} = \pm \left(j + \frac{1}{2} \right)\,, \tag{2.208}$$

Dabei entspricht der obere (untere) Fall in den beiden letzten Gleichungen der Beziehung $j = l + \frac{1}{2}$ ($j = l - \frac{1}{2}$). Somit gilt auch

$$\langle \Lambda^2 \rangle_{j_\pm} = \left(j + \frac{1}{2} \right)^2 - (Z\alpha)^2\,, \tag{2.209}$$

$$\langle \Lambda \rangle_{j_\pm} = \mp \left[\left(j + \frac{1}{2} \right)^2 - (Z\alpha)^2 \right]^{\frac{1}{2}} \equiv \mp\lambda\,. \tag{2.210}$$

Das Vorzeichen in der letzten Gleichung wurde so gewählt, dass $-\Lambda > 0$ ist für $j = l + \frac{1}{2}$ und $Z\alpha \to 0$.

Mit (2.206) und (2.210) können wir jetzt (2.202) so schreiben

$$\left[\frac{1}{r}\frac{d^2}{dr^2} r - \frac{l'(l'+1)}{r^2} + \frac{2EZ\alpha}{r} \right] \varphi(r) = -(E^2 - m^2)\varphi(r)\,, \tag{2.211}$$

wobei

$$l'_\pm(l'_\pm + 1) = \langle \Lambda(\Lambda + 1) \rangle_{j_\pm} = \lambda(\lambda \mp 1)\,, \tag{2.212}$$

also

$$l' = \begin{Bmatrix} \lambda - 1 \\ \lambda \end{Bmatrix} \qquad (l' \text{ muss } \geq 0 \text{ sein}). \tag{2.213}$$

Bestimme, ähnlich wie in Aufgabe 2.11.8, ausgehend von (2.211) die diskreten Energiewerte E und zeige, dass das Resultat mit (2.184) übereinstimmt.

2.11.10 Zentralsymmetrisches Problem der Dirac-Theorie

Zeige durch direkte Rechnung, dass im zentralsymmetrischen Problem der Dirac-Theorie der folgende Operator

$$K = \beta(1 + \Sigma \cdot L)\,, \qquad \sigma_{ij} = \Sigma_k \;\; (i, j, k \text{ zyklisch})$$

ein Integral der Bewegung ist.

Anleitung: Benutze $K = \beta(\Sigma \cdot J - \frac{1}{2})$, sowie $\alpha = \gamma^5 \Sigma$ und die Identität

$$(\Sigma \cdot a)(\Sigma \cdot b) = (a \cdot b) + i\Sigma \cdot (a \wedge b)\,.$$

2.11.11 Energieniveaus in konstantem Magnetfeld

Man berechne in der Dirac-Theorie die Energieniveaus eines Elektrons in einem konstanten Magnetfeld.

Anleitung: Wählt man $\boldsymbol{B} = (0, 0, B)$, $\boldsymbol{A} = (0, Bx, 0)$, so sind die verallgemeinerten Impulse p_y, p_z Bewegungsintegrale. Für die Lösung ψ der Dirac-Gleichung mache man den Ansatz $\psi = (i\not{D} + m)\varphi$. Dann erfüllt φ die Gleichung zweiter Ordnung (2.116). Ausgeschrieben führt diese auf eine lineare Oszillatorengleichung.

2.11.12 Invariante Skalarprodukte

Sei G eine endliche Gruppe, welche im endlichdimensionalen komplexen Vektorraum V irreduzibel dargestellt ist. Zeige, dass es in V (bis auf eine Normierung) eine *eindeutiges* hermitesches inneres Produkt gibt, welches unter G invariant ist.

Anleitung (für Eindeutigkeit): Benutze, dass ein invariantes hermitesches Skalarprodukt β von V einen G-Modulhomomorphismus $f : V \to V^*$ (=dualer Modul) definiert: $f(v) = \beta(v, \bullet)$. Im Verein mit dem Schurschen Lemma wird der Beweis der Eindeutigkeit von β (modulo eine Konstante) sehr einfach.

Anhang zu Kapitel 2

2.A Darstellungen der Clifford-Algebren

In diesem Anhang wollen wir die im Text benutzten grundlegenden Eigenschaften der Clifford-Algebren beweisen, ohne die Theorie der halbeinfachen assoziativen Algebren zu benutzen.

2.A.1 Darstellungen von endlichen Gruppen

Zunächst stellen wir unsere Kenntnisse über Darstellungen von endlichen Gruppen zusammen, die sich durch Spezialisierung der Darstellungstheorie von kompakten Gruppen ([1], gruppentheoretischer Anhang B) ergeben.

Das Haarsche Mass einer endlichen Gruppe G ist definiert durch (f ist eine Funktion auf der Gruppe):

$$\int_G f(g) d\mu(g) = \frac{1}{|G|} \sum_{g \in G} f(g) \,, \quad |G| = \text{Ordnung der Gruppe}\,.$$

Für jede Darstellung (E, ρ) von G in einem endlichdimensionalen Vektorraum E gibt es ein Skalarprodukt in E, bezüglich welchem die Darstellung ρ

unitär ist. (Daraus ergibt sich sofort die volle Reduzibilität der Darstellung, denn für jeden invarianten Unterraum ist auch dessen orthogonales Komplement invariant.)

Für das vollständige System $\{\rho^{(\mu)}\}$ der irreduziblen Darstellungen von G (welche wir unitär wählen) gelten die *Orthogonalitätsrelationen* ($n^{(\mu)}$ = Dimension von $\rho^{(\mu)}$):

$$\sum_{g\in G} \rho_{ij}^{(\mu)}(g)\overline{\rho_{kl}^{(\nu)}(g)} = \frac{|G|}{n^{(\mu)}}\delta_{\mu\nu}\delta_{ik}\delta_{jl}\,, \tag{2.214}$$

und daraus ergeben sich für die Charaktere $\chi^{(\mu)}$ von $\rho^{(\mu)}$ die Orthogonalitätsrelationen

$$\sum_{g\in G} \chi^{(\mu)}(g)\overline{\chi^{(\nu)}(g)} = |G|\delta_{\mu\nu}\,. \tag{2.215}$$

In der Zerlegung einer Darstellung (E, ρ) in irreduzible

$$(E, \rho) = \bigoplus_{i=1}^{N} m_i(E_i, \rho_i)$$

sind die Multiplizitäten eindeutig bestimmt. Sie ergeben sich aus der entsprechenden Formel für die Charaktere

$$\chi(g) = \sum_i m_i\chi_i(g)$$

mit Hilfe von (2.215) zu

$$m_k = \frac{1}{|G|}\sum_{g\in G} \chi(g)\overline{\chi_k(g)}\,. \tag{2.216}$$

Neben den Orthogonalitätsrelationen (2.214) und (2.215) gibt es auch *Vollständigkeitsrelationen* für die $\{\rho_{ij}^{(\mu)}(g)\}$ und $\{\chi^{(\mu)}(g)\}$. Diese wurden in [1], Anhang B allgemein für kompakte Gruppen bewiesen. Für endliche Gruppen lässt sich dies viel einfacher zeigen, was wir im folgenden ausführen wollen. Dazu benötigen wir die

Definition 2 *Sei G eine endliche Gruppe. Wir betrachten den komplexen linearen Raum $A(G)$ der Funktionen $\alpha : G \longrightarrow \mathbb{C}$ und definieren darin das Skalarprodukt*

$$<\alpha, \beta> = \frac{1}{|G|}\sum_{g\in G} \overline{\alpha(g)}\beta(g)\,. \tag{2.217}$$

Ferner erklären wir ein Produkt durch

$$(\alpha * \beta)(g) = \sum_{h\in G} \alpha(h)\beta(h^{-1}g)\,. \tag{2.218}$$

Man verifiziert leicht, dass mit dem Produkt (2.218) $A(G)$ zu einer Algebra, der sogenannten Gruppenalgebra *von G wird. Ihre Dimension ist natürlich gleich $|G|$.*

In $A(G)$ betrachten wir die *rechtsreguläre Darstellung*

$$(R(h)\alpha)(g) := \alpha(gh)\,. \tag{2.219}$$

Diese ist, wie man sofort sieht, unitär bezüglich des Skalarproduktes (2.217). Die folgenden Funktionen

$$\varphi_{ij}^{(\mu)}(g) = \sqrt{n^{(\mu)}}\rho_{ij}^{(\mu)}(g) \tag{2.220}$$

sind nach (2.214) orthonormiert. Aus Dimensionsgründen ist deshalb

$$\sum_{\mu}\left(n^{(\mu)}\right)^2 \leq |G|\,. \tag{2.221}$$

Wir zeigen jetzt, dass in dieser Ungleichung das Gleichheitszeichen gilt, was beweist, dass die Funktionen $\{\varphi_{ij}^{(\mu)}\}$ ein vollständiges orthonormiertes System von $A(G)$ bilden. Es sei V der Unterraum von $A(G)$, welcher durch diese Funktionen aufgespannt wird. Nun ist

$$\left[R(h)\varphi_{ij}^{(\mu)}\right](g) = \varphi_{ij}^{(\mu)}(gh) = \sum_{k=1}^{n^{(\mu)}} \rho_{kj}^{(\mu)}(h)\cdot\varphi_{ik}^{(\mu)}(g)\,, \tag{2.222}$$

d.h. V ist invariant unter R. Es sei $V^{\perp}$ das orthogonale Komplement von V, welches ebenfalls invariant ist. Ist dieses $\neq \{0\}$, dann gibt es einen invarianten Teilraum $W \subset V^{\perp}$, welcher eine irreduzible Darstellung ρ^{ν} von G trägt. Sei α_i eine Basis von W; dann gilt

$$[R(g)\alpha_i](h) = \alpha_i(hg) = \sum_{j=1}^{n^{(\nu)}} \rho_{ji}^{(\nu)}(g)\cdot\alpha_j(h)\,, \quad 1 \leq i \leq n^{(\nu)}\,.$$

Setzen wir darin $h = e$, so folgt

$$\alpha_i(g) = \sum_j \alpha_j(e)\rho_{ji}^{(\nu)}(g) = \sum_j \frac{\alpha_j(e)}{\sqrt{n^{(\nu)}}}\varphi_{ji}^{(\nu)}(g)\,.$$

Deshalb sind die $\alpha_i \in V$, woraus die Behauptung folgt. Wir halten das Resultat fest.

Satz 3 *Die Funktionen (2.220) $\{\varphi_{ij}^{(\mu)}(g)\}$ bilden ein vollständiges orthonormiertes System von $A(G)$. Für festes μ und i bilden die $n^{(\mu)}$ Vektoren $\{\varphi_{ij}^{(\mu)}\,|1 \leq j \leq n^{(\mu)}\}$ eine orthonormierte Basis für einen Unterraum $V_i^{(\mu)}$*

von $A(G)$, welcher sich nach (2.222) irreduzibel nach der Darstellung $\rho^{(\mu)}$ transformiert. Also ist

$$A(G) = \bigoplus_{\mu,\, i} V_i^{(\mu)}$$

die volle Reduktion der regulären Darstellung in irreduzible Bestandteile. In dieser Zerlegung kommt jede irreduzible Darstellung vor, und zwar so oft, wie ihre Dimension beträgt, d.h. es gilt

$$\sum_{\mu} \left(n^{(\mu)}\right)^2 = |G| \,. \tag{2.223}$$

Die Charaktere sind Klassenfunktionen. Wir zeigen jetzt, dass die Menge der primitiven Charaktere $\{\chi^{(\mu)}\}$ vollständig ist im Raum K der Klassenfunktionen. Dazu beweisen wir den

Satz 4 *Die Zahl r der nichtäquivalenten irreduziblen Darstellungen von G ist gleich der Anzahl der Klassen konjugierter Elemente von G.*

Beweis. Es sei $\alpha \in K$. Wir können α nach den $\{\rho_{ij}^{(\mu)}\}$ entwickeln

$$\alpha(g) = \sum_{ij\mu} a_{ij}^{\mu} \rho_{ij}^{(\mu)}(g) \,.$$

Nun ist

$$\begin{aligned} \alpha(g) &= \frac{1}{|G|} \sum_{h \in G} \alpha(hgh^{-1}) = \frac{1}{|G|} \sum_{h \in G} \sum_{ij\mu} a_{ij}^{\mu} \rho_{il}^{(\mu)}(h) \rho_{lm}^{(\mu)}(g) \rho_{mj}^{(\mu)}(h^{-1}) \\ &= \sum_{ij\mu} a_{ij}^{\mu} \rho_{lm}^{(\mu)}(g) \left\langle \rho_{jm}^{(\mu)}, \rho_{il}^{(\mu)} \right\rangle = \sum_{i,\, \mu} \left(a_{ii}^{\mu} / n^{(\mu)} \right) \chi^{(\mu)}(g) \,. \end{aligned}$$

Dies zeigt, dass α sich linear durch primitive Charaktere darstellen lässt. Deshalb *bilden die primitiven Charaktere eine orthonormierte Basis von K.*

2.A.2 Anwendung auf die Clifford-Algebren

Im folgenden bezeichne $\{\gamma_A \,|\, A = 1, \ldots, 2^n\}$ die Basis (2.44) der Clifford-Algebra $\mathbb{C}(n,g)$. Wir nehmen an, dass g auf Normalform gebracht sei. Neben $\mathbb{C}(n,g)$ betrachten wir die multiplikative Gruppe G_n der Elemente bestehend aus $\{\pm\gamma_A\}$. (Aufgrund der VR der γ_μ sieht man leicht, dass diese eine Gruppe bilden.) G_n hat die Ordnung $2 \times 2^n = 2^{n+1}$.

Jede Matrixdarstellung von $\mathbb{C}(n,g)$ bestimmt offensichtlich eine Darstellung von G_n und umgekehrt bestimmt jede Matrixdarstellung T eine Darstellung von $\mathbb{C}(n,g)$, falls $T(\pm\mathbb{1}) = \pm\mathbb{1}$ ist. Deshalb bestimmen wir jetzt die irreduziblen Darstellungen von G_n mit dieser Eigenschaft. Dabei betrachten wir nur *den geraden Fall $n = 2m$*. Man verifiziert leicht, dass die folgenden Mengen die Äquivalenzklassen von G_n angeben:

$$\{\mathbb{1}\}\,,\quad \{-\mathbb{1}\}\,,\quad \{\pm\gamma_A\,|\,\gamma_A \neq \mathbb{1}\}\,.$$

Ihre Anzahl beträgt $2+\left(2^{n+1}-2\right)/2 = 2^n+1$. (Wieviele gibt es für ungerade n?) Die Elemente $\{\pm\mathbb{1}\}$ bilden einen Normalteiler von G_n. Weiter ist die Faktorgruppe $G'_n = G_n/\{\pm\mathbb{1}\}$ offensichtlich abelsch. Deshalb hat G'_n im ganzen 2^n eindimensionale irreduzible Darstellungen T'_j. Die zusammengesetzte Abbildung

$$G_n \longrightarrow G'_n \xrightarrow{T'_j} \mathbb{C}$$

gibt 2^n inäquivalente eindimensionale Darstellungen von G_n. Diese bilden $\pm\mathbb{1}$ in $\mathbb{1}$ ab und folglich liefern sie keine Darstellung von $\mathbb{C}(n,g)$. Daneben gibt es noch genau eine irreduzible Darstellung von G_n (da die Zahl der Klassen gleich 2^n+1 ist). Für ihre Dimension q gilt nach (2.223)

$$\underbrace{1^2+1^2+\cdots+1^2}_{2^n}+q^2 = |G_n| = 2^{n+1} \Rightarrow q = 2^{n/2}\,.$$

Diese Darstellung konstruieren wir jetzt. Sei $n = 2m$. Wir multiplizieren die γ_μ ($\mu = 1,\ldots,n$) nötigenfalls mit i, sodass $\{\gamma_\mu,\,\gamma_\nu\} = 2\delta_{\mu\nu}$ gilt. Diese Relationen werden durch die folgenden $2^m \times 2^m$ Matrizen erfüllt:

$$\begin{aligned}
\gamma_j &= \underbrace{\sigma_3\otimes\sigma_3\otimes\cdots\otimes\sigma_3}_{j-1}\otimes\sigma_1\otimes\underbrace{\sigma_0\otimes\cdots\otimes\sigma_0}_{m-j}\,,\\
\gamma_{j+m} &= \underbrace{\sigma_3\otimes\sigma_3\otimes\cdots\otimes\sigma_3}_{j-1}\otimes\sigma_2\otimes\underbrace{\sigma_0\otimes\cdots\otimes\sigma_0}_{m-j}\,,\\
&\quad 1\le j\le m\,,
\end{aligned} \tag{2.224}$$

und bestimmen deshalb eine 2^m-dimensionale Darstellung T von G_{2m}. Da die Matrizen (2.224) nicht miteinander kommutieren, ist T nicht direkte Summe von lauter eindimensionalen Darstellungen von G_{2m}, und folglich ist T die gesuchte verbleibende Darstellung von G_{2m}.

Im geraden Fall $n = 2m$ gibt es also genau eine irreduzible Darstellung von $\mathbb{C}(n,g)$ und diese hat die Dimension $2^{n/2}$. Sie ist änquivalent zur Darstellung (2.224) und folglich treu (wie man leicht nachprüft).

3. Quantisierung des Dirac-Feldes

Wir haben am Ende des letzten Kapitels gesehen, dass die Existenz von Lösungen negativer Energie der Dirac-Gleichung zu eigentümlichen Paradoxien führt. Dirac hat diese Schwierigkeiten beseitigt durch eine neue als „Löchertheorie" bezeichnete Interpretation seiner Gleichungen. Die Feldquantisierung erlaubt eine elegantere Formulierung der Löchertheorie, welche völlig symmetrisch in Teilchen und Antiteilchen ist.

Die Quantisierung des Dirac-Feldes geschieht in enger Analogie zur Quantisierung des Strahlungsfeldes in Kap. 1. Wir fassen das Dirac-Feld zunächst als ein „klassisches" Feld auf und zerlegen es nach Eigenlösungen. Danach interpretieren wir die Entwicklungskoeffizienten wieder als Erzeugungs- und Vernichtungs-Operatoren im Fock-Raum. Diesmal erhalten wir aber nur eine vernünftige Theorie, wenn wir den antisymmetrischen Fock-Raum wählen, d.h. mit Antikommutatoren quantisieren. Damit erfüllen die Teilchen, welche zum Dirac-Feld gehören, die Fermi-Dirac-Statistik, womit ein vertieftes Verständnis des Zusammenhangs von Spin und Statistik gewonnen wird. (Im Anhang zu diesem Kapitel wird dieser Zusammenhang für beliebigen Spin begründet.)

3.1 Der antisymmetrische Fock-Raum

Die folgenden Ausführungen werden wir kurz halten, da gegenüber dem Abschnitt 1.4 lediglich einige Vorzeichenänderungen vorzunehmen sind. Wir benutzen im übrigen dieselben Notationen wie dort.

An Stelle des symmetrischen Tensorproduktes über dem Hilbert-Raum $\mathcal{H}$ wählen wir jetzt das antisymmetrische Tensorprodukt

$$\mathcal{H}^{\otimes_a n} = \mathcal{A}_n \mathcal{H}^{\otimes n}, \tag{3.1}$$

wobei $\mathcal{A}_n$ den Antisymmetrisierungsoperator

$$\mathcal{A}_n = \frac{1}{n!} \sum_{\pi \in \mathcal{S}_n} \operatorname{sign}(\pi) U_n(\pi) \tag{3.2}$$

bezeichnet. Wir setzen $\mathcal{H}_0 = \mathbb{C}$, $\mathcal{H}_1 = \mathcal{H}$, $\mathcal{H}_n = \mathcal{H}^{\otimes_a n}$ $(n > 1)$. Der *antisymmetrische Fock-Raum* ist

$$\mathcal{F} = \bigoplus_{n=0}^{\infty} \mathcal{H}_n \,. \tag{3.3}$$

Die *zweite Quantisierung $d\Gamma(A)$ eines selbstadjungierten Operators A* auf $\mathcal{H}$ ist genau gleich erklärt wie im symmetrischen Fall. Insbesondere ist $N := d\Gamma(1\!\mathrm{l})$ wieder der *Teilchenzahloperator.* Jedem unitären Operator U von $\mathcal{H}$ ist in gleicher Weise wie auf Seite 24 ein Operator $\Gamma(U)$ im Fock-Raum zugeordnet und es gilt

$$\Gamma\left(e^{itA}\right) = e^{itd\Gamma(A)} \,. \tag{3.4}$$

Nun sei $f \in \mathcal{H}$. Für Vektoren $\psi \in \mathcal{H}^{\otimes n}$ der Form $\psi = \varphi_1 \otimes \cdots \otimes \varphi_k$ definieren wir (wie auf Seite 25) die Abbildung $b(f) : \mathcal{H}^{\otimes n} \longrightarrow \mathcal{H}^{\otimes (n-1)}$ durch

$$b(f)\psi = (f, \varphi_1)\varphi_2 \otimes \cdots \otimes \varphi_n \,. \tag{3.5}$$

Wie früher sieht man, dass $b(f)$ in natürlicher Weise einen beschränkten Operator mit Norm $\|f\|$ in $\mathcal{F}$ induziert, welchen wir ebenfalls mit $b(f)$ bezeichnen. Auf $\mathcal{F}_0$ (= Gesamtheit der Vektoren zu endlicher Teilchenzahl) definieren wir den *Vernichtungs-Operator* $a(f)$ durch

$$a(f) = \sqrt{N+1}\, b(f) \,. \tag{3.6}$$

Daneben betrachten wir den beschränkten Operator $b^*(f)$ auf $\mathcal{F}$, definiert durch

$$b^*(f)\psi = \mathcal{A}_{n+1}(f \otimes \psi) \,, \quad \text{für } \psi \in \mathcal{H}_n \,. \tag{3.7}$$

Dieser ist zu $b(f)$ adjungiert, was man wie in Kap. 1.3 nachrechnet. Auf $\mathcal{F}_0$ definieren wir die *Erzeugungs-Operatoren* durch

$$a^*(f) = b^*(f)\sqrt{N+1} \,. \tag{3.8}$$

Wie auf Seite 25 zeigt man, dass auf $\mathcal{F}_0$

$$(a(f)\psi, \varphi) = (\psi, a^*(f)\varphi) \,. \tag{3.9}$$

Auf $\mathcal{F}_0$ gelten die *Jordan-Wigner-VR*:

$$\{a(f), a(g)\} = 0 \,, \quad \{a^*(f), a^*(g)\} = 0 \,, \tag{3.10}$$

$$\{a(f), a^*(g)\} = (f, g) \cdot \mathbb{1} \,. \tag{3.11}$$

Dies beweist man völlig analog zu den entsprechenden VR im symmetrischen Fall auf Seite 26. Im antisymmetrischen Fall sind aber die Operatoren $a(f)$ und $a^*(f)$ *beschränkt.*

Beweis. Ohne Einschränkung der Allgemeinheit können wir $\|f\| = 1$ wählen. Wir setzen

$$P = a^*(f)a(f) \,, \quad Q = a(f)a^*(f) \,.$$

Dann gilt nach (3.11) $P\psi + Q\psi = \psi$ für $\psi \in \mathcal{F}_0$ und nach (3.10) und (3.11)

$$P^2\psi = P\psi\,, \quad Q^2\psi = Q\psi\,, \quad PQ\psi = 0 \quad \text{für } \psi \in \mathcal{F}_0\,.$$

Nach (3.9) ist für $\psi,\, \varphi \in \mathcal{F}_0$

$$(\psi,\, P\varphi) = (P\psi,\, \varphi)\,, \quad (\psi,\, Q\varphi) = (Q\psi,\, \varphi)\,.$$

Damit wird

$$\|a(f)\psi\|^2 = (a(f)\psi,\, a(f)\psi) = (\psi,\, P\psi) = \|P\psi\|^2\,,$$
$$\|a^*(f)\psi\|^2 = (a^*(f)\psi,\, a^*(f)\psi) = (\psi,\, Q\psi) = \|Q\psi\|^2\,,$$

also wegen $\|\psi\|^2 = \|P\psi\|^2 + \|Q\psi\|^2$

$$\|a(f)\psi\| \leq \|\psi\|\,,$$
$$\|a^*(f)\psi\| \leq \|\psi\|\,,$$

für alle $\psi \in \mathcal{F}_0$. Da $\mathcal{F}_0$ in $\mathcal{F}$ dicht ist, lassen sich die Operatoren $a(f)$ und $a^*(f)$ zu beschränkten Operatoren auf ganz $\mathcal{F}$ fortsetzen (die wir wieder gleich bezeichnen). Aus Stetigkeitsgründen gelten jetzt die Relationen (3.9), (3.10) und (3.11) auf ganz $\mathcal{F}$. Ferner sieht man leicht, dass

$$\|a(f)\| = \|a^*(f)\| = \|f\|\,. \tag{3.12}$$

Wir können in $\mathcal{F}$ wie folgt orthonormierte Basen einführen: Es sei $\{f_k\}$ eine orthonormierte Basis von $\mathcal{H}$ und

$$a_k := a(f_k)\,, \quad a_k^* = a^*(f_k)\,. \tag{3.13}$$

a_k und a_k^* sind beschränkte Operatoren mit der Norm 1, a_k^* ist zu a_k adjungiert und es gelten auf ganz $\mathcal{F}$ die VR

$$\{a_k,\, a_l\} = 0 \quad \{a_k^*,\, a_l^*\} = 0\,, \quad \{a_k,\, a_l^*\} = \delta_{kl}\,. \tag{3.14}$$

Die Operatoren

$$N_k = a_k^* a_k \tag{3.15}$$

erfüllen aufgrund von (3.14)

$$N_k^2 = N_k\,, \quad N_k^* = N_k\,, \quad [N_k,\, N_l] = 0\,. \tag{3.16}$$

Sie sind also Projektoren. Das Spektrum von N_k ist daher $\{0,\, 1\}$. Ist ψ ein normierter Zustand, so stellt $(\psi,\, N_k\psi)$ die Wahrscheinlichkeit dar, ein Teilchen im Zustand f_k zu finden. Es gilt

$$\sum_{k=1}^{\infty} N_k = N\,. \tag{3.17}$$

Beweis.

$$\left(\sum_k N_k\psi\right)_n = \left(\sum a_k^* a_k \psi\right)_n = \left(\sum b^*(f_k)(N+1)b(f_k)\psi\right)_n$$
$$= n\left(\sum b^*(f_k)b(f_k)\psi\right)_n = n\mathcal{A}_n\left(\sum f_k \otimes (b(f_k)\psi)_{n-1}\right).$$

Für $\psi_n = \mathcal{A}_n(\varphi_1 \otimes \cdots \otimes \varphi_n)$ ist dies gleich

$$n\mathcal{A}_n\left(\sum_k f_k \otimes (f_k, \varphi_1)\varphi_2 \otimes \cdots \otimes \varphi_n\right).$$

Da die $\{f_k\}$ eine orthonormierte Basis bilden, ist

$$\sum f_k(f_k, \varphi_1) = \varphi_1 .$$

Also

$$\left(\sum_k N_k\psi\right)_n = n\psi_n .$$

Es sei $\boldsymbol{n} = (n_1, n_2, \ldots)$, $n_k = 0, 1$, $\sum n_k < \infty$ (nur endlich viele $n_k = 1$). Die Menge der Vektoren

$$\Phi_{\boldsymbol{n}} = \prod_l (a_l^*)^{n_l}\Omega \tag{3.18}$$

für alle Sequenzen $\boldsymbol{n}$ bilden eine orthonormierte Basis in $\mathcal{F}$ (beweise dies!). Beachte: Vertauscht man in $\boldsymbol{n}$ zwei Variablen n_i und n_j, welche beide gleich 1 sind, so ändert der Zustand $\Phi_{\boldsymbol{n}}$ aufgrund von (3.14) sein Vorzeichen.

Darstellungen der Jordan-Wigner-Vertauschungsrelationen

Definition *$\mathcal{H}$ sei ein Hilbert-Raum. Eine* Darstellung *der JW-VR ist ein Paar von Abbildungen, welches jedem $f \in \mathcal{H}$ zwei lineare beschränkte Operatoren $a(f)$ und $a^*(f)$ auf einem Hilbert-Raum $\mathcal{M}$ zuordnet, sodass die folgenden Eigenschaften erfüllt sind:*

i) $a(f)$ ist antilinear in f, $a^*(f)$ ist linear in f;
ii) $a^*(f) = (a(f))^*$;
iii) $\{a(f), a(g)\} = \{a^*(f), a^*(g)\} = 0$, $\quad \{a(f), a^*(g)\} = (f, g) \cdot \mathbb{1}$.

Die Konstruktion aller irreduziblen Darstellungen der JW-VR ist, wie im kanonischen Fall, ein sehr schwieriges Problem. Im endlichdimensionalen Fall gibt es nur eine solche Darstellung. (Beweise dies mit Hilfe der Theorie der Clifford-Algebren; siehe Aufgabe 3.5.1). Wir interessieren uns im folgenden wieder nur für *Darstellungen mit Vakuum:* Es soll ein Zustand Ω existieren mit $a(f)\Omega = 0$ für alle $f \in \mathcal{H}$. Ein Beispiel einer Darstellung der JW-VR haben wir im antisymmetrischen Fock-Raum konstruiert. Diese Darstellung nennt man die *Fock-Darstellung.* Ganz analog wie auf Seite 29 beweist man den

Satz *Jede irreduzible Darstellung der JW-VR (zu $\mathcal{H}$) mit Vakuum ist unitär äquivalent zur Fock-Darstellung.*

3.2 Der Raum der Lösungen positiver und negativer Frequenz der Dirac-Gleichung

Wir betrachten positive Frequenzlösungen der Dirac-Gleichung , d.h. Lösungen der Form

$$\hat{f}(x) = (2\pi)^{-3/2} \int \frac{d^3p}{2p^0} f(p) e^{-i(p,x)} \qquad \left(p^0 = \sqrt{\boldsymbol{p}^2 + m^2}\right) . \tag{3.19}$$

Dabei sei $f(p)$ eine $\mathbb{C}^4$-wertige Funktion auf dem positiven Massenhyperboloid $H_m = \{p|\ p^2 = m^2\,, p^0 > 0\}$, deren Komponenten z.B. aus dem Schwartzraum $\mathcal{S}$ seien (d.h. $g(\boldsymbol{p}) := f(p^0 = \sqrt{\boldsymbol{p}^2 + m^2}, \boldsymbol{p})$ sei aus $\mathcal{S}(\mathbb{R}^3) \otimes \mathbb{C}^4$). In (3.19) ist das Mass $d\Omega_m(p) = \frac{d^3p}{2p^0}$ von H_m Lorentz-invariant (vgl. Aufgabe 1.11.5); (p, x) bezeichnet das Minkowskische Skalarprodukt. $\hat{f}(x)$ ist eine Lösung der Dirac-Gleichung, falls

$$(\not{p} - m) f(p) = 0\,, \quad (\not{p} := \gamma^\mu p_\mu) \tag{3.20}$$

Zunächst bestimmen wir für jedes $p \in H_m$ $(m \neq 0)$ eine Basis von Lösungen der Gleichung (3.20). Da in der Weyl-Darstellung

$$\not{p} = \begin{pmatrix} 0 & \underline{p} \\ \widehat{\underline{p}} & 0 \end{pmatrix} ,$$

ist der Rang von $\not{p}$ gleich 2; also gibt es zwei linear unabhängige Lösungen (Spin-1/2 entsprechend). In der Weyl-Darstellung setzen wir für die Lösungen

$$u(p) = \begin{pmatrix} c(p) \\ d(p) \end{pmatrix} .$$

Es gilt

$$\widehat{\underline{p}} c(p) = m d(p)\,, \quad \underline{p} d(p) = m c(p)\,. \tag{3.21}$$

Nun sei $\pi = (m, \mathbf{0}) \in H_m$ und $L(p) \in SL(2,\mathbb{C})$ sei eine Lorentz-Transformation, die π in p überführt:

$$L(p) \underline{\pi} L^*(p) = \underline{p}\,.$$

Da $\underline{\pi} = m\mathbb{1}$ ist, gilt

$$\boxed{L(p) L^*(p) = \frac{\underline{p}}{m}\,.} \tag{3.22}$$

$L(p)$ ist nicht eindeutig bestimmt. Z.B. kann man $L(p)$ als spezielle Lorentz-Transformation (positive hermitesche Matrix) wählen. Dann lautet $L(p)$, wie man leicht nachprüft

$$L(p) = \frac{\underline{p} + m}{\sqrt{2m(m + p^0)}} . \tag{3.23}$$

Nun sei $\eta^{(\lambda)} = \binom{1}{0}, \binom{0}{1}$ für $\lambda = \pm\frac{1}{2}$. Wir behaupten, dass

$$\boxed{u(p, \lambda) = \sqrt{m} \begin{pmatrix} L(p)\eta^{(\lambda)} \\ \hat{L}(p)\eta^{(\lambda)} \end{pmatrix}} \tag{3.24}$$

zwei linear unabhängige Lösungen von (3.20) und (3.21) sind. Der Beweis folgt trivial aus (3.22):

$$\underline{p}\hat{L}(p) = mL(p)L^*(p)\hat{L}(p) = mL(p) ,$$
$$\widehat{\underline{p}}L(p) = m\hat{L}(p)\hat{L}^*(p)L(p) = m\hat{L}(p) .$$

Die Normierung von (3.24) ist:

$$\bar{u}(p, \lambda)u(p, \lambda') = m\eta^{(\lambda)*} \left[L^*\hat{L} + L^{-1}L\right] \eta^{(\lambda')} = 2m\delta_{\lambda\lambda'} ,$$

d.h.

$$\boxed{\bar{u}(p, \lambda)u(p, \lambda') = 2m\delta_{\lambda\lambda'}} \tag{3.25}$$

und ist also Lorentz-invariant. Positive Frequenzlösungen haben damit die Form

$$\boxed{\hat{f}(x) = (2\pi)^{-3/2} \int_{H_m} d\Omega_m(p) \sum_{\lambda=\pm\frac{1}{2}} f(p, \lambda)u(p, \lambda)e^{-i(p,x)} .} \tag{3.26}$$

Im folgenden sei $\mathcal{H}$ der Hilbert-Raum der $f(p)$, d.h. der Raum $L^2(H_m, d\Omega_m) \otimes \mathbb{C}^2$.

Neben den positiven betrachten wir auch negative Frequenzlösungen

$$\hat{g}(x) = (2\pi)^{-3/2} \int_{H_m} d\Omega_m(p) \sum_{\lambda=\pm\frac{1}{2}} g(p, \lambda)v(p, \lambda)e^{i(p,x)} , \tag{3.27}$$

wobei $v(p, \lambda)$ zwei linear unabhängige Lösungen von

$$(\not{p} + m)v(p) = 0 \tag{3.28}$$

sind. Diese wählen wir in der Form

$$v(p, \lambda) = \sqrt{m} \begin{pmatrix} L(p)\varepsilon\eta^{(\lambda)} \\ \hat{L}(p)\varepsilon^{-1}\eta^{(\lambda)} \end{pmatrix} . \tag{3.29}$$

Die Normierung lautet

$$\boxed{\bar{v}(p,\lambda')v(p,\lambda) = -2m\delta_{\lambda\lambda'}\,.} \tag{3.30}$$

Später benötigen wir die Spinsummen:

$$\boxed{\begin{aligned}\sum_\lambda u_\alpha(p,\lambda)\bar{u}_\beta(p,\lambda) &= (\not{p}+m)_{\alpha\beta}\,,\\ \sum_\lambda v_\alpha(p,\lambda)\bar{v}_\beta(p,\lambda) &= (\not{p}-m)_{\alpha\beta}\,.\end{aligned}} \tag{3.31}$$

Wir beweisen als Beispiel die erste Gleichung: Es ist $u(p,\lambda)$ die λ-te Spalte von $\sqrt{m}\binom{L(p)}{\hat{L}(p)}$, und $\bar{u}(p,\lambda)$ die λ-te Zeile von

$$\sqrt{m}(L^*(p),\hat{L}^*(p))\begin{pmatrix}0 & \mathbb{1}\\ \mathbb{1} & 0\end{pmatrix} = \sqrt{m}(L^{-1}(p),L^*(p))\,,$$

d.h. die Matrix links von (3.31) ist gleich

$$m\begin{pmatrix}L(p)\\ \hat{L}(p)\end{pmatrix}(L^{-1}(p),L^*(p)) = m\begin{pmatrix}\mathbb{1} & \underline{p}/m\\ \hat{\underline{p}}/m & \mathbb{1}\end{pmatrix} = \not{p}+m\,.$$

Die Spinoren $u(p,\lambda)$ und $v(p,\lambda)$ hängen eng zusammen. Es gilt mit

$$C = \begin{pmatrix}\varepsilon & 0\\ 0 & -\varepsilon\end{pmatrix} \tag{3.32}$$

$$\boxed{\begin{aligned}v(p,\lambda) &= C\bar{u}^T(p,\lambda)\,,\\ u(p,\lambda) &= C\bar{v}^T(p,\lambda)\,.\end{aligned}} \tag{3.33}$$

Z.B. ist

$$\begin{aligned}C\bar{u}^T(p,\lambda) &= \begin{pmatrix}\varepsilon & 0\\ 0 & -\varepsilon\end{pmatrix}\begin{pmatrix}0 & \mathbb{1}\\ \mathbb{1} & 0\end{pmatrix}\begin{pmatrix}\bar{L}(p)\eta^{(\lambda)}\\ \bar{\hat{L}}(p)\eta^{(\lambda)}\end{pmatrix}\\ &= \begin{pmatrix}\varepsilon\bar{\hat{L}}\varepsilon^{-1}\varepsilon\eta^{(\lambda)}\\ -\varepsilon\bar{L}\varepsilon^{-1}\varepsilon\eta^{(\lambda)}\end{pmatrix} = \begin{pmatrix}L(p)\varepsilon\eta^{(\lambda)}\\ -\hat{L}(p)\varepsilon\eta^{(\lambda)}\end{pmatrix} = v(p,\lambda)\,.\end{aligned} \tag{3.34}$$

Man verifiziert leicht

$$\boxed{C^{-1}\gamma_\mu C = -\gamma_\mu^T\,,\quad C^T = -C\,,\quad C^*C = \mathbb{1}.} \tag{3.35}$$

Die Matrix C wird bei der Teilchen-Antiteilchen-Konjugation eine wichtige Rolle spielen. Aus (3.33) und (3.35) folgt

$$\bar{u}(p,\lambda)v(p,\lambda) = \bar{u}_\alpha(p,\lambda)C_{\alpha\beta}\bar{u}_\beta(p,\lambda) = 0\,; \tag{3.36}$$

ebenso

$$\bar{v}(p,\lambda)u(p,\lambda) = 0\,. \tag{3.36'}$$

Später wird auch das Transformationsverhalten der Spinoren $u(p,\lambda)$ wichtig sein. Es sei $p' = \Lambda(A)p$, dann gilt nach (3.24)

$$S(A)u(p,\lambda) = \begin{pmatrix} A & 0 \\ 0 & \hat{A} \end{pmatrix} \begin{pmatrix} L(p)\eta^{(\lambda)} \\ \hat{L}(p)\eta^{(\lambda)} \end{pmatrix} = \begin{pmatrix} AL(p)\eta^{(\lambda)} \\ \widehat{AL(p)}\eta^{(\lambda)} \end{pmatrix}\,. \tag{3.37}$$

Nun führen wir die sogenannte *Wigner-Rotation* $W(p,A)$ ein durch:

$$W(p,A) = L^{-1}(\Lambda(A)p) \cdot A \cdot L(p)\,. \tag{3.38}$$

$W(p,A)$ lässt den Ruhevektor π fest, denn $\pi \xrightarrow{L(p)} p \xrightarrow{A} \Lambda(A)p \xrightarrow{L^{-1}(\Lambda(A)p)} \pi$, d.h. $W(p,A) \in SU(2)$. Aus (3.37) und (3.38) folgt

$$S(A)u(p,\lambda) = \begin{pmatrix} L(p') & 0 \\ 0 & \hat{L}(p') \end{pmatrix} \begin{pmatrix} W(p,A)\eta^{(\lambda)} \\ W(p,A)\eta^{(\lambda)} \end{pmatrix}\,.$$

Aber

$$W(p,A)\eta^{(\lambda)} = \sum_{\lambda'} \eta^{(\lambda')} D^{1/2}_{\lambda'\lambda}(W(p,A))\,.$$

Deshalb gilt

$$\boxed{S(A)u(p,\lambda) = \sum_{\lambda'} u(p',\lambda') D^{1/2}_{\lambda'\lambda}(W(p,A))} \tag{3.39}$$

mit $p' = \Lambda(A)p$. Wie sieht die entsprechende Formel für $v(p,\lambda)$ aus?

Die Gruppe $SL(2,\mathbb{C})$ operiert im Raum der positiven Frequenzlösungen (3.26) wie folgt

$$\left(\hat{U}(A)\hat{f}\right)(x) = S(A)\hat{f}\left(\Lambda(A^{-1})x\right)\,. \tag{3.40}$$

Mit Hilfe von (3.39) übersetzen wir dieses Transformationsgesetz in ein solches für die $f(p,\lambda)$. Für die rechte Seite von (3.40) findet man mit der Variablensubstitution $p' = \Lambda(A)p$:

$$S(A)\hat{f}(\Lambda(A^{-1})x) = (2\pi)^{-3/2} \int\limits_{H_m} d\Omega_m(p) \sum_{\lambda} f(p,\lambda) S(A)u(p,\lambda) e^{-i(p',x)}$$

$$= (2\pi)^{-\frac{3}{2}} \int\limits_{H_m} d\Omega_m(p') \sum_{\lambda'} \left(\sum_{\lambda} f(p,\lambda) D^{1/2}_{\lambda'\lambda}(W(p,A)) \right) u(p',\lambda') e^{-i(p',x)}\,.$$

Das Transformationsgesetz in $\mathcal{H}$ lautet also

$$\left(U(A)f\right)(p',\lambda') = \sum_{\lambda} D^{1/2}_{\lambda'\lambda}(W(p,A)) f(p,\lambda)\,,$$

oder

$$\boxed{(U(A)f)(p,\lambda) = \sum_{\lambda'} D^{1/2}_{\lambda\lambda'}(R(p,A)) f_{\lambda'}(\Lambda(A^{-1})p)\,,} \tag{3.41}$$

wobei

$$R(p,A) := W(\Lambda(A^{-1})p, A) = L^{-1}(p) A L(\Lambda(A^{-1})p) \tag{3.41'}$$

ebenfalls eine Wigner-Rotation ist.

Neben der homogenen Lorentz-Gruppe betrachten wir jetzt auch die Poincaré-Gruppe $P^{\uparrow}_{+}$ und ihre universelle Überlagerungsgruppe

$$ISL(2,\mathbb{C}) = \{(a,A)\,|a \in \mathbb{R}^4\,,\ A \in SL(2,\mathbb{C})\}\ .$$

Die Gruppenmultiplikation ist definiert durch

$$(a_1, A_1)(a_2, A_2) = (a_1 + \Lambda(A_1)a_2, A_1 A_2)\,. \tag{3.42}$$

Wir erweitern die Darstellung (3.41) zu einer Darstellung von $ISL(2,\mathbb{C})$:

$$\boxed{(U(a,A)f)(p,\lambda) = e^{i(p,a)} \sum_{\lambda'} D^{1/2}_{\lambda\lambda'}(R(p,A)) f_{\lambda'}(\Lambda(A^{-1})p)\,.} \tag{3.43}$$

Diese Darstellung von $ISL(2,\mathbb{C})$ ist, wie man leicht sieht, in $\mathcal{H}$ unitär. *Man kann zeigen, dass sie auch* irreduzibel *ist. In der Wignerschen Klassifizierung*[1] *der irreduziblen unitären Darstellungen von $ISL(2,\mathbb{C})$ ist dies die Darstellung zur Masse m und Spin 1/2. Die irreduzible Darstellung zur Masse $m > 0$ und Spin s ist entsprechend*

$$(U(a,A)f)(p,\lambda) = e^{-i(p,a)} \sum_{\lambda'} D^{(s)}_{\lambda\lambda'}(R(p,A)) f_{\lambda'}(\Lambda(A^{-1})p)\,, \tag{3.44}$$

wobei $f_\lambda(p)$ den Hilbert-Raum $L^2(H_m, d\Omega_m) \otimes \mathbb{C}^{2s+1}$ durchläuft.

Sei $\mathcal{F}$ der antisymmetrische Fock-Raum über $\mathcal{H} = L^2(H_m, d\Omega_m) \otimes \mathbb{C}^2$. In diesem haben wir die (hochgradig reduzible) Darstellung $\Gamma(U)$ von $ISL(2,\mathbb{C})$.

3.3 Quantisierung des Dirac-Feldes

Das „klassische“ Dirac-Feld können wir nach positiven und negativen Frequenzlösungen zerlegen

$$\psi(x) = (2\pi)^{-3/2} \int d\Omega_m(p) \sum_{\lambda} \Big[a(p,\lambda) u(p,\lambda) e^{-i(p,x)} + \\ + b^*(p,\lambda) v(p,\lambda) e^{i(p,x)} \Big]\,. \tag{3.45}$$

[1] siehe auch [15]

Wie beim Strahlungsfeld reinterpretieren wir jetzt die Fourier-Komponenten als Erzeugungs- und Vernichtungs-Operatoren. Da $a^\#$ und $b^\#$, ($a^\# = a, a^*$, etc.) klassisch nichts miteinander zu tun haben (für ein komplexes Dirac-Feld), werden auch quantenmechanisch $a^\#$ und $b^\#$ verschiedene Teilchensorten beschreiben. Diese werden sich als gegenseitige Antiteilchen erweisen. Konventionell sind $a^\#$ die Erzeugungs- und Vernichtungs-Operatoren für Elektronen und $b^\#$ die entsprechenden Operatoren für Positronen.

Es wird sich zeigen, dass man nur eine vernünftige Theorie bekommt, wenn die $a^\#$ und $b^\#$ den Jordan-Wigner-Vertauschungsrelationen genügen:

$$\begin{aligned} \{a(p,\lambda), a(p',\lambda')\} &= \{b(p,\lambda), b(p',\lambda')\} = \{a(p,\lambda), b(p',\lambda')\} = 0 \,, \\ \{a(p,\lambda), a^*(p',\lambda')\} &= 2p^0\delta^3(\boldsymbol{p}-\boldsymbol{p}')\delta_{\lambda\lambda'} = \{b(p,\lambda), b^*(p',\lambda')\} \,. \end{aligned} \tag{3.46}$$

Diese formale Struktur lässt sich wie folgt *realisieren* (eindeutig, falls ein Vakuum existiert): Als Hilbert-Raum der Zustände, in dem die $a^\#$ und $b^\#$ operieren, wählen wir das Tensorprodukt von zwei Exemplaren $\mathcal{F}_-$ und $\mathcal{F}_+$ des Fock-Raumes über $\mathcal{H}$. Sind $a^\#(f)$, $b^\#(f)$

$$a(f) = \int d\Omega_m(p) \sum_\lambda a(p,\lambda) f^*(p,\lambda) \,, \text{ etc.}\,, \tag{3.47}$$

die im Kap. 3.1 konstruierten Erzeugungs- und Vernichtungs-Operatoren in $\mathcal{F}_-$ und $\mathcal{F}_+$, so gilt für diese wie gewünscht

$$\begin{aligned} \{a^\#(f), a^\#(g)\} = 0 = \{b^\#(f), b^\#(g)\} \,, \\ \{a(f), a^*(g)\} = (f,g) = \{b(f), b^*(g)\} \,; \end{aligned} \tag{3.48}$$

hingegen

$$[a^\#(f), b^\#(g)] = 0 \,.$$

Um auch für die gemischten Vertauschungsrelationen Antikommutatoren zu haben, ersetzen wir $b^\#$ gemäss:

$$b^\# \mapsto \theta b^\# \,, \quad \theta = U(\pi) \,,$$

wobei $U(\lambda)$ die durch den Teilchenzahloperator in $\mathcal{F}_-$ (d.h. der Elektronen) erzeugte einparametrige unitäre Gruppe ist. Bei dieser Substitution bleiben die Relationen (3.48) ungeändert, während jetzt auch

$$\{a^\#(f), b^\#(g)\} = 0 \tag{3.49}$$

gilt. Das Vakuum der Theorie ist das Produkt der Fock-Vakua in $\mathcal{F}_-$ und $\mathcal{F}_+$. Die $ISL(2,\mathbb{C})$ operiert als Tensorproduktdarstellung $\Gamma(U(a,A)) \otimes \Gamma(U(a,A))$ auf $\mathcal{F}_- \otimes \mathcal{F}_+$.

Bemerkung Die präzise Definition des Quantenfelds $\psi(x)$ als operatorwertige Distribution geschieht ganz analog zum Strahlungsfeld (siehe Kap. 1).

Wir leiten die Vertauschungsrelationen des Feldes her. Mit (3.45) und (3.46) erhalten wir sofort

$$\{\psi_\alpha(x), \bar{\psi}_\beta(y)\} = (2\pi)^{-3} \int d\Omega_m(p) \sum_\lambda \Big[u_\alpha(p,\lambda)\bar{u}_\beta(p,\lambda) e^{-ip\cdot(x-y)} + \\ + v_\alpha(p,\lambda)\bar{v}_\beta(p,\lambda) e^{ip\cdot(x-y)} \Big] .$$

Darin benutzen wir die Spinsummen (3.31) und erhalten

$$\boxed{\{\psi_\alpha(x), \bar{\psi}_\beta(y)\} = -iS_{\alpha\beta}(x-y) ,} \tag{3.50}$$

wobei

$$-iS(x) = (2\pi)^{-3} \int_{H_m} d\Omega_m(p) \, \left[(\not{p} + m) e^{-ip\cdot x} + (\not{p} - m) e^{ip\cdot x} \right] \\ = (i\not{\partial} + m)\, (2\pi)^{-3} \int d\Omega_m(p) \, \left(e^{-ip\cdot x} - e^{ip\cdot x} \right) ;$$

d.h.

$$\boxed{S(x) = -(i\not{\partial} + m)\Delta(x) .} \tag{3.51}$$

Darin ist $\Delta(x)$ die *Jordan-Pauli-Distribution* zur Masse m

$$\boxed{\Delta(x) = -\frac{i}{(2\pi)^3} \int_{H_m} d\Omega_m(p) \, \left(e^{-ip\cdot x} - e^{ip\cdot x} \right) .} \tag{3.52}$$

$\Delta(x)$ ist (wie $D(x)$, siehe Seite 33) eine schiefe, $L_+^\uparrow$-invariante und lokale Distribution, welche die Klein-Gordon-Gleichung

$$(\Box + m^2)\Delta = 0 \tag{3.53}$$

erfüllt. Man findet leicht auch

$$\{\psi_\alpha(x), \psi_\beta(y)\} = 0 , \quad \{\bar{\psi}_\alpha(x), \bar{\psi}_\beta(y)\} = 0 . \tag{3.54}$$

Die lokalen Antikommutationsrelationen (3.50) haben nicht mehr die unmittelbare physikalische Interpretation wie beim Strahlungsfeld (siehe Seite 31). Beobachtbare Grössen sind aber z.B. bilineare Auskrücke wie $\bar{\psi}\gamma^\mu\psi$, und solche kommutieren aufgrund von (3.50) für raumartige Abstände. Darauf werden wir später zurückkommen (siehe Seite 192).

Das Transformationsgesetz der Einteilchenzustände $|p,\lambda\rangle = a^*(p,\lambda)\,|0\rangle$ unter $ISL(2,\mathbb{C})$ folgt leicht aus (3.43). Ein Zustand

$$|f\rangle = \int d\Omega_m(p) \sum_\lambda f(p,\lambda)\,|p,\lambda\rangle$$

muss sich wie folgt transformieren: $U(a,A)\,|f\rangle = \left|f_{(a,A)}\right\rangle$, wobei $f_{(a,A)}$ die rechte Seite von (3.43) ist. Daraus folgt sofort für die uneigentlichen Zustände $|p,\lambda\rangle$:

$$\boxed{\begin{aligned} U(0,A)\,|p,\lambda\rangle &= \sum_{\lambda'} D^{1/2}_{\lambda'\lambda}(W(p,A))\,|\Lambda(A)p,\lambda'\rangle\ , \\ U(a,\mathbb{1})\,|p,\lambda\rangle &= e^{i(p,a)}\,|p,\lambda\rangle\ . \end{aligned}} \tag{3.55}$$

Das entsprechende Transformationsgesetz gilt für $a^*(p,\lambda)$. Damit folgt aus (3.45) mit (3.39) (vgl. Aufgabe 3.5.3)

$$\boxed{U(a,A)\psi(x)U^{-1}(a,A) = S^{-1}(A)\psi\left(\Lambda(A)x + a\right)\ .} \tag{3.56}$$

Die Energie- und Impulsoperatoren P_μ muss man als Erzeugende der Translationen definieren. Da nach (3.55)

$$U(a,\mathbb{1})a^*(p,\lambda)U^{-1}(a,\mathbb{1}) = e^{i(p,a)}a^*(p,\lambda)\,, \tag{3.57}$$

und entsprechend für $b^*(p,\lambda)$, ist

$$P_\mu = \int d\Omega_m(p) \sum_\lambda p_\mu \left(a^*(p,\lambda)a(p,\lambda) + b^*(p,\lambda)b(p,\lambda)\right)\ . \tag{3.58}$$

Diesen Ausdruck werden wir im folgenden Abschnitt auch korrespondenzmässig bekommen.

Ladungskonjugation

Offensichtlich gibt es genau eine involutive unitäre Transformation mit

$$U_C a^\#(p,\lambda)U_C^{-1} = b^\#(p,\lambda)\,,\quad U_C b^\#(p,\lambda)U_C^{-1} = a^\#(p,\lambda)\,,\quad U_C\,|0\rangle = |0\rangle\ . \tag{3.59}$$

U_C vertauscht also Elektronen und Positronen und kommutiert offensichtlich mit $U(a,A)$. Benutzen wir (3.33), so folgt aus (3.59) und (3.45) unmittelbar

$$\boxed{U_C\psi(x)U_C^{-1} = C\bar{\psi}^T(x)} \tag{3.60}$$

und daraus

$$U_C\bar{\psi}(x)U_C^{-1} = -\psi(x)^T C^{-1}\ . \tag{3.60'}$$

Wir werden im nächsten Abschnitt sehen, dass der elektromagnetische Strom des Dirac-Feldes wie folgt definiert werden muss:

$$j^\mu(x) = \frac{e}{2}\left[\bar{\psi}(x), \gamma^\mu\psi(x)\right]\ .$$

Nun transformiert sich eine Grösse $\left[\bar{\psi}(x), \Gamma\psi(x)\right]$, $\Gamma \in$ Clifford-Algebra, unter U_C wie folgt:

$$\begin{aligned} U_C \left[\bar{\psi}_\alpha(x), \Gamma_{\alpha\beta}\psi_\beta(x)\right] U_C^{-1} &= -(C^{-1})_{\gamma\alpha} C_{\beta\delta} \Gamma_{\alpha\beta} \left[\psi_\gamma(x), \bar{\psi}_\delta(x)\right] \\ &= \left[\bar{\psi}(x), \left(C^{-1}\Gamma C\right)^T \psi(x)\right] . \end{aligned} \tag{3.61}$$

Speziell für $\Gamma = \gamma^\mu$ folgt wegen (3.35) $(C^{-1}\gamma^\mu C)^T = -\gamma^\mu$, d.h.

$$\boxed{U_C j^\mu U_C^{-1} = -j^\mu} , \tag{3.62}$$

wie man dies von der Ladungskonjugation erwartet.

Raumspiegelung

Die Diskussion der Raumspiegelung in der c-Zahl Theorie (siehe Seite 140) legt es nahe, das P-transformierte Feld durch

$$\psi'(x) = \gamma^0 \psi(x^0, -\boldsymbol{x}) \tag{3.63}$$

zu definieren. Wir zeigen für $\psi'(x)$ die folgenden Eigenschaften

i) $\psi'(x)$ erfüllt wieder die Dirac-Gleichung;
ii) $\{\psi'(x), \bar{\psi}'(y)\} = -iS(x-y)$;
iii) $\psi'(x)$ hat dasselbe Vakuum wie $\psi(x)$.

Beweis.

i)

$$\begin{aligned} (-i\partial\!\!\!/ + m)\psi'(x) &= (-i\partial\!\!\!/ + m)\gamma^0\psi(x^0, -\boldsymbol{x}) \\ &= \left(-i\gamma^0 \frac{\partial}{\partial x_0} + i\gamma^k \frac{\partial}{\partial(-x^k)} + m\right) \gamma^0 \psi(x^0, -\boldsymbol{x}) \\ &= \gamma^0 \left(-i\gamma^0 \frac{\partial}{\partial x^0} - i\gamma^k \frac{\partial}{\partial(-x^k)} + m\right) \psi(x^0, -\boldsymbol{x}) = 0 . \end{aligned}$$

ii)

$$\begin{aligned} \{\psi'(x), \bar{\psi}'(y)\} &= \{\gamma^0\psi(x^0, -\boldsymbol{x}), \psi^*(y^0, -\boldsymbol{y})(\gamma^0)^*\gamma^0\} \\ &= \gamma^0 \{\psi(x^0, -\boldsymbol{x}), \bar{\psi}(y^0, -\boldsymbol{y})\} \gamma^0 \\ &= -i\gamma^0 S(x^0 - y^0, -(\boldsymbol{x} - \boldsymbol{y}))\gamma^0 = -iS(x-y) . \end{aligned}$$

iii) trivial.

Aufgrund dieser Eigenschaften existiert eine unitäre Transformation U_P mit

$$\boxed{U_P \psi(x) U_P^{-1} = \gamma^0 \psi(x^0, -\boldsymbol{x})\,.} \tag{3.64}$$

Dies übersetzen wir in ein Transformationsgesetz für $a^*(p,\lambda)$ und $b^*(p,\lambda)$. Dazu benutzen wir in der Weyl-Darstellung die mit Hilfe von (3.24) folgende Gleichung:

$$\gamma^0 u(p,\lambda) = \sqrt{m} \begin{pmatrix} 0 & \mathbb{1} \\ \mathbb{1} & 0 \end{pmatrix} \begin{pmatrix} L(p)\eta^{(\lambda)} \\ \hat{L}(p)\eta^{(\lambda)} \end{pmatrix} = \begin{pmatrix} L(Pp)\eta^{(\lambda)} \\ \hat{L}(Pp)\eta^{(\lambda)} \end{pmatrix},$$

d.h.

$$\boxed{\gamma^0 u(p,\lambda) = u(Pp,\lambda)\,.} \tag{3.65}$$

Ebenso findet man

$$\boxed{\gamma^0 v(p,\lambda) = -v(Pp,\lambda)\,.} \tag{3.65'}$$

Damit erhält man

$$\begin{aligned} U_P a^*(p,\lambda) U_P^{-1} &= a^*(Pp,\lambda)\,, \\ U_P b^*(p,\lambda) U_P^{-1} &= -b^*(Pp,\lambda)\,, \end{aligned} \tag{3.66}$$

d.h. *Teilchen und Antiteilchen haben entgegengesetzte Eigenparität.*

Dies ist eine wichtige Tatsache, z.B. ist deshalb die Parität von Positronium (e^-, e^+) im Grundzustand (mit $l = 0$) gleich -1. Dies macht sich in den Polarisationen im 2γ-Zerfall bemerkbar.

3.4 Korrespondenzmässige Ausdrücke für Energie, Impuls und elektromagnetischen Strom

Wir besprechen zunächst ein allgemeines Verfahren um erhaltene Grössen in der klassischen Theorie, insbesondere Energie und Impuls, aufzufinden. Es seien φ_i eine Anzahl klassischer Felder, deren (gekoppelte) Feldgleichungen sich als Euler-Lagrange-Gleichungen einer Lagrange-Dichte $\mathcal{L}(\varphi_i, \varphi_{i,\mu}, x)$ gewinnen lassen:

$$\partial_\mu \frac{\partial \mathcal{L}}{\partial \varphi_{i,\mu}} - \frac{\partial \mathcal{L}}{\partial \varphi_i} = 0\,. \tag{3.67}$$

$\mathcal{L}$ sei ein Lorentz-invariantes Funktional der Felder φ_i, d.h.

$$(\mathcal{L}[\varphi'])\,(x') = (\mathcal{L}[\varphi])\,(x)\,, \tag{3.68}$$

wenn

$$x' = \Lambda(A) x + a \tag{3.69}$$

und

$$\varphi'(x) = S(A)\varphi\big(\Lambda(A^{-1})(x-a)\big) \tag{3.70}$$

die transformierten Felder sind. Betrachten wir eine einparametrige Untergruppe g_s von Poincaré-Transformationen, so folgt durch Differentiation von (3.68) bei $s = 0$, mit den Bezeichnungen

$$\frac{d}{ds} g_s(x)\bigg|_{s=0} = X(x) \quad \text{(Liealgebra-wertiges Vektorfeld!)}\,, \tag{3.71}$$

$$\frac{d}{ds} \varphi^{g_s}(x)\bigg|_{s=0} = L_X\varphi(x) \quad \text{(Liesche Ableitung bezüglich } X)\,, \tag{3.72}$$

die Identität

$$X^\mu \partial_\mu\big(\mathcal{L}[\varphi]\big) + \frac{\partial\mathcal{L}}{\partial\varphi_i} L_X\varphi_i + \frac{\partial\mathcal{L}}{\partial\varphi_{i,\mu}} \underbrace{L_X\varphi_{i,\mu}}_{=(L_X\varphi_i)_{,\mu}} = 0\,. \tag{3.73}$$

Unter Benutzung der Feldgleichungen (3.67) folgt daraus

$$X^\mu \partial_\mu(\mathcal{L}[\varphi]) + \partial_\mu\left\{\frac{\partial\mathcal{L}}{\partial\varphi_{i,\mu}} L_X\varphi_i\right\} = 0\,. \tag{3.73'}$$

Für Poincaré-Transformationen ist $\partial_\mu X^\mu = 0$, da diese volumenerhaltend sind. Damit erhalten wir aus (3.73′) die Identität

$$\partial_\mu J^\mu = 0\,, \tag{3.74}$$

wobei

$$\boxed{J^\mu = \frac{\partial\mathcal{L}}{\partial\varphi_{i,\mu}} L_X\varphi_i + X^\mu\mathcal{L}\,.} \tag{3.75}$$

Als wichtiges Beispiel wählen wir die einparametrige Translationsgruppe

$$g_s(x) = x + sa\,.$$

In diesem Fall ist $X = a$, $L_X\varphi = -a^\mu\partial_\mu\varphi$ (siehe (3.70)); folglich gilt, da a^μ beliebig ist,

$$\boxed{\partial_\mu T^\mu{}_\nu = 0\,, \quad T^\mu{}_\nu = \frac{\partial\mathcal{L}}{\partial\varphi_{i,\mu}}\varphi_{i,\nu} - \delta^\mu{}_\nu\mathcal{L}\,.} \tag{3.76}$$

$T^{\mu\nu}$ ist der sogenannte *kanonische Energie-Impuls-Tensor.* Dieser ist im allgemeinen nicht symmetrisch. Er lässt sich aber immer symmetrisieren, ohne die erhaltenen Integrale

$$P^\mu = \int_{x^0=const.} T^{0\mu}\, d^3x \tag{3.77}$$

abzuändern (siehe z.B. [6]). Die P^μ bilden den (klassischen) Energie-Impuls-4-er Vektor.

Nun nehmen wir an, $\mathcal{L}$ sei invariant unter der „inneren" Transformationsgruppe

$$\varphi_k(x) \mapsto e^{-ie_k\alpha}\varphi_k(x) \text{ (e_k ist die Ladung von φ_k)}. \tag{3.78}$$

Dann folgt durch Ableiten nach α

$$0 = \sum_k \left\{ \frac{\partial\mathcal{L}}{\partial\varphi_k} e_k\varphi_k + \frac{\partial\mathcal{L}}{\partial\varphi_{k,\mu}} e_k\varphi_{k,\mu} \right\} = \partial_\mu \sum_k \left\{ \frac{\partial\mathcal{L}}{\partial\varphi_{k,\mu}} e_k\varphi_k \right\},$$

d.h.

$$\boxed{\begin{aligned} &\partial_\mu j^\mu = 0, \\ &\quad j^\mu = i\textstyle\sum_k e_k \frac{\partial\mathcal{L}}{\partial\varphi_{k,\mu}}\varphi_k . \end{aligned}} \tag{3.79}$$

Diese Überlegung lässt sich leicht auf andere innere Symmetriegruppen verallgemeinern.

Nun koppeln wir die Felder an das elektromagnetische Feld durch die „minimale Substitution" :

$$\partial_\mu\varphi_k \longrightarrow D_\mu\varphi_k = (\partial_\mu + ie_kA_\mu)\varphi_k . \tag{3.80}$$

Zur resultierenden Lagrange-Funktion addieren wir die Lagrange-Funktion $\mathcal{L}^{\text{elm.}}$ des freien elektromagnetischen Feldes:

$$\boxed{\begin{aligned} \mathcal{L}^{\text{total}} &= \mathcal{L}^{\text{elm.}} + \mathcal{L}(\varphi_k, D_\mu\varphi_k), \\ \mathcal{L}^{\text{elm.}} &= -\tfrac{1}{16\pi}F_{\mu\nu}F^{\mu\nu} \quad (F_{\mu\nu} = A_{\nu,\mu} - A_{\mu,\nu}). \end{aligned}} \tag{3.81}$$

Beide Terme in (3.81) sind *invariant unter lokalen Eichtransformationen:*

$$\varphi_k \longrightarrow e^{-ie_k\alpha(x)}\varphi_k(x), \; A_\mu \longrightarrow A_\mu - \partial_\mu\alpha . \tag{3.82}$$

Die Eulerschen Gleichungen für A^μ zu $\mathcal{L}^{\text{total}}$ haben die Form der Maxwell-Gleichungen

$$F^{\nu\mu}{}_{,\nu} = 4\pi j^\mu ,$$

wobei jetzt

$$\boxed{j^\mu = i\sum_k e_k \frac{\partial\mathcal{L}}{\varphi_{k,\mu}}(\varphi, D_\mu\varphi)\cdot\varphi_k} \tag{3.83}$$

(vergleiche dies mit (3.79)). Auch dieser Strom ist erhalten. Das folgt einerseits aus den Maxwell-Gleichungen (und der Antisymmetrie von $F^{\mu\nu}$). Anderseits ist dies eine Folge der Materiegleichungen (für die φ's) und der Invarianz von $\mathcal{L}(\varphi, D_\mu\varphi)$ unter (3.78) (mit dem gleichen Argument wie im Anschluss an (3.78)).

Nun betrachten wir als Beispiel zuerst das freie Dirac-Feld. Die folgende Lagrange-Funktion führt trivialerweise zur Dirac-Gleichung:

$$\mathcal{L} = \bar{\psi}\,(i\partial\!\!\!/ - m)\,\psi \tag{3.84}$$

(ψ und $\bar{\psi}$ dürfen unabhängig variiert werden). Für die Energie ergibt sich nach (3.76)

$$H = \int T^{00}\, d^3x = \int \left(\bar{\psi} i\gamma^0 \partial_0 \psi - \mathcal{L}\right) d^3x\,. \tag{3.85}$$

Für eine Lösung der Feldgleichung ist $\mathcal{L} = 0$. Setzen wir die Zerlegung (3.45) von ψ in positive und negative Frequenzen ein, so folgt unter Benutzung der Orthonormalitätseigenschaften der Spinoren $u(p,\lambda)$ und $v(p,\lambda)$:

$$H = \int d\Omega_m(p) \sum_\lambda p^0 \left[a^*(p,\lambda)a(p,\lambda) - b(p,\lambda)b^*(p,\lambda)\right]\,. \tag{3.86}$$

Erwartungsgemäss gibt der zweite Term einen negativen Energiebeitrag. In der Quantentheorie kann diese Katastrophe nur vermieden werden, wenn wir für die $a^{\#}$ und $b^{\#}$ die Jordan-Wigner-Vertauschungsrelationen postulieren. Dann wird aus (3.86), bis auf eine divergente Nullpunktsenergie,

$$H = \int d\Omega_m(p) \sum_\lambda p^0 \left[a^*(p,\lambda)a(p,\lambda) + b^*(p,\lambda)b(p,\lambda)\right] \tag{3.87}$$

und dieser Operator ist positiv definit. Die Elektronen und Positronen genügen also notwendig dem Ausschlussprinzip. Dies ist eine sehr wichtige Konsequenz der Quantenfeldtheorie. (Sie lässt sich auch in der allgemeinen Quantenfeldtheorie wechselwirkender Felder beweisen.)

Entsprechend findet man für den Impuls nach Quantisierung (führe die Details aus)

$$\boldsymbol{P} = \int d\Omega_m(p) \sum_\lambda \boldsymbol{p} \left[a^*(p,\lambda)a(p,\lambda) + b^*(p,\lambda)b(p,\lambda)\right]\,. \tag{3.88}$$

(3.87) und (3.88) stimmen mit den Erzeugenden der Darstellung der Translationsgruppe (3.58) im Fock-Raum überein.

Nun betrachten wir den Strom. Da

$$\mathcal{L}(\psi, D_\mu\psi) = \bar{\psi}(iD\!\!\!\!/ - m)\psi = \bar{\psi}(i\partial\!\!\!/ - m)\psi - e\bar{\psi}A\!\!\!/\psi\,, \tag{3.89}$$

ist nach (3.83)

$$\boxed{j^\mu = e\bar{\psi}\gamma^\mu\psi\,.} \tag{3.90}$$

Die elektrische Ladung

$$Q = e\int_{x^0=const.} d^3x\, \bar{\psi}\gamma^0\psi \tag{3.91}$$

ist ein erhaltener Skalar. Setzen wir darin die Zerlegung (3.45) ein, so kommt (im kräftefreien Fall)

$$Q = e \int d\Omega_m(p) \sum_\lambda \left[a^*(p,\lambda)a(p,\lambda) + b(p,\lambda)b^*(p,\lambda)\right] . \tag{3.92}$$

Die klassische Theorie gibt also einen definiten Ausdruck. Quantisieren wir nach Jordan-Wigner, so erhalten wir nach Weglassen einer divergenten „Nullpunktsladung"

$$Q = e(N_- - N_+) , \tag{3.93}$$

d.h. Q wird indefinit. Die Elektronen haben Ladung e (< 0) und die Positronen Ladung $-e$.

Das Weglassen der Nullpunktsladung kann auch bequem im x-Raum formuliert werden. Ersetzen wir nämlich den Ausdruck (3.85) durch (W. Heisenberg)

$$j^\mu(x) = \frac{e}{2}\left[\bar{\psi}(x), \gamma^\mu\psi(x)\right] , \tag{3.94}$$

so folgt nach einer einfachen Rechnung direkt der Ausdruck (3.93) für die Ladung. In ähnlicher Weise verschwinden die Vakuumerwartungswerte aller Stromkomponenten

$$\langle 0 \,| j^\mu(x) |\, 0\rangle = 0 . \tag{3.95}$$

Dies sieht man noch einfacher aus der Transformationsformel (3.62) von j^μ unter Ladungskonjugation.[2]

Wir zeigen noch, dass z.B. der Strom lokal ist, d.h.

$$[j^\mu(x), j^\nu(y)] = 0 \quad \forall (x-y)^2 < 0 . \tag{3.97}$$

Beweis. Da der Unterschied von (3.90) und (3.94) (bzw. (3.96)) eine c-Zahl ist, ist aufgrund von (3.50) und (3.54)

$$\begin{aligned}
[j^\mu(x), j^\nu(y)] &= e^2 \left[\bar{\psi}(x)\gamma^\mu\psi(x), \bar{\psi}(y)\gamma^\nu\psi(y)\right] = \\
&= e^2 \Big[\bar{\psi}_\alpha(x)\left\{\psi_\beta(x), \bar{\psi}_\sigma(y)\right\}\psi_\rho(y) - \left\{\bar{\psi}_\alpha(x), \bar{\psi}_\sigma(y)\right\}\psi_\beta(x)\psi_\rho(y) + \\
&\quad + \bar{\psi}_\sigma(y)\bar{\psi}_\alpha(x)\left\{\psi_\beta(x), \psi_\rho(y)\right\} - \bar{\psi}_\sigma(y)\left\{\bar{\psi}_\alpha(x), \psi_\rho(y)\right\}\psi_\beta(x)\Big] \\
&\quad \times (\gamma^\mu)_{\alpha\beta}(\gamma^\nu)_{\sigma\rho} = 0 .
\end{aligned}$$

---

[2] Da $\psi(x)$ und $\bar{\psi}(x)$ Distributionen sind, ist das Produkt $\bar{\psi}(x)\gamma^\mu\psi(x)$ nicht wohldefiniert. Man kann aber zeigen, dass die folgende Definition des Stromes

$$j^\mu(x) = \lim_{y\to x} e\left[\bar{\psi}(x)\gamma^\mu\psi(y) - \langle 0\,|\bar{\psi}(x)\gamma^\mu\psi(y)|\,0\rangle\right] \tag{3.96}$$

eine Distribution liefert. (Dazu betrachte man die zugehörige Realisierung im Fock-Raum.)

Zusammenfassend *sehen wir, dass in der quantisierten Form der Dirac-Theorie alle Schwierigkeiten der Einteilcheninterpretation verschwinden. Die Theorie beschreibt in völlig symmetrischer Weise Elektronen und Positronen, welche sich im Vorzeichen der elektrischen Ladung unterscheiden. Die Energie ist definit und das Dirac-Feld ist lokal (der Antikommutator verschwindet für raumartige Separationen). Die Quantisierung mit kanonischen Vertauschungsrelationen würde, wie wir gesehen haben, zu einer physikalisch unakzeptablen Theorie (kein stabiles Vakuum) führen, womit ein tieferes Verständnis für den Zusammehang von Spin und Statistik gewonnen wurde. (Die Verallgemeinerung auf beliebigen Spin wird im Anhang zu diesem Kapitel besprochen.)*

3.5 Aufgaben

3.5.1 Darstellung der Jordan-Wigner-VR

Zeige mit Hilfe von Abschnitt 2.11.2, dass es im endlichdimensionalen Fall nur eine Darstellung der Jordan-Wigner-VR gibt.

3.5.2 Antikommutatoren

Bestimme die gleichzeitigen Antikommutatoren von ψ und ψ^*.

3.5.3 Transformationsgesetz

Leite das Transformationsgesetz (3.60) her.

3.5.4 Nichtlokales Feld

Anstelle der Antikommutatoren für die $a^\#$, $b^\#$ wähle man überall Kommutatoren. Zeige, dass dann das Feld $\psi(x)$ *nichtlokal* ist.

3.5.5 Jordan-Pauli-Distribution

Beweise, dass die Jordan-Pauli-Distribution Δ die einzige Lorentz-invariante Distribution ist, welche die Klein-Gordon-Gleichung erfüllt und für raumartige Abstände verschwindet.

3.5.6

Führe alle Überlegungen von Anhang B für einen Weylschen Spinor $\chi^{\dot\beta}$ zur Darstellung $D^{(0,\frac{1}{2})}$ durch.

Anhang zu Kapitel 3

3.A Der Zusammenhang von Spin und Statistik (nach W. Pauli)

In diesem Anhang besprechen wir die berühmte Arbeit von Wolfgang Pauli [16], mit dem Titel „*The Connection Between Spin and Statistics*“ .

Pauli beweist darin auf sehr elegante Weise, dass (vor der Quantisierung) in einer $L_+^\uparrow$-invarianten Theorie freier Felder die *Ladungsdichte für eindeutige und die Energiedichte für zweideutige Darstellungen indefinit sind.* Um im Falle zweideutiger Felder (halbzahliger Spin) ein stabiles Vakuum zu erhalten, muss man deshalb nach dem Ausschlussprinzip quantisieren. Dann erhält man, wie bei der Quantisierung des Dirac-Feldes, Teilchen beider Ladungen in symmetrischer Weise. Für den Fall eindeutiger Felder (ganzzahliger Spin) ist die Quantisierung nach Bose-Einstein möglich. Hingegen ist die Quantisierung nach dem Ausschlussprinzip nicht mit einer lokalen Ladungsdichte verträglich. Mit Recht beschliesst Pauli seine Arbeit mit folgenden Worten: *„In conclusion we wish to state, that according to our opinion the connection between spin and statistics is one of the most important applications of the special relativity theory.“*

Zum Beweis des ausgesprochenen Satzes von W. Pauli über „klassische“ , $L_+^\uparrow$-invariante, freie Feldtheorien führen wir den sogenannten *Paulischen Charakter* einer Darstellung $D^{(\frac{n}{2},\frac{m}{2})}$ ein. Dieser ist definiert durch das Vorzeichenpaar $((-1)^n, (-1)^m)$. Es ist

$$((-1)^n, (-1)^m) = \begin{cases} (+,+) \text{ oder } (-,-) & \text{für eindeutige Darstellungen,} \\ (+,-) \text{ oder } (-,+) & \text{für zweideutige Darstellungen.} \end{cases} \tag{3.98}$$

Tensoren[3] geraden Ranges gehören zu $(+,+)$ und Tensoren ungeraden Ranges zu $(-,-)$. Speziell gehört der Operator $p_\mu = i\partial_\mu$ zum Charakter $(-,-)$. Es gilt die symbolische Gleichung

$$\left(\psi_{(+,-)}\right)^* = \psi_{(-,+)} \,. \tag{3.99}$$

Bei eindeutigen Darstellungen bleibt der Charakter beim Übergang zum konjugiert-komplexen ungeändert.

Für *eindeutige Felder* haben lineare Feldgleichungen die folgende symbolische Form:

$$\sum p\psi_{(+,+)} = \sum \psi_{(-,-)} \,, \quad \sum p\psi_{(-,-)} = \sum \psi_{(+,+)} \,. \tag{3.100}$$

Obschon nur die Invarianz dieser Gleichungen bezüglich $L_+^\uparrow$ vorausgesetzt ist, sind sie aber invariant unter der folgenden interessanten Transformation

[3] Diese brauchen nicht irreduzibel zu sein.

$$\theta : \begin{cases} \psi_{(+,+)}(x) & \longrightarrow \psi'_{(+,+)}(x) = \psi_{(+,+)}(-x)\,, \\ \psi_{(-,-)}(x) & \longrightarrow \psi'_{(-,-)}(x) = -\psi_{(-,-)}(-x)\,. \end{cases} \tag{3.101}$$

Z.B. ist

$$\sum p\psi'_{(-,-)}(x) = \sum(-p)\psi_{(-,-)}(-x) = \sum \psi_{(+,+)}(-x) = \psi'_{(+,+)}(x)\,.$$

Die Ladungsdichte ist die 0-Komponente eines 4-er Vektors j. Der allgemeinste bilineare Ausdruck in $\psi_{(+,+)}$ und $\psi_{(-,-)}$ ist

$$j = \sum \psi_{(+,+)}\psi_{(-,-)} + \sum \psi_{(+,+)}p\psi_{(+,+)} + \sum \psi_{(-,-)}p\psi_{(-,-)}\,. \tag{3.102}$$

Unter der Transformation θ gilt

$$\boxed{j'(x) = -j(-x)\,.} \tag{3.103}$$

Dies beweist, dass die Ladungsdichte und die gesamte Ladung für eindeutige Felder indefinit sind. Wir erhalten dasselbe Transformationsgesetz (3.103), wenn wir für j endliche Polynome in $\psi_{(+,+)}$, p und $\psi_{(-,-)}$ zulassen.

Nun betrachten wir *zweideutige Felder*. In diesem Fall haben die Feldgleichungen die Struktur

$$\sum p\psi_{(+,-)} = \sum \psi_{(-,+)}\,, \quad \sum p\psi_{(-,+)} = \sum \psi_{(+,-)}\,. \tag{3.104}$$

Diese Gleichungen sind invariant unter der Transformation

$$\tilde{\theta} : \begin{cases} \psi_{(+,-)}(x) & \longrightarrow \psi'_{(+,-)}(x) = i\psi_{(+,-)}(-x)\,, \\ \psi_{(-,+)}(x) & \longrightarrow \psi'_{(-,+)}(x) = -i\psi_{(-,+)}(-x)\,. \end{cases} \tag{3.105}$$

Wir bemerken, dass der Faktor i nötig ist, damit $\tilde{\theta}$ mit (3.99) konsistent ist. Tatsächlich ist

$$\left(\psi'_{(-,+)}(x)\right)^* = i\left(\psi_{(-,+)}(-x)\right)^* = i\psi_{(+,-)}(-x) = \psi'_{(+,-)}(x)\,.$$

Die Energiedichte ist die $(0,0)$-Komponente eines symmetrischen Tensors T zweiter Stufe, d.h. eines Feldes vom Typ $(+,+)$. Der allgemeinste Ausdruck für T, welcher bilinear in den Feldern $\psi_{(+,-)}$, $\psi_{(-,+)}$ und deren Ableitungen (beliebiger endlicher Ordnung) ist, hat die Gestalt

$$T = \sum \psi_{(+,-)}\psi_{(+,-)} + \sum \psi_{(-,+)}\psi_{(-,+)} + \sum \psi_{(+,-)}p\psi_{(-,+)} + \dots\,. \tag{3.106}$$

Unter $\tilde{\theta}$ gilt offensichtlich

$$\boxed{T'(x) = -T(-x)\,,} \tag{3.107}$$

was zeigt, dass die Energiedichte und auch die gesamte Energie für zweideutige Felder indefinit sind.

Pauli betont: „It may be emphasized, that it was not only unnecessary to assume that the wave equation is of the first order, but also that the question is left open whether the theory is also invariant with respect to the space reflections. This scheme covers therefore also Dirac's two component wave equations (with zero mass).“ [4]

Pauli schliesst nun aus dem oben bewiesenen Satz für c-Zahl-Theorien auf den Zusammenhang von Spin und Statistik. *Zunächst zeigt dieser Satz, dass c-Zahl-Theorien keine befriedigende Einteilchen-Interpretation zulassen und dass die Felder quantisiert werden müssen.*

Bei der Quantisierung wird verlangt, dass physikalische Grössen wie die Ladungsdichte bei raumartiger Separation kommutieren. Dies wird durch die Annahme garantiert, dass die *Felder selbst bei raumartiger Separation kommutieren oder antikommutieren (Lokalität).* Ferner müssen wir die *Existenz eines energetisch tiefsten Zustandes* annehmen, damit die Definition eines stabilen Vakuums möglich ist. Nach dem Satz von Pauli *müssen deshalb zweideutige Felder nach dem Ausschlussprinzip quantisiert werden.*

Wir untersuchen nun die Quantisierung von *eindeutigen Feldern* und betrachten dazu den Kommutator oder Antikommutator einer Feldkomponente ψ und ihrem Adjungierten

$$[\psi(x), \psi^*(y)]_\pm \,. \tag{3.108}$$

Diese Grössen haben den Charakter $(+,+)$ und transformieren sich also wie Tensoren von geradem Rang. Die Gleichung

$$[\psi(x), \psi^*(y)]_- = 0 \,, \quad \text{für } (x-y)^2 < 0 \tag{3.109}$$

entspricht der kanonischen Quantisierung, d.h. der Bose-Einstein-Statistik. Wir zeigen nun, dass die Forderung

$$[\psi(x), \psi^*(y)]_+ = 0 \,, \quad \text{für } (x-y)^2 < 0 \tag{3.110}$$

zu $\psi \equiv 0$ führt. Dabei setzen wir voraus, dass die linke Seite von (3.110) eine c-Zahl ist (was in kräftefreien, nach dem Ausschlussprinzip quantisierten Theorien richtig ist). Es sei also

$$[\psi(x), \psi^*(y)]_+ = F(x-y) \,, \tag{3.111}$$

wobei aufgrund der Translationsinvarianz F nur von $(x-y)$ abhängt. Ferner erfüllt F die Klein-Gordon-Gleichung

$$(\Box + m^2)F = 0$$

[4] Gemeint sind die Weyl-Gleichungen für φ_α und $\chi^{\dot\beta}$. Die Transformationen θ und $\bar\theta$ sind im Hinblick auf das PCT-Theorem sehr interessant. Es ist beachtlich, dass Pauli diese Bemerkung lange vor der Entdeckung der Paritätsverletzung machte.

und transformiert sich unter $L_+^\uparrow$ wie ein Tensor von geradem Rang. Nun ist die Jordan-Pauli-Distribution Δ die einzige Lorentz-invariante Distribution, welche die Klein-Gordon-Gleichung erfüllt und für raumartige Argumente verschwindet (beweise dies!). Also hat F die Form

$$F(x) = P(\partial)\Delta(x)\,, \tag{3.112}$$

wobei P ein *gerades* Polynom in den Ableitungen ∂_μ ist. Mit Δ ist deshalb auch F notwendig ungerade. Dies impliziert

$$\psi(x)\psi^*(y) + \psi^*(y)\psi(x) + \psi(y)\psi^*(x) + \psi^*(x)\psi(y) = 0\,.$$

Multiplizieren wir dies mit $f(x)\cdot f(y)^*$ und „integrieren" über x, y, so erhalten wir

$$\psi(f)\,(\psi(f))^* + (\psi(f))^*\psi(f) + \psi(f^*)(\psi(f^*))^* + (\psi(f^*))^*\psi(f^*) = 0\,.$$

Da alle Terme ≥ 0 sind, folgt $\psi(f) = 0$, $\forall f$, d.h. $\psi \equiv 0$.

Beim letzten Schritt haben wir vorausgesetzt, dass das Sklarprodukt im Raum der Zustände positiv definit ist. Für ganzzahlige Spin ist also die Quantisierung nach dem Ausschlussprinzip unmöglich. Für diesen Schluss ist das *Lokalitätspostulat wesentlich.* Sonst könnten wir in (3.112) auch die Δ_1-Distribution:

$$\Delta_1(x) = (2\pi)^{-3} \int d\Omega_m(p)\,\left(e^{-ip\cdot x} + e^{ip\cdot x}\right) \tag{3.113}$$

benutzen, welche gerade ist, aber für raumartige Argumente nicht verschwindet. Dann würde das Argument im Anschluss an (3.112) nicht mehr funktionieren.

Der Zusammenhang von Spin und Statistik lässt sich auch in der „axiomatischen" Quantenfeldtheorie unter sehr allgemeinen Annahmen beweisen. Dies erfordert aber eine wesentlich anspruchsvollere mathematische Analyse. Wir verweisen dazu auf die ausgezeichneten Bücher [17] und [18].

3.B Quantisierung des Weyl-Feldes

In diesem Anhang besprechen wir die Quantisierung des Weyl-Feldes $\varphi_\alpha(x)$, $(\alpha = 1, 2)$, welches sich nach der Darstellung $D^{(\frac{1}{2},0)}$ transformiert. Die Weyl-Gleichung lautet (siehe Gleichung 2.60)

$$\partial^{\alpha\dot\beta}\varphi_\alpha = 0\,, \quad \text{oder} \;\; \underline{\widehat{\partial}}\varphi = 0\,. \tag{3.114}$$

Daraus folgt

$$\underline{\partial}\,\underline{\widehat{\partial}}\varphi = \Box\varphi = 0\,. \tag{3.115}$$

Für eine ebene Welle setzen wir an

$$\varphi(x) = u(p)e^{-ip\cdot x} . \tag{3.116}$$

Aus (3.115) folgt $p^2 = 0$. Betrachten wir zunächst positive Frequenzen $p^0 = |\boldsymbol{p}|$, dann folgt aus (3.114)

$$\widehat{\underline{p}}u(p) = p_\mu \hat{\sigma}^\mu u(p) = 0 ,$$

d.h.

$$\frac{\boldsymbol{p}\cdot\boldsymbol{\sigma}}{|\boldsymbol{p}|}u(p) = u(p) . \tag{3.117}$$

Der Spinor $u(p)$ ist also Eigenzustand des *Helizitätsoperators* $\boldsymbol{\sigma}\cdot\boldsymbol{p}/|\boldsymbol{p}|$ mit dem Eigenwert $+1$. Da $\det\widehat{\underline{p}} = p^2 = 0$ ist, hat der zugehörige Eigenraum die Dimension 1. Weiter unten werden wir $u(p)$ explizit angeben.

Als negative Frequenzlösung nehmen wir $u(p)e^{+ip\cdot x}$ mit demselben $u(p)$. Da für einen Weyl-Spinor $\varphi^*\hat{\sigma}_\mu\varphi$ ein 4-er Vektor ist, ist die folgende Normierung Lorentz-invariant

$$u^*(p)u(p) = 2p^0 . \tag{3.118}$$

Wir benötigen noch $u_\alpha(p)u^*_{\dot\beta}(p)$. Aus Invarianzgründen muss dies proportional zu $p_{\alpha\dot\beta}$ sein:

$$u_\alpha(p)u^*_{\dot\beta}(p) = \# p_{\alpha\dot\beta} .$$

Daraus ergibt sich

$$u^*(p)u(p) = \#\,\mathrm{tr}\,\underline{p} = \#2p^0 .$$

Mit der Normierung (3.118) ergibt sich $\# = 1$, also

$$\boxed{u_\alpha(p)u^*_{\dot\beta}(p) = p_{\alpha\dot\beta} .} \tag{3.119}$$

Die Entwicklung des Feldes nach ebenen Wellen lautet

$$\varphi(x) = (2\pi)^{-3/2}\int\frac{d^3p}{2p^0}\left\{a(p)u(p)e^{-ip\cdot x} + b^*(p)u(p)e^{ip\cdot x}\right\} . \tag{3.120}$$

Um Energie und Impuls zu berechnen, leiten wir die Feldgleichungen aus einer Lagrange-Funktion her. Die folgende führt auf die richtigen Feldgleichungen

$$\mathcal{L} = i\varphi^*_{\dot\beta}\partial^{\alpha\dot\beta}\varphi_\alpha = i\varphi^*\widehat{\underline{\partial}}\varphi = i\varphi^*\hat{\sigma}^\mu\partial_\mu\varphi . \tag{3.121}$$

Daraus ergibt sich für den kanonischen Energie-Impuls-Tensor

$$T^\mu{}_\nu = \frac{\partial\mathcal{L}}{\partial\varphi_{,\mu}}\varphi_{,\nu} - \delta^\mu{}_\nu\mathcal{L} = i\big(\varphi^*\hat{\sigma}^\mu\varphi_{,\nu} - \delta^\mu{}_\nu\varphi^*\underbrace{\hat{\sigma}^\lambda\varphi_{,\lambda}}_{=0}\big) .$$

Insbesondere ist

$$T^0{}_0 = i\varphi^*\partial_0\varphi . \tag{3.122}$$

Die Gesamtenergie ist mit (3.120)

$$H = \int T^0{}_0 \, d^3x = \int \frac{d^3p}{2p^0} p^0 \left[a^*(p)a(p) - b(p)b^*(p)\right], \tag{3.123}$$

und diese ist erwartungsgemäss indefinit. Deshalb müssen wir nach Jordan-Wigner quantisieren

$$\boxed{\begin{aligned} &\{a(p), a^*(p')\} = 2p^0\delta^3(\boldsymbol{p} - \boldsymbol{p}') = \{b(p), b^*(p')\}, \\ &\text{alle anderen Antikommutatoren} = 0\,. \end{aligned}} \tag{3.124}$$

Damit wird, wie im Diracschen Fall

$$H^{\mathrm{op}} = \int \frac{d^3p}{2p^0} p^0 (a^*(p)a(p) + b^*(p)b(p))\,. \tag{3.125}$$

In der Theorie gibt es einen erhaltenen Strom

$$j^\mu := \varphi^* \hat{\sigma}^\mu \varphi\,, \tag{3.126}$$

$$\partial_\mu j^\mu = \varphi^* \widehat{\underline{\partial}} \varphi - (\partial_\mu \varphi^*)\hat{\sigma}^\mu \varphi = 0\,.$$

Die zugehörige „Ladung" ist

$$Q = \int d^3x \, j_0(x) = \int \varphi^* \varphi \, d^3x = \int \frac{d^3p}{2p^0} \left[a^*(p)a(p) + b(p)b^*(p)\right].$$

In der c-Zahl-Theorie ist diese definit. Nach Quantisierung erhalten wir

$$Q = \int \frac{d^3p}{2p^0} \left[a^*(p)a(p) - b^*(p)b(p)\right]. \tag{3.127}$$

$a^*(p)$ erzeugt masselose Teilchen mit dem 4-er Impuls p und der „Ladung" $+1$ und $b^*(p)$ Antiteilchen der „Ladung" -1. Wir berechnen noch den Antikommutator des Feldes

$$\{\varphi_\alpha(x), \varphi^*_{\dot\beta}(y)\} = (2\pi)^{-3} \int \frac{d^3p}{2p^0} p_{\alpha\dot\beta} \left[e^{-ip\cdot(x-y)} + e^{ip\cdot(x-y)}\right].$$

Mit $p_{\alpha\dot\beta} = (\sigma^\mu)_{\alpha\dot\beta} p_\mu$ folgt

$$\{\varphi_\alpha(x), \varphi^*_{\dot\beta}(y)\} = -\partial_{\alpha\dot\beta} D(x-y)\,. \tag{3.128}$$

Analog

$$\{\varphi_\alpha(x), \varphi_\beta(y)\} = 0\,.$$

Die Theorie ist also lokal.

Wie in der Dirac-Theorie wollen wir im folgenden das Transformationsgesetz der Einteilchenzustände untersuchen. Dazu benötigen wir einen geeigneten Ausdruck für die Spinoren $u(p)$.

Es sei π der Standard-Impuls $\pi = (\frac{1}{2}, 0, 0, \frac{1}{2})$ $(\pi^2 = 0)$. $L(p)$ bezeichne eine $SL(2, \mathbb{C})$-Transformation, welche π in p überführt, d.h.

$$L(p)\underline{\pi}L^*(p) = \underline{p}\,. \tag{3.129}$$

Den Spinor $u(p)$ können wir folgendermassen darstellen

$$u(p) = L(p)\begin{pmatrix}1\\0\end{pmatrix} = L(p)|_{1.\ \text{Spalte}}\,. \tag{3.130}$$

Beweis. Aus (3.129) folgt

$$\hat{L}(p)\hat{\underline{\pi}}\underbrace{\hat{L}^*(p)}_{L^{-1}(p)} = \hat{\underline{p}} \Rightarrow \hat{L}(p)\hat{\underline{\pi}} = \hat{\underline{p}}L(p)\,.$$

Da $\hat{\underline{\pi}} = \pi^\mu \hat{\sigma}_\mu = \pi^0\sigma_0 - \pi^3\sigma_3 = \begin{pmatrix}0 & 0\\ 0 & 1\end{pmatrix}$ gilt $\hat{\underline{\pi}}\binom{1}{0} = 0$. Infolgedessen

$$\hat{\underline{p}}L(p)\begin{pmatrix}1\\0\end{pmatrix} = \hat{L}(p)\hat{\underline{\pi}}\begin{pmatrix}1\\0\end{pmatrix} = 0\,.$$

Wir geben eine explizite Form für $u(p)$. Dazu setzen wir

$$\boxed{L(p) = R(p)H(p)\,,}$$

wo $H(p)$ die positiv hermitesche Matrix (spezielle Lorentz-Transformation) ist, welche π in $(|\boldsymbol{p}|, 0, 0, |\boldsymbol{p}|)$ überführt und $R(p) \in SU(2)$ die Drehung bezeichnet, welche $(0, 0, |\boldsymbol{p}|)$ in $\boldsymbol{p}$ überführt:

$$H(p) = \begin{pmatrix}\sqrt{2|\boldsymbol{p}|} & 0\\ 0 & \frac{1}{\sqrt{2|\boldsymbol{p}|}}\end{pmatrix} \tag{3.131}$$

$$R(p) = e^{-i(\varphi/2)\sigma_3}e^{-i(\theta/2)\sigma_2} = \begin{pmatrix}e^{-i(\varphi/2)}\cos\frac{\theta}{2} & -e^{-i(\varphi/2)}\sin\frac{\theta}{2}\\ e^{i(\varphi/2)}\sin\frac{\theta}{2} & e^{i(\varphi/2)}\cos\frac{\theta}{2}\,,\end{pmatrix} \tag{3.132}$$

wobei θ, φ die Polarwinkel von $\boldsymbol{p}$ sind. Daraus ergibt sich

$$\boxed{u(p) = \sqrt{2p^0}\begin{pmatrix}e^{-i(\varphi/2)}\cos\frac{\theta}{2}\\ e^{i(\varphi/2)}\sin\frac{\theta}{2}\end{pmatrix}\,.} \tag{3.133}$$

Wir betrachten die Untergruppe G_π von $SL(2, \mathbb{C})$, welche π invariant lässt (kleine Gruppe, Stabilisator):

$$A \in G_\pi \Leftrightarrow A\underline{\pi}A^* = \underline{\pi}\,.$$

Man findet leicht die folgende Gestalt für A

$$A = \begin{pmatrix} e^{i(\varphi/2)} & ae^{-i(\varphi/2)} \\ 0 & e^{-i(\varphi/2)} \end{pmatrix} = \begin{pmatrix} 1 & a \\ 0 & 1 \end{pmatrix} \begin{pmatrix} e^{i(\varphi/2)} & 0 \\ 0 & e^{-i(\varphi/2)} \end{pmatrix}, \tag{3.134}$$

mit $a \in \mathbb{C}$. G_π steht in engem Zusammenhang mit der Euklidischen Bewegungsgruppe in zwei Dimensionen. Dazu ordnen wir jedem $A \in G_\pi$, charakterisiert durch $(a, e^{i\frac{\varphi}{2}})$, die Euklidische Bewegung $(\mathrm{Re}\, a, \mathrm{Im}\, a; R_\varphi)$, bestehend aus der Translation $(\mathrm{Re}\, a, \mathrm{Im}\, a)$ und der Drehung R_φ mit dem Winkel φ zu. Man überzeugt sich leicht, dass diese Zuordnung ein Homomorphismus ist mit dem Kern $(0, 0; \pm 1)$, d.h.

$$\mathbb{E}(2) \cong G_\pi / \{0, 0; \pm 1\}.$$

Wie in (3.38) führen wir die „Wigner-Rotation“ ein:

$$W(p, A) = L^{-1}(\Lambda(A)p) A L(p) \tag{3.135}$$

mit $(p^2 = 0, p^0 > 0, A \in SL(2, \mathbb{C}))$. Offensichtlich ist $W(p, A) \in G_\pi$. Aus (3.130) und (3.135) folgt

$$Au(p) = AL(p)\begin{pmatrix} 1 \\ 0 \end{pmatrix} = L(\Lambda(A)p) W(p, A) \begin{pmatrix} 1 \\ 0 \end{pmatrix}.$$

Wir setzen

$$W(p, A) = \begin{pmatrix} 1 & a \\ 0 & 1 \end{pmatrix} \begin{pmatrix} e^{i(\varphi/2)} & 0 \\ 0 & e^{-i(\varphi/2)} \end{pmatrix}$$

und erhalten

$$Au(p) = L(\Lambda(A)p) \begin{pmatrix} e^{i(\varphi/2)} \\ 0 \end{pmatrix} = u(\Lambda(A)p) e^{i(\varphi/2)}.$$

Bezeichnet ϑ^s die folgende *Darstellung* von G_π

$$\vartheta : A = \begin{pmatrix} 1 & a \\ 0 & 1 \end{pmatrix} \begin{pmatrix} e^{i(\varphi/2)} & 0 \\ 0 & e^{-i(\varphi/2)} \end{pmatrix} \mapsto e^{is\varphi}, s = 0, \pm\frac{1}{2}, \pm 1, \ldots$$

(Translationen trivial dargestellt), so gilt also

$$\boxed{Au(p) = \vartheta^{(1/2)}\big(W(p, A)\big) u(\Lambda(A)p).} \tag{3.136}$$

Diese Formel entspricht Gleichung (3.39). Daran schliessen wir dieselben Überlegungen wie dort an. Anstelle von (3.43) erhalten wir die folgende unitäre Darstellung von $ISL(2, \mathbb{C})$ im Raum der positiven (negativen) Frequenzlösungen

$$\boxed{\left(U^{(\pm 1/2)}(a, A) f\right)(p) = e^{i(p,a)} \vartheta^{\pm 1/2}(R(p, A)) f(\Lambda(A^{-1})p).} \tag{3.137}$$

Diese Darstellung ist in der Wignerschen Klassifizierung die Darstellung zur Masse 0 und Spin $\pm 1/2$. Der Hilbert-Raum der Zustände der quantisierten Theorie ist wieder das Tensorprodukt von zwei Exemplaren des Fock-Raumes über $\mathcal{H} = L^2(H_0, d\Omega_0)$, und die Gruppe $ISL(2,\mathbb{C})$ operiert darin via Tensorproduktdarstellung

$$\Gamma(U^{(1/2)}(a,A)) \otimes \Gamma(U^{(-1/2)}(a,A)) .$$

Anstelle von (3.55) erhält man für das Transformationsgesetz der Einteilchenzustände (mit $+1/2$ für Teilchen und $-1/2$ für Antiteilchen)

$$\begin{aligned} U(0,A)\,|p\rangle &= \vartheta^{\pm 1/2}(W(p,A))\,|\Lambda(A)p\rangle \,, \\ U(a,\mathbb{1})\,|p\rangle &= e^{i(p,a)}\,|p\rangle \,. \end{aligned} \tag{3.138}$$

Die korrespondenzmässigen Ausdrücke für Energie und Impuls stimmen deshalb mit den Erzeugenden der Translationen $U(a,\mathbb{1})$ überein.

Für das Transformationsgesetz der Felder findet man jetzt mit (3.136)

$$U(a,A)\varphi(x)U^{-1}(a,A) = A^{-1}\varphi(\Lambda(A)x + a) \,. \tag{3.139}$$

In (3.138) sei speziell $A = R_\varphi$ eine Drehung um die z-Achse mit dem Winkel φ und $\boldsymbol{p}$ zeige in die positive z-Richtung. Dann ist

$$\begin{aligned} W(p,R_\varphi) &= H^{-1}(p)R_\varphi H(p) \\ &= \begin{pmatrix} \frac{1}{\sqrt{2p^0}} & 0 \\ 0 & \sqrt{2p^0} \end{pmatrix} \begin{pmatrix} e^{i(\varphi/2)} & 0 \\ 0 & e^{-i(\varphi/2)} \end{pmatrix} \begin{pmatrix} \sqrt{2p^0} & 0 \\ 0 & \frac{1}{\sqrt{2p^0}} \end{pmatrix} , \end{aligned}$$

d.h. $W(p,R_\varphi) = R_\varphi$. Aus (3.138) folgt deshalb für die 1-Teilchen- (-Antiteilchen-) Zustände

$$U(R_\varphi)\,|p\rangle = e^{\pm i(\varphi/2)}\,|p\rangle \,. \tag{3.140}$$

Das Weyl-Feld zur Darstellung $D^{(\frac{1}{2},0)}$ beschreibt also rechtshändige Spin-$\frac{1}{2}$-Teilchen der Masse 0 und linkshändige Antiteilchen. Teilchen und Antiteilchen unterscheiden sich ausserdem durch die „Ladung“ (Leptonladung).

CP-Symmetrie

Interpretiert man $a^*(p)$ und $b^*(p)$ in (3.120) als Erzeugungsoperatoren für Teilchen bzw. Antiteilchen, so ist die Theorie *nicht* symmetrisch bezüglich Teilchen-Antiteilchen Konjugation, da die Helizitäten von Teilchen und Antiteilchen verschieden sind. Ebensowenig ist die Theorie P-invariant, da unter P aus einem Rechtshänder ein Linkshänder entstehen sollte. Hingegen ist die zusammengesetzte Operation CP eine Symmetrie;

$$CP:\; U_{CP}a^*(p)U_{CP}^{-1} = b^*(Pp) \,. \tag{3.141}$$

Benutzt man[5]

$$u(Pp) = \varepsilon u^*(p)\,, \tag{3.142}$$

so erhält man sofort

$$U_{CP}\varphi(x)U_{CP}^{-1} = \varepsilon\varphi^*(Px)\,. \tag{3.143}$$

Bemerkung: Solange man keine Wechselwirkung betrachtet, kann man durchaus behaupten, die Weyl-Theorie (in quantisierter Form) sei invariant unter C *und* P, wobei man diese Operationen dann wie folgt zu definieren hat:

$$U_C = \mathbb{1}\ \text{(Teilchen = Antiteilchen)}\,, \quad U_P\varphi(x)U_P^{-1} = \varepsilon\varphi^*(Px)\,. \tag{3.144}$$

In dieser Sprechweise würde φ ein Neutrino in zwei Helizitätszuständen beschreiben. *Von C- bzw. P-Verletzung kann man erst bei Wechselwirkung sprechen.*

Äquivalenz von Weyl- und Majorana-Feld

Es sei φ ein Weyl-Feld zu $D^{(\frac{1}{2},0)}$, welches die Feldgleichung $\widehat{\underline{\partial}}\varphi = 0$ erfüllt. Wir definieren ein Dirac-Feld ψ durch

$$\psi = \begin{pmatrix} \varphi \\ -\varepsilon\varphi^* \end{pmatrix}. \tag{3.145}$$

(Dieses transformiert sich richtig nach $S(A)$.) Nun ist

$$\partial\!\!\!/\psi = \begin{pmatrix} 0 & \underline{\partial} \\ \widehat{\underline{\partial}} & 0 \end{pmatrix} \begin{pmatrix} \varphi \\ -\varepsilon\varphi^* \end{pmatrix} = \begin{pmatrix} -\underline{\partial}\varepsilon\varphi^* \\ \widehat{\underline{\partial}}\varphi \end{pmatrix} = 0\,,$$

denn

$$\varepsilon^{-1}\underline{\partial}\varepsilon\varphi^* = \left(\widehat{\underline{\partial}}\varphi\right)^* = 0\,.$$

Folglich erfüllt ψ die Dirac-Gleichung für $m = 0$:

$$\partial\!\!\!/\psi = 0\,. \tag{3.146}$$

ψ ist *selbstkonjugiert*: Allgemein gilt

$$\begin{pmatrix} \varphi \\ \chi \end{pmatrix} \xrightarrow{C} \begin{pmatrix} \varepsilon\chi^* \\ -\varepsilon\varphi^* \end{pmatrix}$$

[5] Es ist $\varepsilon u^*(p) = \varepsilon\tilde{L}(p)\binom{1}{0} = \hat{L}(p)\varepsilon\binom{1}{0}$. Aber aus $\hat{L}(p)\widehat{\underline{\pi}}\hat{L}^*(p) = \widehat{\underline{p}} = \underline{Pp}$ folgt $\hat{L}(p)\varepsilon\underline{\pi}\varepsilon^{-1}\hat{L}^*(p) = \underline{Pp}$, d.h. $\hat{L}(p)\varepsilon = L(Pp)$. Folglich gilt

$$\varepsilon u^*(p) = \hat{L}(p)\varepsilon\begin{pmatrix} 1 \\ 0 \end{pmatrix} = L(Pp)\begin{pmatrix} 1 \\ 0 \end{pmatrix} = u(Pp)\,.$$

und dies führt in unserem Fall zu

$$\psi \xrightarrow{C} \psi \,. \tag{3.147}$$

Diese letzte Eigenschaft nennt man die *Majorana-Bedingung* und ein Dirac-Feld, welches diese Bedingung erfüllt, ist ein sogenanntes *Majorana-Feld.*

Unter P gilt für ein Dirac-Feld: $\psi \xrightarrow{P} \psi'(x) = \gamma^0 \psi(Px)$. Dies bedeutet für (3.145) $\left(\gamma^0 = \begin{pmatrix} 0 & \mathbb{1} \\ \mathbb{1} & 0 \end{pmatrix}\right)$

$$\begin{pmatrix} \varphi \\ -\varepsilon\varphi^* \end{pmatrix} \xrightarrow{P} \begin{pmatrix} -\varepsilon\varphi^* \\ \varphi \end{pmatrix} .$$

Insbesondere

$$\varphi(x) \xrightarrow{P} \varphi'(x) = -\varepsilon\varphi^*(Px) \,.$$

Fassen wir das Weyl-Feld als Majorana-Feld auf, so erhalten wir gerade die Interpretation (3.144). Die beiden Formulierungen sind natürlich äquivalent.

Formulierung von Yang und Lee

Einem Weyl-Feld können wir das folgende Dirac-Feld zuordnen

$$\psi = \begin{pmatrix} \varphi \\ 0 \end{pmatrix} . \tag{3.148}$$

Offensichtlich ist

$$\partial\!\!\!/ \psi = \begin{pmatrix} 0 & \partial \\ \underline{\hat{\partial}} & 0 \end{pmatrix} \begin{pmatrix} \varphi \\ 0 \end{pmatrix} = 0 \,.$$

Ferner gilt $\left(\gamma^5 = \begin{pmatrix} \mathbb{1} & 0 \\ 0 & -\mathbb{1} \end{pmatrix}\right)$

$$\left(1 - \gamma^5\right) \psi = 0 \,.$$

Die Formulierung von Yang und Lee lautet

$$\boxed{\partial\!\!\!/ \psi = 0 \,, \quad (1 - \gamma^5)\psi = 0 \,.} \tag{3.149}$$

Sie ist unabhängig von der Darstellung der γ-Algebra. Diese Formulierung ist äquivalent sowohl zu der von Weyl als auch zu der von Majorana. Die Beschreibung der Neutrinos durch Yang und Lee (1956) [29] ist die gebräuchlichste.

4. Das quantisierte Dirac-Feld in Wechselwirkung mit einem äusseren elektromagnetischen Feld

4.1 Quantisierung des wechselwirkenden Elektron-Positron-Feldes

In diesem Kapitel[1] studieren wir das quantisierte Elektron-Positron-Feld in Wechselwirkung mit einem äusseren elektromagnetischen Feld zum Potential A_μ. Die Feldgleichung lautet nach (2.106)

$$[-i\gamma^\mu (\partial_\mu + ieA_\mu) + m]\,\psi = 0\ . \tag{4.1}$$

Wir nehmen an, dass $A_\mu(x)$ glatt ist und in allen Raum- und Zeitrichtungen rasch abfällt.

Im folgenden benutzen wir die Abkürzung

$$B(x) = e\gamma^\mu A_\mu(x)\ . \tag{4.2}$$

Beachte, dass

$$B(x)^* = \gamma^0 B(x)\gamma^0\ . \tag{4.3}$$

Zunächst verwandeln wir (4.1) in eine Integralgleichung. Es sei $S_R(x)$ die retardierte Greensche Funktion, definiert durch

$$(-i\partial\!\!\!/ + m)S_R(x) = -\delta^4(x)\ , \tag{4.4}$$

$$S_R(x) = 0 \qquad \text{für } x^0 < 0\ . \tag{4.5}$$

Setzen wir die Fourier-Darstellung

$$S_R(x) = (2\pi)^{-4}\int d^4p\, \tilde{S}_R(p)e^{-i(p,x)} \tag{4.6}$$

in (4.4) ein, so erhalten wir die Gleichung

$$(p\!\!\!/ - m)\tilde{S}_R(p) = 1\ . \tag{4.7}$$

Diese multiplizieren wir mit $(p\!\!\!/ + m)$ und bekommen

[1] In diesem und allen folgenden Kapiteln verwenden wir Einheiten für die $\hbar = c = 1\ ,\ \ \alpha = e^2/4\pi$.

$$(p^2 - m^2)\tilde{S}_R(p) = \not{p} + m \,,$$

mit der Lösung

$$\tilde{S}_R(p) = \frac{\not{p} + m}{(p^2 + m^2)_R} \,.$$

Der Index R rechts soll angeben wie die Pole in $p^0 = \pm\sqrt{\boldsymbol{p}^2 + m^2}$ zu umfahren sind damit die Randbedingung (4.5) erfüllt ist. Wir erhalten für $S_R(x)$

$$S_R(x) = (i\not{\partial} + m)\Delta_R(x) \,, \tag{4.8}$$

wobei

$$\Delta_R(x) = (2\pi)^{-4} \int \frac{1}{(p^2 - m^2)_R} e^{-i(p,x)} \, d^4p \,. \tag{4.9}$$

Nun kann das Integral

$$\int_{-\infty}^{+\infty} dp_0 \frac{1}{p_0^2 - \boldsymbol{p}^2 - m^2} e^{-ip_0x_0}$$

für $x^0 < 0$ in der oberen Ebene geschlossen werden. Deshalb müssen die Pole in p_0 in die untere Halbebene verlegt werden, also ist

$$\begin{aligned}\frac{1}{(p^2 - m^2)_R} &= \lim_{\varepsilon \longrightarrow 0} \frac{1}{(p^0 + i\varepsilon)^2 - \boldsymbol{p}^2 - m^2} \\ &= \frac{\mathcal{P}}{p^2 - m^2} - i\pi\varepsilon(p)\delta(p^2 - m^2) \,,\end{aligned} \tag{4.10}$$

wo $\mathcal{P}$ den Hauptwert bezeichnet, und

$$\varepsilon(p) = \begin{cases} +1 & \text{für} \quad p^0 > 0 \,, \\ -1 & \text{für} \quad p^0 < 0 \,. \end{cases} \tag{4.11}$$

Die gesuchte Integralgleichung lautet

$$\psi(x) = \psi^{in}(x) + \int S_R(x - x')B(x')\psi(x') \, d^4x' \,. \tag{4.12}$$

Darin ist ψ^{in} das freie Feld gegen welches ψ für $x^0 \longrightarrow -\infty$ strebt. Für ψ^{in} wählen wir jetzt ein quantisiertes freies Dirac-Feld. Bestimmt damit die Gleichung (4.13) ein wohldefiniertes Quantenfeld? Um diese Frage zu untersuchen, verschmieren wir (4.12) mit einer Testfunktion $f \in \mathcal{L}(R^4)$ und schreiben sie wie folgt

$$\psi(T_R f) = \psi^{in}(f) \,, \tag{4.13}$$

wobei

$$(T_R f)(x) = f(x) - \int d^4y \, f(y) S_R(y - x) B(x) \,. \tag{4.14}$$

T_R bildet den Raum der Testfunktionen stetig in sich ab. Unter den angegebenen Bedingungen kann man zeigen, dass T_R ein stetiges Inverses hat und deshalb erfüllt das Feld ψ

$$\psi(f) = \psi^{in}(T_R^{-1} f) \,. \tag{4.15}$$

Dadurch ist das wechselwirkende Feld wohldefiniert. Schwierigkeiten ergeben sich erst, wenn wir bilineare Ausdrücke, wie z.B. den Strom, bilden wollen! Dies werden wir im übernächsten Abschnitt besprechen.

Neben der retardierten benutzen wir auch die avancierte Greensche Funktion S_A. Diese erhalten wir aus (4.8) und (4.9), wenn wir in (4.10) ε durch $-\varepsilon$ ersetzen. Für $x^0 \longrightarrow +\infty$ wird ψ gegen ein freies Feld ψ^{out} streben und folglich gilt

$$\psi(x) = \psi^{out}(x) + \int S_A(x - x')B(x')\psi(x')\, d^4x' \,. \tag{4.16}$$

Analog zu (4.13) erhalten wir daraus

$$\psi(T_A f) = \psi^{out}(f) \,, \qquad \psi(f) = \psi^{out}(T_A^{-1} f) \,, \tag{4.17}$$

mit

$$(T_A f)(x) = f(x) - \int d^4y\, f(y) S_A(y - x) B(x) \,. \tag{4.18}$$

Zwischen den freien Dirac-Feldern ψ^{in} und ψ^{out} vermittelt eine unitäre Transformation

$$\boxed{\psi^{out}(x) = S^{-1}\psi^{in}(x) S \,.} \tag{4.19}$$

Die Felder $\psi^{in,out}$ beschreiben ein- bzw. auslaufende Streuzustände; z.B. beschreibt

$$|p, p'\rangle_{out} = a^*_{out}(p) b^*_{out}(p')\, |0\rangle_{out} \,,$$

wo $|0\rangle_{out}$ den Vakuumzustand des Feldes ψ^{out} bezeichnet, ein auslaufendes Elektron-Positron Paar. Das Matrixelement ${}_{out}\langle p, p' \,|\, 0\rangle_{in}$ ist die Amplitude für die Erzeugung eines Paares aus dem einlaufenden Vakuum.

Aus (4.19), (4.15) und (4.17) folgt

$$\psi^{out}(T_R^{-1} f) = S^{-1}\psi^{in}(T_A^{-1} f) S = \psi^{in}(T_R^{-1} f) \,,$$

oder

$$\boxed{S\psi^{in}(T_R^{-1} f) = \psi^{in}(T_A^{-1} f) S \,.} \tag{4.20}$$

Diese Gleichung lösen wir in 1. Ordnung Störungstheorie für schwache äussere Felder. In dieser gilt

$$(T_{R,A}^{-1}f)(x) = f(x) + \int d^4y\, f(y) S_{R,A}(y-x) B(x)\,,$$

und folglich wird aus (4.20) für $S = 1 + S^{(1)} + \ldots$

$$\left[S^{(1)}, \psi^{in}(f)\right] = \int d^4x\, d^4y\, f(y)\big(S_A(y-x) - S_R(y-x)\big) B(x) \psi^{in}(x)\,.$$

Nun ist nach (4.10)

$$\begin{aligned} S_A(x) - S_R(x) &= (2\pi)^{-4} 2\pi i (i\partial\!\!\!/ + m) \int d^4p\, \varepsilon(p) \delta(p^2 - m^2) e^{-ip\cdot x} \\ &= S(x)\,. \end{aligned} \tag{4.21}$$

Damit gilt

$$\left[S^{(1)}, \psi^{in}(x)\right] = \int d^4x'\, S(x-x') B(x') \psi^{in}(x')\,. \tag{4.22}$$

Mit

$$\{\psi^{in}(x), \bar{\psi}^{in}(x')\} = -iS(x-x')$$

können wir (4.22) so schreiben:

$$\begin{aligned} \left[S^{(1)}, \psi^{in}(x)\right] &= ie \int d^4x'\, \{\psi^{in}(x), \bar{\psi}^{in}(x')\}\, A\!\!\!/(x') \psi^{in}(x') \\ &= ie \int d^4x'\, \left[\psi^{in}(x), \bar{\psi}^{in}(x') A\!\!\!/(x') \psi^{in}(x')\right]\,. \end{aligned}$$

Daraus folgt

$$S^{(1)} = -i \int j_\mu^{in}(x) A^\mu(x) + c\text{-Zahl}\,, \tag{4.23}$$

wobei $j_\mu^{in} = \frac{e}{2}\left[\bar{\psi}^{in}, \gamma^\mu \psi^{in}\right]$ der einlaufende Strom ist. Die freie c-Zahl in (4.23) ist belanglos: Aus der Unitarität von S folgt $(S^{(1)})^* = -S^{(1)}$, d.h. die c-Zahl ist rein imaginär. Sie lässt sich deshalb durch eine Phasenänderung in S absorbieren ($S \to Se^{i\varphi}$ entspricht $S^{(1)} \to S^{(1)} + i\varphi$).

4.2 Paarerzeugung in einem schwachen äusseren Feld

Die Übergangsamplitude für diesen Prozess ist in 1. Ordnung Störungstheorie

$$\begin{aligned} {}_{out}\langle p, p'\,|\,0\rangle_{in} &= {}_{in}\langle p, p'\,|S|\,0\rangle_{in} \\ &\simeq {}_{in}\langle p, p'\,|S^{(1)}|\,0\rangle_{in} \\ &= -ie \int d^4x\, \underbrace{{}_{in}\langle p, p'\,|\bar{\psi}^{in}(x)\gamma^\mu \psi^{in}(x)|\,0\rangle}_{(2\pi)^{-3}\bar{u}(p)\gamma^\mu v(p')e^{i(p+p')\cdot x}} A_\mu(x)\,. \end{aligned}$$

Mit Hilfe der Fourier-Transformierten

$$\tilde{A}_\mu(q) = \int d^4x\, A_\mu(x) e^{iq\cdot x}$$

können wir dies so schreiben

$$_{out}\langle p, p'|0\rangle_{in} = -\frac{ie}{(2\pi)^3}\bar{u}(p)\gamma^\mu v(p')\tilde{A}_\mu(p+p') \;. \tag{4.24}$$

Die Übergangswahrscheinlichkeitsdichte im Impulsraum ist

$$\boxed{dw = \frac{e^2}{(2\pi)^6}\left|\bar{u}(p)\gamma^\mu v(p')\tilde{A}_\mu(p+p')\right| \frac{d^3p}{2p^0}\frac{d^3p'}{2p'^0} \;.} \tag{4.25}$$

Die gesamte Wahrscheinlichkeit für Paarerzeugung ist damit

$$w = \frac{e^2}{(2\pi)^6}\int \frac{d^3p}{2p^0}\frac{d^3p'}{2p'^0}\sum_{\text{Spins}} [\bar{u}(p)\gamma^\mu v(p')]\,[\bar{u}(p)\gamma^\nu v(p')]^*\,\tilde{A}_\mu(p+p')\tilde{A}_\nu(-p-p') \;. \tag{4.26}$$

Nun ist

$$\begin{aligned}[\bar{u}(p)\gamma^\nu v(p')]^* &= v(p')^*(\gamma^\nu)^*(\gamma^0)^* u(p)\\ &= \overline{v(p')}\gamma^0(\gamma^\nu)^*(\gamma^0)^* u(p) \;.\end{aligned}$$

Wir benutzen wie immer eine Darstellung in der die Realitätsbedingung

$$(\gamma^\mu)^* = \gamma^0\gamma^\mu\gamma^0$$

erfüllt ist. Dann gilt

$$[\bar{u}(p)\gamma^\nu v(p')]^* = \bar{v}(p')\gamma^\nu u(p) \;. \tag{4.27}$$

Benutzen wir die Formeln (3.32) für Spinsummen, so folgt für die Spinsumme in (4.26)

$$\sum_{\text{Spins}} \bar{u}(p)\gamma^\mu v(p')\bar{v}(p')\gamma^\nu u(p) = \mathrm{Sp}\,[\gamma^\mu(\not{p}' - m)\gamma^\nu(\not{p} + m)] \;. \tag{4.28}$$

Wir schreiben w in der Form

$$w = \frac{e^2}{(2\pi)^6}\int d^4q\, T^{\mu\nu}(q)\tilde{A}_\mu(q)\tilde{A}_\nu(-q) \;, \tag{4.29}$$

wobei

$$T^{\mu\nu}(q) = \int \frac{d^3p}{2p^0}\frac{d^3p'}{2p'^0}\,\delta^4(q-p-p')\cdot \mathrm{Sp}\,[\gamma^\mu(\not{p}' - m)\gamma^\nu(\not{p} + m)] \;. \tag{4.30}$$

$T^{\mu\nu}(q)$ ist ein Tensor der nur von q abhängt. Deshalb hat er die Form

$$T^{\mu\nu}(q) = A(q^2)g^{\mu\nu} - B(q^2)q^\mu q^\nu \tag{4.31}$$

und ist also symmetrisch. Natürlich muss w unabhängig von der Eichung sein. Eine Umeichung $A_\mu \to A_\mu + \partial_\mu \Lambda$ bedeutet für $\tilde{A}_\mu(q)$

$$\tilde{A}_\mu(q) \to \tilde{A}_\mu(q) + iq_\mu \tilde{\Lambda}(q) .$$

Die rechte Seite von (4.29) bleibt bei dieser Substitution nur ungeändert (für alle $\tilde{\Lambda}$), falls

$$q_\mu T^{\mu\nu} = 0 . \tag{4.32}$$

Dies wird sich weiter unten auch direkt aus (4.30) ergeben.

Nun berechnen wir die Spur (4.28). Dazu machen wir einige Bemerkungen über Spuren von Produkten von γ-Matrizen . Offensichtlich gilt

$$\mathrm{Sp}\gamma^\mu\gamma^\nu = \frac{1}{2}\mathrm{Sp}\{\gamma^\mu, \gamma^\nu\} = g^{\mu\nu}\mathrm{Sp}\mathbb{1} = 4g^{\mu\nu} . \tag{4.33}$$

Weiter ist

$$\mathrm{Sp}(\gamma^{\mu_1}\gamma^{\mu_2}\ldots\gamma^{\mu_{2n+1}}) = 0 . \tag{4.34}$$

Dies sieht man so: Die Matrix γ^5 hat die Eigenschften

$$\{\gamma^\mu, \gamma^5\} = 0 , \qquad (\gamma^5)^2 = \mathbb{1} .$$

Deshalb ist

$$\begin{aligned}\mathrm{Sp}(\gamma^{\mu_1}\ldots\gamma^{\mu_{2n+1}}) &= \mathrm{Sp}(\gamma^5\gamma^{\mu_1}\ldots\gamma^{\mu_{2n+1}}\gamma^5) \\ &= (-1)\mathrm{Sp}(\gamma^{\mu_1}\ldots\gamma^{\mu_{2n+1}}) .\end{aligned}$$

Spuren der Form $\mathrm{Sp}(\gamma^{\mu_1}\ldots\gamma^{\mu_{2n}})$ kann man rekursiv abbauen. Z.B. haben wir

$$\begin{aligned}\mathrm{Sp}(\gamma^\mu\gamma^\nu\gamma^\sigma\gamma^\rho) &= 2g^{\mu\nu}\mathrm{Sp}\gamma^\sigma\gamma^\rho - \mathrm{Sp}(\gamma^\nu \underbrace{\gamma^\mu\gamma^\sigma}_{2g^{\mu\sigma}-\gamma^\sigma\gamma^\mu}\gamma^\rho) \\ &= 8g^{\mu\nu}g^{\sigma\rho} - 8g^{\mu\sigma}g^{\nu\rho} + 8g^{\mu\rho}g^{\nu\sigma} - \underbrace{\mathrm{Sp}(\gamma^\nu\gamma^\sigma\gamma^\rho\gamma^\mu)}_{\mathrm{Sp}\gamma^\mu\gamma^\nu\gamma^\sigma\gamma^\rho} .\end{aligned}$$

Folglich ist

$$\mathrm{Sp}(\gamma^\mu\gamma^\nu\gamma^\sigma\gamma^\rho) = 4(g^{\mu\nu}g^{\sigma\rho} - g^{\mu\sigma}g^{\nu\rho} + g^{\mu\rho}g^{\nu\sigma}) . \tag{4.35}$$

Damit erhalten wir für (4.28):

$$\begin{aligned}\sum_{\mathrm{Spins}} \bar{u}(p)\gamma^\mu v(p')\bar{v}(p')\gamma^\nu u(p) &= \mathrm{Sp}\,(\gamma^\mu \not{p}'\gamma^\nu\not{p}) - m^2\mathrm{Sp}(\gamma^\mu\gamma^\nu) \qquad (4.36) \\ &= 4\,(p'^\mu p^\nu - g^{\mu\nu}p'\cdot p + p^\mu p'^\nu) - 4m^2 g^{\mu\nu} .\end{aligned}$$

Man verifiziert sofort, dass die Kontraktion dieses Tensors mit $q_\mu = (p + p')_\mu$ verschwindet, womit (4.32) auch durch direkte Rechnung gezeigt ist. Es folgt mit (4.31)

$$0 = q_\mu T^{\mu\nu} = A(q^2)q^\nu - B(q^2)q^2 q^\nu = 0 \, ,$$

also

$$A(q^2) = q^2 B(q^2) \, ,$$

d.h.

$$T^{\mu\nu} = B(q^2)(q^2 g^{\mu\nu} - q^\mu q^\nu) \, , \tag{4.37}$$

und folglich ist

$$B(q^2) = \frac{T^\mu_{\ \mu}}{3q^2} \, .$$

Dies ergibt mit (4.36)

$$B(q^2) = \frac{1}{3q^2} \int d^4p \, d^4p' \, \delta^4(q - p - p')\theta(p^0) \, \delta(p^2 - m^2)\theta(p'^0)\delta(p'^2 - m^2) \times [-8q \cdot p - 8m^2] \, ,$$

oder, nach Ausführung der p'-Integration,

$$B(q^2) = \frac{-8}{3q^2} \int d^4p \, \theta(p^0)\delta(p^2 - m^2)\theta(q^0 - p^0)\delta \underbrace{\left((q-p)^2 - m^2\right)}_{q^2 - 2q\cdot p} (q \cdot p + m^2) \, . \tag{4.38}$$

Auf Grund der zweiten δ-Funktion können wir im Integranden $q \cdot p \to \frac{q^2}{2}$ ersetzen

$$B(q^2) = -\frac{4}{3}\left(1 + \frac{2m^2}{q^2}\right) \int d^4p \, \theta(p^0)\delta(p^2 - m^2)\theta(q^0 - p^0)\delta(q^2 - 2q\cdot p) \, . \tag{4.39}$$

Das verbleibende Integral ist ein typisches Phasenraum-Integral. Das Resultat muss eine Lorentz-invariante Funktion von q sein. Zunächst gilt

$$\int d^4p \theta(p^0)\delta(p^2 - m^2)\theta(q^0 - p^0)\delta(q^2 - 2q \cdot p) = \int \frac{d^3p}{2p^0} \theta(q^0 - p^0)\delta(q^2 - 2p \cdot q) \, ,$$

$$p^0 = +\sqrt{\boldsymbol{p}^2 + m^2} \, .$$

Da $q = p + p'$ zeitartig ist, gibt es ein Lorentz-System, in welchem $\boldsymbol{q} = 0$ ist. In diesem ist das letzte Integral

$$\int \frac{d^3p}{2p^0}\theta(q^0-p^0)\delta(q^2-2p\cdot q)$$
$$= 4\pi\int_0^\infty \frac{dp\,p^2}{2p^0}\theta(q^0-p^0)\underbrace{\delta(q_0^2-2p^0q^0)}_{\frac{1}{q_0}\delta(q^0-2p^0)}$$
$$= 4\pi\frac{p^2}{2p^0}\theta(q^0-p^0)\frac{1}{q_0}\left.\frac{1}{\frac{2p}{p^0}}\right|_{2p^0=q^0} \qquad (q^0>2m)$$
$$= \pi\frac{p}{q^0}\theta(q^0)\theta(q_0^2-4m^2)$$
$$\left(\text{beachte:}\quad \boldsymbol{p}^2+m^2=\frac{q_0^2}{4}\quad\Rightarrow\quad p:=|\boldsymbol{p}|=\sqrt{\frac{q_0^2}{4}-m^2}\right)$$
$$= \frac{\pi}{2}\sqrt{1-\frac{4m^2}{q_0^2}}\;\theta(q^0)\theta(q_0^2-4m^2)\,. \tag{4.40}$$

Dies können wir invariant schreiben

$$B(q^2) = -\frac{2\pi}{3}\left(1+\frac{2m^2}{q^2}\right)\sqrt{1-\frac{4m^2}{q^2}}\;\theta(q^2-4m^2)\theta(q^0)\,. \tag{4.41}$$

Mit (4.37) folgt aus (4.29)

$$w = \frac{e^2}{(2\pi)^6}\int d^4q\left(-\frac{2\pi}{3}\right)\left(1+\frac{2m^2}{q^2}\right)\sqrt{1-\frac{4m^2}{q^2}}$$
$$\times\theta(q^2-4m^2)\theta(q^0)(q^2g^{\mu\nu}-q^\mu q^\nu)\tilde{A}_\mu(q)\tilde{A}_\nu(-q)\,. \tag{4.42}$$

Für A^μ wählen wir die Lorentz-Bedingung $\partial_\mu A^\mu=0$, d.h. $q^\mu\tilde{A}_\mu(q)=0$, und benutzen die Maxwellschen Gleichungen für das klassische äussere Feld

$$\Box A_\mu = j_\mu \quad\Longrightarrow\quad q^2\tilde{A}_\mu = -\tilde{j}_\mu\,.$$

Die Funktion $\theta(q^0)$ in (4.42) können wir durch $\frac{1}{2}$ ersetzen. Damit erhalten wir aus (4.42) für die Paarerzeugungs-Wahrscheinlichkeit

$$w = \frac{1}{(2\pi)^3}\int d^4q\,\frac{\Pi(q^2)}{2q^2}\tilde{j}^\mu(q)\tilde{j}_\mu(-q)\,, \tag{4.43}$$

wobei

$$\Pi(q^2) = \frac{e^2}{12\pi^2}\left(1+\frac{2m^2}{q^2}\right)\sqrt{1-\frac{4m^2}{q^2}}\;\theta(q^2-4m^2)\,. \tag{4.44}$$

Die Funktion $\Pi(q^2)$ wird im nächsten Abschnitt über die Vakuumpolarisation wieder eine wichtige Rolle spielen. Wir bemerken, dass der Faktor $\theta(q^2 - 4m^2)$ die Bedingung ausdrückt, dass die vom äusseren Feld abgegebene Energie in jedem Koordinatensystem grösser als $2m$ sein muss.

4.3 Vakuumpolarisation

Obschon das quantisierte Elektron-Positron-Feld für ein „gutartiges" äusseres Feld A_μ wohldefiniert ist, ergeben sich Schwierigkeiten bei der Konstruktion des Stromes. Mathematisch rührt dies daher, dass letzterer bilinear in den Feldern sein muss, welche ihrerseits Distributionen sind. In diesem Abschnitt berechnen wir zuerst den Strom-Operator, insbesondere dessen Vakuumerwartungswert, auf formale Weise in der Störungstheorie. Dabei werden wir zunächst ein divergentes Resultat erhalten. Mit Hilfe einer *Ladungsrenormierung* werden wir aber ein endliches Resultat extrahieren, dessen Konsequenzen experimentell sehr genau bestätigt sind.

Als formalen Ausdruck für den Stromoperator des quantisierten Dirac-Feldes benutzen wir

$$j^\mu(x) = \frac{e}{2}\left[\overline{\psi}(x), \gamma^\mu \psi(x)\right] . \tag{4.45}$$

Für die Feldoperatoren setzen wir eine Störungsreihe in e an:

$$\psi = \psi^{in} + \psi^{(1)} + \dots . \tag{4.46}$$

Nach (4.12) gilt für ψ die Integralgleichung

$$\psi(x) = \psi^{in} + e \int S_R(x - x') A\!\!\!/(x')\psi(x')\, d^4x' . \tag{4.47}$$

Man zeigt leicht, dass

$$\gamma^0 S_R^*(x)\gamma^0 = S_A(-x) , \tag{4.48}$$

und folglich lautet die zu (4.47) adjungierte Gleichung

$$\overline{\psi}(x) = \overline{\psi}^{in}(x) + e \int d^4x'\, \overline{\psi}(x') A\!\!\!/(x') S_A(x' - x) . \tag{4.49}$$

Für die 1. Ordnungen $\psi^{(1)}$ und $\overline{\psi}^{(1)}$ erhalten wir daraus

$$\begin{aligned} \psi^{(1)}(x) &= e \int S_R(x - x') A\!\!\!/(x')\psi^{in}(x')\, d^4x' , \\ \overline{\psi}^{(1)}(x) &= e \int d^4x'\, \overline{\psi}^{in}(x') A\!\!\!/(x') S_A(x' - x) . \end{aligned} \tag{4.50}$$

Bis und mit 1. Ordnung lautet damit der Stromoperator

$$\begin{aligned} j^\mu(x) &= \frac{e}{2}\left[\overline{\psi}^{in}(x), \gamma^\mu \psi^{in}(x)\right] + \frac{e}{2}\left[\overline{\psi}^{in}(x), \gamma^\mu \psi^{(1)}(x)\right] \\ &+ \frac{e}{2}\left[\overline{\psi}^{(1)}(x), \gamma^\mu \psi^{in}(x)\right] + \ldots \\ &= \frac{e}{2}\left[\overline{\psi}^{in}(x), \gamma^\mu \psi^{in}(x)\right] \qquad (4.51) \\ &+ \frac{e^2}{2}\int d^4x' \, \Big\{\left[\overline{\psi}^{in}(x), \gamma^\mu S_R(x-x')\gamma^\nu \psi^{in}(x')\right] \\ &+ \left[\overline{\psi}^{in}(x')\gamma^\nu S_A(x'-x), \gamma^\mu \psi^{in}(x)\right]\Big\} A_\nu(x') \, . \end{aligned}$$

Für dessen Vakuumerwartungswert ergibt sich

$$_{in}\langle 0\,|j^\mu(x)|\,0\rangle_{in} = \int K^{\mu\nu}(x-x')A_\nu(x')\, d^4x' \, , \qquad (4.52)$$

wobei der Kern $K^{\mu\nu}$ („Dielektrizitätstensor“) nach (4.51) durch folgenden Ausdruck gegeben ist: Sei

$$_{in}\langle 0\,|\, \left[\overline{\psi}^{in}_\alpha(x), \psi^{in}_\beta(x')\right] \,|\,0\rangle_{in} =: S^{(1)}_{\beta\alpha}(x'-x) \, , \qquad (4.53)$$

dann ist

$$\begin{aligned} K^{\mu\nu}(x-x') = \frac{e^2}{2}\Big\{ &Sp\left[\gamma^\mu S_R(x-x')\gamma^\nu S^{(1)}(x'-x)\right] \\ &+ Sp\left[\gamma^\mu S^{(1)}(x-x')\gamma^\nu S_A(x'-x)\right]\Big\} \, . \qquad (4.54) \end{aligned}$$

Die Eichinvarianz verlangt

$$\partial_\mu K^{\mu\nu} = \partial_\nu K^{\mu\nu} = 0 \, . \qquad (4.55)$$

Die allgemeinste Form für die Fourier-Transformierte $\tilde{K}_{\mu\nu}(p)$ von $K_{\mu\nu}$,

$$K_{\mu\nu}(x) = (2\pi)^{-4}\int \tilde{K}_{\mu\nu}(p) e^{-ip\cdot x}\, d^4p \, ,$$

lautet

$$\tilde{K}_{\mu\nu}(p) = -\left(G(p)p_\mu p_\nu + H(p)g_{\mu\nu}\right) ,$$

wo $G(p)$, $H(p)$ invariante Funktionen von p sind. Aus der Bedingung (4.55) wird $p_\mu \tilde{K}^{\mu\nu}(p) = 0$, also

$$G(p)p^2 + H(p) = 0 \, .$$

Folglich hat $\tilde{K}_{\mu\nu}(p)$ die Gestalt

$$\tilde{K}_{\mu\nu}(p) = G(p)\left[g_{\mu\nu}p^2 - p_\mu p_\nu\right] \, . \qquad (4.56)$$

Aus (4.52) folgt für den Erwartungswert mit dem einlaufenden Vakuum

$$\langle j^\mu(x)\rangle_0 = (2\pi)^{-4} \int d^4p\, \tilde{K}^{\mu\nu}(p)\tilde{A}_\nu(p)e^{-ip\cdot x} \,. \tag{4.57}$$

Bezeichnet $j^\mu_{ex}(x)$ den äusseren Strom und

$$j^\mu_{Pol}(x) := \langle j^\mu(x)\rangle_0 \tag{4.58}$$

den *Polarisationsstrom*, so ergibt sich aus (4.56), zusammen mit den Maxwellschen Gleichungen für das äussere Feld,

$$\tilde{j}^\mu_{Pol}(p) = -G(p)\tilde{j}^\mu_{ex}(p) \,. \tag{4.59}$$

Um $G(p)$ berechnen zu können, benötigen wir einen Ausdruck für $S^{(1)}_{\beta\alpha}$. Für ein *freies* Feld ist

$$\begin{aligned}
&\langle [\overline{\psi}_\alpha(x), \psi_\beta(x')]\rangle_0 \\
&= (2\pi)^{-3} \int \frac{d^3p}{2p^0} \sum_{\text{Spin}} \left[e^{-ip\cdot(x-x')} v_\beta(p)\overline{v}_\alpha(p) - e^{ip\cdot(x-x')} u_\beta(p)\overline{u}_\alpha(p)\right] \\
&= (2\pi)^{-3} \int \frac{d^3p}{2p^0} \left[e^{-ip\cdot(x-x')}(\not{p} - m) - e^{ip\cdot(x-x')}(\not{p} + m)\right] \\
&= -(2\pi)^{-3} \int d^4p\, (\not{p} + m)\delta(p^2 - m^2)e^{-ip\cdot(x'-x)} \,,
\end{aligned}$$

also

$$S^{(1)}(x) = -(2\pi)^{-3} \int d^4p\, (\not{p} + m)\delta(p^2 - m^2)e^{-ip\cdot x} \,. \tag{4.60}$$

Setzen wir die Fourier-Darstellungen der Greenschen Funktionen in (4.54) ein, so erhalten wir

$$\begin{aligned}
\tilde{K}^{\mu\nu}(p) = -\frac{e^2}{16\pi^3} &\int d^4p'\, d^4p''\, \delta^4(p - p' + p'') \cdot Sp\left[\gamma^\mu(\not{p}' + m)\gamma^\nu(\not{p}'' + m)\right] \\
&\cdot \left\{ \frac{1}{(p'^2 - m^2)_R}\, \delta(p''^2 - m^2) + \delta(p'^2 - m^2) \frac{1}{(p''^2 - m^2)_A} \right\} \,.
\end{aligned} \tag{4.61}$$

Offensichtlich gilt nach (4.56)

$$G(p) = \frac{1}{3p^2}\tilde{K}^\mu{}_\mu(p) \,. \tag{4.62}$$

Wir bestimmen zuerst den Imaginärteil von $G(p)$:

$$\begin{aligned}
Im\, G(p) = -\frac{e^2}{48\pi^3} \cdot \frac{1}{p^2} &\int d^4p'\, d^4p''\, \delta^4(p - p' + p'') \\
&\times Sp\left[\gamma^\mu(\not{p}' + m)\gamma_\mu(\not{p}'' + m)\right] \\
&\times \delta(p'^2 - m^2)\delta(p''^2 - m^2)\left[-\pi\varepsilon(p') + \pi\varepsilon(p'')\right] \,.
\end{aligned}$$

Nun ist

$$Sp\left[\gamma^\mu(\not{p}'+m)\gamma^\nu(\not{p}''+m)\right] = \left[p'^\mu p''^\nu - g^{\mu\nu}p'\cdot p'' + p''^\mu p'^\nu + m^2 g^{\mu\nu}\right] ,$$

also speziell

$$\begin{aligned} Sp\left[\gamma^\mu(\not{p}'+m)\gamma_\mu(\not{p}''+m)\right] &= 4\left[p'\cdot p'' - 4p'\cdot p'' + p''\cdot p' + 4m^2\right] \\ &= 8\left[2m^2 - p'\cdot p''\right] . \end{aligned}$$

Damit erhalten wir

$$\begin{aligned} Im\ G(p) = \frac{e^2}{6\pi^2}\frac{1}{p^2}\int d^4p'\ &\left[2m^2 - p'\cdot(p'-p)\right]\cdot\delta(p'^2-m^2) \\ &\times\delta\left((p'-p)^2-m^2\right)\left[\varepsilon(p')+\varepsilon(p-p')\right] . \end{aligned} \tag{4.63}$$

Aufgrund der Agumente in den δ-Funktionen gilt

$$p'^2 = m^2 , \qquad p'^2 + p^2 - 2p\cdot p' - m^2 = 0 \qquad \Rightarrow \qquad 2p\cdot p' = p^2 .$$

Damit ergibt sich

$$Im\ G(p) = \frac{e^2}{6\pi^2}\frac{m^2+\frac{p^2}{2}}{p^2}\int d^4p'\delta(p'^2-m^2)\delta(p^2-2p\cdot p')\left[\varepsilon(p')+\varepsilon(p-p')\right] . \tag{4.64}$$

Das Integral in (4.64) kann wie folgt geschrieben werden

$$\begin{aligned} \int\frac{d^3p'}{2\sqrt{\boldsymbol{p}'^2+m^2}}&\left\{\delta\left(p^2+2\boldsymbol{p}\cdot\boldsymbol{p}'-2p^0\sqrt{\boldsymbol{p}'^2+m^2}\right)\left[1+\frac{p_0-\sqrt{\boldsymbol{p}'^2+m^2}}{|\ldots|}\right]\right. \\ &\left.+\,\delta\left(p^2+2\boldsymbol{p}\cdot\boldsymbol{p}'+2p^0\sqrt{\boldsymbol{p}'^2+m^2}\right)\left[-1+\frac{p_0+\sqrt{\boldsymbol{p}'^2+m^2}}{|\ldots|}\right]\right\} . \end{aligned}$$

Dieses Integral ist invariant und verschwindet offenbar für $p^2 < 4m^2$ (p ist nach (4.61) die Differenz von zwei Vektoren auf der Massenschale: $p'^2 = m^2$, $p''^2 = m^2$). Deshalb berechnen wir das Integral in einem speziellen Bezugssystem mit $\boldsymbol{p} = 0$. Die Integration über die Winkel ist dann trivial und wir erhalten mit $x := |\boldsymbol{p}'|$

$$Im\,G(p) = \frac{e^2}{6\pi}\left(1+\frac{2m^2}{p_0^2}\right)\cdot\int_0^{\sqrt{p_0^2-m^2}} \frac{dx\,x^2}{\sqrt{x^2+m^2}}$$
$$\times\left\{\delta\left(2p^0\sqrt{x^2+m^2}-p_0^2\right)\left(1+\frac{p_0}{|p_0|}\right)\right.$$
$$\left.+\delta\left(2p^0\sqrt{x^2+m^2}+p_0^2\right)\left(-1+\frac{p_0}{|p_0|}\right)\right\}$$
$$= \frac{e^2}{6\pi}\left(1+\frac{2m^2}{p_0^2}\right)\cdot 2\int_0^{\sqrt{p_0^2-m^2}} \frac{dx\,x^2}{\sqrt{x^2+m^2}}\delta\left(2|p_0|\sqrt{x^2+m^2}-p_0^2\right)\frac{p_0}{|p_0|}$$
$$= \frac{e^2}{6\pi}\left(1+\frac{2m^2}{p_0^2}\right)\cdot 2\frac{x^2}{\sqrt{x^2+m^2}}\frac{p_0}{|p_0|}\frac{1}{2\,|p_0|\frac{x}{\sqrt{x^2+m^2}}}\Bigg|_{\sqrt{x^2+m^2}=\frac{|p_0|}{2}}$$
$$= \frac{e^2}{6\pi}\left(1+\frac{2m^2}{p_0^2}\right)\frac{x}{p_0}\,.$$

Nun ist

$$\frac{x}{p_0} = \frac{1}{p_0}\sqrt{\frac{p_0^2}{4}-m^2}$$
$$= \frac{1}{2}\sqrt{1-\frac{4m^2}{p_0^2}}\,\frac{p_0}{|p_0|}\cdot\theta\left(\frac{p_0^2}{4}-m^2\right)\,.$$

In einem beliebigen Lorentz-System ist somit

$$Im\,G(p) = \frac{e^2}{12\pi}\left(1+\frac{2m^2}{p^2}\right)\sqrt{1-\frac{4m^2}{p^2}}\,\varepsilon(p)\,\theta(p^2-4m^2)$$
$$= \pi\varepsilon(p)\Pi(p^2)\,. \tag{4.65}$$

Berechnung des Realteils von $G(p)$

Die direkte Berechnung des Realteils ist recht mühsam. Wir schlagen deshalb einen anderen Weg ein. Dazu benutzen wir die Tatsache, dass $G(x)$ *kausal* ist: $G(x) = 0$ für $x^0 \le 0$. Dies ist auch nötig, damit der induzierte Strom nur von den Werten des äusseren Stromes innerhalb des retardierten Lichtkegels abhängt. Aus dieser Eigenschaft von $G(x)$ folgt die Existenz des Integrals

$$G(p^0+i\mu,\boldsymbol{p}) = \int d^4x\, G(x)e^{i(p^0+i\mu)x^0-i\boldsymbol{p}\cdot\boldsymbol{x}} \qquad (\mu>0)\,.$$

Deshalb ist die Funktion $G(z,\boldsymbol{p})$ für $Im\ z > 0$ definiert. Als Funktion z ist G in der oberen Halbebene analytisch (holomorph). Anwendung des Cauchyschen Satzes für den Weg C in der Figur 4.1 gibt

$$\int_C \frac{G(z,\boldsymbol{p})}{z-p_0}\,dz = 0\,.$$

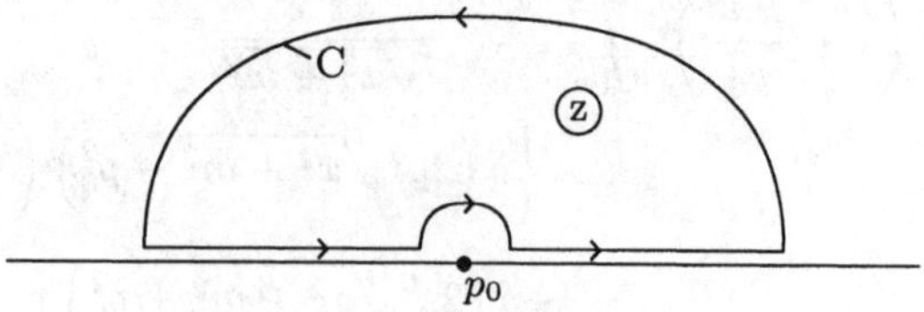

Abbildung 4.1. Anwendung des Cauchyschen Satzes auf C

Lassen wir den oberen Bogen von C gegen ∞ gehen und nehmen wir vorläufig an, dass in diesem Limes dessen Beitrag verschwindet (also $G(z)$ für $Im\ z \to \infty$ genügend rasch gegen Null geht), so erhalten wir

$$\fint_{-\infty}^{+\infty} \frac{G(x,\boldsymbol{p})}{x-p_0}\,dx - i\pi G(p_0,\boldsymbol{p}) = 0\,. \tag{4.66}$$

Hier bedeutet $\fint$ den Hauptwert des Integrals. Nehmen wir von (4.66) den Imaginärteil, so erhalten wir die *Dispersionsrelation*

$$Re\ G(p) = \frac{1}{\pi}\fint_{-\infty}^{+\infty} \frac{Im\ G(x,\boldsymbol{p})}{x-p^0}dx\,. \tag{4.67}$$

Sie besagt, dass der Realteil von G die *Hilbert-Transformierte* des Imaginärteils ist.

Hier setzen wir (4.65) ein:

$$\begin{aligned} Re\ G(p) &= \fint_{-\infty}^{+\infty} dx\,\frac{x}{|x|}\,\frac{\Pi(x^2-\boldsymbol{p}^2)}{x-p_0}\,dx \\ &= \fint_0^{\infty} \Pi(x^2-\boldsymbol{p}^2)\left(\frac{1}{x-p_0}+\frac{1}{x+p_0}\right) \\ &= \fint_0^{\infty} d(x^2)\,\frac{\Pi(x^2-\boldsymbol{p}^2)}{x^2-p_0^2} \\ &= \fint_{4m^2}^{\infty} d(\kappa^2)\,\frac{\Pi(\kappa^2)}{\kappa^2-p^2}\,. \end{aligned} \tag{4.68}$$

Damit haben wir $Re\ G$ als Dispersionsintegral von $\Pi(p^2)$ dargestellt:

$$Re\ G(p) = \fint_{4m^2}^{\infty} d(\kappa^2)\,\frac{\Pi(\kappa^2)}{\kappa^2-p^2} \equiv \overline{\Pi}(p^2)\,. \tag{4.69}$$

Nun passiert aber ein 'Unglück': *Das Integral* (4.69) *divergiert!* Dies liegt nicht daran, dass wir den grossen Halbkreis weggelassen haben. Wir haben hier, wie bei der Selbstenergie des Elektrons, eine *Ultraviolett Katastrophe.* Trotzdem lassen sich aus diesen Formeln, wie wir nun zeigen, experimentell beobachtbare Effekte extrahieren.

Ladungsrenormierung

Aus (4.59) folgt für den *beobachtbaren gesamten Strom* die Beziehung

$$j_\mu^{beob.}(x) = j_\mu^{ex} + j_\mu^{Pol} \,, \tag{4.70}$$

$$\tilde{j}_\mu^{beob.}(p) = (1 - G(p)) \cdot \tilde{j}_\mu^{ex}(p) \,. \tag{4.71}$$

Wäre $G(p)$ eine von p unabhängige Konstante, so würden lediglich alle Ströme mit einer Konstanten multipliziert. Dies würde nur eine Veränderung der verwendeten Einheit der Ladung des äusseren Stromes bedeuten und wäre somit im Prinzip unbeobachtbar. In Wirklichkeit ist G selbstverständlich keine Konstante, aber aus dem obigen Argument folgt, dass wir zu G eine beliebige Konstante addieren können, und dass eine solche Addition nur eine Änderung der Ladungseinheit bedeutet. Die prinzipiell beobachtbare Grösse ist also die Variation von G mit p.

Für den eindeutigen Vergleich mit der Erfahrung ist es aber anderseits nötig, dass wir mit Hilfe einer besonderen Konvention die willkürliche Konstante in (4.71) festlegen. Dazu verlangen wir, dass für äussere Felder die in Raum und Zeit sehr langsam variieren, der äussere Strom und der beobachtete Strom identisch sein sollen. Deshalb modifizieren wir (4.71):

$$\tilde{j}_\mu^{beob.}(p) = (1 - G(p) + G(0)) \cdot \tilde{j}_\mu^{ex}(p) \,. \tag{4.72}$$

Diese Änderung bedeutet, wie schon gesagt, lediglich eine eindeutige Festlegung der Ladungseinheit und hat zunächst nichts mit der Divergenz von $G(p)$ zu tun. Man bezeichnet dieses Vorgehen als *Ladungsrenormierung*.

Auf diese Weise können wir die aufgetretene Divergenz in eine unbeobachtbare Ladungsrenormierung absorbieren, denn formal gilt

$$\begin{aligned} \overline{\Pi}(p^2) - \overline{\Pi}(0) &= \fint_{4m^2}^{\infty} d(\kappa^2)\, \Pi(\kappa^2) \left(\frac{1}{\kappa^2 - p^2} - \frac{1}{\kappa^2} \right) \\ &= p^2 \fint_{4m^2}^{\infty} d(\kappa^2)\, \frac{\Pi(\kappa^2)}{\kappa^2(\kappa^2 - p^2)} \,. \end{aligned} \tag{4.73}$$

Hier konvergiert nun die rechte Seite. Das Integral werden wir weiter unten auswerten. Für $p^2 > 4m^2$ erhält man

$$\begin{aligned} &\overline{\Pi}(p^2) - \overline{\Pi}(0) \\ &= \frac{e^2}{12\pi^2} \left(\frac{5}{3} + \frac{4m^2}{p^2} - \left(1 + \frac{2m^2}{p^2} \right) \sqrt{1 - \frac{4m^2}{p^2}} \log \frac{1 + \sqrt{1 - \frac{4m^2}{p^2}}}{\left| 1 - \sqrt{1 - \frac{4m^2}{p^2}} \right|} \right) \,. \end{aligned} \tag{4.74}$$

Für $1 - 4m^2/p^2 < 0$ muss der Logarithmus durch eine arctan-Funktion ersetzt werden. Für kleine $|p^2/m^2|$ erhält man

$$\overline{\Pi}(p^2) - \overline{\Pi}(0) = \frac{e^2}{60\pi^2}\frac{p^2}{m^2} + \ldots \, . \tag{4.75}$$

In der beschriebenene Weise gibt also die Theorie wohldefinierte Aussagen für experimentell beobachtbare Effekte, obgleich die Ladungsrenormierung $\overline{\Pi}(0)$ unendlich ist. Die Renormierung der Ladung, die einerseits prinzipiell notwendig ist, damit die Voraussagen der Theorie überhaupt mit der Erfahrungen verglichen werden können, eliminiert also auch das unendliche Glied im Erwartungswert des Stromes. Hier liegt die grosse praktische Bedeutung der Renormierung.

Zusammenfassend können wir sagen, dass sich das Vakuum zufolge der Wechselwirkung zwischen äusserem Feld und Elektronen wie ein *Dielektrikum mit der Dielektrizitätskonstanten*

$$\boxed{1 - \left(\overline{\Pi}(p^2) - \overline{\Pi}(0)\right) - i\pi\varepsilon(p)\Pi(p^2)} \tag{4.76}$$

verhält.

Berechnung von $\overline{\Pi}(p^2) - \overline{\Pi}(0)$: Es war (siehe (4.73))

$$\overline{\Pi}(p^2) - \overline{\Pi}(0) = \frac{e^2}{12\pi^2} \int_{4m^2}^{\infty} d(\kappa^2) \left(1 + \frac{2m^2}{\kappa^2}\right) \frac{\sqrt{1 - 4\frac{m^2}{\kappa^2}}}{\kappa^2(\kappa^2 - p^2)} \, .$$

Mit der Substitution $\sqrt{1 - 4\frac{m^2}{\kappa^2}} = x$ lautet das Hauptwertintegral

$$\frac{e^2}{12\pi^2} \int_{4m^2}^{\infty} d(\kappa^2) \left(1 + \frac{2m^2}{\kappa^2}\right) \frac{\sqrt{1 - 4\frac{m^2}{\kappa^2}}}{\kappa^2(\kappa^2 - p^2)} = \int_0^1 dx \, \frac{3x^2 - x^4}{x^2 - a} \, , \qquad a = 1 - \frac{4m^2}{p^2}$$

Aus

$$\frac{3x^2 - x^4}{x^2 - a} = -x^2 + (3 - a) + \frac{a(3 - a)}{x^2 - a}$$

folgt

$$\overline{\Pi}(p^2) - \overline{\Pi}(0) = \frac{e^2}{12\pi^2} \left(-\frac{x^3}{3} + (3 - a)x + a(3 - a)\frac{1}{2\sqrt{a}} \ln\left|\frac{x - \sqrt{a}}{x + \sqrt{a}}\right| \right)\Bigg|_0^1$$

und daraus (4.74).

Anwendungen

In der Näherung (4.75) lautet der Polarisationsstrom

$$\tilde{j}_\mu^{Pol}(p) \simeq -\frac{\alpha}{15\pi}\frac{p^2}{m^2}\tilde{j}_\mu^{ex}(p) \, , \tag{4.77}$$

und das zugehörige Vektorpotential ist im Ortsraum

$$A_\mu^{Pol}(x) \simeq \frac{\alpha}{15\pi m^2} \Box A_\mu^{ex}(x) \, . \tag{4.78}$$

Für das Coulomb-Feld $-Z\frac{e^2}{4\pi|\boldsymbol{x}|}$ ergibt sich ein induziertes Polarisationspotential

$$\begin{aligned} e\Phi^{Pol}(\boldsymbol{x}) &\simeq \frac{\alpha}{15\pi m^2} \triangle \frac{e^2 Z}{4\pi|\boldsymbol{x}|} \\ &= -\frac{\alpha e^2 Z}{15\pi} \frac{1}{m^2} \delta^3(\boldsymbol{x}) \, . \end{aligned} \tag{4.79}$$

Die zugehörige Niveauverschiebung im H-Atom ist

$$\triangle E_{nl} = -\frac{\alpha e^2 Z}{15\pi} \frac{1}{m^2} |\psi_{nlm}(\mathbf{0})|^2 \, . \tag{4.80}$$

In dieser Näherung werden nur die S-Wellen verschoben. Für S-Zustände ist

$$|\psi_{n0}(\mathbf{0})|^2 = \frac{1}{\pi n^3}(m\alpha Z)^3 \, , \tag{4.81}$$

und folglich

$$\boxed{\triangle E_{n0} = \frac{-4}{15\pi} Z^4 \alpha^5 m \frac{1}{n^3} \, .} \tag{4.82}$$

Für μ-mesische Atome müsste man wegen (4.81) das Ergebnis (4.82) mit $(m'_\mu/m_e)^3$ multiplizieren (m'_μ = reduzierte Masse des μ). In diesem Fall ist aber die obige Näherung nicht gut genug (siehe unten).
Beispiel (für Elektronen):

- $Z = 1$:

$$\triangle E_{1s_{\frac{1}{2}}} = -\frac{4}{15\pi}\alpha^5 m \simeq -8 \times 27\text{MHz} \, ;$$

- $Z = 1$:

$$\triangle E_{2s_{\frac{1}{2}}} = -\frac{1}{30\pi}\alpha^5 m \simeq -27\text{MHz} \, .$$

Der Beitrag zur Lamb-Shift ist deshalb

$$\frac{1}{\hbar}\left(E_{2s_{\frac{1}{2}}} - \triangle E_{2p_{\frac{1}{2}}}\right)\bigg|_{\text{V-Pol}} = -27\text{MHz} \, .$$

Der Hauptanteil zur Lamb-Shift kommt von anderen Beiträgen.

Mesische Atome

Für mesische Atome müssen wir genauer rechnen. Für das Coulomb-Feld ist

$$j_\mu^{ex} = \left(e\delta^3(\boldsymbol{x}), \boldsymbol{0}\right) ,$$

also

$$\tilde{j}_0^{ex}(p) = e \int d^4x \; e^{ip\cdot x} \delta^3(\boldsymbol{x}) = 2\pi e \delta(p^0) . \tag{4.83}$$

Aus der allgemeinen Beziehung

$$\tilde{A}_\mu^{Pol}(p) = -\frac{1}{p^2} \tilde{j}_\mu^{Pol}(p) = \frac{1}{p^2} \left(\overline{\Pi}(p^2) - \overline{\Pi}(0)\right) \tilde{j}_\mu^{ex}(p) \tag{4.84}$$

folgt für ein äusseres Coulomb-Feld

$$\Phi^{Pol}(\boldsymbol{x}) = -\frac{e}{(2\pi)^3} \int d^3k \; \frac{e^{i\boldsymbol{k}\cdot\boldsymbol{x}}}{\boldsymbol{k}^2} \left(\overline{\Pi}(-\boldsymbol{k}^2) - \overline{\Pi}(0)\right) . \tag{4.85}$$

Setzen wir hier die Spektraldarstellung (4.73) ein, so ergibt sich

$$\Phi^{Pol}(\boldsymbol{x}) = \frac{e}{(2\pi)^3} \int d^3k \; e^{i\boldsymbol{k}\cdot\boldsymbol{x}} \int_{4m^2}^{\infty} d\kappa^2 \frac{\Pi(x^2)}{\kappa^2(\kappa^2 + \boldsymbol{k})}$$

oder

$$\boxed{\Phi^{Pol}(\boldsymbol{x}) = \frac{e}{4\pi} \int_{4m^2}^{\infty} d\kappa^2 \frac{\Pi(\kappa^2)}{\kappa^2} \left(\frac{e^{-\kappa r}}{r}\right) .} \tag{4.86}$$

Dies ist eine Superposition von Yukawa-Potentialen , wobei die grösste Reichweite ungefähr gleich der Compton-Wellenlänge $\lambda\!\!\!^-_e$ des Elektrons ist.

Für schwere Kerne muss man noch deren *endliche Ausdehnung* berücksichtigen. Falls $\rho(\boldsymbol{x})$ die Ladungsverteilung des Kernes beschreibt, so findet man leicht

$$\Phi^{Pol}(\boldsymbol{x}) = \frac{e}{4\pi} \int d^3x' \; \frac{\rho(\boldsymbol{x}')}{|\boldsymbol{x} - \boldsymbol{x}'|} \int_{4m^2}^{\infty} d\kappa^2 \frac{\Pi(\kappa^2)}{\kappa^2} e^{-\kappa|\boldsymbol{x}-\boldsymbol{x}'|} . \tag{4.87}$$

Das auf ein μ^- wirkende gesamte Potential ist damit

$$\begin{aligned} V &= V_{Coul} + V_{Vak.Pol.} \\ &= -\alpha \int d^3x' \; \frac{\rho(\boldsymbol{x}')}{|\boldsymbol{x} - \boldsymbol{x}'|} \left(1 + \int_{4m^2}^{\infty} d\kappa^2 \frac{\Pi(\kappa^2)}{\kappa^2} e^{-\kappa|\boldsymbol{x}-\boldsymbol{x}'|}\right) . \end{aligned} \tag{4.88}$$

Für eine kugelsymmetrische Ladungsverteilung kann man die Winkelintegration exakt ausführen (Aufgabe 4.5.2). Für $r << \lambda\!\!\!^-_e$ lässt sich dann auch das Integral über κ^2 in eine Reihe $(r/\lambda\!\!\!^-_e)$ entwickeln (Aufgabe 4.5.1).

Für U^{238} ist der Beitrag der Vakuumpolarisation in *keV*:

$1s_{\frac{1}{2}}$	$2p_{\frac{1}{2}}$	$2p_{\frac{3}{2}}$	$3d_{\frac{3}{2}}$	$4f$
-75.08	-40.35	-37.45	-14.65	-5.41

Theorie und Experiment stimmen sehr gut überein.

4.4 Hinweise

Es ist von Interesse, auch höhere Ordnungen für Vakuum-Vakuum-Übergänge zu untersuchen. Das Funktional

$$S_{vac}[A] = {}_{in}\langle 0\,|S|\,0\rangle_{in} \tag{4.89}$$

des äusseren Feldes lässt sich allgemein für langsam variierende Felder berechnen. Zwar taucht dabei - wie bei der Vakuumpolarisation - eine Divergenz auf, die sich aber wiederum durch eine Ladungsrenormierung beseitigen lässt. Für langsam variierende Felder lässt sich $S_{vac}[A]$ lokalisieren:

$$S_{vac}[A] = i \int \delta\mathcal{L}\, d^4x\,, \tag{4.90}$$

wobei die effektive Lagrange-Dichte $\delta\mathcal{L}$ eine Funktion der folgenden Invarianten ist:

$$\mathcal{F} = \frac{1}{4} F_{\mu\nu}F^{\mu\nu} = \frac{1}{2}(\boldsymbol{B}^2 - \boldsymbol{E}^2)\,, \tag{4.91}$$

$$\mathcal{G} = \frac{1}{4}(\tilde{F}_{\mu\nu}F^{\mu\nu})^2 \tag{4.92}$$

($\tilde{F}^{\mu\nu}$ = duale Feldstärke).

Die winzige Strahlungskorrektur $\delta\mathcal{L}$ (proportional zu α^2 + höhere Ordnungen) modifiziert die Maxwellschen Vakuumgleichungen durch nichtlineare Zusätze. Da nach wie vor $F_{\mu\nu} = \partial_\mu A_\nu - \partial_\nu A_\mu$ gilt, bleiben die homogenen Maxwell-Gleichungen gültig. Das zweite Paar der Maxwell-Gleichungen kann man gleich wie in der Elektrodynamik inhomogener Medien schreiben, wobei die elektrische und die magnetische Polarisation des Vakuums wie folgt durch $\boldsymbol{E}$ und $\boldsymbol{B}$ bestimmt sind:

$$\boldsymbol{P} = \frac{\partial \delta\mathcal{L}}{\partial \boldsymbol{E}}\,, \qquad \boldsymbol{M} = \frac{\partial \delta\mathcal{L}}{\partial \boldsymbol{B}}\,. \tag{4.93}$$

Es sind noch immer Versuche im Gange, Effekte dieser Nichtlinearitäten direkt nachzuweisen, und zwar anhand des Verhaltens von polarisierten Laserstrahlen in starken Magnetfeldern.

In führender Ordnung wurde $\delta\mathcal{L}$ schon sehr früh (1936) durch Euler und Heisenberg berechnet. Kurz danach gab Weisskopf eine andere, einfachere Herleitung (siehe dazu [3], Kap. 129). Später ist das Thema von verschiedenen Autoren (u.a. von J. Schwinger) wieder aufgenommen worden. Da die nötigen Rechnungen ziemlich aufwendig sind, geben wir hier nur das Ergebnis:

$$\delta\mathcal{L} = \frac{2\alpha^2}{45}\,\left[(\boldsymbol{E}^2 - \boldsymbol{B}^2) + 7(\boldsymbol{E}\cdot\boldsymbol{B})^2\right] + \ldots\,. \tag{4.94}$$

Für eine elegante Herleitung (über die Berechnung einer Funktionaldeterminante) sei auf [31] verwiesen.

4.5 Aufgaben

4.5.1 Näherungsformel für Polarisationspotential

Leite aus (4.86) die folgende Näherungsformel ab:

$$\Phi^{Pol}(r) = -\frac{\alpha}{r}\left(1 + \frac{\alpha}{4\sqrt{\pi}}\frac{e^{-2mr}}{(mr)^{\frac{3}{2}}} + \ldots\right) .$$

Die nicht hingeschriebenen Terme haben kürzere Reichweite.

4.5.2 Winkelintegration für kugelsymmetrische Ladungsverteilung

Führe in (4.88) für eine kugelsymmetrische Ladungsverteilung die Winkelintegration aus.

5. Quantenelektrodynamische Prozesse in Bornscher Näherung

In diesem Kapitel erweitern wir die Diracsche Strahlungstheorie (Kap. 1), indem nun auch die Materie (die geladenen Leptonen) relativistisch durch Quantenfelder beschrieben wird. Begrifflich gehen wir dabei sehr ähnlich vor. In einem ersten, vorläufigen Schritt setzen wir eine naheliegende Störungsreihe an. Wie in Kap. 1 wird sich zeigen, dass die tiefste nichtverschwindende Ordnung für jeden Prozess von geladenen Leptonen und Photonen sinnvoll ist und mit dem Experiment bis zu den höchsten heute zugänglichen Energien sehr gut übereinstimmt. In höheren Ordnungen werden wir jedoch wieder auf Divergenzen stossen.

Wir haben bereits wiederholt angedeutet, dass sich in dieser relativistischen Theorie, der Quantenelektrodynamik, alle Divergenzen durch Renormierung von Masse und Ladung störungstheoretisch vollständig beseitigen lassen. Den Beweis dafür können wir aber im Rahmen dieses einführenden Buches nicht geben. Als wichtige Illustration von strahlungstheoretischen Korrekturen werden wir in Kap. 7 die anomalen magnetischen Momente der Leptonen in $O(\alpha)$ berechnen. Dieses Resultat von J. Schwinger gehörte zu den ersten Triumphen der renormierten Quantenelektrodynamik (vgl. Einleitung zu diesem Buch).

5.1 Klassische Theorie in der Coulomb-Eichung

Wir knüpfen an Abschnitt 3.1 an. Zunächst spezialisieren wir den kanonischen Energie-Impuls-Tensor (3.76) – im folgenden mit Θ^μ_ν bezeichnet – auf die Lagrange-Dichte (3.81):

$$\Theta^\mu_\nu = \frac{\partial \mathcal{L}^{elm}}{\partial A_{\lambda,\mu}} A_{\lambda,\nu} - \delta^\mu_\nu \mathcal{L}^{elm} + \frac{\partial \mathcal{L}}{\partial (D_\mu \varphi)} \varphi_{,\nu} - \delta^\mu_\nu \mathcal{L} \,. \tag{5.1}$$

Darin ist nach (3.80) und (3.82)

$$\frac{\partial \mathcal{L}}{\partial (D_\mu \varphi)} \varphi_{,\nu} = \frac{\partial \mathcal{L}}{\partial (D_\mu \varphi)} D_\nu \varphi - j^\mu A_\nu \,. \tag{5.2}$$

Wir subtrahieren von Θ^μ_ν den Tensor $(F^{\lambda\mu} A_\nu)_{,\lambda}$, welcher ebenfalls divergenzfrei (bezüglich μ) ist und einen verschwindenden Beitrag zum Energie-Impuls-Vektor gibt (Gaußscher Satz). Nach den Maxwellschen Gleichungen gilt dafür

$$(F^{\lambda\mu}A_\nu)_{,\lambda} = j^\mu A_\nu + F^{\lambda\mu}A_{\nu,\lambda} .$$

Auf diese Weise bekommen wir den erhaltenen Energie-Impuls-Tensor

$$T^\mu_\nu = (T^\mu_\nu)^{elm} + \frac{\partial\mathcal{L}}{\partial(D_\mu\varphi)}D_\nu\varphi - \delta^\mu_\nu\mathcal{L} , \tag{5.3}$$

wobei $(T^\mu_\nu)^{elm}$ der Energie-Impuls-Tensor (1.404) des elektromagnetischen Feldes ist. T^μ_ν ist im allgemeinen nicht symmetrisch, was aber für unsere Zwecke keine Rolle spielt. (Dies wird erst bei der Kopplung an die Gravitation wesentlich.)

Wir spezialisieren nun die allgemeinen Formeln auf die Lagrange-Funktion des Dirac-Feldes

$$\mathcal{L} = \overline{\psi}(i\not{D} - m)\psi . \tag{5.4}$$

Die zugehörigen klassischen Feldgleichungen lauten

$$(i\not{D} - m)\psi = 0 , \tag{5.5}$$

$$\partial_\nu F^{\nu\mu} = j^\mu , \qquad j^\mu = e\overline{\psi}\gamma^\mu\psi , \tag{5.6}$$

und aus (5.3) wird

$$T^\mu_\nu = (T^\mu_\nu)^{elm} + \overline{\psi}i\gamma^\mu D_\nu\psi - \delta^\mu_\nu\overline{\psi}(i\not{D} - m)\psi . \tag{5.7}$$

Insbesondere haben wir

$$\begin{aligned} T^0_0 &= \frac{1}{2}(\boldsymbol{E}^2 + \boldsymbol{B}^2) + \overline{\psi}i\gamma^0 D_0\psi - \overline{\psi}(i\gamma^\lambda D_\lambda - m)\psi \\ &= \frac{1}{2}(\boldsymbol{E}^2 + \boldsymbol{B}^2) + \overline{\psi}(-i\gamma^k D_k + m)\psi \\ &= \frac{1}{2}(\boldsymbol{E}^2 + \boldsymbol{B}^2) + \overline{\psi}(-i\gamma^k \partial_k + m)\psi - \boldsymbol{J}\cdot\boldsymbol{A} . \end{aligned} \tag{5.8}$$

Für die gesamte Energie

$$H = \int T^0_0\, d^3x$$

erhalten wir mit (1.17) in der Coulomb-Eichung

$$H = H_0[\psi] + H_0[\boldsymbol{A}] + H_{int} , \tag{5.9}$$

mit

$$H_0[\psi] = \int \overline{\psi}(-i\boldsymbol{\gamma}\cdot\boldsymbol{\nabla} + m)\psi\, d^3x , \tag{5.10}$$

$$H_0[\boldsymbol{A}] = \frac{1}{2}\int [|\dot{\boldsymbol{A}}|^2 + |\boldsymbol{\nabla}\wedge\boldsymbol{A}|^2]\, d^3x , \tag{5.11}$$

$$H_{int} = -e\int\overline{\psi}\boldsymbol{\gamma}\psi\cdot\boldsymbol{A}\, d^3x + \frac{e^2}{2}\int\frac{\psi^*(\boldsymbol{x},t)\psi(\boldsymbol{x},t)\psi^*(\boldsymbol{x}',t)\psi(\boldsymbol{x}',t)}{4\pi|\boldsymbol{x}-\boldsymbol{x}'|}\, d^3x d^3x' . \tag{5.12}$$

Die nicht manifest kovariante Coulomb-Eichung wählen wir wieder im Hinblick auf die Quantisierung. Der Beitrag der instantanen Coulomb-Energie wird wie in Kap. 1 zur Wechselwirkung H_{int} gezählt.

5.2 Unrenormierte Störungsreihe

Für die Behandlung von quantenelektrodynamischen Prozessen (Compton-Streuung, Paarvernichtung, etc.) gehen wir wieder von der Störungsreihe (1.148) für die S-Matrix aus

$$S = \sum_{n=0}^{\infty} (-i)^n \int_{-\infty}^{+\infty} dt_1 \int_{-\infty}^{+t_1} dt_2 \ldots \int_{-\infty}^{t_{n-1}} dt_n \, V_W(t_1) \ldots V_W(t_n) \tag{5.13}$$

Anstelle von (1.134) ist nun aber die Störung V die Wechselwirkung (5.12). In (5.13) ist diese in der Wechselwirkungsdarstellung zu nehmen. Dafür verwenden wir die gebräuchliche Bezeichnung $H_I(t)$. $H_I(t)$ ist der Ausdruck (5.12), wenn dort unter $\psi, \overline{\psi}$ und $\boldsymbol{A}$ die *freien Quantenfelder* verstanden werden:

$$\begin{aligned} H_I(t) = &-e \int :\overline{\psi}\gamma\psi : \boldsymbol{A} \, d^3x \\ &+ \frac{e^2}{2} \int \frac{:\psi^*(\boldsymbol{x},t)\psi(\boldsymbol{x},t) : : \psi^*(\boldsymbol{x}',t)\psi(\boldsymbol{x}',t) :}{4\pi|\boldsymbol{x}-\boldsymbol{x}'|} d^3x d^3x' \, . \end{aligned} \tag{5.14}$$

Die Bedeutung der Doppelpunkte (Normalprodukte) erklären wir weiter unten.

Auf formalem Niveau ist damit die Quantisierung vorgenommen.

Für die Berechnung der S-Matrixelemente entwickeln wir an dieser Stelle noch ein paar Hilfsmittel. Zunächst formen wir, im Hinblick auf eine systematische Herleitung der „Feynman-Regeln“ in Kap. 6, das multiple Integral (5.13) folgendermassen um (siehe [1], Abschnitt 9.1). Es sei

$$\theta(t_1, t_2, \ldots, t_n) = \begin{cases} 1 & \text{für } t_1 \geq t_2 \geq \ldots \geq t_n \, , \\ 0 & \text{sonst} \, . \end{cases}$$

Dann gilt offensichtlich

$$\begin{aligned} S &= \sum_{n=0}^{\infty} (-i)^n \int_{\mathbb{R}^n} dt_1 \ldots dt_n \, \theta(t_1, \ldots, t_n) H_I(t_1) \ldots H_I(t_n) \\ &= \sum_{n=0}^{\infty} (-i)^n \frac{1}{n!} \int_{\mathbb{R}^n} dt_1 \ldots dt_n \sum_{\pi \in \mathcal{S}_n} \theta(t_{\pi(1)}, \ldots t_{\pi(n)}) \\ &\qquad \times H_I(t_{\pi(1)}) \ldots H_I(t_{\pi(n)}) \, . \end{aligned}$$

Wir definieren das *zeitgeordnete Produkt* gemäss

$$T(H_I(t_1)\dots H_I(t_n)) = \sum_{\pi\in\mathcal{S}_n} \theta(t_{\pi(1)},\dots,t_{\pi(n)}) \times H_I(t_{\pi(1)})\dots H_I(t_{\pi(n)})$$
$$= H_I(t_{i_1})\dots H_I(t_{i_n}), \qquad \text{sofern } t_{i_1} \geq t_{i_2} \geq \dots \geq t_{i_n}. \tag{5.15}$$

Damit erhalten wir die *Dyson-Reihe* für die S-Matrix:

$$\boxed{S = \sum_{n=0}^{\infty} (-i)^n \frac{1}{n!} \int_{\mathbb{R}^n} T\left(H_I(t_1)\dots H_I(t_n)\right) dt_1 \dots dt_n .} \tag{5.16}$$

Oft schreibt man dafür abgekürzt

$$S = T\left(\exp -i \int_{-\infty}^{\infty} H_I(t)\, dt\right) \tag{5.17}$$

Für manche Zwecke ist es nützlich, die Feldoperatoren in positive und negative Frequenzanteile zu zerlegen. Nach (3.45) ist

$$\psi = \psi^{(+)} + \psi^{(-)}, \qquad \overline{\psi} = \overline{\psi}^{(+)} + \overline{\psi}^{(-)}, \tag{5.18}$$

mit

$$\psi^{(+)}(x) = (2\pi)^{-\frac{3}{2}} \int d\Omega_m(p) \sum_\lambda a(p,\lambda) u(p,\lambda) e^{-ip\cdot x}, \tag{5.19}$$

$$\psi^{(-)}(x) = (2\pi)^{-\frac{3}{2}} \int d\Omega_m(p) \sum_\lambda b^*(p,\lambda) v(p,\lambda) e^{ip\cdot x}; \tag{5.20}$$

analog für $\overline{\psi}$. Entsprechend haben wir für das quantisierte Vektorpotential in der Coulomb-Eichung nach (1.109)

$$\boldsymbol{A} = \boldsymbol{A}^{(+)} + \boldsymbol{A}^{(-)}, \tag{5.21}$$

wo

$$\boldsymbol{A}^{(+)}(x) = (2\pi)^{-\frac{3}{2}} \int \frac{d^3k}{2\omega(\boldsymbol{k})} \sum_\lambda a(k,\lambda) \boldsymbol{\varepsilon}(\boldsymbol{k},\lambda) e^{-ik\cdot x}, \tag{5.22}$$

$$\boldsymbol{A}^{(-)}(x) = (2\pi)^{-\frac{3}{2}} \int \frac{d^3k}{2\omega(\boldsymbol{k})} \sum_\lambda a^*(k,\lambda) \boldsymbol{\varepsilon}^*(\boldsymbol{k},\lambda) e^{ik\cdot x}. \tag{5.23}$$

Hier haben wir die Formeln zum einen an die neuen Einheiten (mit $\hbar = c = 1$, $e^2/4\pi = \alpha$) angepasst, und zum andern normieren ab jetzt die Erzeugungs- und Vernichtungsoperatoren so, dass

$$[a(k,\lambda), a^*(k',\lambda')] = 2\omega(k)\delta^3(\boldsymbol{k}-\boldsymbol{k}')\delta_{\lambda\lambda'} \tag{5.24}$$

gilt. Damit sind die (uneigentlichen) 1-Photonzustände

$$|k, \lambda\rangle = a^*(k, \lambda)\,|0\rangle \tag{5.25}$$

Lorentz-invariant normiert:

$$\langle k, \lambda \,|\, k', \lambda'\rangle = 2\omega(\boldsymbol{k})\delta^3(\boldsymbol{k} - \boldsymbol{k}')\delta_{\lambda\lambda'} \,. \tag{5.26}$$

Die Zerlegungen (5.18) und (5.21) haben folgende Bedeutung:

$$\begin{array}{ll} \psi^{(+)} & \text{vernichtet Elektronen ;} \\ \psi^{(-)} & \text{erzeugt Positronen ;} \\ \overline{\psi}^{(+)} & \text{vernichtet Positronen ;} \\ \overline{\psi}^{(-)} & \text{erzeugt Elektronen ;} \\ \boldsymbol{A}^{(+)} & \text{vernichtet Photonen ;} \\ \boldsymbol{A}^{(-)} & \text{erzeugt Photonen .} \end{array} \tag{5.27}$$

Die Einteilchen-Matrixelemente dieser Operatoren lauten

$$\begin{aligned} \langle 0\,|\psi^{(+)}(x)|\, e^-(p, \lambda)\rangle &= (2\pi)^{-\frac{3}{2}} u(p, \lambda) e^{-ip\cdot x} \,, \\ \langle 0\,|\boldsymbol{A}(x)|\, k, \lambda\rangle &= (2\pi)^{-\frac{3}{2}} \boldsymbol{\varepsilon}(k, \lambda) e^{-ik\cdot x} \,, \quad \text{etc.} \end{aligned} \tag{5.28}$$

Für bilineare Ausdrücke, wie z.B. $\overline{\psi}(x_1)\gamma^\mu\psi(x_2)$, führen wir *Normalprodukte* ein. Z.B. entsteht das Normalprodukt $:\overline{\psi}(x_1)\gamma^\mu\psi(x_2):$ so, dass man im ursprünglichen (gewöhnlichen) Produkt für ψ und $\overline{\psi}$ die Zerlegungen (5.18) einsetzt und dann die Reihenfolge der Operatoren so umstellt, dass die Erzeugungsoperatoren links von den Vernichtungsoperatoren stehen. Für Fermi-Felder soll man bei dieser Umstellung das Vorzeichen so wechseln als würden alle Operatoren antikommutieren. Beispielsweise ist (Spinorindizes soll man sich hinzudenken):

$$\begin{aligned} \overline{\psi}(1)\psi(2) &= \overline{\psi}^{(+)}(1)\,\psi^{(+)}(2) + \overline{\psi}^{(-)}(1)\,\psi^{(+)}(2) + \overline{\psi}^{(+)}(1)\,\psi^{(-)}(2) \\ &\quad + \overline{\psi}^{(-)}(1)\,\psi^{(-)}(2) \\ &= \overline{\psi}^{(+)}(1)\,\psi^{(+)}(2) + \overline{\psi}^{(-)}(1)\,\psi^{(+)}(2) - \psi^{(-)}(2)\,\overline{\psi}^{(+)}(1) \\ &\quad + \overline{\psi}^{(-)}(1)\,\psi^{(-)}(2) + \left\{\overline{\psi}^{(+)}(1), \psi^{(-)}(2)\right\} \\ &= :\overline{\psi}(1)\,\psi(2): + \left\{\overline{\psi}^{(+)}(1), \psi^{(-)}(2)\right\} \,. \end{aligned}$$

Nun ist der Antikommutator des letzten Terms eine c-Zahl, die wir offensichtlich auch als Vakuumerwartungswert schreiben können:

$$\left\{\overline{\psi}^{(+)}(1), \psi^{(-)}(2)\right\} = \langle 0\,|\overline{\psi}(1)\psi(2)|\,0\rangle \,.$$

Somit gilt

$$\overline{\psi}(1)\psi(2) =: \overline{\psi}(1)\psi(2) : + \langle 0\,|\overline{\psi}(1)\psi(2)|\,0\rangle \,. \tag{5.29}$$

Insbesondere kann die Heisenbergsche Vorschrift (3.94) für den Stromoperator wegen (3.96) auch so formuliert werden:

$$j^\mu = e : \overline{\psi}\gamma^\mu\psi : \, . \tag{5.30}$$

Natürlich werden wir in der Wechselwirkung (5.12) die auftretenden Ladungs- und Stromdichten in der Quantentheorie als Normalprodukte auffassen, wie dies in (5.14) angedeutet ist. Dadurch werden diese für freie Felder wohldefinierte Distibutionen. Normalprodukte werden wir später (Kap. 6) für beliebige endliche Produkte definieren.

Feynman-Propagatoren

Bei der Auswertung der Dyson-Reihe spielen Vakuumerwartungswerte von zeitgeordneten Produkten von freien Feldoperatoren eine wichtige Rolle. Für zwei Fermi-Operatoren ist das zeitgeordnete Produkt folgendermassen erklärt:

$$T(\psi_\alpha(x)\overline{\psi}_\beta(y)) = \begin{cases} \psi_\alpha(x)\overline{\psi}_\beta(y) & \text{für } x^0 > y^0 \, , \\ -\overline{\psi}_\beta(y)\psi_\alpha(x) & \text{für } x^0 < y^0 \, , \end{cases} \tag{5.31}$$

$$= \theta(x^0 - y^0)\psi_\alpha(x)\overline{\psi}_\beta(y) - \theta(y^0 - x^0)\psi_\beta(y)\psi_\alpha(x) \, . \tag{5.32}$$

Für Bosonoperatoren wird kein Vorzeichenwechsel vorgenommen.

Wir interessieren uns nun speziell für den *Elektron-Positron-Propagator* $\langle 0 | T(\psi_\alpha(x)\overline{\psi}_\beta(y)) | 0\rangle$. Mit (3.45) ist zunächst

$$\langle 0 | \psi_\alpha(x)\overline{\psi}_\beta(y) | 0\rangle = \sum_{\lambda,\lambda'} \int \frac{d^3p}{2p^0}\frac{d^3p'}{2p'^0}\frac{1}{(2\pi)^3} e^{-ip\cdot x} e^{ip'\cdot y}$$
$$\times\, u_\alpha(p,\lambda)\overline{u}_\beta(p',\lambda') \underbrace{\langle 0 | a(p,\lambda)a^*(p',\lambda') | 0\rangle}_{2p^0\delta^3(p-p')\delta_{\lambda\lambda'}} \, .$$

Mit der Spin-Summationsformel (3.32) erhalten wir

$$\langle 0 | \psi_\alpha(x)\overline{\psi}_\beta(y) | 0\rangle = (2\pi)^{-3} \int d\Omega_m(p)\, (\not{p} + m)_{\alpha\beta} e^{-ip\cdot(x-y)} \, . \tag{5.33}$$

Für die Distribution θ verwenden wir die Fourier-Darstellung

$$\theta(\pm u) = \pm\frac{1}{2\pi i}\int_{\mathbb{R}} \frac{e^{i\lambda u}}{\lambda \mp i\varepsilon}\, d\lambda \, . \tag{5.34}$$

Damit haben wir

$$\theta(x^0 - y^0)\langle 0 | \psi_\alpha(x)\overline{\psi}_\beta(y) | 0\rangle = \int d\lambda\, \frac{e^{i\lambda(x^0-y^0)}}{\lambda - i\varepsilon}(-i)(2\pi)^{-4}$$
$$\times \int d\Omega_m(p)(\not{p} + m)_{\alpha\beta} e^{-ip\cdot(x-y)} \, .$$

Hier führen wir neue Integrationsvariablen ein: $\boldsymbol{k} = \boldsymbol{p}$, $k^0 = p^0 - \lambda$. Ferner sei $\omega(k) := \sqrt{\boldsymbol{k}^2 + m^2} = p^0$. Damit erhalten wir

$$\theta(x^0 - y^0)\langle 0\,|\psi_\alpha(x)\overline{\psi}_\beta(y)|\,0\rangle = \frac{-i}{(2\pi)^4}\int d^4k e^{-ik\cdot(x-y)} \times \frac{(\omega(k)\gamma^0 - \boldsymbol{k}\cdot\boldsymbol{\gamma} + m)_{\alpha\beta}}{2\omega(k)(\omega(k) - k^0 - i\varepsilon)} .$$

Analog findet man

$$\langle 0\,|\overline{\psi}_\beta(y)\psi_\alpha(x)|\,0\rangle = (2\pi)^{-3}\int d\Omega_m(p)\,(\not{p} - m)_{\alpha\beta} e^{ip\cdot(x-y)} , \tag{5.35}$$

und

$$\theta(y^0 - x^0)\,\langle 0\,|\overline{\psi}_\beta(y)\psi_\alpha(x)|\,0\rangle = \frac{i}{(2\pi)^4}\int d^4k\, e^{-ik\cdot(x-y)} \times \frac{(\omega(k)\gamma^0 + \boldsymbol{k}\cdot\boldsymbol{\gamma} - m)_{\alpha\beta}}{2\omega(k)(-\omega(k) - k^0 + i\varepsilon)} .$$

Damit ergibt sich für den Vakuumerwartungswert des T-Produktes (5.32) das wichtige Resultat

$$\langle 0\,|T(\psi_\alpha(x)\overline{\psi}_\beta(y)|\,0\rangle = i\,(S_F(x-y))_{\alpha\beta} , \tag{5.36}$$

wobei die Distribution S_F, der sogenannte *Feynman-Propagator*, die folgende Fourier-Darstellung hat

$$S_F(x) = \frac{1}{(2\pi)^4}\int d^4p\, e^{-ip\cdot x}\frac{\not{p} + m}{p^2 - m^2 + i\varepsilon} . \tag{5.37}$$

Eine ähnliche Rechnung (Übungsaufgabe) ergibt für den *Photon-Propagator*

$$\langle 0\,|T(A_i(x)A_j(y))|\,0\rangle = i\left(D_F^{\perp}(x-y)\right)_{ij} \tag{5.38}$$

die Fourier-Darstellung

$$\left(D_F^{\perp}(x)\right)_{ij} = \frac{1}{(2\pi)^4}\int d^4k\, e^{-ik\cdot x}\frac{\delta_{ij} - k_i k_j/|\boldsymbol{k}|^2}{k^2 + i\varepsilon} . \tag{5.39}$$

5.3 Paarvernichtung (Dirac, 1928)

Ursprünglich hat Dirac bereits im Jahre 1928 die Paarvernichtung $e^- + e^+ \longrightarrow \gamma + \gamma$ im Rahmen seiner Löchertheorie berechnet. Wir geben hier die konsequente feldtheoretische Herleitung des zugehörigen Wirkungsquerschnitts wieder.

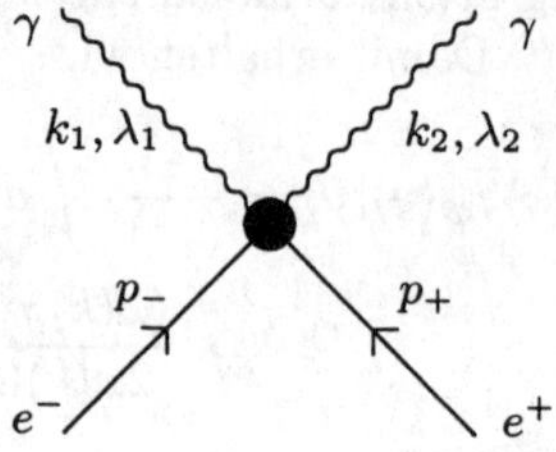

Abbildung 5.1. Kinematische Variablen für den Prozess der Paarvernichtung

Die kinematischen Variablen sind in Abb. (5.1) angedeutet.
Danach sind die Anfangs- und Endzustände:

$$\begin{aligned} |e^-, e^+\rangle &= a^*(p_-)b^*(p_+)|0\rangle \,, \\ |\gamma, \gamma\rangle &= a^*(k_1, \lambda_1)a^*(k_2, \lambda_2)|0\rangle \,. \end{aligned}$$

In tiefster nichtverschwindender Ordnung trägt nur der erste Term von H in (5.14) bei und das S-Matrixelement lautet:

$$\begin{aligned} S_{fi}^{(2)} = (-ie)^2 \int_{\{x_1^0 > x_2^0\}} & d^4x_1 d^4x_2 \, \langle 0 \,|: \overline{\psi}(x_1)\gamma^i\psi(x_1) :: \overline{\psi}(x_2)\gamma^j\psi(x_2) :|\, e^-, e^+\rangle \\ & \times \langle 2\gamma \,| A^i(x_1)A^j(x_2)|\, 0\rangle \,. \end{aligned} \tag{5.40}$$

Das Photonenmatrixelement in (5.40) ist leicht zu berechnen:

$$\langle 2\gamma \,| A^i(x_1)A^j(x_2)|\, 0\rangle = (2\pi)^{-3} \left[\varepsilon^i(k_1, \lambda_1)e^{ik_1\cdot x_1}\varepsilon^j(k_2, \lambda_2)e^{ik_2\cdot x_2} + 1 \leftrightarrow 2\right] . \tag{5.41}$$

Setzt man noch $\varepsilon^\mu := (0, \boldsymbol{\varepsilon})$ für beide Photonen, so ergibt sich

$$\begin{aligned} S_{fi}^{(2)} = \frac{(-i)^2}{(2\pi)^3} e^2 \int_{x_1^0 > x_2^0} & d^4x_1 d^4x_2 \, \langle 0 \,|: \overline{\psi}(x_1)\gamma^\mu\psi(x_1) :: \overline{\psi}(x_2)\gamma^\nu\psi(x_2) :|\, e^-, e^+\rangle \\ & \times \left[\varepsilon_\mu(k_1, \lambda_1)e^{ik_1\cdot x_1}\varepsilon_\nu(k_2, \lambda_2)e^{ik_2\cdot x_2} + 1 \leftrightarrow 2\right] \,. \end{aligned} \tag{5.42}$$

Nun berechnen wir das verbleibende Matrixelement in (5.42). Dazu beachte man zunächst, dass

$$: \overline{\psi}\gamma^\mu\psi : = (\gamma^\mu)_{\alpha\beta} \left[\overline{\psi}_\alpha^{(+)}\psi_\beta^{(+)} + \overline{\psi}_\alpha^{(-)}\psi_\beta^{(+)} - \psi_\beta^{(-)}\overline{\psi}_\alpha^{(+)} + \overline{\psi}_\alpha^{(-)}\psi_\beta^{(-)}\right] , \tag{5.43}$$

denn durch die Umstellungen rechts wurde eine c-Zahl so subtrahiert, dass der Vakuumerwartungswert der rechten Seite von (5.43) verschwindet. (Vernichtungsoperatoren wurden nach rechs gebracht, unter Beachtung der Vorzeichen.) Nun ist offensichtlich

$$\langle 0 \,| : \overline{\psi}\gamma^\mu\psi : |\, \Phi\rangle = \langle 0 \,| \overline{\psi}^{(+)}\gamma^\mu\psi^{(+)} |\, \Phi\rangle$$

für irgend einen Zustand Φ. Damit die rechte Seite nicht verschwindet, muss Φ ein Elektron-Positron Zustand sein. Im Matrixelement in (5.42) tragen deshalb nur zwei Terme bei.

$$
\begin{aligned}
&\langle 0 | : \overline{\psi}(x_1)\gamma^\mu \psi(x_1) :: \overline{\psi}(x_2)\gamma^\nu \psi(x_2) : | e^- e^+ \rangle = \\
&\langle 0 | \overline{\psi}^{(+)}_\alpha(x_1)\psi^{(+)}_\beta(x_1)\overline{\psi}^{(-)}_\gamma(x_2)\psi^{(+)}_\delta(x_2)| e^- e^+\rangle (\gamma^\mu)_{\alpha\beta}(\gamma^\nu)_{\gamma\delta} \\
&-\langle 0 | \overline{\psi}^{(+)}_\alpha(x_1)\psi^{(+)}_\beta(x_1)\psi^{(-)}_\delta(x_2)\overline{\psi}^{(+)}_\gamma(x_2)| e^- e^+\rangle (\gamma^\mu)_{\alpha\beta}(\gamma^\nu)_{\gamma\delta} \, .
\end{aligned}
\tag{5.44}
$$

Im ersten Term vertauschen wir die Operatoren in der durch den Pfeil angedeuteten Weise. Dabei treten keine zusätzlichen Terme oder Vorzeichenwechsel auf. Der erste Term in (5.44) wird somit[1]

$$
(\gamma^\mu)_{\alpha\beta}(\gamma^\nu)_{\gamma\delta}\langle 0 | \psi^{(+)}_\beta(x_1)\overline{\psi}^{(-)}_\gamma(x_2)| 0\rangle\langle 0 | \overline{\psi}^{(+)}_\alpha(x_1)\psi^{(+)}_\delta(x_2)| e^- e^+\rangle \, . \tag{5.45}
$$

Im zweiten Term in (5.44) vertauschen wir

$$
\mu \leftrightarrow \nu \, , \qquad (\alpha,\beta) \leftrightarrow (\gamma,\delta) \, , \qquad x_1 \leftrightarrow x_2 \, .
$$

(Beachte, dass der Photonenanteil in (5.42) dabei invariant bleibt. Natürlich müssen wir aber nach Vertauschung von x_1 mit x_2 im Integral (5.42) verlangen, dass $x_2^0 > x_1^0$ ist). Dann ergibt sich

$$
\begin{aligned}
&-(\gamma^\nu)_{\gamma\delta}(\gamma^\mu)_{\alpha\beta}\langle 0 | \overline{\psi}^{(+)}_\gamma(x_2)\psi^{(+)}_\delta(x_2)\psi^{(-)}_\beta(x_1)\overline{\psi}^{(+)}_\alpha(x_1)| e^- e^+\rangle \\
&= -(\gamma^\mu)_{\alpha\beta}(\gamma^\nu)_{\gamma\delta}\langle 0 | \overline{\psi}^{(+)}_\gamma(x_2)\psi^{(-)}_\beta(x_1)\overline{\psi}^{(+)}_\alpha(x_1)\psi^{(+)}_\delta(x_2)| e^- e^+\rangle \\
&= -(\gamma^\mu)_{\alpha\beta}(\gamma^\nu)_{\gamma\delta}\langle 0 | \overline{\psi}^{(+)}_\gamma(x_2)\psi^{(-)}_\beta(x_1)| 0\rangle \, \langle 0 | \overline{\psi}^{(+)}_\alpha(x_1)\psi^{(+)}_\delta(x_2)| e^- e^+\rangle \, .
\end{aligned}
\tag{5.46}
$$

Offensichtlich gilt

$$
\langle 0 | \overline{\psi}^{(+)}_\alpha(x_1)\psi^{(+)}_\delta(x_2)| e^- e^+\rangle = (2\pi)^{-3}\overline{v}_\alpha(p_+)u_\delta(p_-)e^{-ip_+\cdot x_1}e^{-ip_-\cdot x_2} \, .
$$

In den Vakuumerwartungswerten in (5.45) und (5.46) können die Indizes ($\pm$) wieder weggelassen werden und wir erhalten aus (5.42)

$$
\begin{aligned}
S^{(2)}_{fi} = (-i)^2 e^2 (2\pi)^{-6} &\int d^4x_1 d^4x_2 \left[\varepsilon_\mu(k_1,\lambda_1)e^{ik_1\cdot x_1}\varepsilon_\nu(k_2,\lambda_2)e^{ik_2\cdot x_2} + 1 \leftrightarrow 2\right] \\
&\times \overline{v}_\alpha(p_+)e^{-ip_+\cdot x_1}(\gamma^\mu)_{\alpha\beta}\left[\langle 0 | \psi_\beta(x_1)\overline{\psi}_\gamma(x_2)| 0\rangle\theta(x_1^0 - x_2^0)\right. \\
&\qquad \left. -\langle 0 | \overline{\psi}_\gamma(x_2)\psi_\beta(x_1)| 0\rangle\theta(x_2^0 - x_1^0)\right] (\gamma^\nu)_{\gamma\delta}u_\delta(p_-)e^{-ip_-\cdot x_2} \, .
\end{aligned}
$$

[1] Andere Zwischenzustände als das Vakuum können weder in (5.45) noch in (5.46) beitragen.

In der eckigen Klammer steht der Feynman-Propagator $iS_F(x_1 - x_2)_{\beta\gamma}$. Damit ergibt sich

$$S_{fi}^{(2)} = (-i)^2 e^2 (2\pi)^{-6} \int d^4x_1 d^4x_2 \left[\varepsilon_\mu(k_1,\lambda_1) e^{ik_1\cdot x_1} \varepsilon_\nu(k_2,\lambda_2) e^{ik_2\cdot x_2} + 1 \leftrightarrow 2\right] \\ \times \overline{v}_\alpha(p_+) \gamma^\mu i S_F(x_1 - x_2) \gamma^\nu u(p_-) e^{-p_+\cdot x_1} e^{-ip_-\cdot x_2} \, . \tag{5.47}$$

Nun setze man die Fourier-Darstellung (5.37) von S_F ein. Die Integrationen über x_1 und x_2 werden trivial und man findet sofort

$$S_{fi} = -i(2\pi)^4 \delta^4(k_1 + k_2 - p_- - p_+) T_{fi} \tag{5.48}$$

mit dem T-Matrixelement

$$T = \frac{e^2}{(2\pi)^6} \overline{v}(p_+) \left[\not{\varepsilon}(k_1,\lambda_1) \frac{(\not{p}_- - \not{k}_2) + m}{(p_- - k_2)^2 - m^2 + i\varepsilon} \not{\varepsilon}(k_2,\lambda_2) \right. \\ \left. + \not{\varepsilon}(k_2,\lambda_2) \frac{(\not{p}_- - \not{k}_1) + m}{(p_- - k_1)^2 - m^2 + i\varepsilon} \not{\varepsilon}(k_1,\lambda_1) \right] u(p_-) \, . \tag{5.49}$$

Dieses Resultat wollen wir graphisch darstellen. Der erste Term in (5.49) entspricht dem Diagramm (*a*) und der zweite Term dem Diagramm (*b*) von Abb. (5.2).

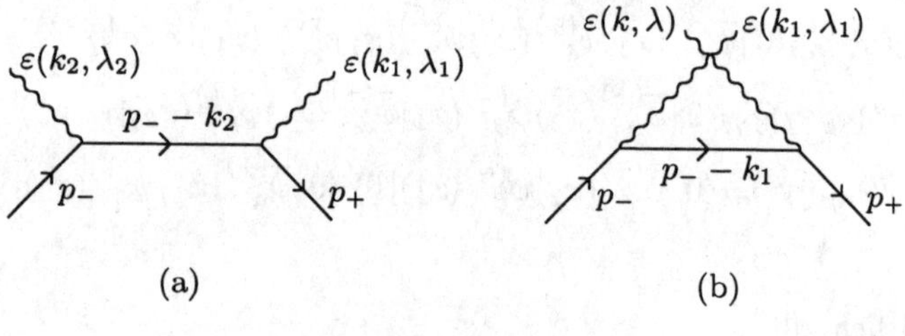

Abbildung 5.2. Paarvernichtung

Durch folgende Regeln erhält man das T-Matrixelement (eine systematische Herleitung der Feynman-Regeln erfolgt im nächsten Kapitel):

i) Äussere Linien — Faktor

Äussere Linien		Faktor
	einlaufendes Elektron	$u(p)$
	einlaufendes Positron	$\overline{v}(p)$
	auslaufendes Elektron	$\overline{u}(p)$
	auslaufendes Positron	$v(p)$
	einlaufendes Photon	$\varepsilon_\mu(k,\lambda)$
	auslaufendes Photon	$\varepsilon_\mu(k,\lambda)$

ii) An jedem Vertex ist ein Faktor $e\gamma^\mu$ anzubringen und die auftretenden 4er-Impulse für innere und äussere Linien müssen den Energie-Impulssatz erfüllen[2].

iii) Für eine innere Elektronenlinie 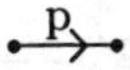 setze man den Faktor

$$\frac{\not{p}+m}{p^2-m^2+i\varepsilon}$$

ein.

Die verschiedenen aufgeführten Faktoren sind von rechts nach links zu notieren, in dem man der Pfeilrichtung folgt.

iv) Hinzu kommen noch Faktoren $(2\pi)^{\#}$, $(-1)^{\#}$, $(i)^{\#}$, die wir an späterer Stelle herleiten werden.

Diese Regeln sind manifest Lorentz-invariant, obgleich der Ausgangspunkt der Rechnung gar nicht danach aussah.

Den Wirkungsquerschnitt zur Amplitude (5.49) werden wir weiter unten berechnen.

[2] Die Richtung eines inneren Impulses ist dabei durch den Fluss der (negativen) Ladung festgelegt: Der Impuls fliesst in derselben Richtung wie die (negative) Ladung.

5.4 Compton-Streuung

Die Compton-Streuung $\gamma + e \longrightarrow \gamma + e$ ist mit der Paarvernichtung nahe verwandt: ein äusseres Photon und ein äusseres Elektron vertauschen ihre Rollen. Daher kann man die beiden hier auftretenden Feynman-Diagramme aus den Diagrammen (a) und (b) aus Abb. (5.2) der Paarvernichtung erraten:

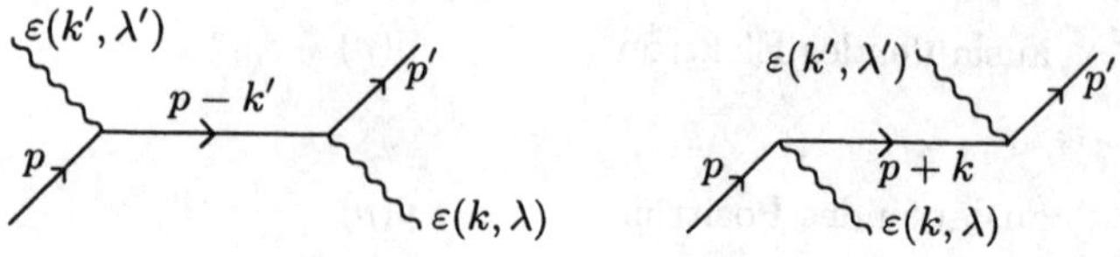

(c) (d)

Abbildung 5.3. Diagramme für Compton-Streuung

Die aufgeführten Feynman-Regeln geben in diesem Fall für das T-Matrixelement in tiefster nichtverschwindender Ordnung

$$T = \frac{e^2}{(2\pi)^3}\overline{u}(p') \left[\not\varepsilon(k,\lambda)\frac{(\not p - \not k') + m}{(p-k')^2 - m^2 + i\varepsilon}\not\varepsilon(k',\lambda') + \not\varepsilon(k',\lambda')\frac{(\not p + \not k) + m}{(p+k)^2 - m^2 + i\varepsilon}\not\varepsilon(k,\lambda)\right] u(p)\,. \tag{5.50}$$

Zur Einübung wollen wir aber auch dieses Resultat, ähnlich wie bei der Paarvernichtung, herleiten.

An Stelle von (5.40) lautet jetzt das S-Matrixelement

$$\begin{aligned} &S_{e^- + \gamma \to e^- + \gamma} \\ &= (-i)^2 e^2 \int_{x_1^0 > x_2^0} d^4x_1 d^4x_2 \,\langle p'\,|:\overline{\psi}(x_1)\gamma^i\psi(x_1)::\overline{\psi}(x_2)\gamma^j\psi(x_2):|\,p\rangle \\ &\qquad \times \underbrace{\langle k',\lambda'\,|A^i(x_1)A^j(x_2)|\,k\lambda\rangle}_{(2\pi)^{-3}\left[\varepsilon^i(k,\lambda)e^{-ik\cdot x_1}\varepsilon^j(k',\lambda')e^{ik'\cdot x_2}+1\leftrightarrow 2\right]} \\ &= (2\pi)^{-3}(-i)^2 e^2 \int_{x_1^0 > x_2^0} d^4x_1 d^4x_2 \,\langle p'\,|:\overline{\psi}(x_1)\gamma^\mu\psi(x_1)::\overline{\psi}(x_2)\gamma^\nu\psi(x_2):|\,p\rangle \\ &\qquad \cdot \left[\varepsilon_\mu(k,\lambda)\varepsilon^{-ik\cdot x_1}\varepsilon_\nu(k',\lambda')e^{ik'\cdot x_2} + 1 \leftrightarrow 2\right]\,, \end{aligned} \tag{5.51}$$

wobei wieder $\varepsilon^\mu = (0, \boldsymbol{\varepsilon})$ ist.

Da im Anfangs- und im Endzustand keine Positronen vorhanden sind, dürfen wir im Elektronenmatrixelement von (5.51) $\overline{\psi}(x_2)$ durch $\overline{\psi}^{(-)}(x_2)$ und $\psi(x_1)$ durch $\psi^{(+)}(x_1)$ ersetzen (siehe (5.21)). Ferner muss es zwei (+) und zwei (−) Operatoren geben, da wir mit einem 1-Elektronenzustand anfangen und mit einem solchen enden.

Es tragen deshalb nur die folgenden beiden Terme bei

$$(\gamma^\mu)_{\alpha\beta}(\gamma^\nu)_{\gamma\delta}\,\langle p'\,|\overline{\psi}_\alpha^{(-)}(x_1)\psi_\beta^{(+)}(x_1)\overline{\psi}_\gamma^{(-)}(x_2)\psi_\delta^{(+)}(x_2)|\,p\rangle\,, \tag{5.52}$$

$$(\gamma^\mu)_{\alpha\beta}(\gamma^\nu)_{\gamma\delta}\,\langle p'\,|\overline{\psi}_\alpha^{(+)}(x_1)\psi_\beta^{(+)}(x_1)\overline{\psi}_\gamma^{(-)}(x_2)\psi_\delta^{(-)}(x_2)|\,p\rangle\,. \tag{5.53}$$

Der erste Term ist gleich

$$\begin{aligned}
&(\gamma^\mu)_{\alpha\beta}(\gamma^\nu)_{\gamma\delta}\,\langle p'\,|\overline{\psi}_\alpha^{(-)}(x_1)|\,0\rangle\langle 0\,|\psi_\beta^{(+)}(x_1)\overline{\psi}_\gamma^{(-)}(x_2)|\,0\rangle\langle 0\,|\psi_\delta^{(+)}(x_2)|\,p\rangle \\
&= (2\pi)^{-3}\overline{u}_\alpha(p')e^{ip'\cdot x_1}(\gamma^\mu)_{\alpha\beta}\langle 0\,|\psi_\beta(x_1)\overline{\psi}_\gamma(x_2)|\,0\rangle(\gamma^\nu)_{\gamma\delta}u_\delta(p)e^{-ip\cdot x_2}.
\end{aligned} \tag{5.54}$$

Wieder vertauschen wir in (5.53) $x_1 \leftrightarrow x_2$, $\mu \leftrightarrow \nu$, $(\alpha,\beta) \leftrightarrow (\gamma,\delta)$ und bekommen

$$\begin{aligned}
&(\gamma^\mu)_{\alpha\beta}(\gamma^\nu)_{\gamma\delta}\,\langle p'\,|\overline{\psi}_\gamma^{(+)}(x_2)\psi_\delta^{(+)}(x_2)\overline{\psi}_\alpha^{(-)}(x_1)\psi_\beta^{(-)}(x_1)|\,p\rangle \\
&= (\gamma^\mu)_{\alpha\beta}(\gamma^\nu)_{\gamma\delta}\Big\langle p'\,\Big|\Big[-\overline{\psi}_\gamma^{(+)}(x_2)\overline{\psi}_\alpha^{(-)}(x_1)\psi_\delta^{(+)}(x_2)\psi_\beta^{(-)}(x_1) + \text{c-Zahl}\,\cdot \\
&\qquad\cdot\underbrace{\overline{\psi}_\gamma^{(+)}(x_2)\psi_\beta^{(-)}(x_1)}_{\text{annihilieren und erzeugen } \textit{Positronen}}\Big]\Big|\,p\Big\rangle \\
&= (\gamma^\mu)_{\alpha\beta}(\gamma^\nu)_{\gamma\delta}\langle p'\,|-\overline{\psi}_\alpha^{(-)}(x_1)\overline{\psi}_\gamma^{(+)}(x_2)\psi_\beta^{(-)}(x_1)\psi_\delta^{(+)}(x_2)|\,p\rangle \\
&= (2\pi)^{-3}\overline{u}_\alpha(p')e^{ip'\cdot x_1}(\gamma^\mu)_{\alpha\beta}\langle 0\,|-\overline{\psi}_\gamma(x_2)\psi_\beta(x_1)|\,0\rangle u_\delta(p)e^{-ip\cdot x_2}\,.
\end{aligned}$$

Wie auf Seite 233 für die Paarvernichtung erhalten wir jetzt

$$\begin{aligned}
&S(p+k\to p'+k') \\
&= (-i)^2\frac{e^2}{(2\pi)^6}\int d^4x_1d^4x_2\left[\varepsilon_\mu(k,\lambda)e^{-ik\cdot x_1}\varepsilon_\nu(k',\lambda')e^{ik'\cdot x_2} + 1\leftrightarrow 2\right] \\
&\qquad\cdot\overline{u}(p')\gamma^\mu iS_F(x_1-x_2)\gamma^\nu u(p)e^{ip'\cdot x_1}e^{-ip\cdot x_2} \\
&= -i(2\pi)^4\delta^4(p'+k'-p-k)T\,,
\end{aligned} \tag{5.55}$$

mit dem T-Matrixelement (5.50).

Eichinvarianz der Compton-Amplitude

Bei einer Umeichung $A_\mu \to A_\mu + \partial\Lambda$ des klassischen Feldes ändert sich der Polarisationsvektor $\varepsilon_\mu(k)$ einer ebenen Welle $\varepsilon_\mu(k)\exp(-ik\cdot x)$ gemäss

$$\varepsilon_\mu(k) \to \varepsilon_\mu(k) + a k_\mu \,. \tag{5.56}$$

In der Coulomb-Eichung ($\varepsilon^\mu = (0, \boldsymbol{\varepsilon})$) ist $k^\mu \varepsilon_\mu = 0$. Dies bleibt, wegen $k^2 = 0$, nach Umeichung bestehen. Wir wollen nun zeigen, dass das T-Matrixelement (5.50) unter (5.56) tatsächlich invariant ist. Dazu formen wir (5.50) zunächst wie folgt um:

$$T = \frac{e^2}{(2\pi)^6}\overline{u}(p')\left[\left(\not{\varepsilon}'(k')\frac{\varepsilon\cdot p}{p\cdot k} + \frac{\not{\varepsilon}'\not{k}\not{\varepsilon}}{2p\cdot k}\right) + \left(-\not{\varepsilon}\frac{\varepsilon'\cdot p}{k'\cdot p} + \frac{\not{\varepsilon}\not{k}'\not{\varepsilon}'}{2p\cdot k'}\right)\right]u(p)\,. \tag{5.57}$$

Dabei wurde die Dirac-Gleichung $(\not{p} - m)u(p) = 0$ verwendet. Unter (5.56) ergibt sich der folgende Zusatz in der eckigen Klammer von (5.57):

$$\begin{aligned}
&\text{1. Term:} \quad a\not{k}'\left(\frac{\varepsilon\cdot p}{k\cdot p} + a + \frac{\not{k}\not{\varepsilon}}{2p\cdot k}\right) + a\not{\varepsilon}'\,; \\
&\text{2. Term:} \quad -a\not{k}\left(\frac{\varepsilon'\cdot p}{k'\cdot p} + a - \frac{\not{k}'\not{\varepsilon}'}{2p\cdot k'}\right) - a\not{\varepsilon}\,.
\end{aligned} \tag{5.58}$$

Die Terme proportional zu a^2 sind gleich $a^2(\not{k}' - \not{k}) = a^2(\not{p} - \not{p}')$. Zwischen $\overline{u}(p')$ und $u(p)$ geben diese, zufolge der Dirac-Gleichung, keinen Beitrag.

Für die Terme linear in a benutzen wir folgende Identitäten:

$$\begin{aligned}
\overline{u}(p')\underbrace{\not{k}'\not{k}\not{\varepsilon}}_{(\not{p}+\not{k}-\not{p}')\not{k}\not{\varepsilon}}u(p) &= \overline{u}(p')(\not{p} - m)\not{k}\not{\varepsilon}u(p) \\
&= \overline{u}(p')\left[\not{k}\not{\varepsilon}(\not{p} - m) - 2\varepsilon\cdot p\not{k} + 2p\cdot k\not{\varepsilon}\right]u(p) \\
&= \overline{u}(p')\left[2p\cdot k\not{\varepsilon} - 2\varepsilon\cdot p\not{k}\right]u(p)\,.
\end{aligned} \tag{5.59}$$

Ebenso ergibt sich

$$\overline{u}(p')\not{k}\not{k}'\not{\varepsilon}'u(p) = \overline{u}(p')\left[2p\cdot\varepsilon'\not{k}' - 2p\cdot k'\not{\varepsilon}'\right]u(p)\,. \tag{5.60}$$

Benutzen wir (5.59) und (5.60) in der Summe der beiden Zeilen in (5.58), so erhalten wir für die Terme linear in a:

$$\begin{aligned}
&\not{k}'\frac{\varepsilon\cdot p}{k\cdot p} + \not{\varepsilon} - \frac{\varepsilon\cdot p}{p\cdot k}\not{k} + \not{\varepsilon}' - \not{k}\frac{\varepsilon'\cdot p}{k'\cdot p} + \not{k}'\frac{p\cdot\varepsilon'}{p\cdot k'} - \not{\varepsilon}' - \not{\varepsilon} \\
&= \frac{p\cdot\varepsilon'}{p\cdot k'}(\not{k}' - \not{k}) + \frac{\varepsilon\cdot p}{k\cdot p}(\not{k}' - \not{k})\,.
\end{aligned}$$

Dieser Ausdruck verschwindet zwischen Dirac-Spinoren $\overline{u}(p')$ und $u(p)$.

5.5 Møller-Streuung und Photonpropagator

Wir betrachten jetzt die elastische Streuung von zwei Elektronen.

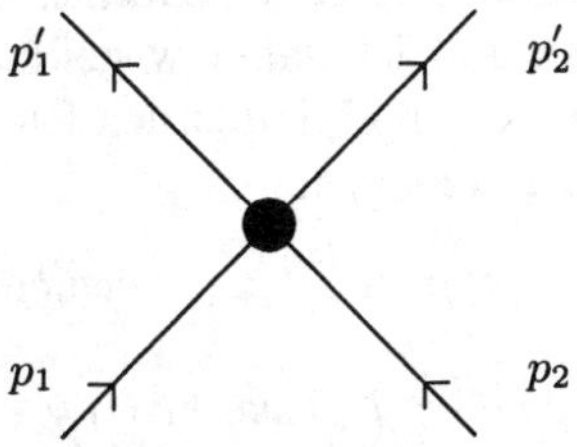

Abbildung 5.4. Streuung von zwei Elektronen

Neben der Kopplung an das quantisierte transversale Photonfeld (in zweiter Ordnung) trägt hier zum ersten Male auch die instantane Coulomb-Wechselwirkung in (5.14) bei:

$$\begin{aligned}
S_{fi} &= (-i)^2 e^2 \int_{x_1^0 > x_2^0} d^4x_1 d^4x_2 \; \langle p_1', p_2' | : \overline{\psi}(x_1) \boldsymbol{\gamma} \cdot \boldsymbol{A}(x_1) \psi(x_1) : \\
&\qquad : \overline{\psi}(x_2) \boldsymbol{\gamma} \cdot \boldsymbol{A}(x_2) \psi(x_2) : | p_1, p_2 \rangle \\
&\quad + (-i) \frac{e^2}{2} \int d^4x_1 d^4x_2 \; \delta(x_1^0 - x_2^0) \frac{1}{4\pi |\boldsymbol{x}_1 - \boldsymbol{x}_2|} \langle p_1' p_2' | : \overline{\psi}(x_1) \gamma^0 \psi(x_1) : \\
&\qquad : \overline{\psi}(x_2) \gamma_0 \psi(x_2) : | p_1 p_2 \rangle \\
&\equiv S^{\text{trans}} + S^{\text{Coul}} \, .
\end{aligned} \tag{5.61}$$

Die beiden Anteile in (5.61) behandeln wir zunächst getrennt.

Transversaler Anteil

$$\begin{aligned}
S^{\text{trans}} &= (-i)^2 e^2 \int_{x_1^0 > x_2^0} d^4x_1 d^4x_2 \; \langle p_1', p_2' | : \overline{\psi}(x_1) \gamma^i \psi(x_1) : \\
&\qquad : \overline{\psi}(x_2) \gamma^j \psi(x_2) : | p_1, p_2 \rangle \; \langle 0 | A^i(x_1) A^j(x_2) | 0 \rangle \, .
\end{aligned} \tag{5.62}$$

Wir berechnen zuerst das Elektronenmatrixelement, in welchem offensichtlich zwei $\psi^{(+)}$- und zwei $\overline{\psi}^{(-)}$-Operatoren auftreten müssen. Setzt man die Entwicklung (5.43) ein, so ergibt sich für dieses Matrixelement

$$\begin{aligned}
&(\gamma^i)_{\alpha\beta} (\gamma^j)_{\gamma\delta} \langle p_1' p_2' | \overline{\psi}_\alpha^{(-)}(x_1) \psi_\beta^{(+)}(x_1) \overline{\psi}_\gamma^{(-)}(x_2) \psi_\delta^{(+)}(x_2) | p_1 p_2 \rangle \\
&\quad = -(\gamma^i)_{\alpha\beta} (\gamma^j)_{\gamma\delta} \langle p_1' p_2' | \overline{\psi}_\alpha^{(-)}(x_1) \overline{\psi}_\gamma^{(-)}(x_2) \psi_\beta^{(+)}(x_1) \psi_\delta^{(+)}(x_2) | p_1 p_2 \rangle \\
&\qquad + \text{Beitrag von Antikommutator} \, .
\end{aligned} \tag{5.63}$$

Der Term, der vom Antikommutator stammt, führt zu einem unzusammenhängenden Diagramm und ist daher wegzulassen. Im ersten Term gibt es vier Möglichkeiten, die beiden einlaufenden Elektronen zu vernichten und die beiden auslaufenden zu erzeugen:

i) $\psi_\beta^{(+)}(x_1)$ vernichtet $e^-(p_1)$; $\psi_\delta^{(+)}(x_2)$ vernichtet $e^-(p_2)$:

$$(\gamma^i)_{\alpha\beta}(\gamma^j)_{\gamma\delta}(2\pi)^{-6}\Big[\overline{u}_\alpha(p_1')e^{ip_1'\cdot x_1}\overline{u}_\gamma(p_2')e^{ip_2'\cdot x_2} \qquad (5.64)$$
$$u_\beta(p_1)e^{-ip_1\cdot x_1}u_\delta(p_2)e^{-ip_2\cdot x_2}-(1'\leftrightarrow 2')\Big]\ ;$$

ii) $\psi_\beta^{(+)}(x_1)$ vernichtet $e^-(p_2)$; $\psi_\delta^{(+)}(x_2)$ vernichtet $e^-(p_1)$:

Für diesen Beitrag ändern wir die Summationsindizes und die Integrationsvariablen wie folgt um:

$$x_1 \longleftrightarrow x_2\ , \qquad i \longleftrightarrow j\ , \qquad (\alpha,\beta)\longleftrightarrow(\gamma,\delta)\ .$$

Dann wird $x_2^0 > x_1^0$ und das Elektronenmatrixelement ist gleich (5.64). Ausserdem ändert sich die Reihenfolge der Operatoren $A^i(x_1)$ und $A^j(x_2)$. Verfährt man entsprechend mit den auslaufenden Teilchen, so ergibt sich insgesamt

$$\begin{aligned}S^{\text{trans}} &= -(-i)^2\frac{e^2}{(2\pi)^6}\int d^4x_1d^4x_2\ \Big[\overline{u}(p_1')\gamma^i u(p_1)e^{ip_1'\cdot x_1}e^{-ip_1\cdot x_1}\\ &\quad\times\ \overline{u}(p_2')\gamma^j u(p_2)e^{ip_2'\cdot x_2}e^{-ip_2\cdot x_2}-(1'\longleftrightarrow 2')\Big] \qquad (5.65)\\ &\quad\times\ \big[\langle 0\,|A^i(x_1)A^j(x_2)|\,0\rangle\theta(x_1^0-x_2^0)+\langle 0\,|A^j(x_2)A^i(x_1)|\,0\rangle\theta(x_2^0-x_1^0)\big]\ .\end{aligned}$$

Die letzte eckige Klammer ist nach (5.55) gleich $iD_F^\perp(x_1-x_2)_{ij}$. Setzen wir dafür die Fourier-Darstellung (5.56) ein, so lassen sich die x-Integrationen trivial ausführen und wir finden für die T-Matrix

$$T^{\text{trans}} = -\frac{e^2}{(2\pi)^6}\left[\overline{u}(p_1')\gamma^i u(p_1)\frac{\delta_{ij}-\hat{q}_i\hat{q}_j}{q^2+i\varepsilon}\overline{u}(p_2')\gamma^j u(p_2)-(1'\longleftrightarrow 2')\right]. \qquad (5.66)$$

Im ersten Term ist $q=p_1'-p_1=p_2-p_2'$ und im zweiten $q=p_2'-p_1=p_2-p_1'$. Das Resultat (5.66) ist offensichtlich *nicht* kovariant.

Coulomb-Anteil

Mit den Ergebnissen des letzten Abschnittes folgt sofort

$$\begin{aligned}S^{\text{Coul}} &= ie^2\int d^4x_1d^4x_2\frac{\delta(x_1^0-x_2^0)}{4\pi|\boldsymbol{x}_1-\boldsymbol{x}_2|}\frac{1}{(2\pi)^6}\Big[\overline{u}(p_1')\gamma^0u(p_1)\overline{u}(p_2')\gamma^0u(p_2)\\ &\quad\cdot e^{ip_1'\cdot x_1}e^{-ip_1\cdot x_1}e^{ip_2'\cdot x_2}e^{-ip_2\cdot x_2}-(1'\longleftrightarrow 2')\Big]\ . \qquad (5.67)\end{aligned}$$

Die x-Integrationen führen wir folgendermassen aus: Statt über x_1 und x_2 integrieren wir über x_1 und $x_3 := x_2 - x_1$. Die e-Faktoren in (5.67) sind

$$e^{i[p_1'\cdot x_1 - p_1\cdot x_1 + p_2'\cdot x_2 - p_2\cdot x_2]} = e^{i(p_2'-p_2)\cdot(x_2-x_1)}e^{-i(p_1+p_2-p_1'-p_2')\cdot x_1} \,.$$

Deshalb gibt die d^4x_1-Integration $(2\pi)^4\delta^4(p_1'+p_2'-p_1-p_2)$, die dx_3^0-Integration nimmt die δ-Funktion $\delta(x_1^0 - x_2^0)$ weg und die $\boldsymbol{x}_3$-Integration führt zur Fourier-Transformierten des Coulomb-Potentials

$$\int d^3x_3 e^{-i(\boldsymbol{p}_2'-\boldsymbol{p}_2)\cdot\boldsymbol{x}_3}\frac{1}{4\pi|\boldsymbol{x}_3|} = \frac{1}{|\boldsymbol{p}_2'-\boldsymbol{p}_2|^2} \,. \tag{5.68}$$

Damit ergibt sich

$$T^{\mathrm{Coul}} = -\frac{e^2}{(2\pi)^6}\left[\overline{u}(p_1')\gamma^0 u(p_1)\frac{1}{|\boldsymbol{q}|^2}\overline{u}(p_2')\gamma^0 u(p_2) - \frac{(1' \longleftrightarrow 2')}{|\boldsymbol{q}'|^2}\right] \,, \tag{5.69}$$

wobei $\boldsymbol{q} = \boldsymbol{p}_2 - \boldsymbol{p}_2'$ ist und im 2. Term ist $\boldsymbol{q}' = \boldsymbol{p}_1' - \boldsymbol{p}_1$. Dieser Coulomb-Term ist ebenfalls nicht kovariant. Wir zeigen nun, dass die *Summe* $T^{\mathrm{trans}} + T^{\mathrm{Coul}}$, Gleichung (5.66) und (5.69), explizit kovariant ist.

Kovarianter Photonpropagator

Um dies zu zeigen, formen wir den Coulomb-Term zunächst so um, dass in ihm der gleiche Nenner wie in $T^{\mathrm{trans.}}$ auftritt. Wir führen dies für den ersten Term in (5.69) durch:

$$\begin{aligned}
&\frac{[\overline{u}(p_1')\gamma^0 u(p_1)]\,[\overline{u}(p_2')\gamma^0 u(p_2)]}{\boldsymbol{q}^2} = \frac{[\overline{u}(p_1')\gamma^0 u(p_1)]\,[\overline{u}(p_2')\gamma^0 u(p_2)]}{q^2+i\varepsilon}\,\frac{q_0^2-\boldsymbol{q}^2}{|\boldsymbol{q}|^2} \\
&= -\frac{\overline{u}(p_1')\gamma^0 u(p_1)\overline{u}(p_2')\gamma^0 u(p_2)}{q^2+i\varepsilon} + \frac{q_0^2}{\boldsymbol{q}^2}\,\frac{[\overline{u}(p_1')\gamma^0 u(p_1)]\,[\overline{u}(p_2')\gamma^0 u(p_2)]}{q^2+i\varepsilon} \,.
\end{aligned} \tag{5.70}$$

Beachte ($q = p_2 - p_2' = p_1' - p_1$):

$$\overline{u}(p_1')\not{q}u(p_1) = 0 = \overline{u}(p_2')\not{q}u(p_2) \,.$$

Dies gibt

$$\begin{aligned}
q^0\overline{u}(p_1')\gamma^0 u(p_1) &= \overline{u}(p_1')\boldsymbol{\gamma}\cdot\boldsymbol{q}u(p_1) \,, \\
q^0\overline{u}(p_2')\gamma^0 u(p_2) &= \overline{u}(p_2')\boldsymbol{\gamma}\cdot\boldsymbol{q}u(p_2) \,.
\end{aligned}$$

Damit wird der letzte Term in (5.70)

$$\frac{q_0^2}{\boldsymbol{q}^2}\,\frac{[\overline{u}(p_1')\gamma^0 u(p_1)]\,[\overline{u}(p_2')\gamma^0 u(p_2)]}{q^2+i\varepsilon} = \frac{\overline{u}(p_1')\boldsymbol{\gamma}\cdot\hat{\boldsymbol{q}}u(p_1)\overline{u}(p_2')\boldsymbol{\gamma}\cdot\hat{\boldsymbol{q}}u(p_2)}{q^2+i\varepsilon} \,.$$

Analoges gilt für den 2. Term in (5.69). Insgesamt ist

$$T^{\text{Coul}} = -\frac{e^2}{(2\pi)^6}\left\{ -\frac{\overline{u}(p_1')\gamma^0 u(p_1)\overline{u}(p_2')\gamma^0 u(p_2)}{q^2 + i\varepsilon} + \frac{\overline{u}(p_1')\boldsymbol{\gamma}\cdot\hat{\boldsymbol{q}}u(p_1)\overline{u}(p_2')\boldsymbol{\gamma}\cdot\hat{\boldsymbol{q}}u(p_2)}{q^2 + i\varepsilon} - (1' \longleftrightarrow 2')\right\} . \tag{5.71}$$

Addiert man dieses Resultat zur transversalen Amplitude (5.66), so hebt sich der zweite (und vierte) Term rechts in (5.71) gegen den Term mit $\hat{q}^i\hat{q}^j$ in (5.66) weg und wir erhalten

$$T = T^{\text{trans}} + T^{\text{Coul}} = +\frac{e^2}{(2\pi)^6}\left[\frac{\overline{u}(p_1')\gamma^\mu u(p_1)\overline{u}(p_2')\gamma_\mu u(p_2)}{(p_1' - p_1)^2 + i\varepsilon} - \frac{\overline{u}(p_2')\gamma^\mu u(p_1)\overline{u}(p_1')\gamma_\mu u(p_2)}{(p_2' - p_1)^2 + i\varepsilon}\right] . \tag{5.72}$$

Dieses Resultat stellen wir durch die beiden Diagramme in Abb. (5.5) dar:

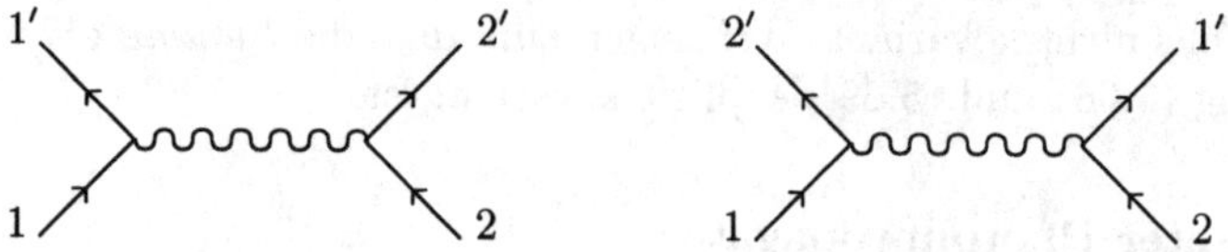

(erster Term) (zweiter Term)

Abbildung 5.5. Diagramme für Møller-Streuung

Die Wellenlinie in den Diagrammen der Abb. (5.5) bedeutet dabei den sogenannten *kovarianten* Photonpropagator, der im Impulsraum durch

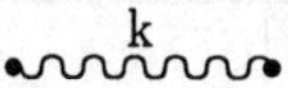

$$: \quad \frac{-g_{\mu\nu}}{k^2 + i\varepsilon} \tag{5.73}$$

gegeben ist. Der zweite Term in (5.72), bei dem die Fermionen im Endzustand vertauscht sind, hat ein Minuszeichen.

Wir haben an einem speziellen Beispiel nachgewiesen, dass der Austausch transversaler Photonen und die instantane Coulomb-Wechselwirkung zusammen den kovarianten Propagator (5.73) ergeben. Wir werden später sehen, dass dies allgemein gilt. Im kovarianten Gupta-Bleuler-Formalismus kommt dieses Resultat direkter heraus (siehe z.B. [32]).

5.6 Wirkungsquerschnitt für Compton-Streuung

Im Anhang zu diesem Kapitel werden wir die Beziehung zwischen T-Matrixelement und Wirkungsquerschnitt für einen beliebigen Streu- (Produktions-)

Prozess herleiten. In unserem Fall ergibt sich daraus

$$d\sigma = (2\pi)^{10}\delta^4(p' + k' - p - k)\frac{|T|^2}{2k^0 2p^0|\boldsymbol{v}_{rel}|}\frac{d^3k'}{2k'^0}, \frac{d^3p'}{2p'^0}, \tag{5.74}$$

wo $\boldsymbol{v}_{rel}$ die Relativgeschwindigkeit der Anfangsteilchen bedeutet. Der Einfachheit wegen nehmen wir an, dass die Targetelektronen unpolarisiert sind und dass die Polarisation des auslaufenden Elektrons nicht beobachtet wird. Dann müssen wir

$$|T|^2 \quad \text{durch} \quad \frac{1}{2}\sum_{\substack{\text{Spins der}\\ \text{Elektronen}}} |T|^2$$

ersetzen. Uns interessiert $d\sigma/d\Omega_{\hat{\boldsymbol{k}}'}$. Wir müssen also über d^3p' und $|\boldsymbol{k}'|^2 d|\boldsymbol{k}'|$ integrieren. Die Integration über $\boldsymbol{p}'$ ist trivial. Den Rest der Rechnung wollen wir im Laborsystem $p = (m, \boldsymbol{0})$ durchführen.

Es sei $\omega = |\boldsymbol{k}|$, $\omega' = |\boldsymbol{k}'|$, $E' = \sqrt{\boldsymbol{p}'^2 + m^2}$. Im Laborsystem gilt

$$\boldsymbol{k} = \boldsymbol{k}' + \boldsymbol{p}' , \qquad E' + \omega' = m + \omega , \tag{5.75}$$

und

$$(\boldsymbol{k} - \boldsymbol{k}')^2 = \omega^2 + \omega'^2 - 2\omega\omega'\cos\theta = \boldsymbol{p}'^2 = (m + \omega - \omega')^2 - m^2 ,$$

also

$$\cos\theta = 1 + m\frac{\omega' - \omega}{\omega\omega'} . \tag{5.76}$$

Ausserdem ist $|\boldsymbol{v}_{rel}| = 1$. Deshalb ist in (5.74): $2k^0 2p^0|\boldsymbol{v}_{rel}| = 4m\omega$ und damit

$$\frac{d\sigma}{d\Omega_{k'}} = (2\pi)^{10}\frac{1}{4m\omega}\int d|\boldsymbol{k}'|\frac{|\boldsymbol{k}'|}{4E'}\delta(E' + \omega' - m - \omega)\frac{1}{2}\sum_{\text{Spins}}|T|^2 .$$

Beachte $E' = \left[m^2 + (\boldsymbol{k}' - \boldsymbol{k})^2\right]^{\frac{1}{2}} = \left[m^2 + \omega^2 + \omega'^2 - 2\omega\omega'\cos\theta\right]^{\frac{1}{2}}$ und folglich ist

$$\frac{\partial E'}{\partial\omega'} = \frac{1}{E'}(\omega' - \omega\cos\theta) . \tag{5.77}$$

Damit erhalten wir

$$\frac{d\sigma}{d\Omega_{k'}} = \frac{(2\pi)^{10}}{16m}\frac{\omega'}{\omega E'}\frac{\frac{1}{2}\sum|T|^2}{\left|1 + \frac{\partial E'}{\partial\omega'}\right|} .$$

Hier ist

$$\left|1 + \frac{\partial E'}{\partial\omega'}\right| = 1 + \frac{\omega' - \omega\cos\theta}{E'} = \frac{1}{\omega}\frac{1}{\underbrace{E' + \omega'}_{m+\omega} - \omega\cos\theta} \overset{(5.76)}{=} \frac{\omega'}{m\omega^2} ,$$

und somit

$$\left(\frac{d\sigma}{d\Omega_{k'}}\right)_{\text{Lab.}} = \frac{e^4}{(2\pi)^2}\frac{1}{16m^2}\left(\frac{\omega'}{\omega}\right)^2 \frac{1}{2}\sum_{\text{Spins}}\left|\frac{(2\pi)^6}{e^2}T\right|^2 . \tag{5.78}$$

Für $\frac{(2\pi)^6}{e^2}T \equiv M$ wählen wir den vereinfachten Ausdruck (5.57) und benutzen darin $\varepsilon = (0, \boldsymbol{\varepsilon})$, $\varepsilon' = (0, \boldsymbol{\varepsilon}')$ und $p = (m, \mathbf{0})$:

$$M = \overline{u}(p')\left[\frac{\not{\varepsilon}'\not{k}\not{\varepsilon}}{2k\cdot p} + \frac{\not{\varepsilon}\not{k}'\not{\varepsilon}'}{2k'\cdot p}\right]u(p) . \tag{5.79}$$

Aus dem Energie-Impulssatz und $k\cdot\varepsilon = 0 = k'\cdot\varepsilon'$ folgt im Laborsystem

$$\begin{aligned} k\cdot k' &= p\cdot p' - m^2 = m(\omega - \omega') , \\ p'\cdot k &= p\cdot k' = m\omega' \\ \varepsilon'\cdot p' &= \varepsilon'\cdot k \\ \varepsilon\cdot p' &= -\varepsilon\cdot k' \end{aligned} \tag{5.80}$$

Nun ist für einen beliebigen Operator $\mathcal{O}$ der γ-Algebra

$$\begin{aligned} \frac{1}{2}\sum_{\text{Spins}} |\overline{u}(p')\mathcal{O}u(p)|^2 &= \frac{1}{2}\sum_{\text{Spins}} \overline{u}_\alpha(p')\mathcal{O}_{\alpha\beta}u_\beta(p)u^*_\gamma(p)(\mathcal{O}^*)_{\gamma\delta}\overline{u}^*_\delta(p') \\ &= \frac{1}{2}\sum_{\text{Spins}} \overline{u}_\alpha(p')\mathcal{O}_{\alpha\beta}u_\beta(p)\overline{u}_\gamma(p)(\gamma^0\mathcal{O}^*\gamma^0)_{\gamma\delta}u_\delta(p') \\ &= \frac{1}{2}\mathcal{O}_{\alpha\beta}(\not{p}+m)_{\beta\gamma}(\gamma^0\mathcal{O}^*\gamma^0)_{\gamma\delta}u_\beta(p)\overline{u}_\gamma(p)(\not{p}'+m)_{\delta\alpha} \\ &= \frac{1}{2}\mathrm{Sp}\left[\mathcal{O}(\not{p}+m)(\gamma^0\mathcal{O}^*\gamma^0)(\not{p}'+m)\right] , \end{aligned}$$

d.h.

$$\frac{1}{2}\sum_{\text{Spins}} |\overline{u}(p')\mathcal{O}u(p)|^2 = \frac{1}{2}\mathrm{Sp}\left[(\not{p}'+m)\mathcal{O}(\not{p}+m)(\gamma^0\mathcal{O}^*\gamma^0)\right] . \tag{5.81}$$

Für (5.79) erhalten wir speziell

$$\frac{1}{2}\sum_{\text{Spins}} |M|^2 = \frac{1}{2}\,\mathrm{Sp}\left[(\not{p}'+m)\left(\frac{\not{\varepsilon}'\not{\varepsilon}\not{k}}{2k\cdot p} + \frac{\not{\varepsilon}\not{\varepsilon}'\not{k}'}{2k'\cdot p}\right)(\not{p}+m)\left(\frac{\not{k}\not{\varepsilon}\not{\varepsilon}'}{2k\cdot p} + \frac{\not{k}'\not{\varepsilon}'\not{\varepsilon}}{2k'\cdot p}\right)\right] . \tag{5.82}$$

In diesem Ausdruck treten Spuren von bis zu acht γ-Matrizen auf. Zunächst notieren wir, dass die beiden Kreuzterme mit $k\cdot p\, k'\cdot p$ im Nenner identisch sind, zufolge der zyklischen Vertauschbarkeit unter der Spur und der Eigenschaft

$$\mathrm{Sp}(\not{a}_1\not{a}_2\ldots\not{a}_{2n}) = \mathrm{Sp}(\not{a}_{2n}\ldots\not{a}_1) . \tag{5.83}$$

Diese letztere Eigenschaft beweist man so: Ist C die Ladungskonjugationsmatrix $\left(C\gamma_\mu C^{-1} = \gamma_\mu^{\mathsf{T}}\right)$, so gilt

$$\begin{aligned}\mathrm{Sp}\not{a}_1 \ldots \not{a}_{2n} &= \mathrm{Sp}C\not{a}_1 C^{-1} C\not{a}_2 C^{-1} \ldots C\not{a}_{2n} C^{-1} \\ &= (-1)^{2n}\mathrm{Sp}\not{a}_1^{\mathsf{T}} \not{a}_2^{\mathsf{T}} \ldots \not{a}_{2n}^{\mathsf{T}} \\ &= \mathrm{Sp}[\not{a}_{2n} \ldots \not{a}_1]^{\mathsf{T}} = \mathrm{Sp}\not{a}_{2n} \ldots \not{a}_1 \,.\end{aligned}$$

Zur Vereinfachung der komplizierten Spuren in (5.82), die denselben Vektor mehr als einmal enthalten, ist es gewöhnlich am besten, die Faktoren mit der Regel $\not{a}\,\not{b} = 2a \cdot b - \not{b}\,\not{a}$ solange zu antikommutieren, bis dieselben Vektoren nebeneinander stehen; dann fallen aufgrund der Identität $\not{a}\,\not{a} = a^2$ zwei γ-Matrizen weg. Diesen Trick wenden wir nun, unter Benutzung von $k^2 = k'^2 = \varepsilon \cdot k = \varepsilon' \cdot k' = 0$, sowie $\varepsilon^2 = \varepsilon'^2 = -1$ an. Es treten drei Spuren auf:

$$\begin{aligned}S_1 &= \mathrm{Sp}(\not{p}' + m)\,\not{\varepsilon}'\not{\varepsilon}\,\not{k}(\not{p} + m)\,\not{k}\,\not{\varepsilon}\,\not{\varepsilon}' \\ &= \mathrm{Sp}\,\not{p}'\not{\varepsilon}'\not{\varepsilon}\,\not{k}\,\not{p}\,\not{k}\,\not{\varepsilon}\,\not{\varepsilon}' \qquad \text{da Terme proportional } m^2 \text{ wegen } k^2 = 0 \text{ verschwinden} \\ &= 2k \cdot p\,\mathrm{Sp}\not{p}'\not{\varepsilon}'\underbrace{\not{\varepsilon}\,\not{k}\,\not{\varepsilon}}_{\not{k}}\not{\varepsilon}' = 2k \cdot p\,\mathrm{Sp}\not{p}'\not{\varepsilon}'\not{k}\,\not{\varepsilon}' \\ &= 8k \cdot p[k \cdot p' + 2k \cdot \varepsilon' p' \cdot \varepsilon'] \\ &\overset{(5.80)}{=} 8k \cdot p[k' \cdot p + 2(k \cdot \varepsilon')^2] \,.\end{aligned}$$

Auf dieselbe Weise berechnen wir

$$S_2 = \mathrm{Sp}(\not{p}' + m)\,\not{\varepsilon}\,\not{\varepsilon}'\not{k}'(\not{p} + m)\not{k}'\not{\varepsilon}'\not{\varepsilon} \,,$$

was sich von S_1 nur durch die Ersetzung $\varepsilon, k \longleftrightarrow \varepsilon', -k'$ unterscheidet, weshalb

$$S_2 = 8k' \cdot p\left[k \cdot p - 2(k' \cdot \varepsilon)^2\right] \,.$$

Für die letzte Spur finden wir

$$S_3 = \mathrm{Sp}(\underbrace{\not p'}_{\not p + \not k - \not k'} + m)\not\varepsilon'\not\varepsilon\not k(\not p + m)\not k'\not\varepsilon'\not\varepsilon$$

$$= \mathrm{Sp}(\not p + m)\not\varepsilon'\not\varepsilon\not k(\not p + m)\not k'\not\varepsilon'\not\varepsilon + \mathrm{Sp}(\not k - \not k')\not\varepsilon'\not\varepsilon\not k\not p\not k'\not\varepsilon'\not\varepsilon$$

$$= \mathrm{Sp}\,\underbrace{(\not p + m)\not k(\not p + m)}_{2k\cdot p\not p + \underbrace{(m^2 - \not p\not p)}_{0}\not k}\not k'\not\varepsilon'\not\varepsilon\not\varepsilon'\not\varepsilon)$$

$$+2k\cdot\varepsilon'\,\mathrm{Sp}(-1)\not k\not p\not k'\not\varepsilon' - 2k'\cdot\varepsilon\,\mathrm{Sp}(-1)\not\varepsilon\not k\not p\not k'$$

$$= 2k\cdot p\,\mathrm{Sp}\not p\not k'\not\varepsilon'\underbrace{\not\varepsilon\not\varepsilon'\not\varepsilon}_{2\varepsilon'\cdot\varepsilon\not\varepsilon + \not\varepsilon'} - 8(k\cdot\varepsilon')^2 k'\cdot p + 8(k'\cdot\varepsilon)^2 k\cdot p\,.$$

Die verbleibende Spur ist gleich

$$2\varepsilon'\cdot\varepsilon\,\mathrm{Sp}\not p\not k'\not\varepsilon'\not\varepsilon - \mathrm{Sp}\not p\not k' = 8\varepsilon'\cdot\varepsilon\; p\cdot k'\;\varepsilon'\cdot\varepsilon - 4p\cdot k'\,.$$

Somit ist

$$S_3 = 8k\cdot pk'\cdot p\left[2(\varepsilon'\cdot\varepsilon)^2 - 1\right] - 8(k\cdot\varepsilon')^2 k'\cdot p + 8(k'\cdot\varepsilon)^2 k\cdot p\,.$$

Setzen wir alle diese Ausdrücke in (5.82) ein, so erhalten wir

$$\frac{1}{2}\sum_{\mathrm{Spins}}|M|^2 = \left[\frac{\omega'}{\omega} + \frac{\omega}{\omega'} + 4(\varepsilon'\cdot\varepsilon)^2 - 2\right]\,. \tag{5.84}$$

Mit $\alpha = e^2/4\pi$ folgt damit aus (5.78) die *Klein-Nishina-Formel* für Compton-Streuung (1929)

$$\boxed{\left(\frac{d\sigma}{d\Omega_{k'}}\right)_{\mathrm{Lab.}} = \frac{\alpha^2}{4m^2}\left(\frac{\omega'}{\omega}\right)^2\left[\frac{\omega'}{\omega} + \frac{\omega}{\omega'} + 4(\varepsilon'\cdot\varepsilon)^2 - 2\right]}\,. \tag{5.85}$$

Dabei ist ω' über den Streuwinkel mit ω nach (5.76) gemäss

$$\omega' = \frac{\omega}{1 + \frac{\omega}{m}(1 - \cos\theta)} \tag{5.86}$$

verknüpft. Für $\frac{\omega}{m} << 1$ reduziert sich dieser Wirkungsquerschnitt auf den der klassischen Thomson-Streuung (siehe (1.280))

$$\left(\frac{d\sigma}{d\Omega}\right)_{\omega\to 0} = \frac{\alpha^2}{m^2}(\varepsilon'\cdot\varepsilon)^2 \tag{5.87}$$

Dies ist proportional zum Quadrat des klassischen Elektronenradius

$$r_e := \frac{\alpha}{m} = \frac{e^2}{4\pi m c^2} = 2.8 \times 10^{-13}\,\mathrm{cm}\,. \tag{5.88}$$

Summiert und mittelt man noch über die Photonpolarisationen, so folgt mit

$$\sum_\lambda \varepsilon^i(\lambda)\varepsilon^j(\lambda) = \delta^{ij} - \hat{k}^i\hat{k}^j$$

und

$$\begin{aligned}\sum_{\lambda,\lambda'}(\boldsymbol{\varepsilon}\cdot\boldsymbol{\varepsilon}')^2 &= (\delta^{ij} - \hat{k}^i\hat{k}^j)(\delta^{ij} - \hat{k}'^i\hat{k}'^j)\\ &= 3 - \hat{\boldsymbol{k}}^2 - \hat{\boldsymbol{k}}'^2 + (\hat{\boldsymbol{k}}\cdot\hat{\boldsymbol{k}}')^2 = 1 + \cos^2\theta\end{aligned}$$

für den differentiellen Querschnitt das Ergebnis

$$\overline{\frac{d\sigma}{d\Omega}} = \frac{\alpha^2}{2m^2}\left(\frac{\omega'}{\omega}\right)^2\left[\frac{\omega'}{\omega} + \frac{\omega}{\omega'} - \sin^2\theta\right]\,. \tag{5.89}$$

Polarisationseffekte (für Elektronen und Photonen) werden z.B. in [3] diskutiert.

Im ultrarelativistischen Limes $\omega/m >> 1$ hat der differentielle Streuquerschnitt ein scharfes Maximum in Vorwärtsrichtung. Im spitzen Kegel $\theta \lesssim \sqrt{m/\omega}$ ist nach (5.86) $\omega' \sim \omega$ und der Streuquerschnitt $d\sigma/d\Omega \sim r_e^2$ (er erreicht den Wert r_e^2 für $\theta \to 0$). Ausserhalb dieses Kegels wird der Streuquerschnitt kleiner, und im Bereich $\theta^2 >> m/\omega$ wird nach (5.86) $\omega' \simeq m/(1-\cos\theta)$ und folglich

$$\frac{d\sigma}{d\Omega} = \frac{r_e^2}{2}\,\frac{m}{\omega(1-\cos\theta)}\,,$$

d.h. der Streuquerschnitt wird dort um $\sim \frac{\omega}{m}$ mal kleiner.

Im Schwerpunktssystem hat der differentielle Streuquerschnitt ein Maximum in der Rückwärtsrichtung (siehe [3], S.335). Im spitzen Kegel $\pi - \theta \lesssim m/\omega$ ist $\frac{d\sigma}{d\Omega} \sim r_e^2$, und ausserhalb ist er $\sim \omega^2/m^2$ mal kleiner.

Integriert man über alle Winkel, so erhält man, wie wir gleich zeigen werden, im ultrarelativistischen Limes

$$\sigma \simeq 2\pi r_e^2\,\frac{1}{x}\left(\ln x + \frac{1}{2}\right)\,, \tag{5.90}$$

mit $x := \frac{s-m^2}{m^2}$, $s := (p+k)^2$; im Laborsystem ist $x = \frac{2\omega}{m}$. Im Laborsystem nimmt der Querschnitt mit $\frac{1}{\omega}\ln\omega$ ab.

* * *

Winkelintegration von (5.89): Nach (5.76) ist

$$\cos\theta = 1 + \frac{m}{\omega} - \frac{m}{\omega'} , \tag{5.91}$$

und deshalb gilt für den Raumwinkel des gestreuten Photons

$$d\Omega_{k'} = 2\pi d(\cos\theta) = 2\pi \frac{m}{\omega'^2} \cdot d\omega' .$$

Die Variable ω' läuft zwischen den Grenzen $\frac{m\omega}{(2\omega+m)}$ und ω (siehe (5.86)), wenn $\cos\theta$ von -1 bis $+1$ variiert. Die Gleichung (5.89) kann in der Form

$$d\sigma = \frac{\alpha^2}{2m^2}\frac{2\pi}{\omega^2} m d\omega' \left[\frac{\omega'}{\omega} + \frac{\omega}{\omega'} - \frac{2m}{\omega'} + \frac{2m}{\omega} + \frac{m^2}{\omega^2} + \frac{m^2}{\omega'^2} - \frac{2m^2}{\omega\omega'}\right]$$

geschrieben werden, wobei die letzten fünf Terme auf Grund der Gleichung (5.91) für $-\sin^2\theta = \cos^2\theta - 1$ stehen. Einfache Integration ergibt für den totalen Wirkungsquerschnitt

$$\sigma = 2\pi r_e^2 \frac{1}{x}\left[\left(1 - \frac{4}{x} - \frac{8}{x^2}\right)\ln(1+x) + \frac{1}{2} + \frac{8}{x} - \frac{2}{2(1+x)^2}\right] . \tag{5.92}$$

*   *   *

Im nichtrelativistischen Limes $x << 1$ wird aus (5.92)

$$\sigma_{NR} = \frac{8\pi}{3} r_e^2 (1 - x) . \tag{5.93}$$

Die Formel (5.92) ist in der Figur (5.6) dargestellt ($x = \frac{2\omega}{m}$). Innerhalb der Messgenauigkeit (einige %) stimmen Theorie und Experiment bis zu den höchsten heute zugänglichen Energien überein.

5.7 Wirkungsquerschnitt für Paarvernichtung

Mit dem T-Matrixelement (5.49) ist

$$d\sigma = (2\pi)^{10}\delta^4(k_1 + k_2 - p_- - p_+)\frac{|T|^2}{2E_+ \cdot 2E_- \, |\boldsymbol{v}_{\text{rel}}|}\frac{d^3k_1}{2\omega_1}\frac{d^3k_2}{2\omega_2} . \tag{5.94}$$

Im Schwerpunktssystem (CM) ist

$$|\boldsymbol{v}_{\text{rel}}| = 2\frac{|\boldsymbol{p}|}{E} \qquad (|\boldsymbol{p}| := |\boldsymbol{p}_-| = |\boldsymbol{p}_+| ; \quad E := E_+ = E_-) .$$

Integration von (5.94) über d^3k_2 und $d|\boldsymbol{k}_1|\,|\boldsymbol{k}_1|^2$ gibt

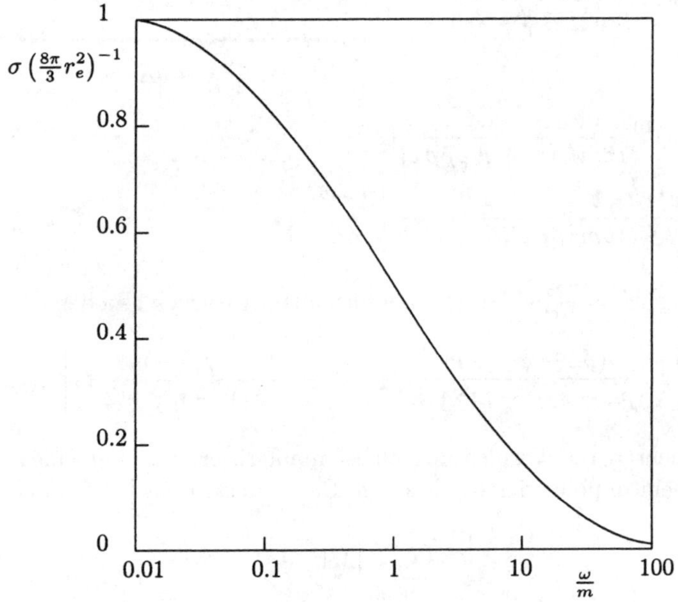

Abbildung 5.6. Wirkungsquerschnitt für Compton-Streuung

$$\begin{aligned}\left(\frac{d\sigma}{d\Omega}\right)_{CM} &= (2\pi)^{10}\frac{1}{4E^2\cdot 2\frac{|\boldsymbol{p}|}{E}}\int d|\boldsymbol{k}_1|\frac{|\boldsymbol{k}_1|^2}{4\omega_1^2}\delta\left(\omega_1+\omega_1-E-E\right)|T|^2 \\ &= \frac{1}{4}(2\pi)^{10}\frac{1}{16E^2}\frac{|\boldsymbol{k}|}{|\boldsymbol{p}|}|T|^2 \qquad (5.95) \\ &= \frac{1}{4}\,\frac{e^4}{(2\pi)^2}\,\frac{1}{16E^2}\,\frac{|\boldsymbol{k}|}{|\boldsymbol{p}|}\left|\frac{(2\pi)^6}{e^2}T\right|^2 .\end{aligned}$$

Im Laborsystem verläuft die Rechnung analog wie für die Compton-Streuung. Wir haben $\boldsymbol{p}_- = 0$, $\boldsymbol{p}_+ = \boldsymbol{k}_1 + \boldsymbol{k}_2$, $m + E_+ = \omega_1 + \omega_2$; folglich $|\boldsymbol{p}_+ - \boldsymbol{k}_1| = |\boldsymbol{k}_2| = \omega_2$, oder

$$\omega_2 = \sqrt{|\boldsymbol{p}_+|^2 - 2|\boldsymbol{p}_+|\omega_1\cos\theta_1 + \omega_1^2}\,. \qquad (5.96)$$

Wir benötigen (für festes $\boldsymbol{p}_+$ und eine gegebene Richtung von $\boldsymbol{k}_1$)

$$\begin{aligned}\frac{\partial(\omega_1+\omega_2)}{\partial|\boldsymbol{k}_1|} &= 1 + \frac{\partial}{\partial|\boldsymbol{k}_1|}|\boldsymbol{p}_+ - \boldsymbol{k}_1| \qquad (5.97) \\ &= 1 + \frac{\omega_1 - |\boldsymbol{p}_+|\cos\theta_1}{\omega_2} = \frac{m(m+E_+)}{\omega_1\omega_2}\,.\end{aligned}$$

Der differentielle Wirkungsquerschnitt (Laborsystem) ist damit $\left(|\boldsymbol{v}_{\mathrm{rel}}| = \frac{|\boldsymbol{p}_+|}{E_+}\right)$:

$$\frac{d\sigma}{d\Omega} = (2\pi)^{10} \frac{1}{2m2E_+ \frac{|\boldsymbol{p}_+|}{E_+}} \frac{|T|^2}{2\omega_1 2\omega_2} \underbrace{\int d|\boldsymbol{k}_1||\boldsymbol{k}_1|^2 \delta(\omega_1 + \omega_2 - m - E_+)}_{\frac{\omega_1^2}{m(m+E_+)}\omega_1\omega_2}$$

$$= (2\pi)^{10} \frac{1}{16m^2} \frac{\omega_1^2}{(m+E_+)|\boldsymbol{p}_+|} |T|^2 \tag{5.98}$$

$$= \frac{e^4}{(2\pi)^2} \frac{1}{16m^2} \frac{\omega_1^2}{|\boldsymbol{p}_+|(m+E_+)} \left| \frac{(2\pi)^6}{e^2} T \right|^2 .$$

Nach (5.49) ist $M := \frac{(2\pi)^6}{e^2} T$ durch den folgenden Ausdruck gegeben

$$M = \overline{v}(p_+) \left[\not{\varepsilon}_1 \frac{(\not{p}_- - \not{k}_2) + m}{(p_- - k_2)^2 - m^2 + i\varepsilon} \not{\varepsilon}_2 + \not{\varepsilon}_2 \frac{(\not{p}_- - \not{k}_1) + m}{(p - k_1)^2 - m^2 + i\varepsilon} \not{\varepsilon}_1 \right] u(p_-) . \tag{5.99}$$

Wir betrachten die Vernichtung eines unpolarisierten einfallenden Positrons an einem unpolarisierten Elektron. Dann müssen wir $|M|^2$ durch

$$\frac{1}{4} \sum_{e^\pm-\text{Spins}} |M|^2 \tag{5.100}$$

ersetzen. Mit der Spurtechnik ist dies (beachte (3.31) und (5.81))

$$\frac{1}{4} \sum_{\text{Spins}} |M|^2 = \frac{1}{4} Sp \left\{ (\not{p}_+ - m)[\ldots](\not{p}_- + m) \left(\gamma^0 [\ldots]^* \gamma^0 \right) \right\} ,$$

wo $[\ldots]$ die eckige Klammer in (5.99) bezeichnet. Vergleicht man diese Spur mit der entsprechenden bei der Compton-Streuung, so sieht man sofort, dass die beiden durch folgende Substitutionen auseinander hervorgehen

$$\begin{aligned} k, \varepsilon &\leftrightarrow -k_1, \varepsilon_1 , \qquad & k', \varepsilon' &\leftrightarrow -k_2, \varepsilon_2 , \\ p &\leftrightarrow p_- , & p' &\leftrightarrow -p_+ . \end{aligned} \tag{5.101}$$

Aus (5.84) folgt deshalb

$$\frac{1}{4} \sum_{\text{Spins}} |M|^2 = \frac{1}{2} \left\{ \frac{\omega_2}{\omega_1} + \frac{\omega_1}{\omega_2} - 4(\varepsilon_1 \cdot \varepsilon_2)^2 + 2 \right\} . \tag{5.102}$$

Setzen wir dies in (5.98) ein, so ergibt sich

$$\boxed{\left(\frac{d\sigma}{d\Omega} \right)_{\text{Lab}} = \frac{1}{8} \frac{\alpha^2}{m^2} \frac{\omega_1^2}{|\boldsymbol{p}_+|(m+E_+)} \left[\frac{\omega_2}{\omega_1} + \frac{\omega_1}{\omega_2} - 4(\varepsilon_1 \cdot \varepsilon_2)^2 + 2 \right] .} \tag{5.103}$$

(Dirac 1930)

Im Grenzfall tiefer Energien ($\beta_+ := |\boldsymbol{p}_+|/m << 1$) ist $\omega_1 \simeq \omega_2 \equiv \omega \simeq m;$, $\boldsymbol{k}_1 \simeq -\boldsymbol{k}_2 \equiv \boldsymbol{k}$ und

$$\left(\frac{d\sigma}{d\Omega}\right)_{\mathrm{NR}} = \frac{r_e^2}{4\beta_+}\left[1 - (\boldsymbol{\varepsilon}_1 \cdot \boldsymbol{\varepsilon}_2)^2\right] . \tag{5.104}$$

Summieren wir über die Polarisationen der Photonen, so ist wegen $\sum_{\lambda_1\lambda_2} (\boldsymbol{\varepsilon}_1 \cdot \boldsymbol{\varepsilon}_2)^2 = 2$ (siehe Seite 247)

$$\left(\frac{d\sigma}{d\Omega}\right)_{\mathrm{NR}} = \frac{r_e^2}{2\beta_+} . \tag{5.105}$$

Der gesamte Querschnitt σ ist, infolge der Ununterscheidbarkeit der beiden Photonen im Endzustand, gleich $\frac{1}{2}\int \frac{d\sigma}{d\Omega}\, d\Omega$, somit

$$\sigma = \frac{\pi r_e^2}{\beta_+} \qquad (\beta_+ << 1) . \tag{5.106}$$

Dieser Querschnitt wächst umgekehrt proportional mit der Geschwindigkeit des einfallenden Positrons. Dies ist typisch für exotherme Reaktionen. Obschon σ mit $\beta_+ \longrightarrow 0$ divergiert, ist die Zahl der Annihilationen pro Zeiteinheit endlich, da der Fluss der Positronen proportional zu β_+ ist.

Die Lebensdauer des Positroniums

Ein Elektron und ein Positron können einen gebundenen Zustand, ein sogenanntes „Positronium" bilden. In erster, nichtrelativistischer Näherung ist hier, genau wie beim Wasserstoffatom, die Bindungsenergie durch die instantane, elektrostatische Wechselwirkung der beiden Teilchen bestimmt. Der einzige Unterschied liegt darin, dass die reduzierte Masse hier gleich der halben Elektronenmasse wird, sodass die Eigenwerte der Energie durch $E_n^{(0)} = -\frac{m}{4}\frac{\alpha^2}{n^2}$ gegeben sind. Die Fein- und Hyperfeinstruktur dieses Systems werden wir später untersuchen. An dieser Stelle berechnen wir die Lebensdauer des Grundzustandes des Positroniums. Weiter unten werden wir zeigen, dass der Gesamtdrehimpuls eines Systems von zwei Photonen nicht gleich 1 sein kann. Deswegen kann das Orthopositronium, das sich in einem $^3S_1$-Zustand befindet, nicht in zwei Photonen zerfallen. Der wesentliche Prozess, der die Lebensdauer des Positroniums bestimmt, ist also die Vernichtung des Parapositroniums unter Emission von zwei Photonen und die Vernichtung des Orthopositroniums unter Emission von drei Photonen. Für den letzteren Prozess verweise ich auf [3], Abschnitt 89.

Die Impulse von Elektron und Positron im Positronium sind $\sim \alpha m$, d.h. nichtrelativistisch.

Die Wahrscheinlichkeit pro Zeiteinheit Γ für die Vernichtung ist erwartungsgemäss das Produkt des Querschnittes (5.106) mit der Stromdichte

$v_+|\psi(0)|^2$. Hier ist ψ die auf 1 normierte Wellenfunktion des Positroniumgrundzustandes, d.h.

$$|\psi(0)|^2 = \frac{1}{\pi\left(\frac{2}{\alpha m}\right)^3} .$$

(Diese Formel für die Annihilationsrate werden wir unten konsequent herleiten.)

Nun ist aber zu beachten, dass die angegebene Wahrscheinlichkeit einem über die Spins gemittelten Anfangszustand entspricht. Im Positronium kann aber von den vier möglichen Spinzuständen nur der Singulett-Zustand in zwei Photonen zerfallen. Deshalb ist

$$\begin{aligned} \Gamma(n = 1, {}^1S \to 2\gamma) &= 4\sigma v_+|\psi(0)|^2 = 4\pi\left(\frac{\alpha}{m}\right)^2 \frac{1}{\pi\left(\frac{2}{\alpha m}\right)^3} \\ &= \frac{1}{2}\alpha^5 m . \end{aligned} \tag{5.107}$$

Die Lebensdauer des Parapositroniums ist daher

$$\boxed{\tau_{\text{Singulett}} = \frac{2}{\alpha^5 m} \simeq 1.25 \times 10^{-10}\ \text{s} .} \tag{5.108}$$

Für das Orthopositronium findet man

$$\boxed{\tau_{\text{Triplett}} = \frac{9\pi}{2(\pi^2 - 9)} \frac{1}{\alpha^6 m} = 1.4 \times 10^{-7}\ \text{s} .} \tag{5.109}$$

Die experimentellen Werte stimmen mit (5.108) und (5.109) sehr gut überein. Diskrepanzen von etwa 0.05% können auf Strahlungskorrekturen zurückgeführt werden.

Annihilationsrate und Wirkungsquerschnitt

Wir benutzen die folgende Formel (siehe Anhang zu Kap. 5) für die Zerfallsrate eines Prozesses $A \longrightarrow C_1 + \ldots + C_N$, mit den Bezeichnungen in Abb. 5.7:

$$d\Gamma = (2\pi)^7 \frac{1}{2E}\ |\langle k_1 \ldots k_N |T| P\rangle|^2\ \delta^4(P_f - P) d\Omega(k_1) \ldots d\Omega(k_N) . \tag{5.110}$$

A sei jetzt das Positronium. Seinen Zustand im Ruhesystem ($\boldsymbol{P} = 0$) stellen wir durch die folgende Entwicklung in ebene Wellen dar

$$|\boldsymbol{P} = 0, \varphi\rangle = (2\pi)^{-\frac{3}{2}} \int d^3q\, \tilde{\varphi}(q\, |\boldsymbol{q}, -\boldsymbol{q}\rangle . \tag{5.111}$$

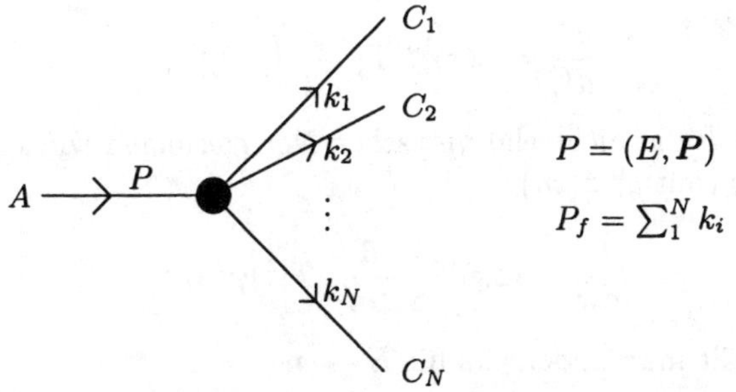

Abbildung 5.7. Zerfallsrate eines Prozesses $A \longrightarrow C_1 + \ldots + C_N$

Dabei stellen wir uns vorübergehend vor, dass alle Impulseigenzustände *nicht-relativistisch normiert* sind: $\langle \boldsymbol{p}' | \boldsymbol{p} \rangle = \delta^3(\boldsymbol{p}' - \boldsymbol{p})$. In der nichtrelativistischen Wellenmechanik ist die Darstellung (5.111) im $\boldsymbol{x}$-Raum ($\boldsymbol{X} := (\boldsymbol{x}_1 + \boldsymbol{x}_2)/2$, $\boldsymbol{x} = \boldsymbol{x}_1 - \boldsymbol{x}_2$):

$$\begin{aligned} |\boldsymbol{P} = 0, \varphi\rangle &= \frac{1}{(2\pi)^{\frac{3}{2}}} e^{i\boldsymbol{P}\cdot\boldsymbol{X}} \varphi(\boldsymbol{x}) \Big|_{\boldsymbol{P}=0} \\ &= (2\pi)^{-\frac{3}{2}} \int \tilde{\varphi}(\boldsymbol{q}) \frac{e^{i\boldsymbol{q}\cdot\boldsymbol{x}_1}}{(2\pi)^{\frac{3}{2}}} \frac{e^{-i\boldsymbol{q}\cdot\boldsymbol{x}_2}}{(2\pi)^{\frac{3}{2}}} \, d^3q \\ &= (2\pi)^{-\frac{3}{2}} \int \frac{d^3q}{(2\pi)^3} \tilde{\varphi}(\boldsymbol{q}) e^{i\boldsymbol{q}\cdot\boldsymbol{x}} , \end{aligned}$$

d.h. $\tilde{\varphi}(\boldsymbol{q})$ hängt mit der normierten Wellenfunktion $\varphi(\boldsymbol{x})$ wie folgt zusammen:

$$\varphi(\boldsymbol{x}) = \int \frac{d^3q}{(2\pi)^3} e^{i\boldsymbol{q}\cdot\boldsymbol{x}} \tilde{\varphi}(\boldsymbol{q}) \, . \tag{5.112}$$

Insbesondere gilt

$$\int \tilde{\varphi}(\boldsymbol{q}) \, d^3q = (2\pi)^3 \varphi(0) \, . \tag{5.113}$$

Mit den *nichtrelativistischen Normierungen* wird aus (5.110) und (5.111) für den Positroniumzerfall in zwei Photonen

$$\begin{aligned} \Gamma = (2\pi)^7 \cdot \frac{1}{(2\pi)^3} \int d^3k_1 \, d^3k_2 \int d^3q \, d^3q' \tilde{\varphi}(\boldsymbol{q}) \tilde{\varphi}(\boldsymbol{q}')^* \delta^3(\boldsymbol{k}_1 + \boldsymbol{k}_2) \\ \cdot \delta(\omega_1 + \omega_2 - E) \langle \boldsymbol{k}_1 \boldsymbol{k}_2 \, | T | \, \boldsymbol{q}', -\boldsymbol{q}' \rangle^* \, \langle \boldsymbol{k}_1, \boldsymbol{k}_2 \, | T | \, \boldsymbol{q}, -\boldsymbol{q} \rangle \\ = (2\pi)^4 \int d^3k \delta(2\omega - E) \int d^3q d^3q' \langle \boldsymbol{k}, -\boldsymbol{k} \, | T | \, \boldsymbol{q}', -\boldsymbol{q}' \rangle^* \langle \boldsymbol{k}, -\boldsymbol{k} \, | T | \, \boldsymbol{q}, -\boldsymbol{q} \rangle \\ \cdot \tilde{\varphi}(\boldsymbol{q}) \tilde{\varphi}(\boldsymbol{q}')^* \, . \end{aligned}$$

Darin ist E die Anfangsenergie $\simeq 2m$. Falls man die $\boldsymbol{q}$-Abhängigkeit in $\langle \boldsymbol{k}, -\boldsymbol{k} \, | T | \, \boldsymbol{q}, -\boldsymbol{q} \rangle$ vernachlässigen darf (nichtrelativistischer Grenzfall), erhält man mit (5.113) sofort für die differentielle Zerfallsrate

$$\frac{d\Gamma}{d\Omega} = (2\pi)^{10} |T|^2 \frac{\omega^2}{2} |\varphi(0)|^2 .$$

Machen wir in T die nichtrelativistischen Normierungen wieder rückgängig, so erhalten wir (mit $q^0 \simeq m$)

$$\frac{d\Gamma}{d\Omega} = (2\pi)^{10} \frac{1}{8} \frac{1}{4m^2} |T|^2 |\varphi(0)|^2 . \tag{5.114}$$

Aus (5.98) erhält man anderseits für $E \to m$

$$\frac{d\sigma}{d\Omega} = (2\pi)^{10} \frac{1}{16m^2} \frac{\omega^2}{\frac{|\boldsymbol{p}_+|}{m} \cdot 2m^2} |T|^2$$

oder ($\omega \simeq m$)

$$\frac{d\sigma}{d\Omega} = (2\pi)^{10} \frac{1}{8} \frac{1}{4m^2} \frac{1}{v_+} |T|^2 .$$

Also gilt, wie erwartet,

$$\frac{d\Gamma}{d\Omega} = v_+ |\varphi(0)|^2 \frac{d\sigma}{d\Omega} ,$$

und somit

$$\Gamma = v_+ |\varphi(0)|^2 \cdot \sigma . \tag{5.115}$$

Diese Beziehung gilt natürlich für einen beliebigen Endzustand.

* * *

Es ist instruktiv, vom Matrixelement (5.99) für die Paarannihilation direkt (vor der Spinmittelung) den nichtrelativistischen Limes zu bilden.

Zunächst lautet (5.99) im Laborsystem (Benutzung der Dirac-Gleichung)

$$M = -\overline{v}(p_+) \left[\frac{\not{\varepsilon}_1 \not{k}_2 \not{\varepsilon}_2}{2m\omega_2} + \frac{\not{\varepsilon}_2 \not{k}_1 \not{\varepsilon}_1}{2m\omega_1} \right] u(p_-) .$$

Mit $|\boldsymbol{p}_+| \longrightarrow 0$ wird daraus ($u^{(\lambda)} := u(p, \lambda)$ für $p = (m, \mathbf{0})$):

$$M = -\frac{1}{2m\omega} \overline{v}^{(\lambda_+)} [\not{\varepsilon}_1 \not{k}_2 \not{\varepsilon}_2 + \not{\varepsilon}_2 \not{k}_1 \not{\varepsilon}_1]] \, u^{(\lambda_-)} . \tag{5.116}$$

Aus der Dirac-Gleichung folgt $(\gamma^0 - 1)u^{(\lambda)} = 0$, $(\gamma^0 + 1)v^{(\lambda)} = 0$. In der Dirac-Pauli-Darstellung ist deshalb

$$u^{(\lambda)} = \sqrt{2m} \begin{pmatrix} \chi^{(\lambda)} \\ 0 \end{pmatrix} , \qquad v^{(\lambda)} = \sqrt{2m} \begin{pmatrix} 0 \\ \varepsilon \chi^{(\lambda)} \end{pmatrix} . \tag{5.117}$$

Dabei ist $\chi^{\frac{1}{2}} = \begin{pmatrix} 1 \\ 0 \end{pmatrix}$, $\chi^{-\frac{1}{2}} = \begin{pmatrix} 0 \\ 1 \end{pmatrix}$, und ε ist die symplektische Matrix (2.28).

In (5.116) können wir $\not{\varepsilon}_1 \not{k}_2 \not{\varepsilon}_2$ durch $-\boldsymbol{\gamma}\cdot\boldsymbol{\varepsilon}_1\boldsymbol{\gamma}\cdot\boldsymbol{k}_2\boldsymbol{\gamma}\cdot\boldsymbol{\varepsilon}_2$ ersetzen, da $\varepsilon = (0, \boldsymbol{\varepsilon})$ ist und $\gamma_i\gamma_0\gamma_j$ zwischen $\overline{v}^{(\lambda_+)}$ und $u^{(\lambda_-)}$ verschwindet. Analoges gilt für den 2. Term in (5.116). Damit ergibt sich

$$M = \frac{1}{2m\omega}\overline{v}^{(\lambda_+)}\left[-\boldsymbol{\gamma}\cdot\boldsymbol{\varepsilon}_1\,\boldsymbol{\gamma}\cdot\boldsymbol{k}\,\boldsymbol{\gamma}\cdot\boldsymbol{\varepsilon}_2 + \boldsymbol{\gamma}\cdot\boldsymbol{\varepsilon}_2\,\boldsymbol{\gamma}\cdot\boldsymbol{k}\,\boldsymbol{\gamma}\cdot\boldsymbol{\varepsilon}_1\right]u^{(\lambda_-)}\,. \tag{5.118}$$

Benutzen wir ferner die Identität

$$-\boldsymbol{\gamma}\cdot\boldsymbol{a}\,\boldsymbol{\gamma}\cdot\boldsymbol{b} = \boldsymbol{a}\cdot\boldsymbol{b} + i\boldsymbol{\Sigma}\cdot\boldsymbol{a}\wedge\boldsymbol{b}\,, \tag{5.119}$$

wo $\Sigma_k := \sigma_{ij}$, $(i,j,k))$ zyklisch, sowie

$$\boldsymbol{\gamma} = -\gamma^0\gamma^5\boldsymbol{\Sigma}\,, \tag{5.120}$$

so folgt für die eckige Klammer in (5.118)

$$\begin{aligned}
&[-\boldsymbol{\gamma}\cdot\boldsymbol{\varepsilon}_1\,\boldsymbol{\gamma}\cdot\boldsymbol{k}\,\boldsymbol{\gamma}\cdot\boldsymbol{\varepsilon}_2 + \boldsymbol{\gamma}\cdot\boldsymbol{\varepsilon}_2\,\boldsymbol{\gamma}\cdot\boldsymbol{k}\,\boldsymbol{\gamma}\cdot\boldsymbol{\varepsilon}_1] \\
&\qquad = -i\left[\boldsymbol{\Sigma}\cdot(\boldsymbol{\varepsilon}_1\wedge\boldsymbol{k})\right]\boldsymbol{\gamma}\cdot\boldsymbol{\varepsilon}_2 + \boldsymbol{\gamma}\cdot\boldsymbol{\varepsilon}_2\left[-i\boldsymbol{\Sigma}\cdot(\boldsymbol{\varepsilon}_1\wedge\boldsymbol{k})\right] \\
&\qquad = -i\gamma^0\gamma^5\underbrace{\{\boldsymbol{\Sigma}\cdot(\boldsymbol{\varepsilon}_1\wedge\boldsymbol{k})\,,\boldsymbol{\Sigma}\cdot\boldsymbol{\varepsilon}_2\}}_{2\boldsymbol{\varepsilon}_2\cdot(\boldsymbol{\varepsilon}_1\wedge\boldsymbol{k}) = -2\boldsymbol{k}\cdot\boldsymbol{\varepsilon}_1\wedge\boldsymbol{\varepsilon}_2} \\
&\qquad = 2i\gamma^0\gamma^5\boldsymbol{k}\cdot(\boldsymbol{\varepsilon}_1\wedge\boldsymbol{\varepsilon}_2)\,.
\end{aligned}$$

Folglich ist

$$M = \frac{1}{2m\omega}2i\boldsymbol{k}\cdot(\boldsymbol{\varepsilon}_1\wedge\boldsymbol{\varepsilon}_2)\,v^{*(\lambda_+)}\gamma^5u^{(\lambda_-)}\,. \tag{5.121}$$

Im Triplett-Zustand ist $v^*\gamma_5u = 0$; z.B. gilt für $\lambda_- = \lambda_+ = \frac{1}{2}$, (mit $\gamma_5 = \begin{pmatrix} 0 & 1 \\ 1 & 0 \end{pmatrix}$)

$$v^{(+\frac{1}{2})*}\gamma^5u^{(\frac{1}{2})} = (0,0,0,-1)\begin{pmatrix} 0 & \mathbb{1} \\ \mathbb{1} & 0 \end{pmatrix}\begin{pmatrix} 1 \\ 0 \\ 0 \\ 0 \end{pmatrix} = 0$$

Für den Singulett-Zustand ist anderseits

$$\begin{aligned}
(v^*\gamma_5u)_{\text{sing.}} &= \frac{1}{\sqrt{2}}(0,0,1,0)\begin{pmatrix} 0 & \mathbb{1} \\ \mathbb{1} & 0 \end{pmatrix}\begin{pmatrix} 1 \\ 0 \\ 0 \\ 0 \end{pmatrix}\cdot 2m \\
&\quad - \frac{1}{\sqrt{2}}(0,0,0,-1)\begin{pmatrix} 0 & \mathbb{1} \\ \mathbb{1} & 0 \end{pmatrix}\begin{pmatrix} 0 \\ 1 \\ 0 \\ 0 \end{pmatrix}\cdot 2m \\
&= \sqrt{2}\cdot 2m\,.
\end{aligned}$$

Damit ergibt sich

$$\begin{aligned} |M|^2_{\text{Triplett}} &= 0\,, \\ |M|^2_{\text{Singulett}} &= \frac{2}{\omega^2}|2\boldsymbol{k}\cdot(\boldsymbol{\varepsilon}_1 \wedge \boldsymbol{\varepsilon}_2)\,|^2 \\ &= 8\left[1-(\boldsymbol{\varepsilon}_1\cdot\boldsymbol{\varepsilon}_2)^2\right] \\ &\left(=0 \quad \text{für } \boldsymbol{\varepsilon}_1 \parallel \boldsymbol{\varepsilon}_2\right). \end{aligned} \tag{5.122}$$

Dieses Resultat ist natürlich in Übereinstimmung mit dem Niederenergie-Limes von (5.102):

$$\frac{1}{4}\sum_{\text{Spins}}|M|^2 = \frac{3}{4}|M|^2_{\text{Triplett}} + \frac{1}{4}|M|^2_{\text{Singulett}} = 2\left[1-(\boldsymbol{\varepsilon}_1\cdot\boldsymbol{\varepsilon}_2)^2\right]\,. \tag{5.123}$$

Gesamtdrehimpulszustände eines 2-Photonensystems

Wir holen den Beweis eines Theorems von Yang nach, welches besagt, dass ein Spin-1 Zustand nicht in zwei Photonen zerfallen kann. Die nachfolgenden Überlegungen sind aber darüber hinaus von Bedeutung.

Zunächst betrachten wir 1-Teilchenzustände $|k,\lambda\rangle$ eines masselosen Teilchens mit Spin s [λ = Helizität, $\lambda = \pm s$]. Für das folgende müssen wir gewisse Phasenkonventionen treffen. Es bezeichne π den Standard-Nullvektor $\pi = \left(\frac{1}{2},0,0,\frac{1}{2}\right)$. Die Drehungen R_φ um die z-Achse gehören natürlich zum Stabilisator (kleine Gruppe) von π. Unter R_φ gilt

$$R_\varphi:\ \ |\pi,\lambda\rangle \longmapsto e^{-i\lambda\varphi}|\pi,\lambda\rangle\,.$$

Alle andern Elemente der kleinen Gruppe wirken trivial. Diese ist nämlich isomorph zur Euklidischen Bewegungsgruppe in der Ebene (d.h. nichtkompakt) und alle übrigen Darstellungen sind unendlichdimensional (siehe dazu den Anhang 3B).

Sei $\dot{k} = (|\boldsymbol{k}|,0,0,|\boldsymbol{k}|)$, dann geht $|\dot{k},\lambda\rangle$ aus $|\pi,\lambda\rangle$ durch die spezielle Lorentztransformation $L(k)$ hervor, welche π in k überführt. Da $L(k)$ mit R_φ vertauscht, ist λ immer noch die Helizität. Bezeichnen α,β,γ die Eulerschen Winkel einer Drehung $R(\alpha,\beta,\gamma)$,

$$R(\alpha,\beta,\gamma) = e^{-i\alpha J_z}e^{-i\beta J_y}e^{-i\gamma J_z}\,, \tag{5.124}$$

und seien (θ,φ) die Polarwinkel von $\boldsymbol{k}$, dann setzen wir (wir benutzen denselben Buchstaben für eine Transformation und ihre Darstellung im Hilbert-Raum)

$$|k,\lambda\rangle = \underbrace{R(\varphi,\theta,-\varphi)}_{\equiv R(\hat{k})}|\dot{k},\lambda\rangle\,. \tag{5.125}$$

λ ist nach wie vor die Helizität, da

$$\begin{aligned} \boldsymbol{J}\cdot\hat{\boldsymbol{k}}|k,\lambda\rangle &= \boldsymbol{J}\cdot\hat{\boldsymbol{k}}\,R(\hat{k})|\dot{k},\lambda\rangle \\ &= R(\hat{k})\underbrace{R^{-1}(\hat{k})\boldsymbol{J}\cdot\hat{\boldsymbol{k}}R(\hat{k})}_{J_z}|\dot{k},\lambda\rangle \\ &= \lambda R(\hat{k})|\dot{k},\lambda\rangle = \lambda|k,\lambda\rangle\ . \end{aligned}$$

Unter eigentlichen Poincaré-Transformationen bleiben die Räume $\{|k,+s\rangle\}$ und $\{|k,-s\rangle\}$ einzeln invariant. Die Raumspiegelung führt die beiden Räume ineinander über. Um die relative Phase von $|\pi,+s\rangle$ und $|\pi,-s\rangle$ zu fixieren, verwenden wir den Operator

$$Y := e^{-i\pi J_y}P \qquad (P:\ \text{Raumspiegelung})\ ;$$

$$Y:\ (x,y,z)\longmapsto(x,-y,z)\ . \tag{5.126}$$

Y hat die folgenden Eigenschaften:

i) Y vertauscht mit den speziellen Lorentz-Transformationen in der z-Richtung;

ii) $YR_\varphi = R_{-\varphi}Y$. (5.127)

Folglich gilt

$$R_\varphi(Y|\dot{k},\lambda\rangle) = YR_{-\varphi}|\dot{k},\lambda\rangle = e^{i\lambda\varphi}\left(Y|\dot{k},\lambda\rangle\right)\ ,$$

d.h. $Y|\dot{k},\lambda\rangle$ ist proportional zu $|\dot{k},-\lambda\rangle$. Für Photonen gehören die Zustände $|\dot{k},\lambda\rangle$ zu den folgenden ebenen Wellen

$$\boldsymbol{e}_{\pm 1} = \mp\frac{1}{\sqrt{2}}(\boldsymbol{e}_x \pm i\boldsymbol{e}_y)\,e^{ikz}\ .$$

Somit gilt $Y:\boldsymbol{e}_1\to-\boldsymbol{e}_{-1}$, und deshalb ist

$$Y|\dot{k},\lambda\rangle = -|\dot{k},-\lambda\rangle \qquad (\text{für Photonen})\ .$$

Für beliebige Spins s setzen wir

$$Y|\pi,\lambda\rangle = \eta(-1)^{s-\lambda}|\pi,-\lambda\rangle \qquad (\eta:\ \text{Parität})\ . \tag{5.128}$$

Daraus folgt dieselbe Gleichung auch für $|\dot{k},\lambda\rangle$.

Nun konstruieren wir Gesamtdrehimpulszustände eines 2-Teilchensystems. Dazu benutzen wir die Projektionsformel von Wigner (siehe Abschnitt 1.7, speziell Gl. (1.204)). Wir wenden die Operatoren (1.202) auf die 2-Teilchenzustände

$$\psi_{\lambda_1\lambda_2} = |\dot{k},\lambda_1\rangle\otimes(-1)^{s_2-\lambda_2}e^{-i\pi J_y}|\dot{k},\lambda_2\rangle \tag{5.129}$$

an. Die resultierenden Zustände nennen wir (N_j: Normierung)

$$|jm;\lambda_1\lambda_2\rangle = N_j \int d\mu(R) D^j_{mm'}(R)^* R\psi_{\lambda_1\lambda_2} \tag{5.130}$$

und wir zeigen gleich, dass $m' = \lambda_1 - \lambda_2$ sein muss. Das normierte Haarsche Mass ist in den Eulerschen Winkeln α, β, γ nach (5.11)

$$d\mu(R) = \frac{1}{8\pi^2} \sin\beta d\alpha d\beta d\gamma \, .$$

Nun gilt[3]

$$R(\alpha,\beta,\gamma)\psi_{\lambda_1\lambda_2} = e^{-i\gamma(\lambda_1-\lambda_2)} R(\alpha,\beta,0)\psi_{\lambda_1\lambda_2} \, .$$

Ferner ist

$$\begin{aligned} D^j_{mm'}(\alpha,\beta,\gamma) &= \langle jm\,|e^{-i\alpha J_z} e^{-i\beta J_y} e^{-i\gamma J_z}|\,jm'\rangle \\ &= e^{-i\alpha m} e^{-i\gamma m'} \times \underbrace{\langle jm\,|e^{-i\beta J_y}|\,jm'\rangle}_{\equiv d^j_{mm'}(\beta)} \, . \end{aligned}$$

Deshalb gibt die γ-Integration den Faktor $2\pi\delta_{m',\lambda_1-\lambda_2}$. Damit ist ($\lambda := \lambda_1 - \lambda_2$)

$$\boxed{|jm;\lambda_1\lambda_2\rangle = \frac{N_j}{4\pi} \int d\Omega D^j_{m\lambda}(\hat{\boldsymbol{k}})^* \,|\boldsymbol{k},\lambda_1\lambda_2\rangle \, ,} \tag{5.131}$$

mit

$$|\boldsymbol{k},\lambda_1\lambda_2\rangle = R(\hat{k})\psi_{\lambda_1\lambda_2} \, .$$

Dieselbe Formel gilt auch für massive Teilchen in der Helizitätsbasis. Aus ihr entnimmt man z.B., dass bei einem Zweiteilchenzerfall eines Zustandes mit Drehimpuls j die Winkelverteilung im Schwerpunktssystem proportional zu $|D^j_{m\lambda}(\hat{k})|^2$ ist (m = magnetische Quantenzahl des Anfangszustandes).

Wir interessieren uns jetzt für den Fall, dass die beiden Teilchen identisch sind. Der Vertauschungsoperator P_{12} hat die folgende Wirkung auf $\psi_{\lambda_1\lambda_2}$ in (5.129)

$$P_{12}\psi_{\lambda_1\lambda_2} = (-1)^{2s+\lambda_1-\lambda_2} e^{i\pi J_y}\psi_{\lambda_2\lambda_1} \, . \tag{5.132}$$

In (5.130) kommutiert P_{12} mit R und folglich ist

$$P_{12}\,|jm;\lambda_1\lambda_2\rangle = (-1)^{2s+\lambda_1-\lambda_2} N_j E^j_{m\lambda} e^{i\pi J_y}\psi_{\lambda_2\lambda_1} \, .$$

Nun ist aber zufolge der Invarianz des Haarschen Masses

$$\begin{aligned} E^j_{m\lambda} e^{i\pi J_y} &= \int d\mu(R)\, D^j_{m\lambda}(R) U(RR_y(-\pi)) \\ &= \sum_{m''} E^j_{mm''} \underbrace{D^j_{m''\lambda}(R_y(-\pi))}_{(-1)^{-2j}(-1)^{j-\lambda}\delta_{m'',-\lambda}} = (-1)^{-j-\lambda} E^j_{m-\lambda} \, . \end{aligned}$$

---

[3] Dies folgt mit Hilfe von $e^{-i\gamma J_z} e^{-i\pi J_y} = e^{-i\pi J_y} e^{i\gamma J_z}$.

Deshalb gilt

$$P_{12}\,|jm;\lambda_1\lambda_2\rangle = (-1)^{2s-j}\,|jm;\lambda_2\lambda_1\rangle\,. \tag{5.133}$$

Die physikalischen Zustände sind damit

$$\{1+(-1)^{2s}P_{12}\}\,|jm;\lambda_1\lambda_2\rangle = |jm;\lambda_1\lambda_2\rangle + (-1)^j\,|jm;\lambda_2\lambda_1\rangle\,. \tag{5.134}$$

Für zwei Photonen mit $j = 1$ muss nach (5.131) $\lambda = \lambda_1 - \lambda_2 \leq 1$ sein, d.h. es kommen nur $\lambda_1 = \lambda_2 = \pm 1$ in Frage. Für identische Teilchen verschwindet aber nach (5.134) der symmetrisierte Zustand.

5.8 Wirkungsquerschnitt für Møller- und Bhabha-Streuung

Nach Gleichung (5.72) ist das T-Matrixelement für Møller-Streuung

$$T = \frac{e^2}{(2\pi)^6}\left[\frac{1}{t}\overline{u}(p_2')\gamma^\mu u(p_2)\overline{u}(p_1')\gamma_\mu(p_1) - \frac{1}{u}\overline{u}(p_1')\gamma^\mu u(p_2)\overline{u}(p_2')\gamma_\mu u(p_1)\right]\,, \tag{5.135}$$

wobei wir die sog. *Mandelstam-Variablen*

$$\begin{aligned} s &= (p_1+p_2)^2 = 2(m^2 + p_1\cdot p_2)\,,\\ t &= (p_1'-p_1)^2 = 2(m^2 - p_1'\cdot p_1)\,,\\ u &= (p_1-p_2')^2 = 2(m^2 - p_1\cdot p_2')\\ &\quad (s+t+u = 4m^2) \end{aligned} \tag{5.136}$$

benutzt haben. Der differentielle Wirkungsquerschnitt ist (siehe Anhang A zu diesem Kapitel)

$$d\sigma = (2\pi)^{10}\frac{1}{4F}\,|T|^2\delta^4(p_1'+p_2'-p_1-p_2)\frac{d^3p_1'}{2p_1'^0}\frac{d^3p_2'}{2p_2'^0}\,, \tag{5.137}$$

wo F der *Møller-Faktor*

$$F = \sqrt{(p_1\cdot p_2)^2 - p_1^2p_2^2} \tag{5.138}$$

ist. Wir werten dies zunächst für zwei beliebige Massen (m_1, m_2), bzw. (m_1', m_2') im Anfangs- und Endzustand aus. Im Schwerpunktssystem erhalten wir sofort ($\boldsymbol{p} \equiv \boldsymbol{p}_1 = -\boldsymbol{p}_2$, $\boldsymbol{p}' \equiv \boldsymbol{p}'_1 = -\boldsymbol{p}'_2$)

$$d\sigma = (2\pi)^{10}\frac{1}{4F}\,|T|^2\;\underbrace{\frac{1}{4p_1'^0p_2'^0}\frac{|\boldsymbol{p}'|^2}{\frac{|\boldsymbol{p}'|}{p_1'^0}+\frac{|\boldsymbol{p}'|}{p_2'^0}}}_{\frac{|\boldsymbol{p}'|}{4W}\,,}\;d\Omega\,,$$

(W: Schwerpunktsenergie)

d.h.

$$d\sigma = (2\pi)^{10} \frac{1}{16F} \frac{|\boldsymbol{p}'|}{W} |T|^2 \, d\Omega \, . \tag{5.139}$$

Im Schwerpunktssystem gilt ferner

$$F = |\boldsymbol{p}|(p_1^0 + p_2^0) = |\boldsymbol{p}| \cdot W \, , \tag{5.140}$$

$$t = m_1^2 + m_1'^2 - 2p_1^0 p_1'^0 + 2|\boldsymbol{p}| \, |\boldsymbol{p}'| \cos\theta \, , \tag{5.141}$$

$$dt = 2|\boldsymbol{p}| \, |\boldsymbol{p}'| \, d(\cos\theta) \qquad (W \text{ fest}) \, , \tag{5.142}$$

$$d\Omega = -d\varphi \, d(\cos\theta) = \frac{d\varphi \, d(-t)}{2|\boldsymbol{p}| \, |\boldsymbol{p}'|} \, . \tag{5.143}$$

Setzen wir dies in (5.139) ein, so erhalten wir

$$d\sigma = (2\pi)^{10} \frac{1}{16F} \underbrace{\frac{|\boldsymbol{p}'|}{W} \frac{1}{2\,|\boldsymbol{p}| \, |\boldsymbol{p}'|}}_{\frac{1}{2W|\boldsymbol{p}|} = \frac{1}{2F}} |T|^2 d\varphi \, d(-t) \, ,$$

oder

$$d\sigma = (2\pi)^{10} \frac{1}{32F^2} |T|^2 d\varphi \, d(-t) \, . \tag{5.144}$$

Falls der Streuquerschnitt nicht vom Azimut φ abhängt, (z.B. für unpolarisierte Teilchen) gibt dies

$$\boxed{\frac{d\sigma}{d|t|} = (2\pi)^{11} \frac{1}{32F^2} |T|^2 \, .} \tag{5.145}$$

Setzen wir darin (5.135) ein, so erhalten wir im Spin-gemittelten Fall, mit der Beziehung (von jetzt an seien alle Massen gleich m)

$$F = \frac{1}{2} \sqrt{s(s - 4m^2)} \, , \tag{5.146}$$

$$\frac{d\sigma}{d|t|} = \frac{e^4}{16\pi} \frac{1}{s(s - 4m^2)} \cdot \frac{1}{4} \sum_{\text{Spins}} |[\ldots(5.135)\ldots]|^2 \, .$$

Dies lässt sich wie folgt schreiben

$$\frac{d\sigma}{dt} = \frac{e^4}{4\pi} \frac{1}{s(s - 4m^2)} \{f(t,u) + g(t,u) + f(u,t) + g(u,t)\} \, , \tag{5.147}$$

wobei

$$f(t,u) = \frac{1}{16t^2} Sp\,[(\not{p}_2' + m)\gamma^\mu(\not{p}_2 + m)\gamma^\nu] \; Sp\,[(\not{p}_1' + m)\gamma_\mu(\not{p}_1 + m)\gamma_\nu] \, ,$$

$$g(t,u) = -\frac{1}{16tu} Sp\,[(\not{p}_2' + m)\gamma^\mu(\not{p}_2 + m)\gamma^\nu(\not{p}_1' + m)\gamma_\mu(\not{p}_1 + m)\gamma_\nu] \, . \tag{5.148}$$

$f(t,u)$ ist leicht zu berechnen. In der Spur von $g(t,u)$ ist es zweckmässig, zunächst mit Hilfe der Formeln

$$\begin{aligned} \gamma_\mu \not{a} \gamma^\mu &= -2\not{a} \,, \\ \gamma_\mu \not{a} \not{b} \gamma^\mu &= 4a \cdot b \,, \\ \gamma_\mu \not{a} \not{b} \not{c} \gamma^\mu &= -2\not{c} \not{b} \not{a} \end{aligned} \tag{5.149}$$

über μ und ν zu summieren. Das Resultat lautet

$$\begin{aligned} f(t,u) &= \frac{1}{t^2}\left[\frac{s^2+u^2}{2} + 4m^2\left(t - m^2\right)\right] \,, \\ g(t,u) &= g(u,t) = \frac{2}{tu}\left(\frac{s}{2} - m^2\right)\left(\frac{s}{2} - 3m^2\right) \,. \end{aligned} \tag{5.150}$$

Für den Streuquerschnitt (5.147) ergibt sich

$$\begin{aligned} \frac{d\sigma}{dt} = r_e^2 \frac{4\pi m^2}{s(s-4m^2)} \Bigg\{ &\frac{1}{t^2}\left[\frac{s^2+u^2}{2} + 4m^2(t-m^2)\right] \\ &+ \frac{1}{u^2}\left[\frac{s^2+t^2}{2} + 4m^2(u-m^2)\right] + \frac{4}{tu}\left(\frac{s}{2} - m^2\right)\left(\frac{s}{2} - 3m^2\right) \Bigg\} \end{aligned} \tag{5.151}$$

$\left(r_e = \frac{e^2}{4\pi m} = \text{klassischer Elektronenradius}\right)$.

Im Schwerpunktssystem ist

$$\begin{aligned} s &= 4E^2 \,, \\ t &= -4|\boldsymbol{p}|^2 \sin^2 \frac{\theta}{2} \,, \\ u &= -4|\boldsymbol{p}|^2 \cos^2 \frac{\theta}{2} \,, \\ -dt &= -2|\boldsymbol{p}|^2 d(\cos\theta) = \frac{|\boldsymbol{p}|^2}{\pi} d\Omega \end{aligned} \tag{5.152}$$

($E, |\boldsymbol{p}|$: Energie und Impuls der Elektronen, θ: Streuwinkel).

Im *nichtrelativistischen* Fall ($E \simeq m$) bekommen wir

$$\begin{aligned} \frac{d\sigma}{d\Omega} &= r_e^2 m^4 \left(\frac{1}{t^2} + \frac{1}{u^2} - \frac{1}{tu}\right) \\ &= r_e^2 \frac{1}{v^4}\left[\frac{1}{\sin^4\frac{\theta}{2}} + \frac{1}{\cos^4\frac{\theta}{2}} - \frac{1}{\sin^2\frac{\theta}{2}\cos^2\frac{\theta}{2}}\right] \,, \end{aligned} \tag{5.153}$$

(v: Relativgeschwindigkeit in Einheiten von c). Dies ist ein bekanntes Resultat (siehe [1], Abschnitt 7.3). Typisch darin ist der Austauschterm (3. Glied). Bei $\theta = \pi/2$ bewirkt dieser Term eine Verdoppelung des differentiellen Querschnittes.

Im allgemeinen Fall erhält man aus (5.151) und (5.152)

$$\left(\frac{d\sigma}{d\Omega}\right)_{CM} = r_e^2 \frac{m^2(E^2+|\boldsymbol{p}|^2)^2}{4|\boldsymbol{p}|^4 E^2} \left[\frac{4}{\sin^4\theta} - \frac{3}{\sin^2\theta} + \left(\frac{|\boldsymbol{p}|}{E^2+|\boldsymbol{p}|^2}\right)^2 \left(1+\frac{4}{\sin^2\theta}\right)\right] \tag{5.154}$$

(Møller, 1932). Im *ultrarelativistischen* Fall ($|\boldsymbol{p}| \simeq E$) ist

$$\left(\frac{d\sigma}{d\Omega}\right)_{\mathrm{CM}} \simeq r_e^2 \frac{m^2}{E^2} \frac{(3+\cos^2\theta)^2}{4\sin^4\theta} . \tag{5.155}$$

Nun betrachten wir den Querschnitt auch im *Laborsystem* $\boldsymbol{p}_2 = 0$. Es sei

$$\Delta = \frac{p_1^0 - p_1'^0}{m} = \frac{p_2'^0 - m}{m} \tag{5.156}$$

die vom einlaufenden Elektron auf das ruhende übertragene Energie (in Einheiten von m). Die Mandelstam-Invarianten sind

$$s = 2m(m+p_1^0)\ , \qquad t = -2m^2\Delta\ , \qquad u = -2m(p_1^0 - m - m\Delta)\ . \tag{5.157}$$

Dies in (5.151) eingesetzt, gibt für die Energieverteilung der sog. δ-*Elektronen*, die bei der Streuung schneller Elektronen auftreten,

$$\frac{d\sigma}{d\Delta} = 2\pi r_e^2 \frac{1}{\gamma^2-1} \left\{\frac{(\gamma-1)^2\gamma^2}{\Delta^2(\gamma-1-\Delta)^2} - \frac{2\gamma^2+2\gamma-1}{\Delta(\gamma-1-\Delta)} + 1\right\} \tag{5.158}$$

($\gamma = p_1^0/m$). Für kleine Δ erhält man die Formel

$$\frac{d\sigma}{d\Delta} = 2\pi r_e^2 \frac{\gamma^2}{\gamma^2-1}\frac{1}{\Delta^2} = \frac{2\pi r_e^2}{v_1^2}\frac{1}{\Delta^2} \qquad (\Delta << \gamma - 1)\ . \tag{5.159}$$

Nun befassen wir uns mit der Streuung eines *Positrons* an einem Elektron (H.Bhabha, 1936). Dies ist ein „gekreuzter Kanal" zur Elektron-Elektron-Streuung. Die Impluse von Elektron und Positron seien p_- und p_+ im Anfangszustand, und p'_- und p'_+ im Endzustand. Der Übergang von einem Kanal zum anderen erfolgt durch die Substitution (siehe Abb. 5.8).

$$p_1 \longrightarrow -p'_+\ , \qquad p_2 \longrightarrow p_-\ , \qquad p'_1 \longrightarrow -p_+\ , \qquad p'_2 \longrightarrow p'_-\ .$$

Die Mandelstam-Variablen erhalten dabei die folgende Bedeutung

$$s = (p_- - p'_+)^2\ , \qquad t = (p_+ - p'_+)^2\ , \qquad u = (p_- + p_+)^2\ , \tag{5.160}$$

d.h. u ist für die $e^+ - e^-$ Streuung das Quadrat der Schwerpunktsenergie (s-Kanal $\longrightarrow$ u-Kanal). Das Quadrat der Streuamplitude (geschweifte Klammer

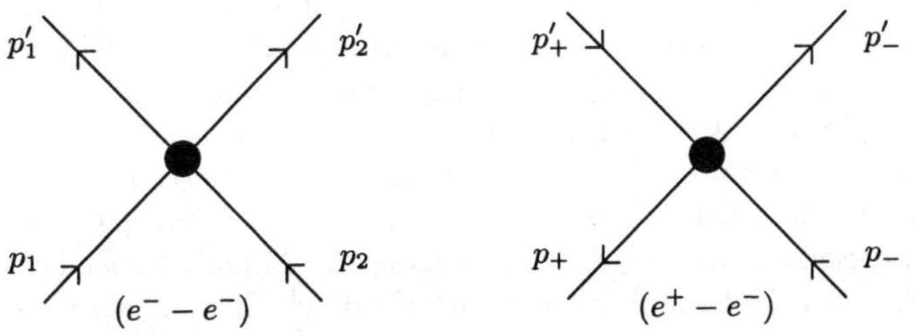

Abbildung 5.8. Streuung eines Positrons an einem Elektron

in (5.151), durch s, t und u ausgedrückt, bleibt unverändert). Für den Wirkungsquerschnitt muss man aber im Faktor vor der geschweiften Klammer von (5.151) s durch u ersetzen:

$$\frac{d\sigma}{dt} = r_e^2 \frac{4\pi m^2}{u(u-4m^2)} \left\{ \frac{1}{t^2} \left[\frac{s^2+u^2}{2} + 4m^2(t-m^2) \right] \right. \tag{5.161}$$

$$\left. + \frac{1}{u^2} \left[\frac{s^2+t^2}{2} + 4m^2(u-m^2) \right] + \frac{4}{tu} \left(\frac{s}{2} - m^2 \right) \left(\frac{s}{2} - 3m^2 \right) \right\} .$$

Im nichtrelativistischen Limes erhält man daraus die Rutherford-Formel (die Austauschterme fallen weg!).

Von praktisch wichtiger Bedeutung sind Polarisationseffekte bei der $e^+ - e^-$-Streuung. Die Bhabha-Streuung wurde (und wird) z.B. benutzt um die longitudinale Polarisation der Positronen im μ^+-Zerfall ($\mu^+ \longrightarrow e^+ + \nu_e + \overline{\nu}_\mu$) zu bestimmen.

5.9 Die Breitsche Gleichung

In der klassischen Elektrodynamik kann man ein System wechselwirkender Teilchen bis zu Gliedern der Ordnung $1/c^2$ durch eine Lagrange-Funktion beschreiben, die nur von den Koordinaten und Geschwindigkeiten der Teilchen abhängt. (Siehe z.B. [7], Abschnitt 12.6 mit dem Resultat (12.82)). Dies ist deshalb möglich, weil die Strahlung der Teilchen erst in der Ordnung $1/c^3$ auftritt.

Wir wollen nun eine analoge Diskussion in der Quantentheorie durchführen. Hier wird sich zeigen, dass wir ein System von Teilchen bis zur Ordnung $1/c^2$ durch eine Schrödinger-Gleichung beschreiben können. Die relativistischen Korrekturen, welche zum Coulomb-Potential hinzukommen, geben z.B. Anlass zu Fein- und Hyperfein-Aufspaltungen der Energien eines gebundenen Systems.

Zur Herleitung des Hamilton-Operators bis zur Ordnung $1/c^2$ gehen wir vom relativistischen Ausdruck für die Streuamplitude zweier Teilchen aus. In nichtrelativistischer Näherung geht diese in die übliche Bornsche Amplitude über und ist proportional zur Fourier-Transformierten des effektiven Potentials für die elektrostatische Wechselwirkung der beiden Teilchen. Berechnen wir die Amplitude bis zu Gliedern zweiter Ordnung, so können wir das zugehörige Potential bis zu Gliedern der Ordnung $1/c^2$ bestimmen.

Zunächst setzen wir voraus, es handle sich um zwei verschiedene Teilchen mit den Massen m_1 und m_2 (z.B. Elektron und Müon). Es ist bequem von den Ausdrücken (5.66) und (5.69) in der Coulomb-Eichung auszugehen:

$$T = T^{\text{Coul}} + T^{\text{trans.}} , \tag{5.162}$$

mit

$$T^{\text{Coul}} = -\frac{e^2}{(2\pi)^6}\left[\overline{u}(p_1')\gamma^0 u(p_1)\frac{1}{|\boldsymbol{q}|^2}\overline{u}(p_2')\gamma^0 u(p_2)\right] , \tag{5.163}$$

$$T^{\text{trans.}} = -\frac{e^2}{(2\pi)^6}\left[\overline{u}(p_1')\gamma^i u(p_1)\frac{\delta_{ij} - \hat{q}_i\hat{q}_j}{q^2}\overline{u}(p_2')\gamma^j u(p_2)\right] . \tag{5.164}$$

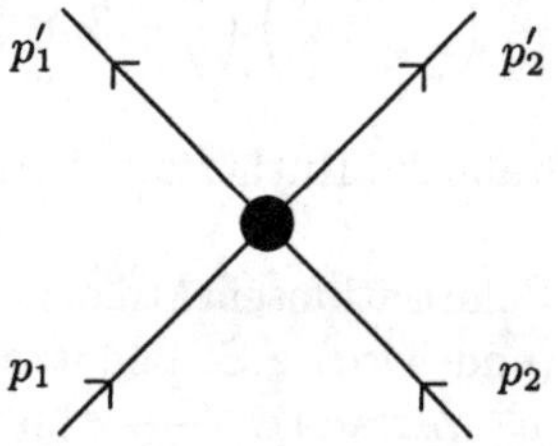

$q = p_1' - p_1$

Abbildung 5.9. Kinematische Variablen

Von diesen Ausdrücken müssen wir die nichtrelativistische Näherung bis zur Ordnung $1/c^2$ berechnen. Dabei ist es zweckmässig, für die Einteilchenzustände die „nichtrelativistische Normierung" $\langle p'|p\rangle = \delta^3(\boldsymbol{p}' - \boldsymbol{p})$ zu wählen, was auf die Normierung $u^*(p)u(p) = 1$ für die Dirac-Spinoren in (5.163) und (5.164) hinausläuft.

Zunächst betrachten wir die nichtrelativistische Näherung eines freien Teilchens. Nach den Ergebnissen von Abschnitt 2.7 auf Seite können wir die freie Dirac-Gleichung bis zur Ordnung $1/c^2$ als stationäre Schrödinger-Gleichung

$$H^{(0)}\eta = \varepsilon\eta ,$$

$$H^{(0)} = \frac{\boldsymbol{p}^2}{2m} - \frac{(\boldsymbol{p})^4}{8m^3c^3}$$

schreiben. Dabei besteht zwischen dem Schrödingerspinor η und der „grossen Komponente" φ des Dirac-Spinors in (2.124) die Beziehung (2.136):

$$\eta = \left(1 + \frac{\boldsymbol{p}^2}{8m^2c^2}\right)\varphi \,.$$

Da die „kleine Komponente“ in hinreichender Näherung durch (2.127) gegeben ist, lautet der freie Dirac-Spinor $u(p)$

$$u(p) = \# \begin{pmatrix} \varphi \\ \frac{\boldsymbol{\sigma}\cdot\boldsymbol{p}}{2mc}\varphi \end{pmatrix} .$$

Wählen wir die Normierungen $u^*(p)u(p) = 1$, $\eta^*\eta = 1$, so ergibt sich aus den beiden letzten Gleichungen, mit der erforderlichen Genauigkeit,

$$u(p) = \begin{pmatrix} 1 - \frac{\boldsymbol{p}^2}{8m^2c^2}\eta \\ \\ \frac{\boldsymbol{p}\cdot\boldsymbol{\sigma}}{2mc}\eta \end{pmatrix} . \tag{5.165}$$

Mit dieser Formel finden wir

$$\begin{aligned} \overline{u}_1(p_1')\gamma^0 u(p_1) &= u^*(p_1')u(p_1) \\ &= \left(1 - \frac{\boldsymbol{p}_1'^2 + \boldsymbol{p}_1^2}{8m_1^2c^2}\right)\eta_1'^*\eta_1 + \frac{1}{(2m_1c)^2}\eta_1'^*(\boldsymbol{\sigma}\cdot\boldsymbol{p}_1'\boldsymbol{\sigma}\cdot\boldsymbol{p}_1)\eta_1 \,. \end{aligned}$$

Darin benutzen wir

$$\boldsymbol{\sigma}\cdot\boldsymbol{p}_1'\boldsymbol{\sigma}\cdot\boldsymbol{p}_1 = \boldsymbol{p}_1'\cdot\boldsymbol{p}_1 + i\boldsymbol{\sigma}\cdot(\boldsymbol{p}_1'\wedge\boldsymbol{p}_1)$$

und erhalten ($\boldsymbol{q} = \boldsymbol{p}_1' - \boldsymbol{p}_1$):

$$\overline{u}_1(p_1')\gamma_0 u(p_1) = \eta_1'^*\left(1 - \frac{\boldsymbol{q}^2}{8m_1^2c^2} + \frac{i\boldsymbol{\sigma}\cdot(\boldsymbol{q}\wedge\boldsymbol{p}_1)}{4m_1^2c^2}\right)\eta_1 \,. \tag{5.166}$$

Analog ergibt sich

$$\begin{aligned} \overline{u}(p_1')\boldsymbol{\gamma}u(p_1) &= u_1^*(p_1')\boldsymbol{\alpha}u(p_1) \\ &= \frac{1}{2m_1c}\eta_1'^*\left(\boldsymbol{\sigma}(\boldsymbol{\sigma}\cdot\boldsymbol{p}_1) + (\boldsymbol{\sigma}\cdot\boldsymbol{p}_1')\boldsymbol{\sigma}\right)\eta_1 \qquad (5.167) \\ &= \frac{1}{2m_1c}\eta_1'^*\left(i\boldsymbol{\sigma}\wedge\boldsymbol{q} + 2\boldsymbol{p}_1 + \boldsymbol{q}\right)\eta_1 \,. \end{aligned}$$

In den entsprechenden Grössen für das Teilchen 2 muss man 1 mit 2 vertauschen und $\boldsymbol{q}$ durch $-\boldsymbol{q}$ ersetzen.

Diese Ausdrücke setzen wir in (5.163) und (5.164) ein. Da das Produkt $\overline{u}(p_1')\gamma^i u(p_1)\overline{u}(p_2')\gamma^j u(p_2)$ nach (5.167) bereits einen Faktor $1/c^2$ enthält, darf man q^2 im Nenner von $T^{\text{trans.}}$ durch $-\boldsymbol{q}^2$ ersetzen. Als Ergebnis ergibt sich

$$T = \frac{1}{(2\pi)^6}\eta_1'^*\eta_2'^* M(\boldsymbol{p}_1, \boldsymbol{p}_2, \boldsymbol{q})\eta_1\eta_2 \,, \tag{5.168}$$

mit

$$M(\boldsymbol{p}_1,\boldsymbol{p}_2,\boldsymbol{q}) = e^2\left(\frac{1}{\boldsymbol{q}^2} - \frac{1}{8m_1^2c^2} - \frac{1}{8m_2^2c^2} + \frac{(\boldsymbol{q}\cdot\boldsymbol{p}_1)(\boldsymbol{q}\cdot\boldsymbol{p}_2)}{m_1m_2\boldsymbol{q}^4}\right.$$
$$-\frac{\boldsymbol{p}_1\cdot\boldsymbol{p}_2}{m_1m_2\boldsymbol{q}^2} + \frac{i\boldsymbol{\sigma}_1\cdot(\boldsymbol{q}\wedge\boldsymbol{p}_1)}{4m_1^2c^2\boldsymbol{q}^2} - \frac{i\boldsymbol{\sigma}_1\cdot(\boldsymbol{q}\wedge\boldsymbol{p}_2)}{2m_1m_2c^2\boldsymbol{q}^2} - \frac{i\boldsymbol{\sigma}_2\cdot(\boldsymbol{q}\wedge\boldsymbol{p}_2)}{4m_2^2c^2\boldsymbol{q}^2}$$
$$\left.+\frac{i\boldsymbol{\sigma}_2\cdot(\boldsymbol{q}\wedge\boldsymbol{p}_1)}{2m_1m_2c^2\boldsymbol{q}^2} + \frac{(\boldsymbol{\sigma}_1\cdot\boldsymbol{q})(\boldsymbol{\sigma}_2\cdot\boldsymbol{q})}{4m_1m_2c^2\boldsymbol{q}^2} - \frac{\boldsymbol{\sigma}_1\cdot\boldsymbol{\sigma}_2}{4m_1m_2c^2}\right). \quad (5.169)$$

(Die Indizes 1 und 2 der Pauli-Matrizen geben an, auf welche Spinoren diese wirken).

Nun erinnern wir an folgendes (siehe [1], Abschnitt 7.4): In einer Potentialtheorie mit $H = H_0 + V$,

$$\begin{aligned} H_0 &= H_1^{(0)} + H_2^{(0)} , \\ H_i^{(0)} &= \frac{\boldsymbol{p}_i^2}{2m_i} - \frac{\boldsymbol{p}_i^4}{8m^3c^2} , \end{aligned}$$

ist die T-Matrix in Bornscher Näherung gegeben durch

$$\begin{aligned} &(2\pi)^3\delta^3(\boldsymbol{p}_1' + \boldsymbol{p}_2' - \boldsymbol{p}_1 - \boldsymbol{p}_2)T \\ &= -\frac{1}{(2\pi)^6}\int e^{-i(\boldsymbol{p}_1'\cdot\boldsymbol{x}_1 + \boldsymbol{p}_2'\cdot\boldsymbol{x}_2)}\eta_1'^*\eta_2'^* \\ &\quad\times V(\boldsymbol{x}, -i\boldsymbol{\nabla}_1, -i\boldsymbol{\nabla}_2)\eta_1\eta_2 e^{i(\boldsymbol{p}_1\cdot\boldsymbol{x}_1 + \boldsymbol{p}_2\cdot\boldsymbol{x}_2)}\, d^3x_1 d^3x_2 \end{aligned} \quad (5.170)$$

($\boldsymbol{x} = \boldsymbol{x}_1 - \boldsymbol{x}_2$). Der Vergleich mit (5.168) liefert die Beziehung

$$\begin{aligned} &(2\pi)^3\delta^3(\boldsymbol{p}_1' + \boldsymbol{p}_2' - \boldsymbol{p}_1 - \boldsymbol{p}_2)M(\boldsymbol{p}_1,\boldsymbol{p}_2,\boldsymbol{q}) \quad (5.171) \\ &= \int e^{-i(\boldsymbol{p}_1'\cdot\boldsymbol{x}_1 + \boldsymbol{p}_2'\cdot\boldsymbol{x}_2)} V(\boldsymbol{x}, -i\boldsymbol{\nabla}_1, -i\boldsymbol{\nabla}_2) e^{i(\boldsymbol{p}_1\cdot\boldsymbol{x}_1 + \boldsymbol{p}_2\cdot\boldsymbol{x}_2)}\, d^3x_1 d^3x_2 . \end{aligned}$$

Daraus ergibt sich V wie folgt: Man berechne zuerst das Fourier-Integral

$$\int e^{i\boldsymbol{q}\cdot\boldsymbol{x}} M(\boldsymbol{p}_1,\boldsymbol{p}_2,\boldsymbol{q})\frac{d^3q}{(2\pi)^3} ,$$

bringe im Resultat $\boldsymbol{p}_1$ und $\boldsymbol{p}_2$ nach rechts und ersetze diese Impulse durch $-i\boldsymbol{\nabla}_1$ und $-i\boldsymbol{\nabla}_2$. (Man sieht sofort, dass dann (5.171) erfüllt ist.)

Wir führen jetzt die nötigen Fourier-Transformationen durch. Für den dominanten Term in (5.169) erhalten wir erwartungsgemäss das Coulomb-Potential

$$\int e^{i\boldsymbol{q}\cdot\boldsymbol{x}}\frac{1}{\boldsymbol{q}^2}\frac{d^3q}{(2\pi)^3} = \frac{1}{4\pi|\boldsymbol{x}|} = \frac{1}{4\pi r} . \quad (5.172)$$

Nehmen wir davon den Gradienten, so bekommen wir

$$\int e^{i\boldsymbol{q}\cdot\boldsymbol{x}}\boldsymbol{q}\frac{1}{|\boldsymbol{q}|^2}\frac{d^3q}{(2\pi)^3} = -i\boldsymbol{\nabla}\frac{1}{4\pi r} = \frac{i}{4\pi}\frac{\boldsymbol{x}}{r^3} . \quad (5.173)$$

Wir benötigen auch ($\boldsymbol{a}, \boldsymbol{b}$ sind konstante Vektoren)

$$\int e^{i\boldsymbol{q}\cdot\boldsymbol{x}} \frac{(\boldsymbol{a}\cdot\boldsymbol{q})(\boldsymbol{b}\cdot\boldsymbol{q})}{|\boldsymbol{q}|^4} \frac{d^3q}{(2\pi)^3} = \frac{i}{2}\left(\boldsymbol{a}\cdot\frac{\partial}{\partial\boldsymbol{x}}\right)\int e^{i\boldsymbol{q}\cdot\boldsymbol{x}}\left(\boldsymbol{b}\cdot\frac{\partial}{\partial\boldsymbol{q}}\right)\frac{1}{|\boldsymbol{q}|^2}\frac{d^3q}{(2\pi)^3} .$$

Nach einer partiellen Integration erhält man das Integral (5.172) und somit gilt

$$\begin{aligned}\int e^{i\boldsymbol{q}\cdot\boldsymbol{x}} \frac{(\boldsymbol{a}\cdot\boldsymbol{q})(\boldsymbol{b}\cdot\boldsymbol{q})}{|\boldsymbol{q}|^4} \frac{d^3q}{(2\pi)^3} &= \frac{1}{2}(\boldsymbol{a}\cdot\boldsymbol{\nabla})\frac{\boldsymbol{b}\cdot\boldsymbol{x}}{4\pi r} \\ &= \frac{1}{8\pi r}\left(\boldsymbol{a}\cdot\boldsymbol{b} - \frac{(\boldsymbol{a}\cdot\boldsymbol{x})(\boldsymbol{b}\cdot\boldsymbol{x})}{r^2}\right) . \qquad (5.174)\end{aligned}$$

Schliesslich benötigen wir noch

$$\int e^{i\boldsymbol{q}\cdot\boldsymbol{x}} \frac{(\boldsymbol{a}\cdot\boldsymbol{q})(\boldsymbol{b}\cdot\boldsymbol{q})}{|\boldsymbol{q}|^2} \frac{d^3q}{(2\pi)^3} = -(\boldsymbol{a}\cdot\boldsymbol{\nabla})(\boldsymbol{b}\cdot\boldsymbol{\nabla})\frac{1}{4\pi r} . \qquad (5.175)$$

Darin ist die Ableitung rechts distributiv zu verstehen. Wir zerlegen

$$(\boldsymbol{a}\cdot\boldsymbol{\nabla})(\boldsymbol{b}\cdot\boldsymbol{\nabla})\left(\frac{1}{r}\right) = a_i b_j\left(\partial_i\partial_j - \frac{1}{3}\delta_{ij}\Delta\right)\left(\frac{1}{r}\right) + \frac{1}{3}\boldsymbol{a}\cdot\boldsymbol{b}\,\underbrace{\Delta\left(\frac{1}{r}\right)}_{-4\pi\delta^3(\boldsymbol{x})} . \qquad (5.176)$$

Im ersten Term dürfen wir jetzt ausdifferenzieren.

* * *

Begründung: Um dies zu sehen, bilden wir für eine Testfunktion f

$$\left\langle \partial_i\partial_j\left(\frac{1}{r}\right), f\right\rangle = \int \frac{1}{r}\partial_i\partial_j f\, d^3x = \lim_{\varepsilon\downarrow 0}\int_{|\boldsymbol{x}|\geq\varepsilon}\frac{1}{r}\partial_i\partial_j f\, d^3x .$$

Im letzten Integral integrieren wir zweimal partiell und wenden dabei den Gaußschen Satz an:

$$\begin{aligned}\int_{|\boldsymbol{x}|\geq\varepsilon}\frac{1}{r}\partial_i\partial_j f\, d^3x &= \int_{r=\varepsilon}\frac{1}{r}\partial_j f\, d\sigma_i - \int_{|\boldsymbol{x}|\geq\varepsilon}\partial_i\left(\frac{1}{r}\right)\partial_j f\, d^3x \\ &= \int_{r=\varepsilon}\frac{1}{r}\partial_j f\, d\sigma_i + \int_{|\boldsymbol{x}|\geq\varepsilon}\partial_j\partial_i\left(\frac{1}{r}\right) f\, d^3x \\ &\quad - \int_{r=\varepsilon}\partial_i\left(\frac{1}{r}\right) f\, d\sigma_j .\end{aligned}$$

Da $d\sigma = r^2 d\Omega$, verschwindet im Limes $\varepsilon \longrightarrow 0$ der erste Term nach dem Gleichheitszeichen. Dies gibt

$$\left\langle \partial_i \partial_j \left(\frac{1}{r}\right), f \right\rangle = \lim_{\varepsilon \downarrow 0} \int \partial_j \partial_i \left(\frac{1}{r}\right) f \, d^3x - \lim_{\varepsilon \downarrow 0} \int_{r=\varepsilon} \partial_i \left(\frac{1}{r}\right) f \, d\sigma_j \, . \quad (5.177)$$

Daraus folgt

$$\left\langle \left(\partial_i \partial_j - \frac{1}{3}\delta_{ij}\Delta\right)\left(\frac{1}{r}\right), f \right\rangle = \lim_{\varepsilon \downarrow 0} \int \left(\partial_i \partial_j - \frac{1}{3}\delta_{ij}\Delta\right)\left(\frac{1}{r}\right) f \, d^3x$$
$$+ \lim_{\varepsilon \downarrow 0} \frac{1}{\varepsilon} \int d\Omega_{\hat{x}} f \left(\hat{x}_i \hat{x}_j - \frac{1}{3}\delta_{ij}\right) . \quad (5.178)$$

Wir entwickeln f gemäss

$$f = f(0) + x_i f_{,i}(0) + x_i x_j f_{,ij}(0) + \ldots \quad (5.179)$$
$$= f(0) + x_i f_{,i}(0) + r^2 \left(\hat{x}_i \hat{x}_j - \frac{1}{3}\delta_{ij}\right) f_{,ij} + \frac{1}{3} r^3 \Delta f + \ldots .$$

Da sich $\hat{x}_i \hat{x}_j - \frac{1}{3}\delta_{ij}$ irreduzibel nach D^2 transformiert, tragen von (5.179) die ersten beiden Terme im 2. Term von (5.178) nicht bei. Die übrigen sind aber von der Ordnung r^2 und folglich gilt wie behauptet

$$\left\langle \left(\partial_i \partial_j - \frac{1}{3}\delta_{ij}\Delta\right)\left(\frac{1}{r}\right), f \right\rangle = \lim_{\varepsilon \downarrow 0} \int_{|\boldsymbol{x}| \geq \varepsilon} \left(\partial_i \partial_j - \frac{1}{3}\delta_{ij}\Delta\right)\left(\frac{1}{r}\right) f \, d^3x \, , \quad (5.180)$$

* * *

Es gilt also nach (5.175) und (5.176)

$$\int e^{i\boldsymbol{q}\cdot\boldsymbol{x}} \frac{(\boldsymbol{a}\cdot\boldsymbol{q})(\boldsymbol{b}\cdot\boldsymbol{q})}{|\boldsymbol{q}|^2} \frac{d^3q}{(2\pi)^3} = \frac{1}{4\pi r^3}\left(\boldsymbol{a}\cdot\boldsymbol{b} - \frac{3(\boldsymbol{a}\cdot\boldsymbol{x})(\boldsymbol{b}\cdot\boldsymbol{x})}{r^2}\right) + \frac{4\pi}{3}\boldsymbol{a}\cdot\boldsymbol{b}\delta^3(\boldsymbol{x}) \, . \quad (5.181)$$

Damit erhalten wir aus (5.169) für das Wechselwirkungspotential der Teilchen $(c = 1)$:

$$V(\boldsymbol{x}, -i\boldsymbol{\nabla}_1, -i\boldsymbol{\nabla}_2) = \frac{e^2}{4\pi r} - \frac{e^2}{8}\left(\frac{1}{m_1^2} + \frac{1}{m_2^2}\right)\delta^3(\boldsymbol{x})$$
$$- \frac{e^2}{8\pi m_1 m_2} \frac{1}{r}\left(\boldsymbol{p}_1 \cdot \boldsymbol{p}_2 + \frac{\boldsymbol{x}(\boldsymbol{x}\cdot\boldsymbol{p}_1)\boldsymbol{p}_2}{r^2}\right)$$
$$- \frac{e^2}{16\pi m_1^2} \frac{1}{r^3}(\boldsymbol{x}\wedge\boldsymbol{p}_1)\cdot\boldsymbol{\sigma}_1 + \frac{e^2}{16\pi m_2^2}\frac{1}{r^3}(\boldsymbol{x}\wedge\boldsymbol{p}_2)\cdot\boldsymbol{\sigma}_2$$
$$- \frac{e^2}{8\pi m_1 m_2}\frac{1}{r^3}\left((\boldsymbol{x}\wedge\boldsymbol{p}_1)\cdot\boldsymbol{\sigma}_2 - (\boldsymbol{x}\wedge\boldsymbol{p}_2)\cdot\boldsymbol{\sigma}_1\right)$$
$$+ \frac{e^2}{16\pi m_1 m_2}\left(\frac{\boldsymbol{\sigma}_1\cdot\boldsymbol{\sigma}_2}{r^3} - 3\frac{(\boldsymbol{\sigma}_1\cdot\boldsymbol{x})(\boldsymbol{\sigma}_2\cdot\boldsymbol{x})}{r^5} - \frac{8\pi}{3}\boldsymbol{\sigma}_1\cdot\boldsymbol{\sigma}_2\delta^3(\boldsymbol{x})\right) . \quad (5.182)$$

Alle Terme, ausser dem ersten, sind von der Ordnung $1/c^2$.

Wechselwirkungspotential für Elektronen

Für zwei *identische* Teilchen (z.B. Elektronen) erscheint in der Streuamplitude auch der Beitrag des Austauschdiagramms in Abb. 5.5. Der Beitrag dieses Diagramms ist aber automatisch berücksichtigt, wenn wir in der Schrödingerschen Beschreibung mit dem Potential (5.182) die identischen Teilchen nach den Regeln der Quantenmechanik beschreiben (antisymmetrische Wellenfunktionen für Fermionen und symmetrische für Bosonen). (Vergleiche dazu [1], Abschnitt 7.3.)

Für zwei Elektronen lautet deshalb der Hamilton-Operator

$$H = \frac{1}{2m}(\boldsymbol{p}_1^2 + \boldsymbol{p}_2^2) - \frac{1}{8m^3}(\boldsymbol{p}_1^4 + \boldsymbol{p}_2^4) + V(\boldsymbol{x}, \boldsymbol{p}_1, \boldsymbol{p}_2) \tag{5.183}$$

mit

$$\begin{aligned} &V(\boldsymbol{x}, \boldsymbol{p}_1, \boldsymbol{p}_2) \\ &= \frac{e^2}{4\pi r} - \frac{e^2}{4m^2}\delta^3(\boldsymbol{x}) - \frac{e^2}{8\pi m^2}\frac{1}{r}\left(\boldsymbol{p}_1 \cdot \boldsymbol{p}_2 + \frac{\boldsymbol{x}(\boldsymbol{x}\cdot\boldsymbol{p}_1)\boldsymbol{p}_2}{r^2}\right) \\ &+ \frac{e^2}{16\pi m^2}\frac{1}{r^3}\left(-(\boldsymbol{\sigma}_1 + 2\boldsymbol{\sigma}_2)\cdot(\boldsymbol{x}\wedge\boldsymbol{p}_1) + (\boldsymbol{\sigma}_2 + 2\boldsymbol{\sigma}_1)\cdot(\boldsymbol{x}\wedge\boldsymbol{p}_2)\right) \\ &+ \frac{e^2}{16\pi m^2}\left(\frac{\boldsymbol{\sigma}_1\cdot\boldsymbol{\sigma}_2}{r^3} - \frac{3(\boldsymbol{\sigma}_1\cdot\boldsymbol{x})(\boldsymbol{\sigma}_2\cdot\boldsymbol{x})}{r^5} - \frac{8\pi}{3}\boldsymbol{\sigma}_1\cdot\boldsymbol{\sigma}_2\delta^3(\boldsymbol{x})\right) \end{aligned} \tag{5.184}$$

(1. Zeile: reine Bahngrössen, 2. Zeile: linear in den Spins (Spin-Bahn Kopplung), 3. Zeile: Spin-Spin-Wechselwirkung).

Wechselwirkungspotential zwischen Elektronen und Positronen

Dieses System erfordert eine besondere Diskussion. Da die beiden Teilchen nicht identisch sind, gibt das *Vernichtungsdiagramm* (vgl. Abb. 5.10) einen zusätzlichen Beitrag. Das zugehörige T-Matrixelement lautet

$$T^{(V)} = -\frac{e^2}{(2\pi)^6}\overline{v}(p_+)\gamma^\mu u(p_-)\frac{1}{(p_+ + p_-)^2}\overline{u}(p'_-)\gamma_\mu v(p'_+) \,. \tag{5.185}$$

Das Streudiagramm führt natürlich zu einem Potential, das sich von (5.184) nur im Vorzeichen unterscheidet. Für zwei „fast nichtrelativistische“ Teilchen ist der Photonpropagator

$$\frac{1}{(p_+ + p_-)^2} \simeq \frac{1}{4m^2c^2} \,,$$

d.h. bereits proportional zu $1/c^2$. Deshalb können wir uns bei den Dirac-Spinoren $u(p)$ und $v(p)$ auf die 0. Näherung beschränken (siehe (5.165)):

$$u(p) \simeq \begin{pmatrix} \eta_- \\ 0 \end{pmatrix}, \qquad v(p) \simeq \begin{pmatrix} 0 \\ \eta \end{pmatrix}$$

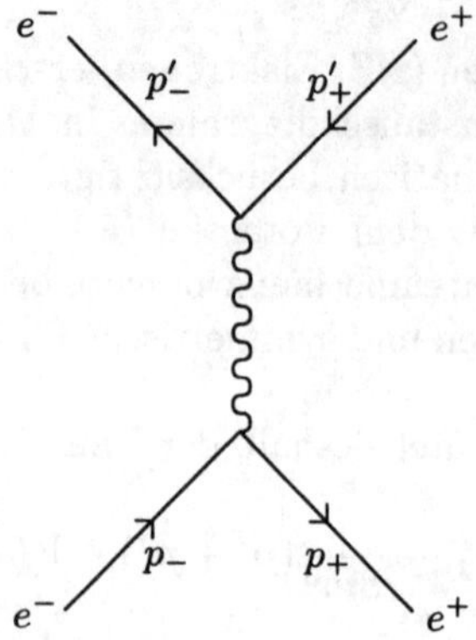

Abbildung 5.10. Vernichtungsdiagramm

(den Pauli-Spinor des Elektrons bezeichnen wir mit η_-). Damit ist

$$\begin{aligned} \overline{v}(p_+)\gamma^0 u(p_-) &= v^*(p_+)u(p_-) = 0\,, \\ \overline{v}(p_+)\boldsymbol{\gamma} u(p_-) &= v^*(p_+)\boldsymbol{\alpha} u(p_-) = \eta^* \boldsymbol{\sigma} \eta_-\,. \end{aligned}$$

Dies gibt bis Ordnung $(1/c^2)$ (wobei wir wieder $c = 1$ setzen)

$$T^{*V)} = \frac{e^2}{(2\pi)^6}\frac{1}{4m^2}(\eta^*\boldsymbol{\sigma}\eta_-)(\eta'^*_-\boldsymbol{\sigma}\eta')\,. \tag{5.186}$$

In diesem Ausdruck müssen wir zunächst die Elektronen- und die Positron-Spinoren nebeneinander bringen. Es gilt die Identität

$$\begin{aligned} &(\eta^*\boldsymbol{\sigma}\eta_-)(\eta'^*_-\boldsymbol{\sigma}\eta') \\ &= \frac{3}{2}(\eta'^*_-\eta_-)(\eta^*\eta') - \frac{1}{2}(\eta'^*_-\boldsymbol{\sigma}\eta_-)(\eta^*\boldsymbol{\sigma}\eta')\,. \end{aligned} \tag{5.187}$$

* * *

Herleitung: Die Matrizen σ_μ ($\sigma_0 = 1\!\!1$, σ_k: Pauli-Matrizen) bilden eine Basis im Raum der komplexen 2×2 Matrizen. Es gilt

$$\frac{1}{2} Sp \sigma_\mu \sigma_\nu = \delta_{\mu\nu}\,.$$

Für eine beliebige 2×2 Matrix A haben wir damit die Entwicklung

$$A = \sum c_\mu \sigma_\mu\,, \qquad c_\mu = \frac{1}{2} Sp(A\sigma_\mu)\,.$$

Für $A = E_{ik}$, $(E_{ik})_{jl} = \delta_{ij}\delta_{kl}$ gilt insbesondere

$$E_{ik} = \frac{1}{2}\sum_{\mu} Sp(E_{ik}\sigma_\mu)\sigma_\mu = \frac{1}{2}\sum (E_{ik})_{lm}(\sigma_\mu)_{ml}\sigma_\mu$$

oder

$$(E_{ik})_{rs} = \delta_{ir}\delta_{ks} = \frac{1}{2}\sum \delta_{il}\delta_{km}(\sigma_\mu)_{ml}(\sigma_\mu)_{rs} = \frac{1}{2}\sum_{\mu}(\sigma_\mu)_{ki}(\sigma_\mu)_{rs} \,,$$

d.h. es gilt die „Vollständigkeitsrelation"

$$\delta_{ir}\delta_{ks} = \frac{1}{2}\sum_{\mu}(\sigma_\mu)_{ki}(\sigma_\mu)_{rs} = \frac{1}{2}\boldsymbol{\sigma}_{ki}\cdot\boldsymbol{\sigma}_{rs} + \frac{1}{2}\delta_{ki}\delta_{rs} \,. \tag{5.188}$$

Vertauscht man darin i mit s so folgt

$$\delta_{sr}\delta_{ki} = \frac{1}{2}\boldsymbol{\sigma}_{ks}\cdot\boldsymbol{\sigma}_{ri} + \frac{1}{2}\delta_{ks}\delta_{ri} \,.$$

Dies addieren wir zum Doppelten von (5.188) und erhalten

$$\frac{3}{2}\delta_{ir}\delta_{ks} = \boldsymbol{\sigma}_{ki}\cdot\boldsymbol{\sigma}_{rs} + \frac{1}{2}\boldsymbol{\sigma}_{ks}\boldsymbol{\sigma}_{ri} \,, \tag{5.189}$$

woraus die Behauptung (5.187) sofort folgt.

* * *

Nun gilt es noch einen letzten Punkt zu beachten. Die Spinoren η sind noch nicht die richtigen Positronwellenfunktionen. Nach Gleichung (3.35) gilt nämlich

$$v(p) = C\overline{u}^{\mathsf{T}}(p) \,.$$

Für C kann man in der Dirac-Pauli-Darstellung $C = \gamma^2\gamma^0$ wählen, womit

$$v(p) = \gamma^2 u^{*\mathsf{T}}(p) = \begin{pmatrix} 0 & \sigma_2 \\ -\sigma_2 & 0 \end{pmatrix} u^{*\mathsf{T}}(p) \,.$$

Speziell für $u(p) = \begin{pmatrix} \varphi \\ 0 \end{pmatrix}$ ist

$$v(p) = \begin{pmatrix} 0 \\ -\sigma_2\varphi^{*\mathsf{T}} \end{pmatrix} \,.$$

Die Positronwellenfunktion η_+ hängt also mit η wie folgt zusammen

$$\eta = -\sigma_2\eta_+^{*\mathsf{T}} \implies \eta^* = -\eta_+^{\mathsf{T}}\sigma_2 \,.$$

Folglich gilt

$$\begin{aligned}\eta^*\eta' &= \eta_+^\top \sigma_2 \sigma_2 \eta_+'^{*\top} = \eta_+'^{*}\eta_+ \,, \\ \eta^*\boldsymbol{\sigma}\eta' &= \eta_+^\top \sigma_2 \boldsymbol{\sigma} \sigma_2 \eta_+'^{*\top} = -\eta_+^\top \boldsymbol{\sigma}^\top \eta_+'^{*\top} = -\eta_+'^{*}\boldsymbol{\sigma}\eta_+ \,.\end{aligned}$$

Damit und mit (5.187) erhalten wir aus (5.186)

$$T^{(V)} = \frac{e^2}{(2\pi)^6} \frac{1}{4m^2} \frac{1}{2} \eta_-'^{*} \eta_+'^{*} (3 + \boldsymbol{\sigma}_+ \cdot \boldsymbol{\sigma}_-) \eta_- \eta_+ \,. \qquad (5.190)$$

Das zugehörige Potential $V^{(V)}$ hängt mit $M^{(V)}$ durch (5.171) zusammen, wobei

$$M^{(V)} = \frac{e^2}{8m^2}(3 + \boldsymbol{\sigma}_+ \cdot \boldsymbol{\sigma}_-) \,.$$

Als Resultat finden wir

$$\boxed{V^{(V)} = \frac{e^2}{8m^2}(3 + \boldsymbol{\sigma}_+ \cdot \boldsymbol{\sigma}_-)\delta^3(\boldsymbol{x}) \,.} \qquad (5.191)$$

Die Feinstruktur von Positronium

Für die Relativbewegung ist $\boldsymbol{p}_- = -\boldsymbol{p}_+ \equiv \boldsymbol{p}$, $\boldsymbol{p} = -i\boldsymbol{\nabla}_{\boldsymbol{x}}$ und der Hamilton-Operator der Relativbewegung lautet

$$H = \frac{\boldsymbol{p}^2}{m} - \frac{e^2}{4\pi r} + V_1 + V_2 + V_3 \,, \qquad (5.192)$$

mit $[\mu_0 = e/2m$, $\boldsymbol{S} = \frac{1}{2}(\boldsymbol{\sigma}_+ + \boldsymbol{\sigma}_-)$, $\boldsymbol{S}^2 = \frac{1}{2}(3 + \boldsymbol{\sigma}_+ \cdot \boldsymbol{\sigma}_-)]$

$$\begin{aligned} V_1 &= -\frac{\boldsymbol{p}^4}{4m^3} + \mu_0 \delta^3(\boldsymbol{x}) - \frac{e^2}{8\pi m^2} \frac{1}{r} \left(\boldsymbol{p}^2 + \frac{\boldsymbol{x}(\boldsymbol{x}\cdot\boldsymbol{p})\boldsymbol{p}}{r^2} \right) , \\ V_2 &= \frac{3}{2\pi} \mu_0^2 \frac{1}{r^3} \boldsymbol{L}\cdot\boldsymbol{S} \,, \\ V_3 &= \frac{3}{2\pi} \mu_0^2 \frac{1}{r^3} \left(\frac{(\boldsymbol{S}\cdot\boldsymbol{x})(\boldsymbol{S}\cdot\boldsymbol{x})}{r^2} - \frac{1}{3}\boldsymbol{S}^2 \right) + \mu_0^2 \left(\frac{7}{3}\boldsymbol{S}^2 - 2 \right) \delta^3(\boldsymbol{x}) \,. \end{aligned} \qquad (5.193)$$

Der „ungestörte“ Hamilton-Operator ist

$$H_0 = \frac{\boldsymbol{p}^2}{m} - \frac{e^2}{4\pi r} \,,$$

also gleich dem Hamilton-Operator des H-Atoms mit der reduzierten Masse $m/2$. Die anderen Terme in (5.192) bewirken die Feinstruktur und sind störungstheoretisch zu behandeln. Neben dem gesamten Drehimpuls kommutiert offensichtlich auch $\boldsymbol{S}^2$ mit H. Das Termsystem zerfällt deshalb in $S = 0$ (Parapositronium) und $S = 1$ (Orthopositronium). Dies folgt aber schon allgemein aus der CP-Invarianz der elektromagnetischen Wechselwirkung.

* * *

Begründung: Da die Erzeugungsoperatoren für Elektronen und Positronen antikommutieren, muss der Positronium-Zustand bei der Vertauschung der Orte, der Spins und der „Ladungsvariablen" der Teilchen antisymmetrisch sein. Bei Vertauschung der Orte wird der Zustand mit $(-1)^L$, bei Vertauschung der Spins mit $(-1)^{1+S}$ und bei Vertauschung der Ladungsvariablen mit C multipliziert. Aus der Bedingung $(-1)^L(-1)^{1+S}C = -1$ folgt

$$C = (-1)^{L+S} . \qquad (5.194)$$

Da die inneren Paritäten von Elektron und Positron entgegengesetzt sind, gilt $P = (-1)^{L+1}$ und folglich ist

$$CP = (-1)^{S+1} . \qquad (5.195)$$

Aus der CP-Erhaltung der elektromagnetischen Wechselwirkungen folgt also die Erhaltung des Gesamtspins.

* * *

Für $S = 0$ ist $J = L$ (Singulett) und für $S = 1$ ist $J = L,\ L \pm 1$ (Triplett). Als Beispiel berechnen wir zuerst die Energiedifferenz zwischen den Grundzuständen von Ortho- und Parapositronium. Die Abhängigkeit der Energie vom Gesamtspin S ist für $L = 0$ allein im Mittelwert von V_3 enthalten. Dabei gibt auch der erste Term von V_3 für $L = 0$ keinen Beitrag (Winkelintegration!). Wir erhalten

$$\begin{aligned} E(^3S_1) - E(^1S_0) &= \frac{7}{3} \cdot 2 \cdot \mu_0^2 |\psi(0)|^2 \\ &= \frac{7}{12}\alpha^2 \frac{me^4}{\hbar^2} = 8.2 \times 10^{-4}\mathrm{eV} . \end{aligned} \qquad (5.196)$$

Werden zusätzlich Strahlungskorrekturen berücksichtigt, so erhält man

$$\begin{aligned} E(^3S_1) - E(^1S_0) &= \alpha^2 \frac{me^4}{\hbar^2} \left(\frac{7}{12} - \frac{\alpha}{2\pi} \left(\ln 2 + \frac{16}{9} \right) \right) \\ &= 2.0337 \times 10^5 \mathrm{MHz} . \end{aligned} \qquad (5.197)$$

Dieser theoretische Wert stimmt mit dem experimentellen Ergebnis $(2.0338 \pm 0.0004) \times 10^5$ MHz sehr gut überein. Auch ohne Strahlungskorrekturen ist klar, dass das Vernichtungsdiagramm (welches kein Analogon für das H-Atom hat) wesentlich für die Übereinstimmung mit dem Experiment ist ($\frac{3}{12}$ von den $\frac{7}{12}$ in (5.196) rühren vom Annihilationsdiagramm her).

Nun berechnen wir auch noch die Feinstruktur von Parapositronium. Wir verwenden dabei atomare Einheiten. Die ungestörten Wellenfunktionen erfüllen die Schrödinger-Gleichung

$$\boldsymbol{p}^2\psi = -\Delta\psi = \left(E + \frac{1}{r}\right)\psi\,, \qquad E = -\frac{1}{4n^2}\,.$$

Daher ist

$$\begin{aligned}\boldsymbol{p}^4\psi &= \boldsymbol{p}^2\left(E + \frac{1}{r}\right)\psi \\ &= \left(E + \frac{1}{r}\right)^2\psi - \psi\Delta\left(\frac{1}{r}\right) - 2\boldsymbol{\nabla}\left(\frac{1}{r}\right)\cdot\boldsymbol{\nabla}\psi \\ &= \left(E + \frac{1}{r}\right)^2\psi + 4\pi\delta^3(\boldsymbol{x})\psi + \frac{2}{r^2}\frac{\partial\psi}{\partial r}\end{aligned}$$

und folglich gilt für den Mittelwert

$$\langle\boldsymbol{p}^4\rangle_\psi = \left\langle\left(E + \frac{1}{r}\right)^2\right\rangle_\psi + 4\pi|\psi(0)|^2 + \int\frac{\partial|\psi|^2}{\partial r}\,dr\,d\Omega\,.$$

Das letzte Integral ist $-\int|\psi(0)|^2\,d\Omega$. Da $\psi(0)$ nur für $L = 0$ von Null verschieden ist, hebt sich dieses Integral gegen den 2. Term weg und es gilt

$$\langle\boldsymbol{p}^4\rangle = \left\langle\left(E + \frac{1}{r}\right)^2\right\rangle_\psi\,.$$

Ausgehend von

$$-\boldsymbol{p}^2\psi = \frac{\partial^2\psi}{\partial r^2} + \frac{2}{r}\frac{\partial\psi}{\partial r} - \frac{1}{r^2}\boldsymbol{L}^2\psi = -\left(E + \frac{1}{r}\right)\psi\,,$$

finden wir für den zusätzlich benötigten Mittelwert

$$\begin{aligned}\left\langle\frac{\boldsymbol{x}}{r^3}(\boldsymbol{x}\cdot\boldsymbol{p})\boldsymbol{p}\right\rangle_\psi &= -\int\psi^*\frac{1}{r}\frac{\partial^2\psi}{\partial r^2}\,d^3x \\ &= \left\langle\frac{1}{r}\left(E + \frac{1}{r}\right)\right\rangle_\psi - 4\pi|\psi(0)|^2 - L(L+1)\left\langle\frac{1}{r^3}\right\rangle_\psi\,.\end{aligned}$$

Benutzen wir schliesslich (siehe (2.142))

$$|\psi(0)|^2 = \frac{1}{8\pi n^3}\delta_{L0}\,, \qquad \left\langle\frac{1}{r}\right\rangle = \frac{1}{2n^2}\,, \qquad \left\langle\frac{1}{r^2}\right\rangle = \frac{1}{2n^3(2L+1)}\,,$$

$$\left\langle\frac{1}{r^3}\right\rangle = \frac{1}{4n^3L(L+1)(2L+1)} \qquad (L \neq 0)\,,$$

so finden wir

$$E_{nl} = -\frac{1}{4n^2} - \alpha^2\frac{me^4}{\hbar^2}\frac{1}{2n^2}\left(\frac{1}{2L+1} - \frac{11}{32n}\right)\,. \tag{5.198}$$

5.10 Aufgaben

5.10.1 T-Matrixelement

Berechne das T-Matrixelement für $\gamma + e^+ \to \gamma + e^+$.

5.10.2 Wirkungsquerschnitt

Berechne den totalen Wirkungsquerschnitt für $e^- + e^+ \longrightarrow \mu^- + \mu^+$. Bei welcher Energie wird er maximal und wie gross ist er dort im Vergleich zu $e^- + e^+ \longrightarrow 2\gamma$?

5.10.3 Wechselwirkung zwischen Fermion und Boson

Man betrachte die folgende Wechselwirkung zwischen einem Fermion ψ (Masse m) und einem massiven Boson φ (Masse μ)

$$\mathcal{L}_{int} = g\overline{\psi}\gamma_5\psi\varphi \, .$$

Zeige, dass diese Kopplung im nichtrelativistischen Grenzfall zum folgenden Wechselwirkungspotential

$$V = \frac{g^2}{4\pi}\frac{1}{(2m)^2}(\boldsymbol{\sigma}_1 \cdot \boldsymbol{\nabla})(\boldsymbol{\sigma}_2 \cdot \boldsymbol{\nabla})\frac{e^{-\mu r}}{r}$$

führt.

Anhang zu Kapitel 5

5.A T-Matrixelement und Wirkungsquerschnitt

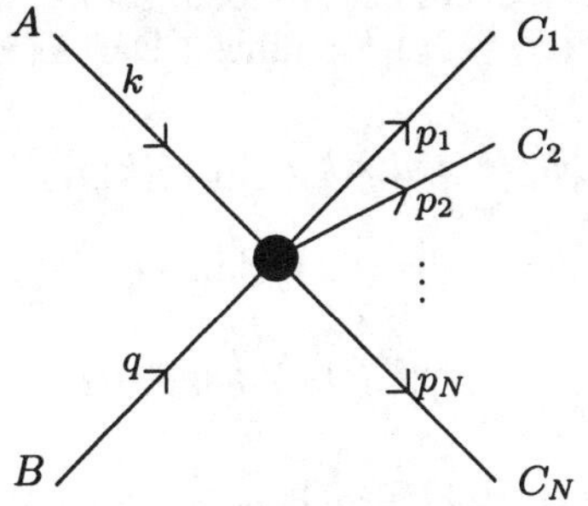

Abbildung 5.11. Prozess $A + B \longrightarrow C_1 + C_2 + \ldots + C_N$

Wir betrachten den Prozess $A + B \longrightarrow C_1 + C_2 + \ldots + C_N$. Das T-Matrixelement ist wie üblich definiert durch ($P_i = k + q$, $P_f = \sum_j^N p_j$):

$$\langle p_1, \ldots p_N \,|S - 1|\, k, q\rangle = -i(2\pi)^4 \delta(P_f - P_i)\langle p_1, \ldots, p_N \,|T|\, k, q\rangle \,. \qquad (5.199)$$

Ähnlich wie in Abschnitt 1.8 wollen wir zeigen, dass der differentielle Wirkungsquerschnitt für diese Reaktion durch die folgende Formel gegeben ist ($d\Omega_m(p) = d^3p/2\sqrt{\boldsymbol{p}^2 + m^2}$; den Index m in $d\Omega_m(p)$ unterdrücken wir im folgenden):

$$\begin{aligned} &d\sigma(A + B \to C_1 + \ldots + C_N) \qquad (5.200)\\ &= \frac{(2\pi)^{10}}{2k^0 2q^0\,|\boldsymbol{v}_{AB}|} |\langle p_1, \ldots, p_N \,|T|\, k, q\rangle|^2 \delta^4(P_f - P_i) d\Omega(p_1) \ldots d\Omega(p_N) \,. \end{aligned}$$

Darin ist $\boldsymbol{v}_{AB} = \boldsymbol{k}/k^0 - \boldsymbol{q}/q^0$ die Relativgeschwindigkeit zwischen A und B im Anfangszustand.

Die Formel (5.200) gilt nur, wenn $\boldsymbol{k}$ und $\boldsymbol{q}$ kollinear sind (z.B. im Schwerpunktssystem oder im Laborsystem). In diesem Fall gilt für den sog. *Møller-Faktor*

$$F := k^0 q^0 |\boldsymbol{v}_{AB}| = \sqrt{(k \cdot q)^2 - k^2 q^2} \,. \qquad (5.201)$$

Dazu beachte man zunächst, dass

$$F^2 = (k^0 q^0)^2 \left| \frac{\boldsymbol{k}}{k^0} - \frac{\boldsymbol{q}}{q_0} \right|^2 = q_0^2 \boldsymbol{k}^2 + k_0^2 \boldsymbol{q}^2 - 2k^0 q^0\, \boldsymbol{k} \cdot \boldsymbol{q} \,.$$

Anderseits ist aber

$$(k \cdot q)^2 - k^2 q^2 = -2k^0 q^0 \boldsymbol{k} \cdot \boldsymbol{q} + k_0^2 \boldsymbol{q}^2 + q_0^2 \boldsymbol{k}^2 + \underbrace{[(\boldsymbol{k} \cdot \boldsymbol{q})^2 - \boldsymbol{k}^2 \boldsymbol{q}^2]}_{=0 \text{ Kollinearität}} \,.$$

Setzen wir (5.201) in (5.200) ein, so erhalten wir einen Lorentz-invarianten Ausdruck für den Querschnitt.

Um die Formel (5.200) zu beweisen, müssen wir die einlaufenden Teilchen A und B durch Wellenpakete beschreiben. (Sonst würde man auf den undefinierten Ausdruck $[\delta^4(P_f - P_i)]^2$ geführt.) Der Anfangszustand habe also die Form

$$|\Phi\rangle = \int d\Omega(k) d\Omega(q) f(k) g(q) |k, q\rangle \,. \qquad (5.202)$$

Dieser ist auf 1 normiert, falls wir verlangen

$$\int |f|^2 \, d\Omega = \int |g|^2 \, d\Omega = 1 \,. \qquad (5.203)$$

Die Wahrscheinlichkeit (bei gegebenem Anfangszustand Φ) die Teilchen $C_1, \ldots, C_N$ im Gebiet D des Impulsraumes zu finden (Spezifikationen der Spins kann man sich hinzudenken) ist gleich

$$\int_D d\Omega(p_1)\dots d\Omega(p_N)\,|\langle p_1,\dots,p_N\,|S-1|\,\Phi\rangle|^2\,. \tag{5.204}$$

Wir nehmen an, dass die Mittelwerte $\langle \boldsymbol{k}\rangle_f$,$\langle \boldsymbol{q}\rangle_g$ der Impulse von A und B für die Pakete f und g kollinear sind. E sei eine Ebene $\perp$ zu $\langle \boldsymbol{k}\rangle_f$ in $\mathbb{R}^3$. Wir nennen sie die Stossparameterebene. Zum Anfangszustand f des (Strahl-) Teilchens A betrachten wir auch die um $\boldsymbol{a}\in E$ verschobenen Zustände $f_{\boldsymbol{a}}(k)=e^{-i\boldsymbol{k}\cdot\boldsymbol{a}}f(k)$.

Als Anfangszustand wählen wir ein *statistisches Gemisch* von Zuständen $f_{\boldsymbol{a}_i}$, deren relative Stossparameter $\boldsymbol{a}_i$ die Ebene E mit einer Flächendichte n gleichmässig belegen. Der Wirkungsquerschnitt $\sigma(D,f\otimes g)$ (zu $f\otimes g$ für die Streuung in D) ist dann die zu erwartende Gesamtzahl von Teilchen $C_1,\dots,C_N$ in D, dividiert durch die Flächendichte n. Im Grenzfall einer kontinuierlichen Verteilung der $\{a_i\}$ erhalten wir aus (5.204)

$$\sigma(D,f\otimes g)=\int_E d^2a\int_D d\Omega(p_1)\dots d\Omega(p_N)\,|\langle p_1,\dots,p_N\,|S-1|\,\Phi_{\boldsymbol{a}}\rangle|^2\,.$$

Dabei ist $\Phi_{\boldsymbol{a}}$ der Zustand (5.202) mit $f\longrightarrow f_{\boldsymbol{a}}$. Setzen wir darin (5.199) ein so ergibt sich

$$\begin{aligned}\sigma(D,f\otimes g)=\int_E d^2a\int_D d\Omega(p_1)\dots d\Omega(p_N)&\int d\Omega(k)d\Omega(k')d\Omega(q)d\Omega(q')\\ &\times(2\pi)^8\delta^4(P_f-k-q)\delta^4(P_f-k'-q')\\ &\times\overline{\langle p_1,\dots,p_N\,|T|\,k,q\rangle}\langle p_1,\dots,p_N\,|T|\,k',q'\rangle\\ &\times e^{i\boldsymbol{a}\cdot(\boldsymbol{k}-\boldsymbol{k}')}\overline{f(k)}f(k')\overline{g(q)}g(q')\,.\end{aligned} \tag{5.205}$$

Die Integration über $\boldsymbol{a}$ liefert

$$\int_E d^2a e^{i\boldsymbol{a}\cdot(\boldsymbol{k}-\boldsymbol{k}')}=(2\pi)^2\delta^2(\boldsymbol{k}'_\perp-\boldsymbol{k}_\perp) \tag{5.206}$$

($\boldsymbol{k}'_\perp,\boldsymbol{k}_\perp$: Komponenten von $\boldsymbol{k}',\boldsymbol{k}\perp$ zu $\langle\boldsymbol{k}\rangle_f$). Im verbleibenden Integranden von (5.205) ist der Träger in $\{k'=k,q'=q\}$. Für feste k,q,P_f geben $\delta^4(P_f-k'-q')$ und $\delta^2(\boldsymbol{k}'_\perp-\boldsymbol{k}_\perp)$ sechs Gleichungen für die sechs Komponenten $\boldsymbol{k}',\boldsymbol{q}'$. In einer praktischen Streusituation sind die Pakete f und g relativ scharf um ihre Mittelwerte konzentriert und es kommt deshalb für k' und q' nur die Lösung $k'=k$, $q'=q$ in Frage.

Damit haben wir

$$\begin{aligned}\sigma(D,f\otimes g)=(2\pi)^{10}\int_D d\Omega(p_1)\dots d\Omega(p_N)&\int d\Omega(k)d\Omega(q)\delta^4(P_f-k-q)\\ &\times|\langle p_1,\dots,p_N\,|T|\,k,q\rangle|^2\,|f(k)|^2\,|g(q)|^2\\ &\times\int d\Omega(k')d\Omega(q')\delta^4(P_f-k'-q')\delta^2(\boldsymbol{k}'_\perp-\boldsymbol{k}_\perp)\,.\end{aligned} \tag{5.207}$$

Nach der eben gemachten Bemerkung sind im letzten Integral von (5.207) nur die Beiträge von $\boldsymbol{k} = \boldsymbol{k}'$, $\boldsymbol{q} = \boldsymbol{q}'$ zu nehmen. Deshalb ist dieses Integral gleich

$$\frac{1}{2q^0}\int \frac{d^3k'}{2k^0}\delta(P_f^0 - k'^0 - q^0)\delta^2(\boldsymbol{k}_\perp - \boldsymbol{k}'_\perp)$$

$$= \frac{1}{2q^0 2k^0}\int d^2k'_\perp dk'_\parallel \delta\left(P_f^0 - \sqrt{m_A^2 + \boldsymbol{k}'^2_\perp + k'^2_\parallel}\right.$$

$$\left. - \sqrt{m_B^2 + (\boldsymbol{P}_f - \boldsymbol{k}')^2}\right)\delta^2(\boldsymbol{k}'_\perp - \boldsymbol{k}_\perp)$$

$$= \frac{1}{2q^0 2k^0}\frac{1}{\left|\frac{k_\parallel}{k^0} - \frac{q_\parallel}{q^0}\right|}\,.$$

Folglich gilt

$$\sigma(D, f\otimes g) = (2\pi)^{10}\int_D d\Omega(p_1)\dots d\Omega(p_N)\int d\Omega(k)d\Omega(q)\delta^4(P_f - k - q)$$

$$\cdot\frac{1}{2k^0 2q^0\,|v_{A\parallel} - v_{B\parallel}|}\cdot|\langle p_1,\dots,p_N|T|\,k,q\rangle|^2\;|f(k)|^2\,|g(q)|^2\,. \tag{5.208}$$

Nun sollen die Träger der Pakete $|f|^2$ und $|g|^2$ scharf um ihre Mittelwerte konzentriert sein. Dann erhält man auf Grund der Normierungen (5.203) sofort die Formel (5.200) für den differentiellen Wirkungsquerschnitt.

5.B *T*-Matrix und Zerfallsrate

Wir betrachten jetzt den Zerfall eines unstabilen Teilchens A in Teilchen $C_1 + \ldots + C_N$.

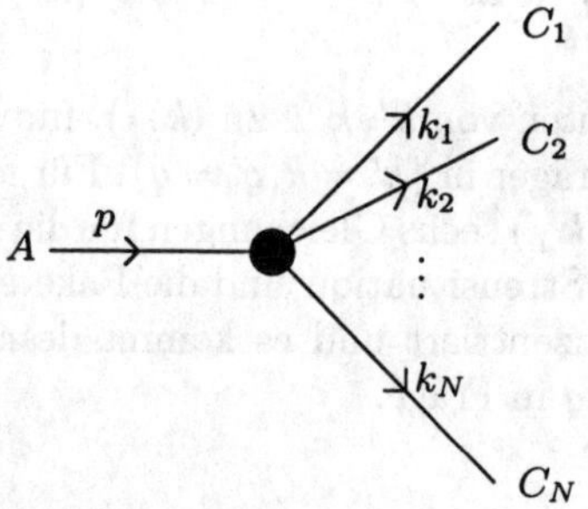

Abbildung 5.12. Zerfall $A \longrightarrow C_1 + C_2 + \ldots + C_N$

Das Teilchen A kann „elementar“ oder „zusammengesetzt“ sein; Beispiel: Positronium.

Wir wollen zeigen, dass die differentielle Zerfallsrate durch folgende Formel gegeben ist

$$d\Gamma(A \to C_1 + \ldots + C_N) = \frac{(2\pi)^7}{2p^0} \left|\langle k_1, \ldots, k_N \left| T \right| p\rangle\right|^2 d\Omega(k_1) \ldots d\Omega(k_N) . \tag{5.209}$$

Da in (5.209) einzig der kinematische Faktor $(2\pi)^7/2p^0$ nicht ganz selbstverständlich ist, beweisen wir die Formel nur in 1. Ordnung Störungstheorie. Der Anfangszustand zur Zeit $t = 0$ sei

$$|\Phi\rangle = \int d\Omega(p) f(p) \, |p\rangle \, , \qquad \int |f|^2 \, d\Omega(p) = 1 \, . \tag{5.210}$$

Die Wahrscheinlichkeit, zur Zeit t die Teilchen $C_1, \ldots, C_N$ mit Impulsen im Gebiet D zu finden, ist

$$\begin{aligned} P_t(D, f) &= \int_D d\Omega(k_1) \ldots d\Omega(k_N) \left|\langle k_1 \ldots k_N \mid \Phi_t\rangle\right|^2 \\ &\overset{1.Ordnung}{\simeq} \int_D d\Omega(k_1) \ldots d\Omega(k_N) \left| \int d\Omega(p) f(p) \int_0^t dt' \langle k_1 \ldots k_N | H_{int}(t') | p\rangle \right|^2 . \end{aligned}$$

Aber ($P_f := \sum_1^N k_j$)

$$\begin{aligned} \int_0^t dt' \langle k_1, \ldots, k_N \left| H_{int}(t') \right| p\rangle dt' &= \frac{e^{i(P_f^0 - p^0)t} - 1}{i(P_f^0 - p^0)} (2\pi)^3 \delta^3(\boldsymbol{P}_f - \boldsymbol{p}) \\ &\quad \times \langle k_1, \ldots, k_N \left| T^{(1)} \right| p\rangle \, , \end{aligned}$$

d.h.

$$P_t(D, f) = (2\pi)^6 \int_D d\Omega(k_1) \ldots d\Omega(k_N) \left| \frac{f(p)}{2p^0} \right|^2 \underbrace{\left(\frac{\sin \omega \frac{t}{2}}{\frac{\omega}{2}} \right)^2}_{\simeq 2\pi t \delta(\omega)} |T|^2 \, ,$$

mit $\boldsymbol{p} = \boldsymbol{P}_f$, $\omega = P_f^0 - p^0$.

Die Zerfallswahrscheinlichkeit pro Zeiteinheit ist damit

$$\begin{aligned} \Gamma(D, f) = (2\pi)^7 \int_D d\Omega(k_1) \ldots d\Omega(k_N) \int d\Omega(p) \delta^4(P_f - p) \\ \times \frac{1}{2p^0} \left|\langle k_1, \ldots, k_n \left| T \right| p\rangle\right|^2 |f(p)|^2 \, . \end{aligned} \tag{5.211}$$

Man denke sich zuerst die Integrale über die Endimpulse ausgeführt. Dann bleibt ein Integral der Form

$$\int d\Omega(p) \, \rho(p) \, |f(p)|^2 \, .$$

Nun sei $f(p)$ sehr scharf um einen Mittelwert $\overline{p}$ konzentriert. $\rho(p)$ wird vergleichsweise langsam variieren und dieses Integral ist wegen (5.210) gleich $\rho(\overline{p})$. Dies zeigt

$$\Gamma(D,p) = (2\pi)^7 \int_D d\Omega(k_1)\dots d\Omega(k_N)\delta^4(P_f - p)\frac{1}{2p^0}|\langle k_1,\dots,k_N\,|T|\,p\rangle|^2\,,$$

was mit (5.209) übereinstimmt.

6. Systematische Herleitung der Feynman-Regeln

Bei der Berechnung von S-Matrixelementen stellt sich die Aufgabe, Matrixelemente von zeitgeordneten Produkten von Feldoperatoren zu bestimmen (Dyson-Reihe). In ein paar einfachen Fällen haben wir dies auf etwas mühsame Weise bereits durchgeführt. Nun wollen wir diese Aufgabe systematisch lösen. Damit werden wir auch die Feynman-Regeln für andere feldtheoretische Modelle in beliebiger Ordnung Störungstheorie erhalten. Für Eichtheorien gibt es aber zusätzliche Probleme.

6.1 T-Produkte und Normalprodukte, Theorem von Wick

Im folgenden bezeichne $A(x)$ ein freies Bose-Feld (Spin 0,1) und $\psi(x)$ ein freies Dirac-Feld. Wie früher zerlegen wir ψ und A in positive und negative Frequenzanteile

$$\psi = \psi^{(+)} + \psi^{(-)} , \qquad A = A^{(+)} + A^{(-)} . \tag{6.1}$$

Wir vermerken (beachte (5.27))

$$\begin{aligned} [A^{(+)}(x), A^{(+)}(y)] &= [A^{(-)}(x), A^{(-)}(y)] = 0 , \\ \underbrace{[A^{(+)}(x), A^{(-)}(y)]}_{c\text{--Zahl}} &= \langle 0 \,| A(x) A(y) |\, 0 \rangle , \end{aligned} \tag{6.2}$$

$$\begin{aligned} \{\psi^{(+)}(x), \psi^{(+)}(y)\} &= \{\overline{\psi}^{(+)}(x), \psi^{(+)}(y)\} = \{\psi^{(+)}(x), \psi^{(-)}(y)\} \\ &= \{\overline{\psi}^{(+)}(x), \overline{\psi}^{(-)}(y)\} = 0 , \end{aligned}$$

$$\begin{aligned} \{\overline{\psi}^{(+)}(x), \psi^{(-)}(y)\} &= \langle 0 \,| \overline{\psi}(x) \psi(y) |\, 0 \rangle , \\ \{\overline{\psi}^{(-)}(x), \psi^{(+)}(y)\} &= \langle 0 \,| \psi(y) \overline{\psi}(x) |\, 0 \rangle . \end{aligned} \tag{6.3}$$

Nun definieren wir die sogenannten *Normalprodukte.* Für Bose-Felder ist das Normalprodukt $: A(1) \ldots A(n) :$ von n Faktoren wie folgt erklärt (ˇ bedeutet: auslassen):

$$
\begin{aligned}
:A(1)\dots A(n): &= A^{(+)}(1)\dots A^{(+)}(n) \\
&+\sum_{i=1}^{n} A^{(-)}(i)A^{(+)}(1)\dots \check{A}^{(+)}(i)\dots A^{(+)}(n)+\dots \\
&\dots + A^{(-)}(1)A^{(-)}(2)\dots A^{(-)}(n)\,. \qquad (6.4)
\end{aligned}
$$

In Worten: Man erhält das Normalprodukt $:A(1)\dots A(n):$ aus dem gewöhnlichen Produkt $A(1)\dots A(n)$, indem man darin die Zerlegung (6.1) einsetzt und danach die Reihenfolge der Operatoren so umstellt, dass die Erzeugungsoperatoren links von den Vernichtungsoperatoren stehen. Für Fermi-Felder ($\varphi = \psi, \overline{\psi}$) soll man bei dieser Umstellung ausserdem den Signaturfaktor der ausgeführten Permutation anbringen:

$$
\begin{aligned}
:\varphi(1)\dots\varphi(n): &= \varphi^{(+)}(1)\dots\varphi^{(+)}(n) \\
&\sum_{i=1}^{n} \sigma_P \varphi^{(-)}(i)\varphi^{(+)}(1)\dots\check{\varphi}^{(+)}(i)\dots\varphi^{(+)}(n)+\dots \\
&\dots+\varphi^{(-)}(1)\dots\varphi^{(-)}(n)\,. \qquad (6.5)
\end{aligned}
$$

Das Normalprodukt ist für Bose-Felder auf Grund der Definition und von (6.2) in allen Variablen $(1\dots n)$ symmetrisch und für Fermi-Felder entsprechend total antisymmetrisch. In einem Normalprodukt können wir also so rechnen, als ob die Operatoren $A(x)$ immer miteinander kommutieren und die Operatoren $\psi(x)$ und $\overline{\psi}(x)$ immer miteinander antikommutieren.

Wir verwandeln jetzt mit Hilfe von (6.2) und (6.3) einige einfache gewöhnliche Produkte in Summen von Normalprodukten:

$$
\begin{aligned}
A(1)A(2) &= A^{(+)}(1)A^{(+)}(2) + A^{(-)}(1)A^{(+)}(2) \\
&\quad + A^{(+)}(1)A^{(-)}(2) + A^{(-)}(1)A^{(-)}(2) \\
&= :A(1)A(2): + A^{(+)}(1)A^{(-)}(2) - A^{(-)}(2)A^{(+)}(1) \\
&= :A(1)A(2): + \langle 0\,|A(1)A(2)|\,0\rangle\,, \qquad (6.6)
\end{aligned}
$$

$$
\psi(1)\psi(2) = :\psi(1)\psi(2): + \underbrace{\langle 0\,|\psi(1)\psi(2)|\,0\rangle}_{=0} = :\psi(1)\psi(2):\,, \qquad (6.7)
$$

$$
\overline{\psi}(1)\overline{\psi}(2) = \;:\overline{\psi}(1)\overline{\psi}(2):\,, \qquad (6.8)
$$

$$
\psi(1)\overline{\psi}(2) = \;:\psi(1)\overline{\psi}(2): + \langle 0\,|\psi(1)\overline{\psi}(2)|\,0\rangle\,, \qquad (6.9)
$$

$$
\overline{\psi}(1)\psi(2) = \;:\overline{\psi}(1)\psi(2): + \langle 0\,|\overline{\psi}(1)\psi(2)|\,0\rangle\,. \qquad (6.10)
$$

Unsere *Hauptaufgabe* wird darin bestehen, ein T-Produkt (zeitgeordnetes Produkt) in eine Summe von Normalprodukten zu verwandeln, denn die Matrixelemente von Normalprodukten lassen sich sehr leicht berechnen.

Die *Kontraktion* (Paarung, Verjüngung) von zwei Operatoren in einem Normalprodukt ist wie folgt erklärt ($\varphi = A, \psi, \overline{\psi}$):

$$:\underbrace{\varphi(1)\varphi(2)}\varphi(3)\dots\varphi(n): \overset{\text{Def.}}{=} \langle 0\,|\varphi(1)\varphi(2)|\,0\rangle\ :\varphi(3)\dots\varphi(n):$$

$$:\varphi(1)\dots\underbrace{\varphi(i)\dots\varphi(j)}\dots\varphi(n):$$

$$\overset{\text{Def.}}{=} \sigma_P\ :\underbrace{\varphi(i)\varphi(j)}\varphi(1)\dots\check{\varphi}(i)\dots\check{\varphi}(j)\dots\varphi(n):\,, \tag{6.11}$$

wobei σ_P die Signatur der Permutation $P = \begin{pmatrix} 1\dots n \\ ij\dots \end{pmatrix}$ der Fermi-Felder ist; für Bose-Felder ist $\sigma_P \equiv 1$.

Der folgende Hilfssatz wird sich als nützlich erweisen.

Hilfssatz 2 *Sowohl für Bose- als auch für Fermi-Felder gilt die Gleichung*

$$\varphi(1)\ :\varphi(2)\dots\varphi(n): \,=\, :\varphi(1)\dots\varphi(n): + \sum_{i=2}^{n} :\underbrace{\varphi(1)\varphi(2)\dots\varphi(i)}\dots\varphi(n):\ . \tag{6.12}$$

Beweis. Es sei $Q(i) = \varphi^{(+)}(i)$ oder $\varphi^{(-)}(i)$. Da das Normalprodukt additiv in den beiden Frequenzanteilen ist, genügt es folgendes zu zeigen:

$$Q(1)\ :Q(2)\dots Q(n): \,=\, :Q(1)\dots Q(n): + \sum_{i=2}^{n} :\underbrace{Q(1)\dots Q(i)}\dots Q(n):\ . \tag{6.13}$$

Falls $Q(1)$ ein Erzeugungsoperator ist, ist (6.13) trivialerweise richtig: $Q(1)$ steht schon an der richtigen Stelle und $\langle 0\,|Q(1)Q(i)|\,0\rangle = 0$. Deshalb dürfen wir annehmen, dass $Q(1)$ ein Vernichtungsoperator ist. Falls in $Q(2)\dots Q(n)$ einige Operatoren Vernichtungsoperatoren sind, nehmen wir sie nach rechts aus dem Normalprodukt heraus. Ihre Kontraktionen mit $Q(1)$ verschwinden. Deshalb dürfen wir ohne Einschränkung der Allgemeinheit annehmen, dass $Q(2)\dots Q(n)$ Erzeugungsoperatoren sind. Für diese Situation beweisen wir nun den Hilfssatz durch vollständige Induktion.

Wir betrachten

$$\begin{aligned} Q(1)\ :Q(2)\dots Q(n)Q(n+1): &= Q(1)\ :Q(2)\dots Q(n):\ Q(n+1) \\ &= \ :Q(1)\dots Q(n):\ Q(n+1) \qquad (6.14) \\ &\quad + \sum_{i=2}^{n} :\underbrace{Q(1)\dots Q(i)}\dots Q(n):\ Q(n+1). \end{aligned}$$

(Beim 2. Gleichheitszeichen wurde die Induktionsvoraussetzung benutzt.) Im letzten Term ist der einzig vorkommende Vernichtungsoperator kontrahiert und deshalb ist dieser Term gleich

$$\sum_{i=2}^{n} :\underbracket{Q(1)\dots Q(i)}\dots Q(n)Q(n+1): \,.$$

Nun untersuchen wir den ersten Term in (6.14):

$$\begin{aligned}
&:Q(1)\dots Q(n):\,Q(n+1)\\
&=\sigma_P\ :Q(2)\dots Q(n)Q(1):\,Q(n+1)\\
&=\sigma_P\ :Q(2)\dots Q(n):\,\underbrace{Q(1)Q(n+1)}_{:Q(1)Q(n+1):\,+\underbracket{Q(1)Q(n+1)}}\\
&=\underbrace{\sigma_P\ :Q(2)\dots Q(n):\,:Q(1)Q(n+1):}_{:Q(1)\dots Q(n)Q(n+1):}+\ :\underbracket{Q(1)\dots Q(n)Q(n+1)}: \,.
\end{aligned}$$

Insgesamt erhalten wir damit aus (6.14)

$$\begin{aligned}
&Q(1)\ :Q(2)\dots Q(n)Q(n+1):\\
&=\ :Q(1)\dots Q(n)Q(n+1):\ +\sum_{i=2}^{n+1} :\underbracket{Q(1)\dots Q(i)}\dots Q(n)Q(n+1):\,,
\end{aligned}$$

d.h. der Induktionsschritt von n nach $n+1$ ist für (6.14) als richtig nachgewiesen.

Hilfssatz 3 *Ein gewöhnliches Produkt von Feldoperatoren kann wie folgt in eine Summe von Normalprodukten zerlegt werden:*

$$\begin{aligned}
\varphi(1)\dots\varphi(n) &=\ :\varphi(1)\dots\varphi(n):\ +\sum_{i<j} :\varphi(1)\dots\underbracket{\varphi(i)\dots\varphi(j)}\dots\varphi(n):\\
&\quad+\sum_{\substack{i_1<j_1\\ i_2<j_2}} \bcontraction{:\varphi(1)\dots}{\varphi(i_1)}{\dots\varphi(i_2)\dots}{\varphi(j_1)}\bcontraction[2ex]{:\varphi(1)\dots\varphi(i_1)\dots}{\varphi(i_2)}{\dots\varphi(j_1)\dots}{\varphi(j_2)}:\varphi(1)\dots\varphi(i_1)\dots\varphi(i_2)\dots\varphi(j_1)\dots\varphi(j_2)\dots\varphi(n):\\
&\quad+\dots\dots\ \textit{(alle möglichen Kontraktionen).}
\end{aligned}\tag{6.15}$$

Beweis. Dies ergibt sich leicht durch Rekursion mit Hilfe von Hilfssatz 1.

Beachte: Die Reihenfolge der nichtkontrahierten Faktoren kann unter Beachtung der Signatur beliebig verändert werden.

Da zwei kontrahierte Faktoren auf der rechten Seite von (6.15) immer dieselbe Reihenfolge wie auf der linken Seite haben, folgt aus dem Hilfssatz 2 das wichtige

Theorem (Wick): *Ein T-Produkt von Feldoperatoren kann wie folgt in eine Summe von Normalprodukten zerlegt werden:*

$$\begin{aligned} T\left(\varphi(1)\ldots\varphi(n)\right) &= \,:\varphi(1)\ldots\varphi(n): + \sum_{i<j} :\varphi(1)\ldots\overline{\varphi(i)\ldots\varphi(j)}\ldots\varphi(n): \\ &+ \sum_{\substack{i_1<j_1\\ i_2<j_2}} :\varphi(1)\ldots\overline{\varphi(i_1)\ldots\varphi(i_2)\ldots\varphi(j_1)}\ldots\varphi(j_2)\ldots\varphi(n): \quad (\text{Kontraktionen } i_1\text{–}j_1,\ i_2\text{–}j_2) \\ &+ \ldots\ldots \quad \textit{(alle möglichen Kontraktionen)}\,, \end{aligned} \tag{6.16}$$

wobei definitionsgemäss

$$:\overline{\varphi(1)\varphi(2)}\varphi(3)\ldots\varphi(n):\,=\langle 0\,|T\left(\varphi(1)\varphi(2)\right)|\,0\rangle\ :\varphi(3)\ldots\varphi(n):\,,$$

$$:\varphi(1)\ldots\overline{\varphi(i)\ldots\varphi(j)}\ldots\varphi(n):\,=\sigma_P\ :\overline{\varphi(i)\varphi(j)}\varphi(1)\ldots\check{\varphi}(i)\ldots\check{\varphi}(j)\ldots\varphi(n):\,. \tag{6.17}$$

Man beachte: Da

$$\langle 0\,|T\left(\psi(1)\overline{\psi}(2)\right)|\,0\rangle = -\langle 0\,|T\left(\overline{\psi}(2)\psi(1)\right)|\,0\rangle\,, \tag{6.18}$$

kann man die Reihenfolge von kontrahierten Operatoren unter Beachtung der Signatur abändern.

P-Produkte: Das P-Produkt von Feldoperatoren ist genauso definiert wie das T-Produkt, aber ohne Signaturfaktor. In der Dyson-Reihe tritt das P-Produkt auf. Es gilt aber

$$\begin{aligned} &P\left(:\overline{\psi}(1)\psi(1)::\overline{\psi}(2)\psi(2):\ \ldots\ :\overline{\psi}(n)\psi(n):\right) \\ &= T\left(:\overline{\psi}(1)\psi(1)::\overline{\psi}(2)\psi(2):\ \ldots\ :\overline{\psi}(n)\psi(n):\right) \\ &= \sum \left\{ \begin{array}{l} \text{Normalprodukten mit allen möglichen Kontraktionen,} \\ \text{ausser von zwei Faktoren mit demselben Zeitargument} \end{array} \right\}. \end{aligned} \tag{6.19}$$

Diese Zerlegung folgt sofort aus dem Wickschen Theorem und der Gleichung

$$T\left(\overline{\psi}(1)\psi(2)\right) = \,:\overline{\psi}(1)\psi(2):\, + \overbrace{\overline{\psi}(1)\psi(2)}\,, \tag{6.20}$$

welche ein Spezialfall des Wickschen Theorems ist.

Beispiel 6.1.1. In 2. Ordnung Störungstheorie haben wir in der QED das folgende T-Produkt der Spinorfelder:

$$\begin{aligned} T(:\overline{\psi}(1)\psi(1)::\overline{\psi}(2)\psi(2):) &= \,:\overline{\psi}(1)\psi(1)\overline{\psi}(2)\psi(2):\, + \,:\overbrace{\overline{\psi}(1)\psi(1)\overline{\psi}(2)\psi(2)}\\ &\quad + :\overline{\psi}(1)\overbrace{\psi(1)\overline{\psi}(2)}\psi(2): + :\overbrace{\overline{\psi}(1)\overbrace{\psi(1)\overline{\psi}(2)}\psi(2)}\\ &= \,:\overline{\psi}(1)\psi(1)\overline{\psi}(2)\psi(2):\, + iS_F(1-2) :\overline{\psi}(2)\psi(1):\\ &\quad - iS_F(2-1) :\overline{\psi}(1)\psi(2): + S_F(2-1)S_F(1-2). \end{aligned} \tag{6.21}$$

Darin trägt der erste Term bei der Møller- und bei der Bhabha-Streuung bei, der zweite und dritte Term geben nichtverschwindende Beiträge für die Compton-Streuung und die Paarvernichtung, während der letzte Term mit der Vakuumpolarisation zusammenhängt.

6.2 Die Feynmanschen Regeln im x-Raum

Um die Begründung der Feynman-Regeln für die Berechnung der S-Matrix nicht unnötig zu komplizieren, betrachten wir zunächst die folgende Wechselwirkung eines Spin-$\frac{1}{2}$-Feldes ψ mit einem neutralen pseudoskalaren Feld φ

$$\mathcal{L}_{int} = -\mathcal{H}_{int} = g\, :\overline{\psi}\gamma_5\psi:\, \varphi\,. \tag{6.22}$$

Auf die Besonderheiten der QED, welche auf der lokalen Eichinvarianz beruhen, werden wir anschliessend zurückkommen.

Die Dyson-Reihe lautet:

$$\begin{aligned} S-1 = \sum_{n=1}^{\infty}(ig)^n\frac{1}{n!}\int\prod_{i=1}^{n} d^4x_i\; T\left(:\overline{\psi}(x_1)\gamma_5\psi(x_1):\ldots:\overline{\psi}(x_n)\gamma_5\psi(x_n):\right)\\ \times T\left(:\varphi(x_1)\ldots\varphi(x_n):\right) \end{aligned} \tag{6.23}$$

$$\equiv \sum_{n=1}^{\infty}\frac{1}{n!}\int\prod_{i=1}^{n} d^4x_i\; S_n(x_1\ldots x_n)\,, \tag{6.24}$$

wo

$$S_n = (ig)^n\, T\left(:\overline{\psi}(x_1)\gamma_5\psi(x_1):\ldots:\overline{\psi}(x_n)\gamma_5\psi(x_n):\right) T\left(:\varphi(x_1)\ldots\varphi(x_n):\right). \tag{6.25}$$

Mit dem Wickschen Theorem können wir $S_n(x_1 \dots x_n)$ in (6.25) in eine Summe vom Normalprodukten mit allen möglichen Kontraktionen verwandeln (keine Kontraktionen mit demselben Argument!). Jedem Term von $S_n(x_1, \dots, x_n)$ in der Wickschen Zerlegung lassen wir durch die folgenden Regeln ein Diagramm entsprechen:

i) Jeder Variablen x_i entspricht ein Punkt (Vertex).

ii) Sind $\varphi(x_i$ und $\varphi(x_j)$ kontrahiert, so verbinden wir x_i und x_j durch eine gewellte Linie:

x_i  x_j (innere Bosonlinie).

iii) Sind $\psi(x_i)$ und $\overline{\psi}(x_j)$ kontrahiert, so verbinden wir x_i und x_j durch eine *gerichtete* Linie von x_j nach x_i ($\overline{\psi}$ emittiert „Teilchen“ !):

x_i  x_j (innere Fermionlinie).

iv) Einem ungepaarten („freien“) $\varphi(x)$ lassen wir eine gewellte Linie entsprechen, welche in x beginnt und ein freies Ende hat:

x  (äussere Bosonlinie).

v) Einem ungepaarten Operator $\psi(x)$ innerhalb eines Normalproduktes lassen wir eine gerichtete Linie entsprechen, welche frei beginnt und in x endet:

x  (einlaufende äussere Fermionlinie).

vi) Einem ungepaarten Operator $\overline{\psi}(x)$ entspricht analog:

x 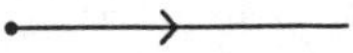 (auslaufende äussere Fermionlinie).

Aus der Form von $\mathcal{L}_{int}(x)$ folgt, dass in jedem Punkt (Vertex) je eine Fermionlinie ein- und ausläuft, sowie eine Bosonlinie endet (frei oder gepaart):

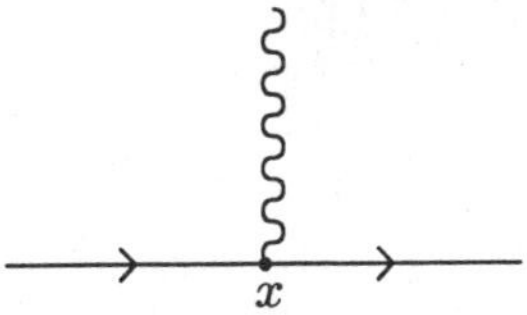
x (Vertex)

Beispiel: Für $n = 3$ ist ein typischer Term

$$
\begin{aligned}
&(ig)^3 \; :\overline{\psi}(x_1)\gamma_5\psi(x_1):\,:\overline{\psi}(x_2)\gamma_5\psi(x_2):\,:\overline{\psi}(x_3)\gamma_5\psi(x_3):\,:\varphi(x_1)\varphi(x_2)\varphi(x_3): \\
&= (ig)^3 \; :\overline{\psi}(x_1)\gamma_5 iS_F(x_1-x_2)\gamma_5 iS_F(x_2-x_3)\gamma_5\psi(x_3): \; i\Delta_F(x_1-x_3)\varphi(x_2)\,.
\end{aligned}
$$

Das zugehörige Diagramm ist

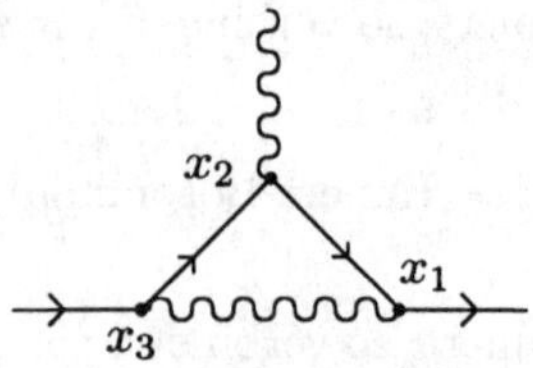

(Vertexkorrektur).

Bei Graphen mit geschlossenen Fermionschleife muss man auf ein Vorzeichen achten. Z.B. gibt es für $n = 2$ den Beitrag

$$
(ig)^2 \; :\overline{\psi}(x_1)\gamma_5\psi(x_1):\,:\overline{\psi}(x_2)\gamma_5\psi(x_2):\,:\varphi(x_1)\varphi(x_2):
$$

welchem das Diagramm

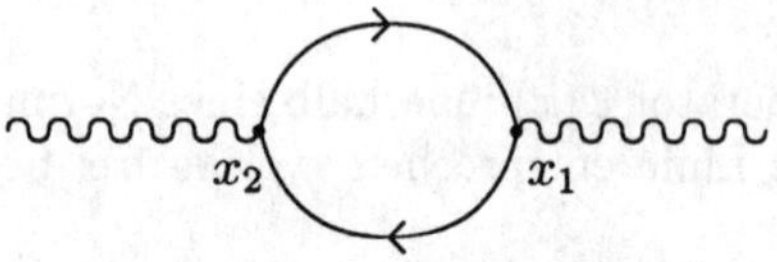

entspricht. Unter Beachtung der Signatur ist der zugehörige Ausdruck

$$
(ig)^2\,(-1)\, Sp\gamma_5 iS_F(x_1-x_2)\gamma_5 iS_F(x_2-x_1) \; :\varphi(x_1)\varphi(x_2): \;.
$$

Allgemein erhält man das Vorzeichen $(-1)^l$, wenn l die Anzahl geschlossener Fermionschleife („Loops“) in einem Diagramm ist.

In Abb. 6.1 geben wir noch alle möglichen Diagramme für $n = 1, 2$ an:

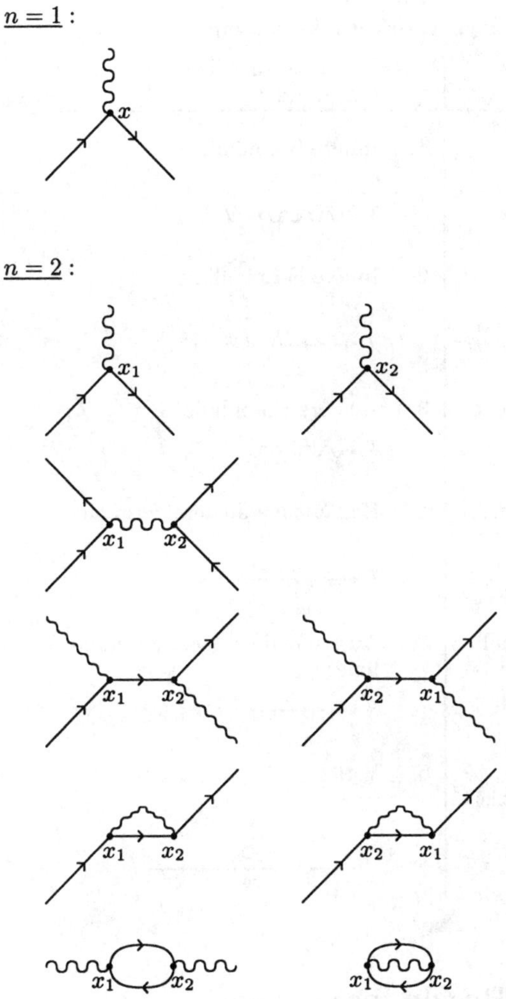

Abbildung 6.1. Feynman-Diagramme im x-Raum

Umgekehrt gehören zu einem Diagramm die Faktoren der Tabelle 6.1.

Tabelle 6.1. Feynman-Regeln im x-Raum

Faktoren in der Streumatrix	Elemente eines Feynman-Diagramms
1. Paarung von Operatoren des Skalarfeldes $\varphi(x)\varphi(y) = i\Delta_F(x-y)$ (Paarung)	1. Innere Bosonlinie 
2. Paarung von Operatoren des Spinorfeldes $\psi_\alpha(x)\overline{\psi}_\beta(y) = iS_F(x-y)_{\alpha\beta}$ (Paarung)	2. Innere Fermionlinie 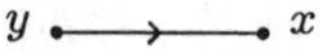
3. Freier Operator $\varphi(x)$ innerhalb eines Normalproduktes	3. Äussere Bosonlinie 
4. Freier Operator $\psi(x)$ innerhalb eines Normalproduktes	4. Einlaufende äussere Fermionlinie 
5. Freier Operator $\overline{\psi}(x)$ innerhalb eines Normalproduktes	5. Auslaufende äussere Fermionlinie 
6. Dirac-Matrix γ^5 in der Lagrange-Funktion multipliziert mit g $ig\gamma^5$	6. Vertex 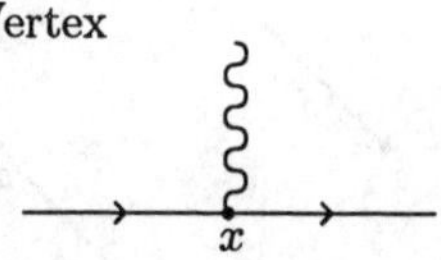

6.3 Die Feynmanschen Regeln im p-Raum

Wir betrachten zuerst ein Beispiel, nämlich die Boson-Fermion-Streuung ($\pi + N \longrightarrow \pi + N$) in tiefster nichtverschwindenden Ordnung $n = 2$ zur Lagrange-Dichte (6.22). In $S_2(x,y)$ tragen diejenigen Terme bei, in denen 2 Bosonfelder und 2 Fermionfelder ungepaart sind. Diese entsprechen den Diagrammen in Abb. 6.2.

Die zugehörigen Ausdrücke von $S_2(x,y)$ sind nach den Regeln der Tabelle 6.1:

$$(ig)^2 \left[: \overline{\psi}(y)\gamma_5 iS_F(y-x)\gamma_5\psi(x) : : \varphi(x)\varphi(y) : + (x \leftrightarrow y) \right] .$$

Nun bilden wir das zugehörige S-Matrixelement. Mit den kinematischen Variablen in der Abb. 6.3 finden wir

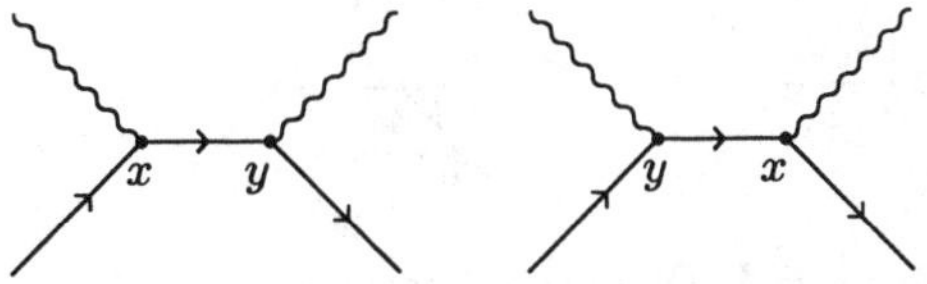

Abbildung 6.2. Feynman-Diagramme für πN-Streuung

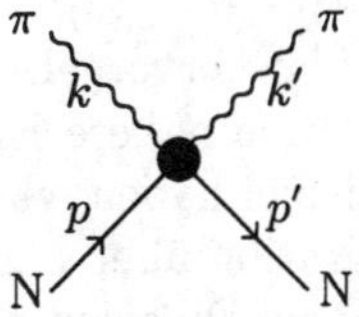

Abbildung 6.3. Kinematische Variablen der elastischen πN-Streuung

$$\langle p', k' | S^{(2)} | p, k\rangle = \frac{1}{2!}(ig)^2 \int d^4x\, d^4y \; \big[\langle p' | : \overline{\psi}(y)\gamma_5 i S_F(y-x)\gamma_5\psi(x) : | p\rangle \cdot \langle k' | : \varphi(x)\varphi(y) : | k\rangle + (x \leftrightarrow y)\big] \; . \tag{6.26}$$

Da über x und y integriert wird, gibt die Vertauschung von x und y in (6.26) lediglich einen Faktor 2. Nun ist

$$\langle p' | : \overline{\psi}(y)\gamma_5 i S_F(y-x)\gamma_5\psi(x) : | p\rangle = (2\pi)^{-\frac{3}{2}}\overline{u}(p')e^{ip'\cdot y}\gamma_5 i S_F(y-x)\gamma_5 \cdot (2\pi)^{-\frac{3}{2}}u(p)e^{-ip\cdot x} \; , \tag{6.27}$$

und

$$\langle k' | : \varphi(x)\varphi(y) : | k\rangle = (2\pi)^{-\frac{3}{2}}e^{ik'\cdot x}(2\pi)^{-\frac{3}{2}}e^{-ik\cdot y} + (x \leftrightarrow y). \tag{6.28}$$

Dies setzen wir in (6.26) ein und benutzen die Fourier-Darstellung des Feynman-Propagators (5.36):

$$S_F(x) = (2\pi)^{-4}\int d^4q\, e^{-iq\cdot x}\frac{\not{q}+m}{q^2-m^2+i\varepsilon} \; . \tag{6.29}$$

Die Integrationen über x und y werden trivial und man erhält sofort

$$\begin{aligned}\langle p', k' | S^{(2)} | p, k\rangle = {} & \frac{1}{2!}\cdot 2(ig)^2\left[(2\pi)^{-\frac{3}{2}}\right]^4 i \underbrace{(2\pi)^8}_{(d^4x\, d^4y)}\;\underbrace{(2\pi)^{-4}}_{(S_F)} \\ & \times\delta^4(p'+k'-p-k)\cdot\left[\overline{u}(p')\gamma_5\frac{(\not{p}+\not{k})+m}{(p+k)^2-m^2+i\varepsilon}\gamma_5 u(p)\right. \\ & \left. + \overline{u}(p')\gamma_5\frac{(\not{p}-\not{k}')+m}{(p-k')^2-m^2+i\varepsilon}\gamma_5 u(p)\right] \; .\end{aligned}$$

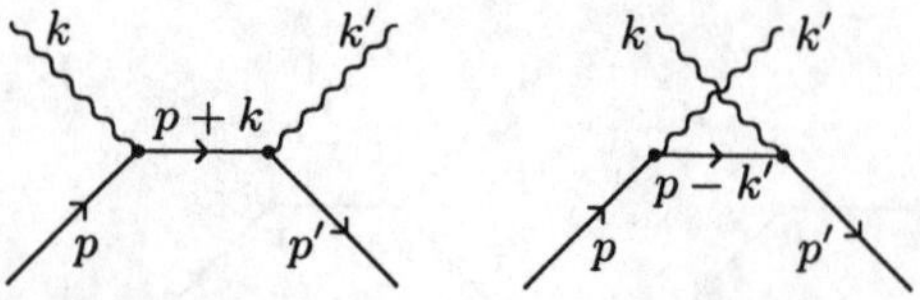

Abbildung 6.4. Feynman-Diagramme im x-Raum

Dieses Resultat stellen wir in Abb. 6.4 graphisch dar.

Aus diesem Beispiel dürfte klar hervorgehen, dass im allgemeinen Fall die Regeln der Tabelle 6.2 gelten. Eine nähere Erläuterung ist lediglich für die Regel 10 nötig. In unserem Beispiel haben wir gesehen, dass die beiden Diagramme in Abb. 6.2 nach Integration über x und y denselben Beitrag geben. Häufig sind alle n Vertizes in einem Diagramm n^{ter} Ordnung gleichberechtigt und deshalb hat dieses das Gewicht $n!$. Dieser Faktor hebt sich weg gegen $\frac{1}{n!}$ in (6.24). Wenn hingegen die n Vertizes in Gruppen $\nu_1, \nu_2, \ldots, \nu_k$ von Vertizes zerfallen, die je symmetrisch erscheinen, ist der Beitrag des Diagramms (unter Berücksichtigung von $\frac{1}{n!}$ in (6.24)) mit

$$\frac{n!}{\nu_1! \ldots \nu_k!}$$

zu multiplizieren.

Man leite, wie im obigen Beispiel, den (formalen) Ausdruck für das S-Matrixelement ab, das zum Diagramm in Abb. 6.5

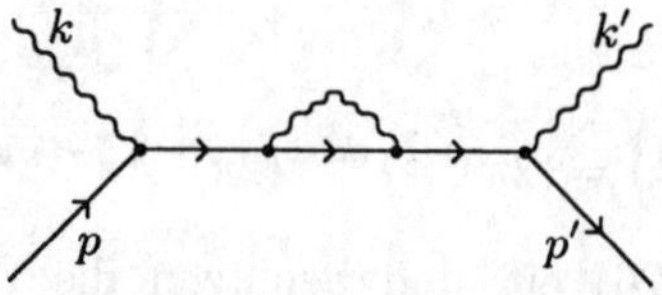

Abbildung 6.5. Schleifenkorrektur

gehört und überzeuge sich dabei von der Richtigkeit der Tabelle 6.2.

Tabelle 6.2. Feynman-Regeln für S-Matrixelemente im p-Raum

	Teilchen und sein Zustand	Faktoren S-Matrixelement	Element des Diagramms
1.	Fermion im Anfangszustand mit Impuls p	$(2\pi)^{-\frac{3}{2}}u(p)$	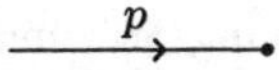
2.	Antifermion im Anfangszustand mit Impuls p	$(2\pi)^{-\frac{3}{2}}\overline{v}(p)$	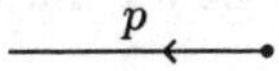
3.	Fermion im Endzustand mit Impuls p	$(2\pi)^{-\frac{3}{2}}\overline{u}(p)$	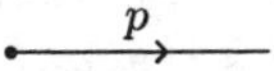
4.	Antifermion im Endzustand mit Impuls p	$(2\pi)^{-\frac{3}{2}}v(p)$	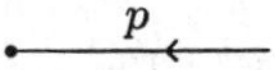
5.	Boson im Anfangs- oder Endzustand mit Impuls k	$(2\pi)^{-\frac{3}{2}}\cdot$ (Polaris. Vektor)	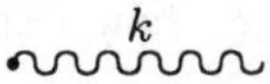
6.	Virtuelle Bewegung eines Elektrons von 1 nach 2	$\frac{i}{(2\pi)^4}\,\frac{\not{p}+m}{p^2-m^2+i\varepsilon}$	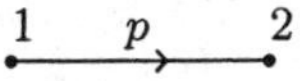
7.	Virtuelle Bewegung eines Bosons zwischen zwei Vertizes	$\frac{i}{(2\pi)^4}\,\frac{1}{k^2-\mu^2+i\varepsilon}$	
8.	Vertex	$ig\gamma_5(2\pi)^4\delta^4(p_2-p_1\mp k)$	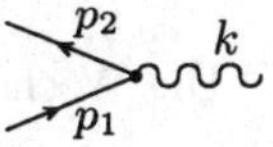

9. Vorzeichenregel: multipliziere das Resultat mit $(-1)^l$, l=Anzahl der Fermionringe (geschlossene Polygone).

10. Kombinatorischer Faktor: Falls in einem Diagramm n^{ter} Ordnung $\nu_1, \nu_2, \ldots, \nu_k$ Vertizes symmetrisch vorkommen, muss das Diagramm mit $\frac{n!}{\nu_1!\ldots\nu_k!}$ multipliziert werden.

11. Über alle inneren Impulse ist zu integrieren.

12. Zwischen den zwei Graphen, die sich nur durch eine Vertauschung zweier identischer äusserer Fermionlinien unterscheiden ist ein Faktor (-1) anzubringen.

6.4 Feynman-Regeln für die QED

Die vorangegangenen Überlegungen lassen sich nicht unmittelbar auf die QED übertragen. Wir werden aber jetzt zeigen, dass auch in beliebiger Ordnung Störungstheorie sich die Beiträge der transversalen Photonen und der instantanen Coulomb-Wechselwirkung so addieren, dass die Regeln von Tabelle 6.2 mit den Modifikationen von 5', 7' und 8' in der Tabelle 6.3 gelten:

Tabelle 6.3. Modifikationen von Tabelle 6.2 für die QED

	Teilchen und sein Zustand	Faktoren im S-Matrixelement	Element des Diagramms
5'.	Photon im Anfangs- oder Endzustand mit Impuls k und Polarisation λ	$(2\pi)^{-\frac{3}{2}}\varepsilon_\mu(k,\lambda)$	
7'.	Virtueller Photonaustausch	$\frac{-i}{(2\pi)^4}\frac{g_{\mu\nu}}{k^2+i\varepsilon}$	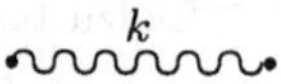
8'.	Vertex	$-ie\gamma_\mu(2\pi)^4\delta^4(p_2-p_1\mp k)$	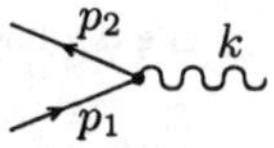

Die Wechselwirkungsenergie in der Coulomb-Eichung lautet nach (5.14)

$$H_{int}(t) = H_T(t) + H_C(t)\,,$$

mit

$$H_T = e\int d^3x\,:\overline{\psi}(x)\gamma^l\psi(x):\,A_l(x)\,,$$
$$H_C = \frac{e^2}{2}\int d^3x\,d^3x'\,\frac{:\overline{\psi}(x)\gamma^0\psi(x)::\overline{\psi}(x')\gamma^0\psi(x')}{4\pi\,|\boldsymbol{x}-\boldsymbol{x}'|}\,. \tag{6.30}$$

In der Dyson-Reihe für die S-Matrix

$$S = T\left[\exp - i\int_{-\infty}^{+\infty} dt\,(H_T(t)+H_C(t))\right]$$

dürfen wir in den T-Produkten $H_T(t)$ und $H_C(t')$ beliebig vertauschen ($H_T(t)$ und $H_C(t')$ kommutieren für gleiche Zeiten, da $:\overline{\psi}\gamma^l\psi:$ und $:\overline{\psi}\gamma^0\psi:$ für gleiche Zeiten kommutieren). Deshalb gilt

$$S = T\left[\exp\left(-i\int_{-\infty}^{+\infty} dt\,H_C(t)\right)\exp\left(-i\int_{-\infty}^{+\infty} dt\;H_T(t)\right)\right]\,. \tag{6.31}$$

Das Strahlungsfeld kommt nur im zweiten Faktor vor. Deshalb kann man die Zeitordnung wie folgt faktorisieren

$$S = T_{El}\left[\exp - i\int_{-\infty}^{+\infty} dt\, H_C(t)\cdot T_{Ph}\exp - i\int_{-\infty}^{+\infty} dt\; H_T(t)\right]\,. \tag{6.32}$$

Dabei bedeutet T_{El} die Zeitordnung für Elektron-Positron Felder und T_{Ph} die Zeitordnung für das Strahlungsfeld. Darin formen wir den 2. Faktor um. Es gilt

$$\begin{aligned} T_{Ph}\left[\exp - i\int_{-\infty}^{+\infty} dt\, H_T(t)\right] &= {}^{A}_{A}\!\left[\exp - ie\int d^4x\, :\overline{\psi}(x)\gamma^l\psi(x) : A_l(x)\right]^{A}_{A} \\ &\cdot\left[\exp - \frac{i}{2}e\int d^4x\, d^4x'\, :\overline{\psi}(x)\gamma^l\psi(x) :: \overline{\psi}(x')\gamma^k\psi(x') : D_F^{\perp}(x-x')_{lk}\right]\,. \end{aligned} \tag{6.33}$$

Darin bedeutet ${}^{A}_{A}[\;]^{A}_{A}$ Normalordnung der A-Felder. Die Gleichung (6.33) folgt aus dem

Hilfssatz 4 *Es sei $H(t)$ eine 1-parametrige Schar von Operatoren der Form*

$$-iH(t) = \sum_\alpha Q_\alpha(t)\,, \qquad Q_\alpha(t) = Q_\alpha^{(+)}(t) + Q_\alpha^{(-)}(t)\,,$$

wobei die Operatoren $Q_\alpha^{(\pm)}(t)$ folgende Eigenschaften haben

$$\begin{aligned} &\left[Q_\alpha^{(-)}(t), Q_\beta^{(+)}(t')\right] = C_{\alpha\beta}(t,t') = c - \mathit{Zahl}\,, \\ &\mathit{alle\ andern\ Kommutatoren} = 0\,. \end{aligned}$$

Die Schar von Operatoren $U(t,t_0)$ genüge der Differentialgleichung

$$\frac{\partial U}{\partial t} = -iH(t)U(t,t_0)\,, \tag{6.34}$$

sowie der Anfangsbedingung $U(t_0,t_0) = 1$. Dann gilt

$$\begin{aligned} U(t,t_0) = exp&\left(\sum_\alpha\int_{t_0}^{t} dt'\, Q_\alpha^{(+)}(t')\right)\cdot exp\left(\sum_\beta\int_{t_0}^{t} dt'\, Q_\beta^{(-)}(t')\right)\cdot \\ &exp\frac{1}{2}\sum_{\alpha,\beta}\int_{t_0}^{t} dt_1\int_{t_0}^{t} dt_2\, K_{\alpha\beta}(t_1,t_2)\,, \end{aligned} \tag{6.35}$$

wobei

$$\begin{aligned} K_{\alpha\beta}(t_1,t_2) = \theta(t_1-t_2)&\left[Q_\alpha^{(-)}(t_1), Q_\beta^{(+)}(t_2)\right] \\ +\theta(t_2-t_1)&\left[Q_\beta^{(-)}(t_2), Q_\alpha^{(+)}(t_1)\right]\,. \end{aligned} \tag{6.36}$$

Bemerkungen:

i) In der Anwendungen sind $Q_\alpha^{(\pm)}$ häufig Erzeugungs- und Vernichtungsoperatoren. Dann ist

$$K_{\alpha\beta}(t_1, t_2) = \langle 0 \,| T\big(Q_\alpha(t_1) Q_\beta(t_2)\big) |\, 0\rangle \,. \tag{6.37}$$

ii) Für $U(t, t_0)$ haben wir anderseits die Dyson-Reihe

$$U(t, t_0) = T \left\{ \exp \sum_\alpha \int_{t_0}^t Q_\alpha(t')\, dt' \right\} .$$

Der Hilfssatz zeigt, wie sich darin die Zeitordnung unter den angegebenen Voraussetzungen in eine Normalordnung überführen lässt.

iii) Die Gleichung (6.33) folgt unmittelbar aus dem Hilfssatz.

Beweis. Wir zeigen, dass (6.35) der Differentialgleichung (6.34) genügt. (Die Anfangsbedingung $U(t_0, t_0) = 1$ ist trivialerweise erfüllt.) Es ist

$$\begin{aligned} \frac{\partial U}{\partial t} = {} & \sum_\alpha Q_\alpha^{(+)}(t) U + \left(\exp \sum_\alpha \int_{t_0}^t dt'\, Q_\alpha^{(+)}(t') \right) \left(\sum_\beta Q_\beta^{(-)}(t) \right) \cdot \exp(\ldots) \\ & + U \frac{1}{2} \sum_{\alpha,\beta} \left(\int_{t_0}^t dt_2\, K_{\alpha\beta}(t, t_2) + \int_{t_0}^t dt_1\, K_{\alpha\beta}(t_1, t) \right) . \end{aligned}$$

Im 2. Term führen wir die durch den Pfeil angedeutete Vertauschung aus und benutzen dabei die bekannte Formel

$$e^B Q^{(-)} = Q^{(-)} e^B + \left[e^B, Q^{(-)} \right] = Q^{(-)} e^B + \left[B, Q^{(-)} \right] e^B ,$$

falls der Kommutator $\left[B, Q^{(-)}\right]$ eine c-Zahl ist. Damit ergibt sich

$$\begin{aligned} \frac{\partial U}{\partial t} = {} & \sum_\alpha Q_\alpha U + U \sum_{\alpha,\beta} \left\{ \int_{t_0}^t dt' \left[Q_\alpha^{(+)}(t'), Q_\beta^{(-)}(t) \right] + \right. \\ & \left. + \frac{1}{2} \int_{t_0}^t dt' \left[Q_\alpha^{(-)}(t), Q_\beta^{(+)}(t') \right] + \frac{1}{2} \int_{t_0}^t dt' \left[Q_\beta^{(-)}(t), Q_\alpha^{(+)}(t') \right] \right\} . \end{aligned}$$

Die drei Terme in der geschweiften Klammer addieren sich zu Null (vertausche die Summationsindizes α und β im 2. Term).

Benutzen wir (6.33) in (6.32) so erhalten wir für die S-Matrix

$$S = T_{El}\left\{ \begin{matrix} A \\ A \end{matrix} \left(\exp -ie \int d^4x \; :\overline{\psi}(x)\gamma^l\psi(x): \; A_l(x)\right) \begin{matrix} A \\ A \end{matrix} \cdot \right.$$
$$\times \left(\exp -\frac{ie^2}{2} \int d^4x d^4x' \; :\overline{\psi}(x)\gamma^l\psi(x)::\overline{\psi}(x')\gamma^k\psi(x'): \; D_F^{\perp}(x-x')_{lk}\right)$$
$$\left. \times \left(\exp -\frac{ie^2}{2} \int d^4x d^4x' \; \delta(x_0 - x_0') \frac{:\overline{\psi}(x)\gamma^0\psi(x)::\overline{\psi}(x')\gamma^0\psi(x'):}{4\pi|\boldsymbol{x}-\boldsymbol{x}'|}\right)\right\} . \tag{6.38}$$

Darin wollen wir die beiden letzten Exponentialfaktoren zusammenfassen. Es sei

$$D_F^{\perp}(x-y)_{\mu\nu} = \begin{cases} D_F^{\perp}(x-y)_{ij} & \text{für } \mu = i\,, \;\; \nu = j \;\;\; (i,j = 1,2,3)\,, \\ 0 & \text{falls } \mu = 0\,, \;\; \nu \neq 0 \;\; \text{oder } \mu \neq 0\,, \;\; \nu = 0\,, \\ \frac{\delta(x^0-y^0)}{4\pi|\boldsymbol{x}-\boldsymbol{y}|} = (2\pi)^{-4}\int \frac{e^{-ik\cdot(x-y)}}{|\boldsymbol{k}|^2} d^4k\,, & \text{für } \mu = \nu = 0\,. \end{cases} \tag{6.39}$$

Damit lautet (6.38)

$$S = T_{El}\left\{ \begin{matrix} A \\ A \end{matrix} \left(\exp -ie \int d^4x \; :\overline{\psi}(x)\gamma^l\psi(x): \; A_l(x)\right) \begin{matrix} A \\ A \end{matrix} \right.$$
$$\left. \times \left(\exp -\frac{ie^2}{2} \int d^4x d^4x' \; :\overline{\psi}(x)\gamma^\mu\psi(x)::\overline{\psi}(x')\gamma^\nu\psi(x'): \; D_F^{\perp}(x-x')_{\mu\nu}\right)\right. . \tag{6.40}$$

Mit dem Hilfssatz können wir diese Formel wie folgt interpretieren:

$$S = T_{El}T_A\left\{\exp -i \int d^4x \, e :\overline{\psi}(x)\gamma^\mu\psi(x): \; A_\mu(x)\right\} . \tag{6.41}$$

Darin soll man A_0 als unabhängiges Feld behandeln. Die Zeitordnung T_A ist durch das Wicksche Theorem mit dem neuen Kontraktionssymbol

$$\overbrace{A_\mu(x)A_\nu(y)} = iD_F^{\perp}(x-y)_{\mu\nu} \tag{6.42}$$

definiert, wobei man in den Normalprodukten A_0 wieder gleich Null setzen soll. Diese Vorschrift deuten wir durch das Symbol $T^{\perp}$ an:

$$S = T^{\perp}\left\{\exp -i \int d^4 \, j^\mu(x)A_\mu(x)\right\} \qquad (j^\mu = e \; :\overline{\psi}\gamma^\mu\psi:) \; . \tag{6.43}$$

Darin ist das Integral zwar Lorentz-invariant, aber $T^{\perp}$ und $D_F^{\perp}(x)_{\mu\nu}$ sind nicht manifest kovariant. Offensichtlich gelten für die Reihe (6.43) die Feynman-Regeln 1-4, 6 und 9-12 der Tabelle 6.2, 5' sowie 8' der Tabelle 6.3 und ferner

7″. Virtueller Photonaustausch: $\frac{i}{(2\pi)^4} D_F^{\perp}(k)_{\mu\nu}$ 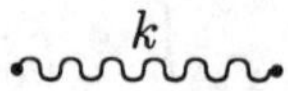

Nun ist nach (6.39) und (5.38)

$$D_F^{\perp}(k)_{\mu\nu} = \frac{1}{k^2 + i\varepsilon} \begin{cases} \delta_{ij} - \hat{k}_i \hat{k}_j & \text{für } \mu = i\,,\ \nu = j\,, \\ 0 & \text{falls } \mu \text{ oder } \nu \text{ (aber nicht beide)} = 0\,, \\ \frac{k^2}{|\boldsymbol{k}|^2} & \text{für } \mu = \nu = 0\,. \end{cases} \tag{6.44}$$

Dies schreiben wir mit Hilfe des zeitartigen Einheitsvektors $u^\mu = (1, \mathbf{0})$ geeignet um. Dazu beachte man, dass (für festes k) die beiden transversalen „Polarisationsvektoren" $\varepsilon^\mu(k, \lambda)$ $(\varepsilon^\mu = (0, \boldsymbol{\varepsilon}))$, u^μ und

$$\hat{k}^\mu := \frac{k^\mu - (k \cdot u) u^\mu}{\sqrt{(k \cdot u)^2 - k^2}}$$

eine orthonormierte Basis bilden. Die Vollständigkeitsrelation lautet

$$u_\mu u_\nu - \hat{k}_\mu \hat{k}_\nu - \sum_{\lambda=1}^{2} \varepsilon_\mu(k, \lambda) \varepsilon_\nu(k, \lambda) = g_{\mu\nu}\,. \tag{6.45}$$

Nun ist aber nach (6.44)

$$D_F^{\perp}(k)_{\mu\nu} = \frac{1}{k^2 + i\varepsilon} \left[\sum_{\lambda} \varepsilon_\mu(k, \lambda) \varepsilon_\nu(k, \lambda) + \frac{k^2}{(k \cdot u)^2 - k^2} u_\mu u_\nu \right].$$

Mit (6.45) erhalten wir

$$\begin{aligned} D_F^{\perp}(k)_{\mu\nu} &= \frac{1}{k^2 + i\varepsilon} \left[-g_{\mu\nu} - \frac{k_\mu k_\nu}{(k \cdot u)^2 - k^2} + \frac{(k \cdot u)(k_\mu u_\nu + k_\nu u_\mu)}{(k \cdot u)^2 - k^2} \right] \\ &=: -\frac{g_{\mu\nu}}{k^2 + i\varepsilon} + k_\mu D_\nu^{(1)}(k) + k_\nu D_\mu^{(2)}(k)\,. \end{aligned} \tag{6.46}$$

Schliesslich zeigen wir, dass die „Eichterme" $k_\mu D_\nu^{(1)}(k)$, $k_\nu D_\mu^{(2)}(k)$ in S-Matrixelementen nicht beitragen. Dazu betrachten wir in Abb. 6.6 eine innere Photonlinie in einem beliebigen Diagramm.

Dabei kann die (obere) Fermionlinie in Abb. 6.6 freie Enden haben oder eine geschlossene Schleife bilden. Wir betrachten zunächst den ersten Fall und erhalten für das S-Matrixelement

$$\begin{aligned} S_r \propto\ & \overline{u}(p' + k) \gamma^{\mu_1} S_F(p_1 + k) \gamma^{\mu_2} \ldots S_F(p_r + k) \gamma^\mu S_F(p_r) \ldots u(p) \\ & \cdot D_F^{\perp}(k_1)_{\mu_1 \nu_1} \, [\text{oder } \varepsilon_{\mu_1}(k_1)] \ldots D_F^{\perp}(k)_{\mu\nu}\,. \end{aligned} \tag{6.47}$$

Wir zeigen, dass darin $k_\mu D_\nu^{(1)}$ keinen Beitrag liefert. Dasselbe Argument für die zweite Fermionlinie impliziert, dass auch $k_\nu D_\mu^{(2)}$ keinen Beitrag zum S-Matrixelement gibt.

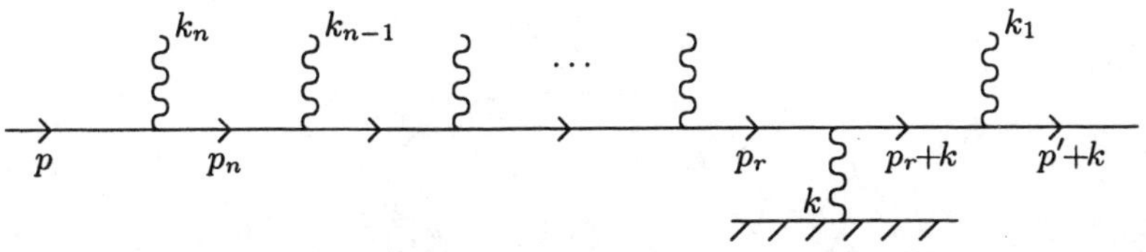

Abbildung 6.6. Innere Photonlinie

Ersetzen wir in (6.47) $D_F^{\pm}(k)_{\mu\nu}$ durch k_μ, so haben wir folgendes zu betrachten

$$\frac{(\not p_r + \not k) + m}{(p_r + k)^2 - m^2 + i\varepsilon}\, \not k \,\frac{\not p_r + m}{p_r^2 - m^2 + i\varepsilon} = S_F(p_r) - S_F(p_r + k)\,. \tag{6.48}$$

$$\downarrow$$

$$\longleftarrow [(\not p_r + \not k) - m] - [\not p_r - m] \longrightarrow$$

Damit erscheint in (6.47) von $k_\mu D^{(1)}$ der Faktor

$$\begin{aligned} C_r = {} & \overline{u}(p' + k)\gamma^{\mu_1} S_F(p_1 + k) \cdots S_F(p_r)\gamma^{\mu_r} S_F(p_{r-1}) \cdots u(p) \\ & -\overline{u}(p' + k)\gamma^{\mu_1} S_F(p_1 + k) \cdots S_F(p_r + k)\gamma^{\mu_r} S_F(p_{r-1}) \cdots u(p)\,. \end{aligned} \tag{6.49}$$

Nun kann aber die innere Photonlinie an allen möglichen Stellen ansetzen. In der Summe über r kompensieren sich die Terme in (6.49) paarweise, ausser die Beiträge an den äusseren Enden. Aber mit der Dirac-Gleichung gilt

$$S_F(p + k)\not k u(p) = \frac{(\not p + \not k) + m}{(p + k)^2 - m^2 + i\varepsilon}\big[(\not p + \not k - m) - \underbrace{(\not p - m)}_{\to 0}\big]u(p) = u(p)\,.$$

Ebenso können wir am anderen Ende $\overline{u}(p' + k)\not k$ durch $\overline{u}(p + k)$ ersetzen und wir erhalten $\sum C_r = 0$.

Nun betrachten wir auch den Fall einer geschlossenen Fermionschleife (Abb. 6.7).

Zunächst hat man die gleiche Kompensation wie eben; von den Enden bleibt

$$\begin{aligned} \int d^4p\, \mathrm{Sp}\Big\{ & S_F(p')\gamma^{\mu_1} S_F(p_1) \cdots S_F(p)\gamma^{\mu_n} \\ & - S_F(p' + k)\gamma^{\mu_1} S_F(p_1 + k) \cdots S_F(p + k)\gamma^{\mu_n} \Big\}\,. \end{aligned}$$

Nach der Variablentransformation $p \longrightarrow p - k$ ($\Rightarrow p_r \longrightarrow p_r - k$) im 2. Term verschwindet dieses Integral, allerdings nur formal, da es im allgemeinen nicht konvergiert (Regularisierung!).

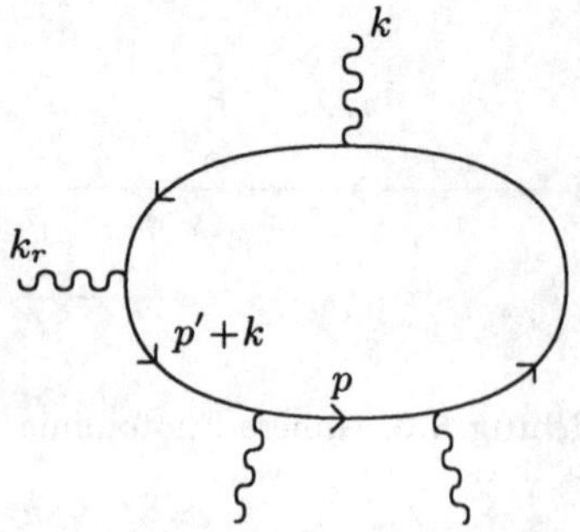

Abbildung 6.7. Geschlossene Fermionschleife

Damit haben wir die Tabelle 6.3 (formal) begründet.

Aus (6.43) folgt die Formel

$$S = T\left\{\exp -i\int d^4x\, j^\mu(x)A_\mu(x)\right\}, \tag{6.50}$$

worin das T-Produkt jetzt durch das Wicksche Theorem mit dem *kovarianten* Kontraktionssymbol

$$\begin{aligned} \overbrace{A_\mu(x)A_\nu(y)} &= iD_F(x-y)_{\mu\nu}\,, \\ D_F(x)_{\mu\nu} &= (2\pi)^{-4}\int d^4k\left(\frac{-g_{\mu\nu}}{k^2+i\varepsilon}\right)e^{-ik\cdot x} \end{aligned} \tag{6.51}$$

erklärt ist. (Wieder soll man dabei A_0 als unabhängiges Feld behandeln und am Ende in den Normalprodukten A_0 gleich Null setzen (äussere Photonen sind transversal).)

Die obigen Überlegungen zeigen gleichzeitig, dass man $g_{\mu\nu}$ in (6.51) durch $g_{\mu\nu} - \lambda k_\mu k_\nu$ ersetzen darf.

Für nicht-Abelsche Eichtheorien gibt es zusätzliche Schwierigkeiten. Dann ist es viel zweckmässiger, die Methode der *Wegintegrale* zu benutzen.

Äussere Felder

In vielen Anwendungen ist es zweckmässig, das gesamte Strahlungsfeld in zwei Teile aufzuspalten, nämlich in einen äusseren klassischen Teil und einen solchen, welcher die Quanteneffekte beschreibt. Der klassische Teil rührt von Ladungs- und Stromverteilungen her, welche durch die zur Diskussion stehenden Strahlungsprozesse nicht merklich beeinflusst werden. Durch diese Aufteilung des Strahlungsfeldes erhalten wir natürlich nicht eine neue Theorie, sondern lediglich eine gewisse Näherung der bisher entwickelten Theorie.

Die Kopplung des äusseren Feldes an das Elektron-Positron-Feld lautet (siehe (3.89 und 3.85):

$$\mathcal{L}_{\text{ext}}(x) = -j^\mu(x) A_\mu^{\text{ext}}(x) \qquad \Longrightarrow \qquad H_{\text{ext}} = j^\mu A_\mu^{\text{ext}} \,. \tag{6.52}$$

Die S-Matrix ist jetzt an Stelle von (6.50) gegeben durch

$$S = T \left\{ \exp -i \int d^4x \, j^\mu(x) \left(A_\mu(x) + A_\mu^{\text{ext}}(x) \right) \right\} , \tag{6.53}$$

A_μ^{ext} gibt Anlass zu neuen „äusseren" Vertizes, welche wir gemäss Abb. 6.8 symbolisieren.

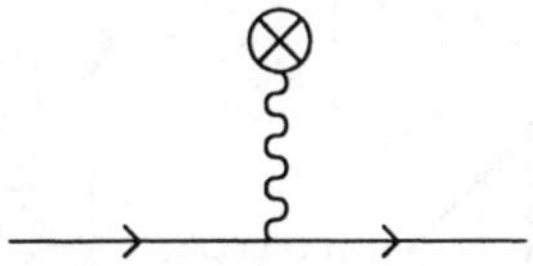

Abbildung 6.8. äusserer Vertex

Setzen wir

$$A_\mu^{\text{ext}}(x) = (2\pi)^{-\frac{3}{2}} \int d^4q \, \tilde{A}_\mu^{\text{ext}}(q) e^{-iq\cdot x} ,$$

so gibt die äussere Feldlinie (Diagramm in Abb. 6.9) im Impulsraum den Faktor $(2\pi)^{-3/2} \tilde{A}_\mu^{\text{ext}}(q)$. (Vergleiche dies mit $5'$ in Tabelle 6.3.) Die Vertexregel $8'$ von Tabelle 6.3 bleibt auch für äussere Vertizes gültig.

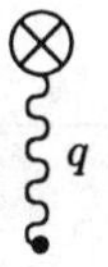

Abbildung 6.9. äussere Feldlinie

Wichtige Prozesse in äusseren Feldern sind die Bremsstrahlung und die Paarerzeugung. Diese beiden Prozesse gehen durch Kreuzen auseinander hervor (zugehörige Diagramme in Abb. 6.10). Die beiden Reaktionen werden z.B. in [3], Kap. X ausführlich besprochen.

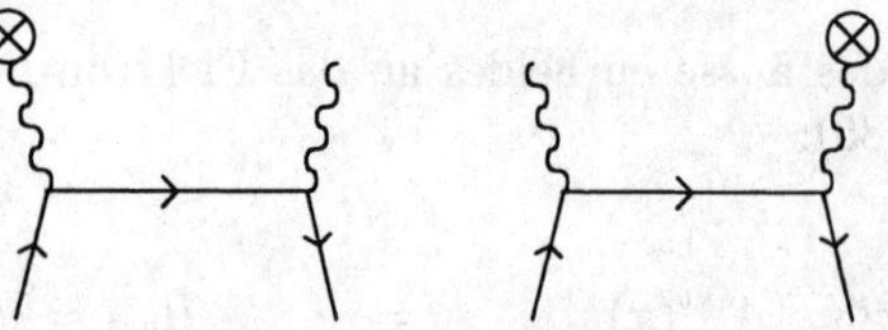

Abbildung 6.10. Feynman-Diagramme für Bremsstrahlung und Paarerzeugung

6.5 Aufgaben

6.5.1 Operatorprodukte

Schreibe die Operatorprodukte hin, welche den folgenden Diagrammen entsprechen:
a)

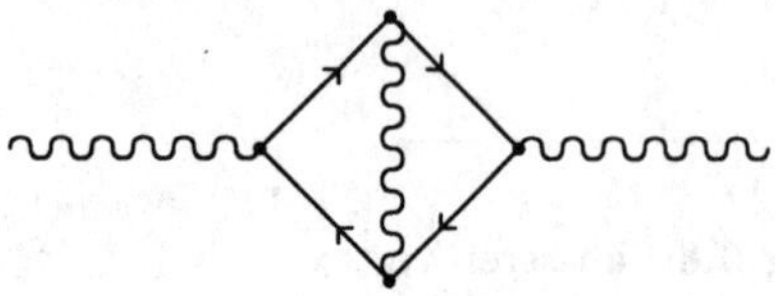

b)

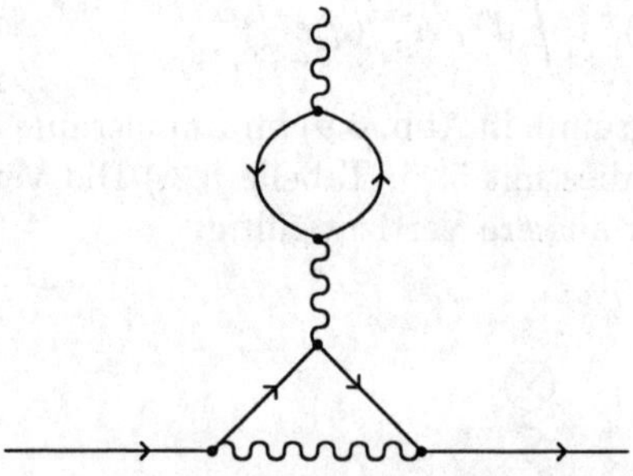

7. Das anomale magnetische Moment des Elektrons

Als besonders wichtiges Beispiel einer Strahlungskorrektur berechnen wir in diesem abschliessenden Kapitel die Abweichung des g-Faktors des Elektrons vom Wert 2 der Dirac-Theorie in $\mathcal{O}(\alpha)$. Diese Anomalie wurde erstmals 1948 von J. Schwinger abgeleitet. Das Schwingersche Resultat gehört zu den grossen frühen Erfolgen der Quantenelektrodynamik (siehe Einleitung). Es stimmte mit den damaligen Experimenten perfekt überein.

7.1 Elektronenstreuung an einem äusseren Feld

Die *Anomalie* $a := (g-2)/2$ kann man aus der Untersuchung der Elektronenstreuung an einem äusseren Feld $\mathcal{A}_\mu(x)$ gewinnen. Es genügt dabei, dieses Feld in Bornscher Näherung (schwaches Feld) zu behandeln.

In 0. Ordnung in der Kopplung des Elektron-Positron Feldes an das quantisierte Strahlungsfeld wird die Streuung durch das Feynman-Diagramm (Abb. 7.1) beschrieben.

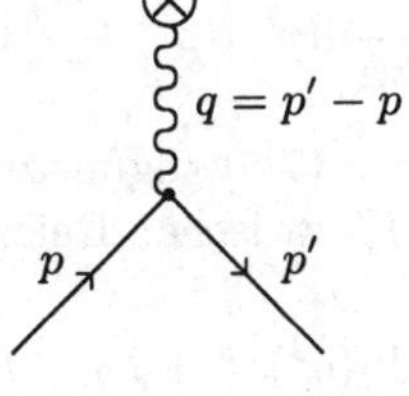

Abbildung 7.1. Elektronenstreuung an einem äusseren Feld in tiefster Ordnung

Das zugehörige S-Matrixelement ist nach (6.47)

$$\langle p' | S | p \rangle = (-i) \int \langle p' | j^\mu(x) | p \rangle \mathcal{A}_\mu(x) \, d^4x \, , \tag{7.1}$$

wo j^μ der freie Stromoperator ist (siehe auch (4.23)). Mit $q := p' - p$ ist

$$\langle p' \, |S| \, p \rangle = -\frac{i}{(2\pi)^3} e \overline{u}(p') \gamma^\mu u(p) \hat{\mathcal{A}}_\mu(q) \,, \tag{7.2}$$

wo $\hat{\mathcal{A}}_\mu(q)$ die Fourier-Transformierte von $\mathcal{A}_\mu(x)$ bezeichnet:

$$\hat{\mathcal{A}}_\mu(q) = \int \mathcal{A}_\mu(x) e^{iq\cdot x} \, d^4x \,.$$

Strahlungskorrekturen führen zu einer Modifikation von $\overline{u}(p')\gamma^\mu u(p)$ im S-Matrixelement (7.2):

$$\overline{u}(p')\gamma^\mu u(p) \longrightarrow \overline{u}(p') \Gamma^\mu(p', p) u(p) \,. \tag{7.3}$$

Bevor wir uns diesen zuwenden, wollen wir die Implikationen von Lorentz- und Eichinvarianz für $\Gamma^\mu(p', p)$ ausarbeiten. Wie in Abschnitt 4.2 folgt aus der Eichinvarianz die *Ward-Identität*

$$q_\mu \overline{u}(p') \Gamma^\mu(p', p) u(p) = 0 \,. \tag{7.4}$$

Da sich ferner Γ^μ wie ein Vektor (wie γ^μ) transformiert, muss diese Grösse eine Linearkombination von γ^μ, p^μ und p'^μ sein:

$$\Gamma^\mu = A\gamma^\mu + B(p'^\mu + p^\mu) + Cq^\mu \,. \tag{7.5}$$

Dabei könnten die Koeffizienten A, B und C, ausser von q^2, auch noch von $\not{p}$ und $\not{p}\,'$ abhängen. Da aber Γ^μ zwischen $u(p)$ und $\overline{u}(p')$ steht, können wir diese Möglichkeit zufolge der Dirac-Gleichung ignorieren. Deshalb sind diese Koeffizienten nur Funktionen von q^2. Die beiden ersten Terme in der Zerlegung (7.5) erfüllen (7.4). Deshalb impliziert die Eichinvarianz $C = 0$.

Mit Hilfe der Gordon-Zerlegung (siehe Aufgabe 2.11.6)

$$\overline{u}(p')\gamma^\mu u(p) = \frac{1}{2m} \overline{u}(p') \left[(p'^\mu + p^\mu) + i\sigma^{\mu\nu} q_\nu \right] u(p) \tag{7.6}$$

können wir den 2. Term rechts in (7.5) zugunsten eines Beitrags proportional zu $\sigma^{\mu\nu}q_\nu$ ersetzen. Somit hat Γ^μ zwischen freien Dirac-Spinoren die Form

$$\Gamma^\mu(p', p) = F_1(q^2)\gamma^\mu + F_2(q^2) \frac{i}{2m} \sigma^{\mu\nu} q_\nu \,. \tag{7.7}$$

Die invarianten Funktionen F_1 und F_2 sind die sogenannten *Formfaktoren* des Elektrons. Nach (7.3) gilt in tiefster Ordnung: $F_1 = 1$, $F_2 = 0$. Die Formfaktoren beschreiben die Struktur die das Elektron aufgrund seiner Kopplung an das Strahlungsfeld hat. Zu deren Interpretation betrachten wir das exakte S-Matrixelement für ein schwaches äusseres Feld.

Nach (7.2), (7.3) und (7.7) gilt

$$\langle p' \, |S| \, p \rangle = \frac{i}{(2\pi)^3} T \tag{7.8}$$

mit

$$T = -e\overline{u}(p') \left[F_1(q^2)\gamma^\mu + F_2(q^2)\frac{i}{2m}\sigma^{\mu\nu}q_\nu \right] u(p)\hat{A}_\mu(q) \,. \tag{7.9}$$

Würden wir mit den quantisierten Feldern in der Heisenberg-Darstellung (ohne äussere Felder) arbeiten, so wäre das S-Matrixelement in Bornscher Näherung im äusseren Feld

$$\langle p' | S | p \rangle = -i \int \langle p' | j_H^\mu(x) | p \rangle \mathcal{A}_\mu(x) \, d^4x \,, \tag{7.10}$$

wo $j_H^\mu(x)$ den Stromoperator des Elektron-Positron Feldes in der Heisenberg-Darstellung bezeichnet. (Wir unterstellen, dass dieser wohldefiniert ist.) Die Translationsinvarianz der QED (ohne äussere Felder) impliziert

$$\langle p' | j_H^\mu(x) | p \rangle = \langle p' | j_H^\mu(0) | p \rangle e^{iq\cdot x} \,, \tag{7.11}$$

und somit ist

$$\langle p' | S | p \rangle = -i \langle p' | j_H^\mu(0) | p \rangle \hat{A}_\mu(q) \,. \tag{7.12}$$

Durch Vergleich mit (7.8) und (7.9) sehen wir, dass

$$\langle p' | j_H^\mu(0) | p \rangle = \frac{e}{(2\pi)^3} \, \overline{u}(p') \left[F_1(q^2)\gamma^\mu + F_2(q^2)\frac{i}{2m}\sigma^{\mu\nu}q_\nu \right] u(p) \,. \tag{7.13}$$

Aufgrund der Kopplung an das Strahlungsfeld ist das Elektron kein strukturloses Teilchen. (Ich finde es etwas unglücklich, dass die meisten Physiker trotzdem von „Punktteilchen“ sprechen. Lokale Kopplungen und Punktteilchen sind nicht dasselbe.)

Besonders wichtig ist, dass $F_2(0)$ die Anomalie des Elektrons ist:

$$\boxed{a = F_2(0) \,.} \tag{7.14}$$

Mit anderen Worten, das anomale magnetische Moment des Elektrons ist gleich $(e/2m)F_2(0)$.

Begründung von (7.14).

Da wir im folgenden eine nichtrelativistische Näherung durchführen werden, ist es wieder zweckmässig eine „nichtrelativistische“ Normierung der Einelektronenzustände zu wählen: $\langle p' | p \rangle = \delta^3(\boldsymbol{p}' - \boldsymbol{p})$. Dann gilt immer noch (7.13), aber mit der Normierung $u^*(p)u(p) = 1$ für die Dirac-Spinoren.

Wir bilden von der Wechselwirkungsenergie

$$\int j_H^\mu(x) \mathcal{A}_\mu(x) \, d^3x \tag{7.15}$$

des Elektron-Positron Feldes mit dem äusseren Feld $\mathcal{A}_\mu$ Matrixelemente von 1-Elektronenzuständen

$$\int d^3x \, \langle p' \, | j_H^\mu(x) | \, p \rangle \mathcal{A}_\mu(x) = \int d^3x \, e^{i(p'-p)\cdot x} \langle p' \, | j_H^\mu(0) | \, p \rangle \mathcal{A}_\mu(x) \, . \qquad (7.16)$$

Hier benutzen wir (7.13) in nichtrelativistischer Näherung. Dazu dürfen wir für die freien Dirac-Spinoren in der Dirac-Pauli-Darstellung die folgende Näherung verwenden (siehe Abschnitt 2.7):

$$u(p) = \begin{pmatrix} \chi \\ \frac{\boldsymbol{p}\cdot\boldsymbol{\sigma}}{2m}\chi \end{pmatrix} \, . \qquad (7.17)$$

Dabei ist χ ein zweikomponentiger Pauli-Spinor, mit der Normierung $\chi^* \chi = 1$. Die γ-Matrizen lauten nach (2.89) in der Dirac-Pauli-Darstellung

$$\gamma^0 = \begin{pmatrix} \mathbb{1} & 0 \\ 0 & -\mathbb{1} \end{pmatrix} \, , \qquad \gamma^k = \begin{pmatrix} \mathbf{0} & \sigma_k \\ -\sigma_k & \mathbf{0} \end{pmatrix} \, . \qquad (7.18)$$

Also gilt

$$\overline{u}(p')\gamma^0 u(p) = \chi'^* \chi + \mathcal{O}\left(\frac{1}{c^2}\right) \, , \qquad (7.19)$$

$$\overline{u}(p')\gamma^k u(p) = \frac{1}{2m}\chi'^* \left(\sigma_k \boldsymbol{p}\cdot\boldsymbol{\sigma} + \boldsymbol{p}'\cdot\boldsymbol{\sigma}\sigma_k\right)\chi + \ldots \, .$$

Benutzen wir darin

$$\sigma_i \sigma_j = \delta_{ij} + i\varepsilon_{ijk}\sigma_k \, ,$$

so ergibt sich, bis auf höhere Ordnungen,

$$\overline{u}(p')\boldsymbol{\gamma} u(p) = \frac{1}{2m}\chi'^* \left(\boldsymbol{p}' + \boldsymbol{p} + i\boldsymbol{\sigma} \wedge \boldsymbol{q}\right)\chi \, . \qquad (7.20)$$

Um die rechte Seite von (7.14) in hinreichender Genauigkeit auszuwerten, ist es günstig, diese noch mit der Gordon-Umformung umzuschreiben:

$$\langle p' \, | j_H^\mu(0) | \, p \rangle = \frac{e}{(2\pi)^3} \overline{u}(p') \left[\gamma^\mu (F_1 + F_2) - \frac{1}{2m}(p' + p)^\mu F_2\right] u(p) \, . \qquad (7.21)$$

Wegen

$$F_1(q^2) = F_1(0) + \mathcal{O}(q^2/m^2) \simeq F_1(0) \, ,$$
$$F_2(q^2) \simeq F_2(0)$$

und

$$p'^0 \simeq p^0 \simeq m$$

bis zu $\mathcal{O}(1/c)$ erhalten wir mit (7.19) und (7.20) für $\mu = 0$:

$$\langle p' \, | j_H^0(0) | \, p \rangle \simeq \frac{1}{(2\pi)^3} e F_1(0) \chi'^* \chi \, .$$

Wir behaupten, dass $F_1(0) = 1$ sein muss. Um dies zu sehen, wählen wir ein räumlich langsam variierendes statisches äusseres Feld mit nur skalarem Potential $\mathcal{A}_\mu(x) = (\mathcal{A}_0(\boldsymbol{x}), 0)$, wofür (7.16) sich auf folgenden Ausdruck reduziert

$$\int d^3x \, \langle p' \, | j_H^\mu(x) | \, p \rangle \mathcal{A}_\mu(x) \simeq e F_1(0) \chi'^* \chi \frac{1}{(2\pi)^3} \int e^{-i(\boldsymbol{p}'-\boldsymbol{p})\cdot\boldsymbol{x}} \mathcal{A}_0(\boldsymbol{x}) \, d^3x \, .$$

Darin ist die rechte Seite gleich dem Matrixelement $\langle p' \, | H_{eff} | \, p \rangle$ des effektiven nichtrelativistischen 1-Teilchen Hamilton-Operators $H_{eff} = eF_1(0)\mathcal{A}(\boldsymbol{x})$ (beachte $e = -|e|$). Deshalb muss $F_1(0) = 1$ sein, entsprechend der Definition der elektrischen Ladung.

Nun wählen wir ein räumlich langsam variierendes stationäres Vektorpotential, $\mathcal{A}^\mu(x) = (0, \boldsymbol{\mathcal{A}}(\boldsymbol{x}))$. Dann erhalten wir

$$\begin{aligned} \int d^3x \, \langle p' \, | j_H^\mu(x) | \, p \rangle \mathcal{A}_\mu(x) \simeq & -\chi^* \left[\frac{e}{2m} (\boldsymbol{p}' + \boldsymbol{p}) + \frac{e}{2m} (1 + F_2(0)) i \boldsymbol{\sigma} \wedge \boldsymbol{q} \right] \chi \\ & \times \frac{1}{(2\pi)^3} \int e^{-i\boldsymbol{q}\cdot\boldsymbol{x}} \boldsymbol{\mathcal{A}}(\boldsymbol{x}) \, d^3x \, . \end{aligned} \tag{7.22}$$

Davon ist der Spinanteil gleich

$$-\frac{e}{2m} (1 + F_2(0)) \chi'^* (2\pi)^{-3} \int e^{-i\boldsymbol{q}\cdot\boldsymbol{x}} \boldsymbol{\sigma} \cdot (\boldsymbol{\nabla} \wedge \boldsymbol{\mathcal{A}}) \, d^3x \, \chi \, . \tag{7.23}$$

Das Resultat (7.22) und (7.23) kann wieder als Matrixelement eines effektiven nichtrelativistischen 1-Teilchen Hamilton-Operators geschrieben werden. Insgesamt lautet dieser

$$H_{eff} = e\mathcal{A}_0 - \frac{e}{2m} (\boldsymbol{p} \cdot \boldsymbol{\mathcal{A}} + \boldsymbol{\mathcal{A}} \cdot \boldsymbol{p}) - \frac{e}{2m} (1 + F_2(0)) \, \boldsymbol{\sigma} \cdot \boldsymbol{B} \, , \tag{7.24}$$

wo $\boldsymbol{p} = \frac{1}{i} \boldsymbol{\nabla}$ und $\boldsymbol{B}$ das äussere Magnetfeld ist. Dies stimmt mit dem Wechselwirkungsanteil in der Pauli-Gleichung (2.131) überein, wobei aber jetzt das magnetische Moment einen anomalen Zusatz bekommt:

$$\mu = 2 \, (1 + F_2(0)) \, \mu_0 \, , \qquad \mu_0 = \frac{e}{2m} \, . \tag{7.25}$$

Damit ist (7.14) begründet.

7.2 Magnetischer Formfaktor in erster Strahlungskorrektur

Die Strahlungskorrekturen der Ordnung α zur Elektronenstreuung an einem äusseren Feld werden durch die Diagramme in Abb. 7.2 bestimmt. Alle zugehörigen analytischen Ausdrücke enthalten Divergenzen. Diese muss man zunächst so regularisieren, dass weder die Lorentz- noch die Eichinvarianz zerstört werden[1]. Anschliessend müssen Massen- und Ladungsrenormierungen durchgeführt werden. Es zeigt sich, dass danach - bis auf eine Infrarot-Divergenz - endliche Ausdrücke übrig bleiben, nachdem die Regularisierung rückgängig gemacht wird. (Die Beseitigung der Infrarot-Divergenzen erfordert eine separate Diskussion, auf die wir hier nicht eingehen, da diese in F_2 nicht auftreten.) Für F_2 kann man sich das ganze Procedere aber ersparen, da wir auf einen konvergenten Ausdruck stossen werden.

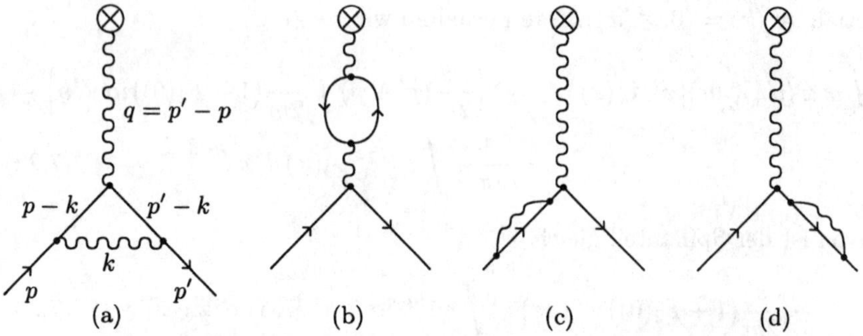

Abbildung 7.2. Erste Strahlungskorrektur der Elektronenstreuung

Aus der Struktur der Integranden sieht man unmittelbar, dass nur das Diagramm (a) zu $F_2(q^2)$ beiträgt. Alle andern sind proportional zur Bornschen Näherung und tragen also nur zu $F_1(q^2)$ bei. (Regularisierung und Renormierung ändern daran nichts.) Ohne dies hier näher auszuführen, bemerken wir noch folgendes. *(i)* Die Selbstenergiediagramme (c) und (d) werden durch eine Massenrenormierung kompensiert[2]. *(ii)* Das Diagramm (b) beschreibt den Effekt der Vakuumpolarisation. Wie in Abschnitt 4.3 wird sein Beitrag nach einer Ladungsrenormierung endlich und man erhält die dort mit einer anderen Methode hergeleiteten Resultate.

Wir schreiben deshalb nur den Ausdruck für die *Vertex-Korrektur* (a) hin, deren Beitrag zu $\Gamma^\mu(p',p)$ mit $\Lambda^\mu(p',p)$ bezeichnet wird. Mit den Feynman-Regeln erhält man dafür

---

[1] In der älteren Literatur wurde dazu meist die *Pauli-Villars-Regularisierung* verwendet. Inzwischen ist die sog. *dimensionelle Regularisierung* das meist benutzte Verfahren. Wir verweisen dazu auf weiterführende Bücher über Quantenfeldtheorie.

[2] Genauer bleibt danach noch ein logarithmisch divergenter Beitrag, der aber über eine Ward-Identität durch einen entsprechenden Beitrag von (a) kompensiert wird.

$$\Lambda^\mu(p',p) = -\frac{ie^2}{(2\pi)^4}\int d^4k\,\gamma^\lambda \frac{\not{p}'-\not{k}+m}{(p'-k)^2-m^2+i\varepsilon}\gamma^\mu \frac{\not{p}-\not{k}+m}{(p-k)^2-m^2+i\varepsilon}\gamma_\lambda \times \frac{1}{k^2-\mu^2+i\varepsilon}\,. \tag{7.26}$$

Zur Vermeidung der Infrarot-Divergenz haben wir im Photonpropagator eine kleine „Photonmasse" μ eingeführt:

$$\frac{1}{k^2+i\varepsilon} \quad\longrightarrow\quad \frac{1}{k^2-\mu^2+i\varepsilon}\,. \tag{7.27}$$

Das divergente Integral in (7.26) regularisieren wir, indem wir vom Integranden den gleichen Ausdruck mit $\mu \to M$ abziehen, ohne diesen Term explizit hinzuschreiben. Dann konvergiert das Integral.

Zunächst vereinfachen wir den Zähler in (7.26) unter Verwendung der Dirac-Gleichung. Aus dieser folgt

$$\begin{aligned}(\not{p}-\not{k}+m)\gamma_\lambda u(p) &= (\gamma_\lambda\not{k}+2p_\lambda-2k_\lambda)u(p)\,,\\ \overline{u}(p')\gamma^\lambda(\not{p}'-\not{k}+m) &= \overline{u}(p')(\not{k}\gamma^\lambda+2p'^\lambda-2k^\lambda)\,.\end{aligned}$$

Damit ist das Produkt $\gamma^\lambda(\not{p}'-\not{k}+m)\gamma^\mu(\not{p}-\not{k}+m)\gamma_\lambda$ in (7.26) zwischen den beiden Spinoren $\overline{u}(p')$ und $u(p)$ gleich

$$\begin{aligned}&(\not{k}\gamma^\lambda+2p'^\lambda-2k^\lambda)\gamma^\mu(\gamma_\lambda\not{k}+2p_\lambda-2k_\lambda)\\ &= -2\not{k}\gamma^\mu\not{k}+2\gamma^\mu(\not{p}'-\not{k})\not{k}+2\not{k}(\not{p}-\not{k})\gamma^\mu+4(p'-k)\cdot(p-k)\gamma^\mu\\ &= -2\not{k}\gamma^\mu\not{k}+2\gamma^\mu\not{p}'\not{k}+2\not{k}\not{p}\gamma^\mu-4\gamma^\mu k^2+4(p'\cdot p-p'\cdot k-p\cdot k+k^2)\gamma^\mu\\ &= -2\not{k}\gamma^\mu\not{k}+4(p'+p)^\mu\not{k}-2m\underbrace{(\gamma^\mu\not{k}+\not{k}\gamma^\mu)}_{-4mk^\mu}+4(p'\cdot p-p'\cdot k-p\cdot k)\gamma^\mu\,.\end{aligned}$$

Aus (7.26) wird damit

$$\begin{aligned}\Lambda^\mu(p',p) = -\frac{ie^2}{(2\pi)^4}\int \frac{d^4k}{k^2-\mu^2+i\varepsilon}\big[-2\not{k}\gamma^\mu\not{k}-4mk^\mu+4(p'+p)^\mu\\ +4(p'\cdot p-p'\cdot k-p\cdot k)\gamma^\mu\big]\frac{1}{(k^2-2p'\cdot k+i\varepsilon)(k^2-2p\cdot k+i\varepsilon)}\,.\end{aligned} \tag{7.28}$$

Den Nenner formen wir nach Feynman mit Hilfe der folgenden Integraldarstellung um

$$\frac{1}{ab} = \int_0^1 \frac{dx}{\big[ax+b(1-x)\big]^2}\,, \tag{7.29}$$

aus der durch Differentiation nach a eine weitere nützliche Integraldarstellung folgt

$$\frac{1}{a^2b} = \int_0^1 \frac{2x}{\big[ax+b(1-x)\big]^3}\,dx\,. \tag{7.30}$$

Damit ergibt sich (wir lassen $i\varepsilon$ weg)

$$
\begin{aligned}
&\frac{1}{k^2-\mu^2}\cdot\frac{1}{(k^2-2p\cdot k)(k^2-2p'\cdot k)}\\
&=\int_0^1 dx\frac{1}{k^2-\mu^2}\cdot\frac{1}{\left[(k^2-2p\cdot k)x+(k^2-2p'\cdot k)(1-x)\right]^2}\\
&=\int_0^1 dx\frac{1}{\left[k^2-2k\cdot(px+p'(1-x))\right]^2(k^2-\mu^2)}\\
&=\int_0^1 2ydy\int_0^1 dx\frac{1}{\left[\left(k-yu(x)\right)^2-u^2(x)y^2-\mu^2(1-y)\right]^3}\,, \qquad (7.31)
\end{aligned}
$$

wobei

$$u(x)=px+p'(1-x)\,. \qquad (7.32)$$

Mit der abgemachten Regularisierung (mit einer Hilfsmasse M) konvergieren die Integrale und wir dürfen deshalb für die k-Integration die Substitution

$$l=k-yu(x) \qquad (7.33)$$

ausführen. Damit wird (7.28)

$$
\begin{aligned}
&\Lambda^\mu(p',p)\\
&=-\frac{ie^2}{(2\pi)^4}\int_0^1 2ydy\int_0^1 dx\int d^4l\frac{1}{\left[l^2-y^2u^2(x)-\mu^2(1-y)\right]^3}\\
&\times\left[-2\not{l}\,\gamma^\mu\not{l}-2y\not{u}\,\gamma^\mu\not{l}-2y\not{l}\,\gamma^\mu\not{u}-2y^2\not{u}\,\gamma^\mu\not{u}-4ml^\mu-4myu^\mu\right.\\
&\left.+4(p'+p)^\mu(\not{l}+y\not{u})+4\gamma^\mu(p'\cdot p-p'\cdot l-yp'\cdot u-p\cdot l-yp\cdot u)\right]\,.
\end{aligned}
\qquad (7.34)
$$

Da der Nenner nur von l^2 abhängt, geben die in l ungeraden Terme im Zähler keinen Beitrag. Ferner dürfen wir im Zähler $l^\alpha l^\beta$ durch $\frac{1}{4}g^{\alpha\beta}l^2$ ersetzen. Damit wird

$$\Lambda^\mu(p',p)=-\frac{ie^2}{(2\pi)^4}\int_0^1 2ydy\int_0^1 dx\int d^4l\frac{\gamma^\mu f_1+p^\mu f_2+p'^\mu f_3}{\left[l^2-y^2u^2(x)-\mu^2(1-y)\right]^3}\,, \qquad (7.35)$$

wobei

$$
\begin{aligned}
\gamma^\mu f_1+p^\mu f_2+p'^\mu f_3 &= l^2\gamma^\mu-2y^2\not{u}\,\gamma^\mu\not{u}-4myu^\mu+4(p'+p)^\mu y\not{u}\\
&\quad+4\gamma^\mu(p'\cdot p-yp'\cdot u-yp\cdot u)\,. \qquad (7.36)
\end{aligned}
$$

Würden wir uns gleich auf $F_2(q^2)$ konzentrieren, so könnten wir alle Terme proportional zu γ^μ weglassen. Wir wollen aber vorläufig alle Beiträge zu Λ^μ mitnehmen. Mit der Dirac-Gleichung folgt:

$$
\begin{aligned}
\not{l}\,\gamma^\mu \not{l} &= \left[x\not{p} + m(1-x)\right]\gamma^\mu\left[mx + \not{p}'(1-x)\right] \\
&= \gamma^\mu m^2 x(1-x) + mx^2 \not{p}\gamma^\mu + m(1-x)^2\gamma^\mu \not{p}' + x(1-x)\not{p}\gamma^\mu\not{p}' \\
&= \gamma^\mu m^2 x(1-x) + 2mx^2 p^\mu - m^2x^2\gamma^\mu + 2m(1-x)^2 p'^\mu \\
&\quad - m^2(1-x)^2\gamma^\mu + x(1-x)\left[2p^\mu m - 2pp'\cdot\gamma^\mu + 2p'^\mu m - \gamma^\mu m^2\right] .
\end{aligned}
$$

Setzen wir dies in (7.36) ein, so können wir die folgenden Ausdrücke für die f_i ablesen:

$$
\begin{aligned}
f_1 &= l^2 + 4p'\cdot p\left[1 - y + y^2 x(1-x)\right] + 2m^2y^2(1-2x+2x^2) - 4m^2 y , \\
f_2 &= 4my(1-x-xy) , \qquad (7.37) \\
f_3 &= 4my(x-y+xy) .
\end{aligned}
$$

Da der Nenner in (7.35) von x nur über $u^2(x) = m^2[x^2+(1-x)^2] + p'\cdot px(1-x)$ abhängt, ist er symmetrisch unter $x \leftrightarrow (1-x)$. Man darf deshalb f_2 und f_3 in (7.35) durch $1/2(f_2+f_3) = 2my(1-y)$ ersetzen, und wir bekommen

$$
\begin{aligned}
\Lambda^\mu(p',p) = &-\frac{ie^2}{(2\pi)^4}\int_0^1 2y dy \int_0^1 dx \int d^4 l \frac{1}{\left[l^2 - y^2u^2(x) - \mu^2(1-y)\right]^3} \\
&\times\left[\gamma^\mu f_1 + 2my(1-y)(p'+p)^\mu\right] . \qquad (7.38)
\end{aligned}
$$

Zwischen Dirac-Spinoren dürfen wir nach der Gordonschen Umformung (7.6) $(p'+p)^\mu$ durch $2m\gamma^\mu - i\sigma^{\mu\nu}q_\nu$ ersetzen, womit

$$
\begin{aligned}
\Lambda^\mu(p',p) = &-\frac{ie^2}{(2\pi)^4}\int_0^1 2y dy \int_0^1 dx \int d^4 l \frac{1}{\left[l^2 - y^2u^2(x) - \mu^2(1-y)\right]^3} \\
&\times\left[\gamma^\mu\left(f_1 + 4m^2y(1-y)\right) - 2my(1-y)i\sigma^{\mu\nu}q^\nu\right] . \qquad (7.39)
\end{aligned}
$$

Der Term proportional zu $\sigma^{\mu\nu}q_\nu$ konvergiert auch ohne Regularisierung, während der Anteil proportional zu γ^μ, wegen $f_1 \propto l^2$, logarithmisch divergiert.

Für den magnetischen Formfaktor $F_2(q^2)$ erhalten wir nach (7.7) (mit $q^2 = (p'-p)^2 = 2m^2 - 2p'\cdot p$)

$$
F_2(q^2) = \frac{ie^2}{(2\pi)^4}\int_0^1 2y dy \int_0^1 dx \int d^4 l \frac{4m^2y(1-y)}{\left[l^2 - y^2m^2 + q^2x(1-x)y^2 - \mu^2(1-y)\right]^3} . \qquad (7.40)
$$

Zur Integration benutzen wir die Formel

$$
J := \int d^4 l \frac{1}{(l^2 - \Lambda^2 + i\varepsilon)^3} = -\frac{i\pi^2}{2\Lambda^2} , \qquad (7.41)
$$

die man folgendermassen erhält. Betrachten wir zuerst die l^0-Integration, so liegen die Pole in der komplexen l_0-Ebene wie in der Figur 7.3.

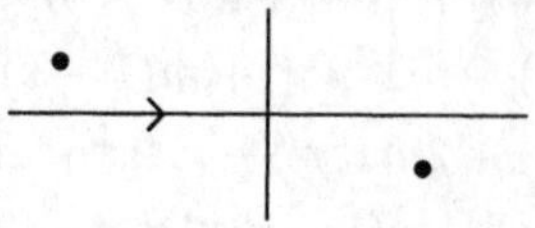

Abbildung 7.3. Pole in der l^0-Ebene

Deshalb können wir den Integrationsweg im Gegenuhrzeigersinn um $\pi/2$ drehen und das Integral J wird dabei

$$J = +i \int_{\mathbb{R}^4} d^4 l \frac{1}{\left(-\|l\|^2 - \Lambda^2\right)^3} ,$$

wo $\|l\|$ die Euklidische Norm bezeichnet. Da die Oberfläche der 3-Sphäre S^3 gleich $2\pi^2$ ist, haben wir

$$\begin{aligned} J &= -i2\pi^2 \int_0^\infty dR \frac{R^3}{(R^2+\Lambda^2)^3} \\ &= -i\pi^2 \int_0^\infty dx \frac{x}{(x+\Lambda^2)^3} = -i\pi^2 \int_\Lambda^\infty du \, \frac{u-\Lambda^2}{u^3} = \frac{-i\pi^2}{2\Lambda^2} . \end{aligned}$$

Speziell für $F_2(0)$ erhalten wir damit

$$F_2(0) = \frac{e^2}{(2\pi)^4} \frac{\pi^2}{2} \int_0^1 2y dy \int_0^1 dx \frac{4m^2 y(1-y)}{y^2 m^2 + \mu^2(1-y)} .$$

Hier taucht keine Infrarot-Divergenz auf und wir können $\mu = 0$ setzen. Somit ist

$$F_2(0) = \frac{e^2}{4\pi^2} \int_0^1 dy \int_0^1 dx(1-y) = \frac{\alpha}{2\pi} . \tag{7.42}$$

Nach (7.14) ist also die Anomalie in 1. Strahlungskorrektur

$$\boxed{a_e^{(1)} = a_\mu^{(1)} = \frac{\alpha}{2\pi} \qquad \text{(Schwinger, 1948)} .} \tag{7.43}$$

(Dieser Beitrag ist für Elektron und Müon gleich gross.)

Bevor wir die Ergebnisse von höheren Strahlungskorrekturen zitieren und den Vergleich mit experimentellen Resultaten besprechen, wollen wir noch die q^2-Abhängigkeit des Formfaktors $F_2(q^2)$ berechnen. Ausgangspunkt ist (7.40). Solange p und p' auf der Massenschale sind ist $q^2 < 0$ und wir können deshalb die Formel (7.41) verwenden. Dies gibt (für $\mu \to 0$)

$$F_2(q^2) = \frac{e^2}{(2\pi)^4} \frac{\pi^2}{2} \int_0^1 2y dy \int_0^1 dx \frac{4m^2 y(1-y)}{y^2 m^2 - q^2 x(1-x) y^2 - i\varepsilon} . \tag{7.44}$$

Für komplexe $t = q^2$ definieren wir $F_2(t)$ durch diese Integraldarstellung. Ausserhalb der reellen Achse ist diese Funktion holomorph. Singularitäten ergeben sich höchstens für

$$t = \frac{m^2}{x(1-x)} \geq 4m^2 \qquad (x \in [0,1]) .$$

Für $|t| \to \infty$, weg von der reellen Achse, verschwindet $F_2(t)$. Ferner ist $F_2(t^*) = F_2(t)^*$. Anwendung des Cauchyschen Satzes für den Weg in Abb. 7.4 gibt deshalb für $F_2(t)$ eine unsubtrahierte *Dispersionsrelation*:

$$F_2(t) = \frac{1}{\pi} \int_{4m^2}^{\infty} \frac{\mathrm{Im} F_2(t')}{t' - t - i0} dt' . \tag{7.45}$$

(Vergleiche die analoge Diskussion in Abschnitt 4.3.)

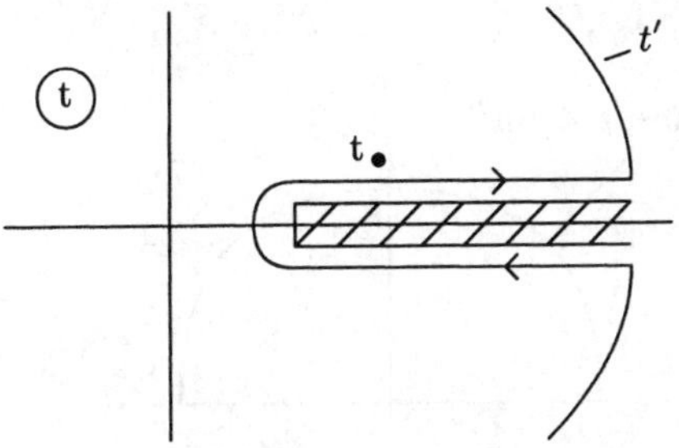

Abbildung 7.4. Herleitung der Dispersionsrelation für $F_2(t)$

Mit Hilfe der bekannten Formel

$$\frac{1}{x \pm i0} = P\frac{1}{x} \mp i\pi\delta(x)$$

folgt für $t \geq 4m^2$ (längs des Schnittes für $F_2(t)$)

$$\begin{aligned}
\mathrm{Im} F_2(t) &= \frac{\alpha}{\pi} m^2 \int_0^1 y dy \int_0^1 dx\, y(1-y) \pi \delta\left(y^2 m^2 - tx(1-x)y^2\right) \\
&= \alpha m^2 \int_0^1 dy\, y^2 (1-y) \sum_{x_0} \frac{1}{ty^2 |1 - 2x_0|} ,
\end{aligned}$$

wo $\{x_0\}$ die einfachen Nullstellen im Argument der δ-Funktion sind: $x_0(1-x_0) = m^2/t \Longrightarrow |1-2x_0| = \sqrt{1 - 4m^2/t}$. Damit erhalten wir für den Imaginärteil von F_2

$$\mathrm{Im} F_2(t) = \frac{\alpha m^2}{t\sqrt{1 - 4\frac{m^2}{t}}} 2 \cdot \int_0^1 dy\, (1-y) = \frac{\alpha m^2}{\sqrt{t(t - 4m^2)}} . \tag{7.46}$$

Somit ergibt sich mit (7.45)

$$F_2(t) = \frac{\alpha}{\pi} m^2 \int_{4m^2}^{\infty} \frac{1}{\sqrt{t'(t'-4m^2)}} \frac{1}{t'-t-i0} dt' \,. \tag{7.47}$$

Für die weitere Rechnung ist es zweckmässig, anstelle von t eine neue Variable ξ einzuführen, die folgendermassen definiert ist

$$\frac{t}{m^2} = -\frac{(1-\xi)^2}{\xi} \,. \tag{7.48}$$

Diese Transformation bildet die obere t-Halbebene auf die obere Hälfte des Einheitskreises in der ξ-Ebene ab (Abb. 7.5). Der „unphysikalische Bereich" $0 \leq t \leq 4m^2$ entspricht dabei dem Halbkreis $\xi = e^{i\varphi}$, $0 \leq \varphi \leq \pi$. Die Strecken auf der negativen und der positiven reellen Achse ($t < 0$ und $t \geq 4m^2$) entprechen den „physikalischen Bereichen" ($t \leq 0$ falls p und p' auf der Massenschale sind).

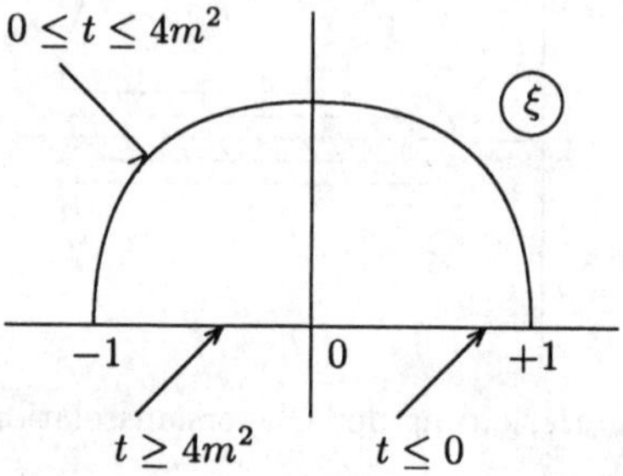

Abbildung 7.5. Zur Transformation (7.48)

Entsprechend (7.48) führen wir in (7.47) die Substitution

$$\frac{t'}{m} = -\frac{(1-\xi')^2}{\xi'} \,, \qquad \frac{dt'}{m} = -\frac{1-\xi'^2}{\xi'^2} d\xi'$$

aus. Durch elementare Integration erhält man für $F_2(\xi)$

$$F_2(\xi) = \frac{\alpha}{\pi} \frac{\xi \ln \xi}{\xi^2 - 1} \,. \tag{7.49}$$

Die Auflösung von (7.48) gibt

$$\xi = \frac{\sqrt{1-4m^2/t}+1}{\sqrt{1-4m^2/t}-1} \qquad (\text{mit } t = q^2) \,. \tag{7.50}$$

Damit ist der Formfaktor F_2 explizite bestimmt. Ähnlich kann man auch (nach Renormierung) für F_1 vorgehen.

7.3 Höhere Strahlungskorrekturen

Die höheren rein quantenelektrodynamischen Beiträge zur Anomalie, a_l^{QED}, unterteilt man zweckmässig in zwei Sorten:

$$a_l^{\mathrm{QED}} = \sum_{n\geq 1} A_n \left(\frac{\alpha}{\pi}\right)^n + \sum_{n\geq 2} B_n(l,l') \left(\frac{\alpha}{\pi}\right)^n . \tag{7.51}$$

Der erste Anteil involviert nur dieselbe Leptonsorte l und ist unabhängig von l, während der zweite von Schleifen herrührt mit von l verschiedenen Leptonsorten (mit l' bezeichnet). Daneben gibt es auch noch kleine hadronische und elektroschwache Beiträge:

$$a_l = a_l^{\mathrm{QED}} + a_l^{\mathrm{had}} + a_l^{\mathrm{schwach}} . \tag{7.52}$$

Die Feynman-Diagramme welche zu A_2 beitragen sind:

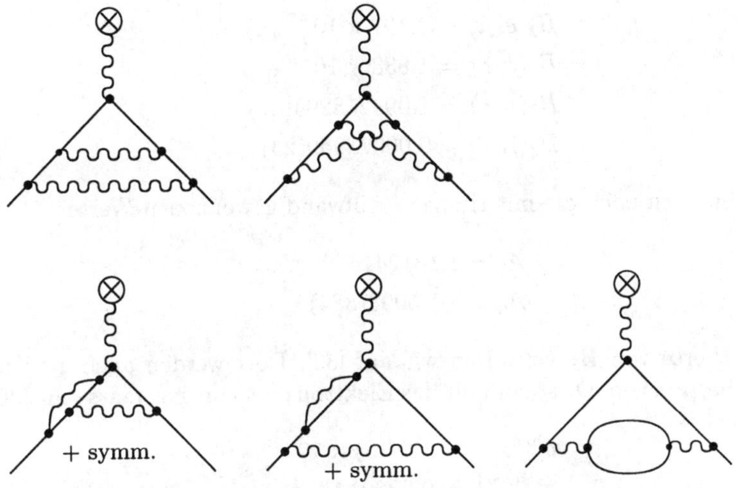

Abbildung 7.6. Feynman-Diagramme die zu A_2 beitragen

Zu B_2 gibt es die Diagramme in Abb. 7.7.

Im Vergleich zum zweiten Diagramm ist das erste stark unterdrückt, da die Masse in der Vakuumpolarisationsschleife gross ist. Tatsächlich gilt

$$B_2(l,l') = \frac{1}{45}\left(\frac{m_l}{m_{l'}}\right)^2 + \mathcal{O}\left[\left(\frac{m_l}{m_{l'}}\right)^3\right] , \qquad m_{l'} >> ml .$$

A_2 ist analytisch bekannt:

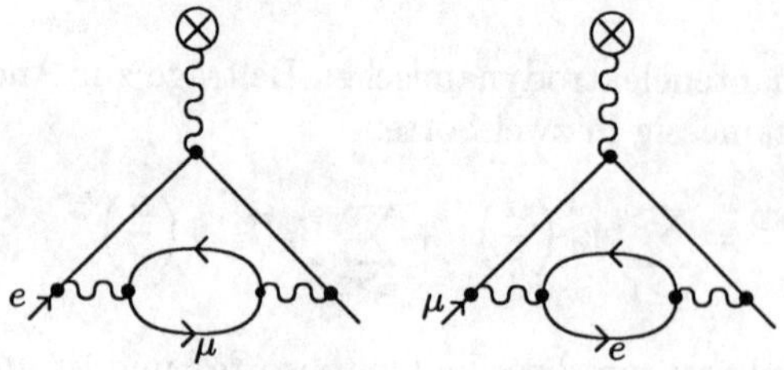

Abbildung 7.7. Anteile für B_2

$$\begin{aligned} A_2 &= \frac{197}{144} + \left(\frac{1}{2} - 3\ln 2\right)\zeta(2) + \frac{3}{4}\zeta(3) \\ &= -0.328478965\ldots. \end{aligned}$$

Für B_2 findet man die folgenden numerischen Werte

$$\begin{aligned} B_2(e,\mu) &= 5.197 \times 10^{-7} , \\ B_2(e,\tau) &= 1.838 \times 10^{-9} , \\ B_2(\mu,e) &= 1.094258294(37) , \\ B_2(\mu,\tau) &= 0.00078059(23) . \end{aligned}$$

Wir geben auch noch die mit riesigem Aufwand gewonnenen Werte

$$\begin{aligned} A_3 &= 1.181241456\ldots , \\ A_4 &= -1.5098(384) \end{aligned}$$

an. Für Werte von B_3 verweisen wir auf [33]. Dort werden auch a_l^{had} und a_l^{schwach} besprochen. Diese sind für das Elektron erwartungsgemäss sehr klein:

$$\begin{aligned} a_e^{\text{had}} &= 1.67(3) \times 10^{-12} , \\ a_e^{\text{schwach}} &= 0.030 \times 10^{-12} . \end{aligned}$$

Hingegen sind die hadronischen Korrekturen für das Müon weitaus grösser als die experimentellen Fehler. Besonders wichtig sind die *hadronischen* Vakuumpolarisations-Beiträge (Abb. 7.8).

Unter Benutzung von experimentellen Daten findet man den Beitrag $(-101 \pm 6) \times 10^{-11}$ zu a_μ. Es gibt aber auch hadronische Licht-Licht Streugraphen (Abb. 7.9).

Insgesamt wurde auf der Basis des Standardmodells für das *Elektron* das folgende Ergebnis gewonnen:

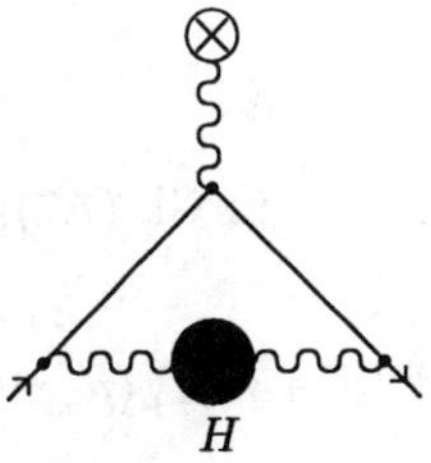

Abbildung 7.8. Hadronische Vakuumpolarisationsbeiträge

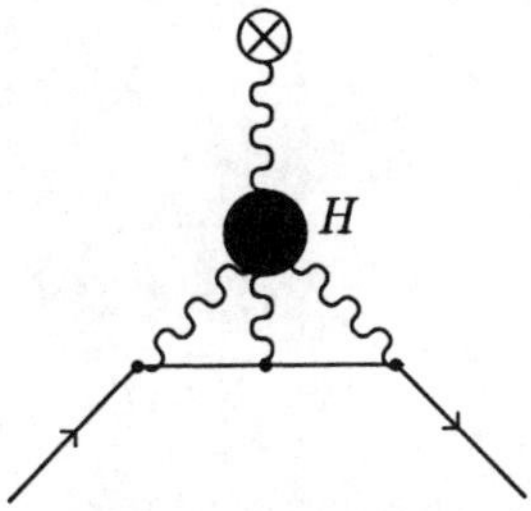

Abbildung 7.9. Beitrag der hadronischen Licht-Licht Streuung

$$\begin{aligned} a_e^{SM} &= 0.5\frac{\alpha}{\pi} - 0.328\,478\,444\,00\left(\frac{\alpha}{\pi}\right)^2 \\ &+ 1.181\,234\,017\left(\frac{\alpha}{\pi}\right)^3 \\ &- 1.509\,8(384)\left(\frac{\alpha}{\pi}\right)^4 + 1.70 \times 10^{-12} . \end{aligned} \tag{7.53}$$

Benutzt man für α den besten Wert vom Quanten-Hall-Effekt, so ergibt sich

$$a_e^{SM} = 0.001\,159\,652\,153\,5(240) . \tag{7.54}$$

Dies ist etwa 6 mal weniger genau als der letzte experimentelle Wert

$$a_e^{\text{exp}} = 0.001\,159\,652\,188\,4(43) . \tag{7.55}$$

Aufgrund der unsicheren hadronischen Korrekturen ist die Situation für das Müon schwierig. Zwei Auswertungen, die auf verschiedenen experimentellen Daten für die hadronischen Vakuumpolarisationsanteile beruhen, geben Abweichungen vom experimentellen Wert

$$a_\mu^{\text{exp}} = (11\,659\,203 \pm 8) \times 10^{-10} \tag{7.56}$$

von 3.0, bzw. 1.6 Standardabweichungen. Dies hat eine grosse Aktivität ausgelöst. Ob hier Anzeichen für neue Physik jenseits des Standardmodells vorliegen, bleibt abzuwarten. (Siehe [33] und die dort zitierte Literatur.)

7.4 Aufgaben

7.4.1

Zeige, dass man $F_2(q^2)$ aus $\Gamma^\mu(p',p)$ in Gl. (7.7) wie folgt durch eine Spurbildung gewinnen kann:

$$F_2(q^2) = \mathrm{Sp}\,(P^\mu(\not{p}' + m)\Gamma_\mu(p',p)(\not{p} + m)) \ ,$$

wo

$$P^\mu := -\frac{m^2}{q^2}\frac{1}{q^2 - 4m^2}\gamma^\mu - \frac{m}{q^2}\frac{q^2 + 2m^2}{(q^2 - 4m^2)^2}(p' + p)^\mu \ .$$

Literaturverzeichnis

1. N. Straumann, *Quantenmechanik*, Nichtrelativistische Quantentheorie, Springer-Verlag (2002).
2. M. Reed, B. Simon, *Methods in Modern Mathematical Physics*, Academic Press (1981).
3. L.D. Landau, E.M. Lifschitz, *Quantenelektrodynamik*, Verlag Harri Deutsch, 7. Auflage (1991).
4. N. Straumann, *Elektrodynamik*, Vorlesungsskript, Zentralstelle der Studentenschaft, Zürich.
5. N. Straumann, *Klassische Mechanik*, Springer Lecture Notes in Physics **289** (1987).
6. N. Straumann, *Spezielle Relativitätstheorie*, Vorlesungsskript, Zentralstelle der Studentenschaft, Zürich.
7. J.D. Jackson, *Classical Electrodynamics*, Third Edition, John Wiley & Sons, 1999.
8. W. Rudin, *Functional Analysis*, McGraw-Hill (1991).
9. Goldberger & Watson, *Collision Theory*, Wiley & Sous (1964).
10. H.A. Bethe, Phys.Rev. **72**, 339 (1947).
11. S.S. Schweber,*QED and the Men Who Made It*, Princeton University Press (1994).
12. T.A. Welton, Phys. Rev. **74**, 1157 (1948).
13. G. Wentzel, *Quantum theory of fields (until 1947)*, Theoretical Physics in the Twentieth Century, Ed. M. Fierz und V. Weisskopf, Interscience Publishers, New York (1966).
14. P.A.M. Dirac, Proc. Roy Soc. A114, 243-65 (1927).
15. V.S. Varadarajan, *Geometry of Quantum Theory*, Vol.II, Van Nostrand (1970).
16. W. Pauli, Phys. Rev. **58**, 716 (1940).
17. R.F. Streater, A.S. Wightman, *PCT, Spin and Statistics, and all that*, W.A. Benjamin, New York (1964).
18. R. Jost, *The General Theory of Quantized Fields*, American Mathematical Society, Providence, RI (1965).
19. W. Heitler, *Quantum Theory of Radiation*, 3rd ed. Clarendon Press, (1954).
20. G. Rempe, R.J. Thompson und H.J. Kimble, Phys. Blätter **48**, Nr. 11, S. 923 (1992).
21. H.B.G. Casimir, Proc. Kon. Nederl. Akad. Wetensch., **B51**, 793 (1948).
22. W.I. Smirnow, *Lehrgang der höheren Mathematik*, BandI-IV, VEB, DVW Berlin (1961).
23. U. Mohideen, A. Roy, Phys. Rev. Lett., **81**, 4549 (1998).
24. M. Borsdag, U. Mohideen, V.M. Mostepanenko, *New Developments in the Casimir Effect*, quant-ph/0106045 (2001).
25. Poincare Seminar 2002, *Vacuum Energy-Renormalization*, herausgegeben von B. Duplantier und V. Rivasseau, Birkhäuser Verlag (2003).

26. S.A. Moszkowski, *Theory of Multipole Radiation*, in Alpha-, Beta- and Gamma-Ray Spectroscopy, Ed. K. Siegbahn (North-Holland 1965) Vol.II.
27. W. Pauli, *Die allgemeinen Prinzipien der Wellenmechanik*, neu herausgegeben von N. Straumann, Springer-Verlag (1990).
28. E. Freitag, R. Busam, *Funktionentheorie*, Springer-Verlag (1991).
29. T.D. Lee and C.N. Yang, Phys.Rev. **105**, 1671 (1957).
30. A.R. Edmonds *Drehimpulse in der Quantenmechanik*, Bibliographisches Institut, Mannheim (1964).
31. W. Dittrich, M. Reuter *Lecture Notes in Physics*, Vol. 220 (1985).
32. G. Källén, , *Quantenelektrodynamik*, Handbuch der Physik, Band V, Teil 1, herausgegeben von S. Flügge, Springer-Verlag (1958).
33. M. Knecht, *The Anomalous Magnetic Moments of the Electron and the Muon*, in Poincaré Seminar 2002, p. 265-309, Birkhäuser Verlag, Basel (2003).
34. C. Itzykson, J.-B. Zuber, *Quantum Field Theory*, McGraw-Hill, New York (1980).
35. L.H. Ryder, *Quantum Field Theory*, Second Ed., Cambridge University Press (1996).
36. M.E. Peskin, D.V. Schroeder, *An Introduction to Quantum Field Theory*, Addison-Wesley Publishing Company (1995).
37. S. Weinberg, *The Quantum Field Theory*, Vols. I, II, Cambridge University Press (1996).

Index